WASTEWATER TREATMENT
TECHNOLOGY FOR FOREST
CHEMICAL INDUSTRY

林产化工废水污染
治理技术

施英乔　房桂干◎编著

中国林业出版社
CF·PH China Forestry Publishing House

内 容 简 介

本书较全面、系统地介绍了松香、松节油、活性炭、糠醛、制浆、栲胶为代表的林产化工废水发生量、污染特征与污染控制方法，对废水的资源化、废水处理后的中水回用、污泥的综合利用等做了重要阐述。对有效处理林产化工废水的除油、气浮、厌氧、好氧、Fenton、膜处理等技术作了专门介绍，同时介绍了近年在我国快速发展的林产化工废水现代检测技术。

本书适用于环境科学与环境工程的技术人员、林产化工企业的技术人员和管理人员阅读，也适用于高校林产化工专业的师生参考。

图书在版编目 (CIP) 数据

林产化工废水污染治理技术 / 施英乔，房桂干编著. —北京 : 中国林业出版社，2016.12
ISBN 978-7-5038-8879-3

Ⅰ．①林… Ⅱ．①施… ②房… Ⅲ．①林产工业—化学工业—工业废水处理 Ⅳ．① X789.031

中国版本图书馆 CIP 数据核字 (2017) 第 006028 号

中国林业出版社·教育出版分社

责任编辑：杜 娟 苏 梅
电话：(010)83143553　　　**传真**：(010)83143516

出版发行	中国林业出版社 (100009 北京市西城区德内大街刘海胡同 7 号)	
	E-mail : jiaocaipublic@163.com	
	电话： （010）83143500	
	http://lycb.forestry.gov.cn	
经　销	新华书店	
印　刷	北京中科印刷有限公司	
版　次	2016 年 12 月第 1 版	
印　次	2016 年 12 月第 1 次印刷	
开　本	787mm×1092mm 1/16	
印　张	23	
字　数	517 千字	
定　价	60.00 元	

前 言 PREFACE

　　2015年1月，新《中华人民共和国环境保护法》颁布，这部被称为"史上最严"的环保法进一步强化了我国环境保护的战略地位。2015年4月，国务院颁布《水污染防治行动计划》。2016年12月，国务院常务会议通过了《中华人民共和国水污染防治法修正案（草案）》。我国政府通过这些重要文件强调在经济快速发展的同时要大力增强水忧患意识、水危机意识，从全面建成小康社会、实现中华民族永续发展的战略高度，重视解决好我国水安全问题。我们必须清醒认识到，我国水污染严重的状况尚未得到根本性遏制，区域性、复合型水污染日益突显，已经成为影响我国水安全的最突出因素，防治形势依然十分严峻。李克强总理强调，水污染直接关系人们每天的生活，直接关系人们的健康，也关系食品安全，全社会都必须负起责任，向水污染宣战，拿出硬措施，打好水污染防治"攻坚战"。在国务院《水污染防治行动计划》中，规定了我国今后几年将重点开展农村的水污染控制的研究和治理，这是全国水污染防治工作的行动指南，也将有力促进我国林产化工水污染治理事业的健康发展。

　　以生物质替代化石资源是地球人类可持续发展的必由之路，尽管现在仍处于发展阶段，但其强大的生命力已经显示出来。林产化工产业是利用森林生物质资源进行化学加工的产业，是林业经济的重要组成部分。在今后20年我国能源体系转型期，林产化工应紧紧抓住我国能源科技发展的历史机遇，加快生物质高效技术的开发，在发展生物质产业过程中，以清洁生产为前提，攻坚克难，积极发展环境保护事业，让我国乡村处处呈现"细雨鱼儿出，微风燕子斜"的景象。

　　由南京林业大学张晋康教授撰写、中国林业出版社于1996年出版的《林产化工环境保护》一书，问世至今已整整20年。这20年，我国经济发生了翻天覆地的变化，国民环境保护意识空前高涨，林产化工废水处理理论技术和工艺装备也得到重大发展。比如《林产化工环境保护》书中预测，糠醛废水含大量醋酸，有被资源化利用的可能。经过

20年来我国众多科技工作者的不懈努力，糠醛废水醋酸利用技术终获突破，当年的设想终成现实，成为我国林产化工废水资源化利用的典型案例。今天，总结20年来林产化工废水治理技术的发展经验，以促进林产化工环境保护事业的健康发展，编著《林产化工废水污染治理技术》具有重要的现实意义。

作者在中国林业科学研究院林产化学工业研究所工作数十年，经历并见证了本研究所宋湛谦院士为我国林产化工科学技术发展做出的杰出贡献。作者有幸参加和承担了"八五""九五""十五""十一五"和"十二五"国家科技项目，对林产化工废水、制浆造纸废水持续进行了二十余年的研究，发表学术论文逾150篇，为国内外上百个废水处理工程提供了技术支持，对废水处理的理论研究和工程设计、运行积累了丰富的经验，这些都为写作本书打下了坚实的基础。

在本书写作过程中，得到了中央级公益性科研院所基本科研业务费专项资金的资助（项目号AFYBB2014MA010），河海大学操家顺教授、南京林业大学翟华敏教授、南京大学张徐祥教授、湖南松本林业科技有限公司雷腊高级工程师等专家为完成本书提出了许多宝贵意见，在此表示衷心感谢。并对本研究团队数十年的密切合作表示衷心感谢。本书借鉴了同行学者的大量研究成果和文献，在此一并表示衷心的感谢，本书已列出了相关参考文献，如有遗漏，深表歉意。

由于著者水平有限，书中尚有不完善和欠缺部分，欢迎读者和专家批评指正。

著者

2016年12月

目 录 CONTENTS

概　论

1.1 林产化工发展的新机遇

进入 21 世纪，人类经济社会的更快发展过度消耗着不可再生的化石资源。《世界能源统计报告》警告人类，从 2015 年算起，世界石油、天然气和煤炭的探明储量及生产量，三者仅可分别开采 50.7 年、52.8 年和 114 年，地球化石资源枯竭的日子已为期不远。根据美国能源信息局（EIA，2012）报告，预计到 2035 年，全球能源消耗将比现在增加 50%，其中的 95% 将来自快速发展的新兴经济体。在 20 年内，中国在世界能源消费中的比重将升至 26%，超过美国成为世界最大石油消费国和可再生能源增量最大的国家。人类在消费这些资源的同时，还排放出大量的 SO_2、CO_2、NO_x 和烟尘，给城市和乡村大气造成雾霾，给生态环境带来危害，给人类健康构成严重的威胁。

十余年来，人类社会在环境与可持续发展中终于大觉醒，生物质能产业被推上新能源的历史舞台，各国都致力于研究生物质能。据估计，作为储存太阳能的可再生资源植物生物质——纤维素、半纤维素和木质素，全球每年以 1640 亿 t 的速度再生，植物生物质储存的能量相当于石油年产量的 15 倍~20 倍，而目前世界对植物生物质利用还不到其总量的 1%。植物生物质是人类取之不尽的资源宝库，多国科学家对部分能源植物进行的研究表明：到 2050 年，全球液体燃料油 80% 将来自木本植物、草本栽培油料和藻类等生物质能源。到 2050 年，利用农、林、工业残余物以及种植和利用能源作物等生物质能源有可能以相当于或低于化石燃料的价格，提供世界 60% 的电力和 40% 的燃料。而且，生物质在生长过程中，需摄取大气中的 CO_2，当人类利用生物质过程中，CO_2 又返回大气，所以利用生物质不会增加大气中的 CO_2 的含量。经业内人士预测，经过全人类的共同努力，到 2050 年，大量利用生物质取代石化资源，世界剩余碳排放量为 788Gt，将比按目前速度排放减少 47.88%。

我国林产化工大量利用天然生物质资源，以可持续发展为特征，正在再度复兴。林产化工是生物质产业的重要组成部分，利用林业生物质资源可以开发生物质新材料、生物质化学品和生物质能源，从而大大扩充了原有林产化工的研究领域。宋湛谦院士指出我国林产化工的三大优势：①林产化工全部利用林业资源，原料具有规模性种植优势；②林化产品具备纯天然性、不可替代性和结构特有性；③林产化工将催生一个新兴产业——生物质能产业。林产化工现有木材制浆造纸、木材水解（乙醇、糠醛等）、木材热解（木炭、活性炭、木材气化、成型燃料等）和非木质植物原料化学加工利用（松香、松节油、植物单宁、天然油脂、芳香油、生物活性物质等），其生产原料、加工工艺、产品应用都与目前提出的生物质能产业有着密切的关系。林化行业应抓住难得的大好机遇，利用国际上对我国公认的木质纤维水解、可发酵糖生物利用、代谢产物分离与纯化和生物质资源生物利用的关键技术优势，加快林业生物质产业化进程，发挥林产化工在发展生物质能产业方面的作用。林产化工行业要围绕生物质制能、液体燃料、燃油添加剂等，开展生物质气化技术、生物质生产乙醇技术、木本油料制取生物柴油技术、生物质快速热解技术并使之产业化的关键技术等研究，抓住机遇，尽快形成具有自主知识产权、以林产化工为基石的生物质产业。

　　在 2015 年巴黎气候大会上，习近平主席代表中国政府庄严承诺，中国将于 2030 年单位国内生产总值二氧化碳排放比 2005 年下降 60%~65%。近年地球大气 CO_2 浓度还在持续增加，利用生物质能源将是遏制 CO_2 的有效手段。在发展生物质产业过程中，应以清洁生产为前提，使之成为一个新兴的绿色环保的产业。以生物质替代化石资源是人类可持续发展的必由之路，尽管现在仍处于初级阶段，但其强大的生命力已经显示出来，今后 20 年是世界能源发展的战略调整期，也是我国能源体系转型期。我们应抓住能源体系转型和能源科技创新的最佳发展机遇期，准确把握能源科技发展方向，加快生物质高效技术的开发，以推动林产化工和生物质产业的双发展。

1.2　林产化工与清洁生产

　　加快建设资源节约型、环境友好型社会，提高生态文明水平，节约资源和保护环境是我国的基本国策。面对当前我国资源短缺和环境污染的严峻形势，只有积极实施清洁生产，推动林产化工企业走"资源消耗低、环境污染少、经济效益好"的绿色发展之路，通过综合应用技术和管理措施最大限度地提高生产过程中资源的利用率，减少污染物的产生和排放，才能实现企业节约资源和保护环境的目的，才能保障企业基本的发展机会和发展能力。

　　实施清洁生产，有利于企业节约资源、保护环境。清洁生产是在长期工业污染防治进程中，人类社会对资源、环境与发展问题的认识水平不断深化中形成的一种综合性预防的环境战略，主要内容包括清洁的原料和能源、清洁的生产和服务过程、清洁的产品，其核心和目的就是要提高资源利用效率，减少和避免污染物产生，保护和改善环境，保障人体健康，促进经济与社会可持续发展。清洁生产以减量化、再利用、资源化为原则，通过原辅料的提纯、稀缺资源的替代、物料的高效转化、副产物的回收与循环利用等措施实现资源的合理高效利用，可以帮助企业实现节约资源的目的，节省可观的生产和运行成本，促进企业集约增长。

　　清洁生产以污染预防和全过程控制为原则，通过源头削减、过程减排和末端处理等措施减少污染物的产生和排放、减轻污染物的毒性，可以帮助企业实现保护环境的目的，减少企业生产活动对周边生态环境的影响。通过推行清洁生产，改进中和工艺，大幅度降低了生产过程中有机污染物排放量。20 多年来全球的研究和实践充分证明了清洁生产是有效利用资源、保护环境的根本措施，是实现企业可持续发展的重要手段和工具，也是 21 世纪工业生产发展的主要方向。围绕节约资源和保护环境，林化企业实施清洁生产的具体途径和内容主要有以下几方面：

　　第一，定期开展清洁生产审核，形成持续清洁生产能力。结合企业的实际情况，按照程序对企业进行清洁生产审核，通过对生产过程的调查和诊断，找出能耗高、物耗高、污染重的原因，并筛选和实施相应技术和经济可行的清洁生产方案。在清洁生产审核中，通过边审核、边实施，企业可以及时取得成效，有利于企业建立清洁生产长效机制，形成持续清洁生产能力。清洁生产审核以企业自行开展为主，同时也可以委托专业咨询服务机构。

第二，应用生态设计的理论和方法，开发环境友好产品。在新产品开发及现有产品改良中，将生态环境因子作为产品设计的重要指标，运用生态设计、绿色设计、生命周期设计等的理论和方法，设计开发既能满足人类生产和消费需求，同时在整个生命周期过程中对环境影响最小的产品，也即绿色产品。目前，国内外已经成立了许多生态设计公司，相关国际组织和机构也制定了相应的技术文件和标准。

第三，采用先进、适用的工艺技术和设备，提高生产效率。采用流程简洁合理、工序衔接顺畅、反应条件温和的先进工艺技术，同时配套相应自动化程度高、运行稳定性和可靠性好的设备，提高企业生产效率，减少原材料的消耗和"三废"的产生和排放。国家发改委等有关部门也发布了相关技术规范、名录和指南等，如《国家重点行业清洁生产技术指南》《国家环境保护适用技术及示范工程汇编》，以指导企业选择先进、适用的工艺技术和设备。

第四，优化工艺参数，加强过程控制。结合企业现有工艺技术路线和设备等的实际情况，优化工艺参数，加强重点过程或环节的控制，如反应原辅材料的精准加入，反应温度、压力等条件的智能反馈控制，提高物料的转化效率，减少污染物的产生和排放。在一些企业，通过耦合在线监测、人工智能、信息化等技术，选择精密监测和控制设备，可以为企业构建先进的工艺控制系统，强化过程优化控制。

第五，完善环境管理体系，强化管理。借鉴先进管理理论和经验，完善企业环境管理体系，将环境管理落实到企业中的各个层次，分解到生产过程的各个环节，贯穿于企业的全部经济活动之中，与企业的计划管理、生产管理、财务管理、建设管理等专业管理紧密结合起来，提升企业的管理水平，保障企业取得更佳的环境绩效。通过实施 ISO 14000 等可以帮助企业建立完善的环境管理体系。

1.3　林产化工与环境保护

2015 年 1 月，国务院颁布了新的《中华人民共和国环境保护法》，被称为"史上最严"环保法进一步强化了我国环境保护的战略地位。明确了环境保护坚持保护优先、预防为主、综合治理的原则，进一步明确了国家支持环境保护科学技术的研究、开发与应用，提高环境保护科学技术水平。同年 4 月，国务院颁布了《水污染防治行动计划》(简称《水十条》)，《水十条》具体规定了我国今后几年将重点开展农村的水污染控制的研究和治理，这是当前和今后一个时期全国水污染防治工作的行动指南，将有力促进我国林产化工水污染治理事业的发展。2016 年 12 月，国务院常务会议通过了《中华人民共和国水污染防治法修正案(草案)》，该修正案进一步提高了我国水环境保护的法律地位。

林产化工产业是利用森林资源进行化学加工的产业，是林业经济的重要组成部分。林产化工产品主要有松香、松节油、栲胶、紫胶、纸浆、松焦油、活性炭、糠醛、糠醇、樟脑、冷杉胶、芳香油、生物柴油、植物药提取物等，这些产品广泛用于化工、轻工、医药、冶金、石油、煤炭、交通、机械、纺织等行业，松香、糠醛、活性炭等林产化工产品还是重要的出口物资。发展林产化工产业，不仅是发展国民经济、改善人民生活和开展对外贸易的需要，而且可以提高森林资源的综合利用率，繁荣林区经济，对社会主义新农村建设具有重要意义。

我国林产化工大量利用天然生物质资源，以可持续发展为特征，正在再度复兴。随着后石油化工时代的来临，以可再生资源为原料研发生产生物质燃料、生物基化学品、生物基材料等，已引起国际国内的高度重视，并取得重要进展，未来化学工业将呈现石油基、生物基、煤基多元化生产路线的格局。现代生物质产业是指利用可再生或循环的有机物质，包括农作物、树木和其他植物，以及有机废弃物为原料，通过工业性加工转化，进行生物能源、生物基材料和生物基化学品等环境友好生产的一种新兴产业，生物质产业正在成为引领当代世界科技创新和先进生产力发展的又一个新的主导产业。我国林产化工企业数量众多，散布全国山区、林产品种多，生产废水种类繁多，成分复杂、处理难度大，尚未得到有效治理。其重要原因之一是，林产化工的环保研究缺乏基础理论研究，历史欠账较多，已研究开发的环保技术非常有限，能查阅到的文献资料较少。

松香生产过程是林产化工环保的重点。束奕杨等人研究了广东某林产化工厂松香车间的澄清工段排放水，测得日排废水 1000 m³，pH 值 5.0，COD 在 1600 mg/L ~ 8000 mg/L 之间，废水中悬浮物和油类物质比较多，经隔油、沉淀预处理后，COD 为 1600 mg/L ~ 2000 mg/L，BOD 为 300 mg/L ~ 500 mg/L。废水颜色为乳白色，在空气中放置久了就会被氧化成为灰蓝色。本项研究表明，松香生产废水量较大，废水 COD、BOD 都较高。为了解决松香废水对环境的污染问题，臧花运等人采用内电解—生物法—混凝沉淀法处理松香废水。结果表明，在内电解反应时间 10 h、生物法停留时间 24 h，废水经过内电解处理后可生化性有所提高。初步的色谱分析表明，树脂类有机污染物的存在，是松香废水难处理的主要原因。黄卫等人对松香深加工废水处理方法进行了研究，首先利用浓缩处理办法处理松香深加工过程中产生的高浓度有机废水，再利用物化加生化相结合的综合处理方法处理 COD 浓度相对较低的混合废水，使处理后废水保持稳定，可作为厂区绿化用水、冷却水系统补充水、水循环真空泵用水等循环使用。

单宁、五倍子生产废水处理也受到关注。黄文培养、分离筛选出了一种对单宁具有显著降解作用的内孢霉。该菌在以蔗糖为外加碳源，以硝酸钠为氮源，碳氮比为 10:1 的条件下单宁的降解率最高，并发现添加 1.3×10 mol/L 的诱导物 2-2 连氮-3-乙苯二噻唑-6 硫酸（ABTS）、0.2g/L 的表面活性剂吐温-80（Tw-80）及十二烷基磺酸钠（SDS）有助于单宁的降解。杨爱江等人在不同 pH 和温度下，采用 UV/Fenton 法和石灰混凝法联合处理五倍子生产单宁酸产生的高浓度有机废水。结果表明：常温下（20℃）在 UV/Fenton 试剂反应阶段，Fe^{2+} 和 H_2O_2 的摩尔比为 1:6，反应 30 min 后，COD 的去除率可以达到 65.14%；经 UV/Fenton 试剂处理后的出水继续使用石灰混凝法处理，在 pH = 11，反应 2 h 后，最终出水的 COD 去除率可以达到 70.36%。

生物质气化过程产生的废水被认为是很难治理的废水。张文华等人为使生物质气化发电厂的洗涤废水得到有效的循环使用，在以废陶瓷片作为填料的生物膜反应器中，接种优势菌，对经过物化预处理的生物质气化洗涤废水进行处理，着重考察了不同工艺条件下，生物膜反应器对废水的处理效果。采用缺氧 20 h、好氧 10 h 的处理工艺，可有效降低该废水的 COD，当进水 COD 为 584 mg/L~923 mg/L 时，出水 COD 达到 118.5 mg/L~230.2 mg/L，COD 的平均下降率为 78.6%。生物质气化发电系统在我国推广已达 20 余套，并在东南亚一些国家成功推广运用，取得了较好的经济效益和社会效益。但是，在对产生的燃气湿式净化中，产生洗焦废水，洗焦废水的成分非常复杂，除不溶性炭粒、灰分等颗粒物外，还含有酚、酚类化合物、苯系物、杂环及 PAH 等有机物。生物质气化发电厂最初产生的生物质气化洗焦废水，其 COD 为 400 mg/L 左右，由于一直缺乏有效的处理手段，洗涤废水在循环使用过程中，有机污染物浓度越来越高，COD 可达 10 000 mg/L 以上，并且散发出强烈的刺激性气味，对环境和现场工作人员产生危害。

我国对林产化工行业废水处理研究尚处于研究起步阶段，迄今为止尚无人较系统调查研究我国林产化工行业废水污染现状，林产化工行业废水处理的基础研究和技术开发已滞后于我国环境保护事业的发展，与把我国建设成为环境友好型社会的方针不相适应。林产化工行业必须全面系统研究我国松香、松香深加工、香精香料、活性炭、糠醛、栲胶、天然药物、生物农药和生物基胶黏剂等生产排放的废水发生量、废水有机污染物无机污染物成分，重点研究开发废水的深度处理、回用现代技术及其废液成分的资源化再利用技术，尽快建立多个典型林产化工企业建立环境保护示范工程，以促进我国林产化工行业绿色发展。

1.4　一项典型的林产化工废水资源化利用技术

我国既是糠醛生产大国，也是糠醛出口大国。糠醛是由植物纤维水解生成的呋喃族杂环化合物，糠醛是只能从农林生物质中提取获得的重要化工商品，可用于化学中间体、溶剂、添加剂等，在药物、塑料、尼龙等行业都有广泛应用。糠醛的衍生物可替代许多石油产品，作为重要的生物质平台化合物，可以通过氧化、氢化、缩合等反应制取多种衍生物，被广泛应用于合成橡胶、树脂、医药、农药等各个化工领域。近年来，它又被进一步开发利用，生产 1，5-戊二醇等高附加值精细化学品以及生物汽油、生物柴油、航空燃料等各类生物燃料。在人类担忧石化资源日益枯竭的今天，作为我国丰富的可再生资源的糠醛越发突显其特殊的价值，促使国内外许多研究人员致力于从林木、竹纤维、甘蔗渣等更多种类的农林剩余物中提取糠醛。

糠醛生产废水曾被认为是难治理的林产化工污染源，糠醛生产废水温度达 95℃~99℃、醋酸含量高达 1.43%~2.84%、COD 10 000 mg/L~20 000 mg/L，BOD 2500 mg/L~3000mg/L，BOD/COD = 0.20~0.25，生物处理十分困难，长期严重困扰着糠醛生产行业的可持续发展。为破解困局，近年我国已开发出多种萃取剂，回收了糠醛废水中 90% 以上的醋酸，开发的多级逆流萃取技术，萃取效率高达 97%~99%。从糠醛废水中回收了有用资源，又显著降低了废水的污染负荷。新开发的废水中和—双效蒸发—精馏工艺技术，制取的环保型醋酸钙镁融雪剂，中和了废水的酸度，废水中大量醋酸得到有效利用，大大降低了传统醋酸钙镁融雪剂生产成本，解决了数十年来氯化钠融雪剂腐蚀公路设施的难题，废水基本做到零排放。糠醛生产废水的资源化利用取得的重要突破，为林产化工废水的治理提供了宝贵经验。在当前举国关注环保形势下，松香、活性炭、栲胶等林产品行业面临挑战与机遇，将会像糠醛行业走过的成功之道，积极开展清洁生产，与环保科技工作者紧密合作，针对本行业生产废水特点，主动采用近年发展起来的环保新技术、新产品、新设备，夺取行业废水治理全面突破，促进我国林产化工可持续发展。

20 世纪 80 年代，美国等国为了替代传统公路融雪剂氯化钠而开发使用了一种新型环保融雪剂——醋酸钙镁盐（CMA）。其水溶性好、冰点低、冻胀系数小、可生物降解，与传统氯盐融雪剂相比，清除了氯离子对道路混凝土和金属栏杆的腐蚀问题，显著减少对道路两旁植被、土壤和地下水等环境的污染。由于醋酸钙镁是由石灰石、白云石与醋酸反应制得，醋酸价格较高，醋酸钙镁价格是氯化钠的 5 倍~8 倍，制约了 CMA 公路融雪的应用。

因此，人们想到如果利用含大量醋酸的糠醛废水制备醋酸钙镁，就可能大大降低醋酸钙镁的生产成本。在糠醛废水加入石灰石、白云石与醋酸中和，使之转化为醋酸盐。糠醛在强碱性及高温的条件下发生 cannicord 反应——歧化及聚合后，低沸点有机物转化为高沸点有机物，采用蒸发技术就较容易分离出水分。双效蒸发技术提高了蒸发效率，蒸出的洁净水分全部回用于锅炉，实现污水零排放。其特点是：①充分利用高温糠醛废水的热能，采用现代双效蒸发技术，蒸出的洁净水回用于锅炉补充水及锅炉烟气降尘脱硫，实现了废水资源化再利用的目的。②蒸发后得到的醋酸钙镁精制后取代食盐作为环保型融雪剂。一个年产 3000t 的糠醛厂使用此项技术治理糠醛废水，年节约用水 50 000 m³，年产环保型融雪剂醋酸钙镁 300 t，每 1t 售价 10 000 元（2008 年），每年可创造直接经济效益 300 万元。③一次性投资后，糠醛废水全部得到资源化利用，不产生二次污染，彻底解决了糠醛废水排放对环境的严重污染难题，改善了厂区周围生态环境，企业从环保中得益，积极性高。该技术被中国环境保护产业协会评为国家重点环境保护实用技术。

参考文献

陈小刚，覃树林，等．植物材料制备的方法［P］．中国专利，CN103193737A，2003-07-10．

陈小燕，孙媛，王东，等．糠醛渣对废水中 Cr^{3+} 的吸附研究［J］．宁夏大学学报，2011，32（3）：262 - 265．

仇楚辉．糠醛生产废液精制醋酸钠的研究试验［J］．宁夏化工，1992（1）：31 - 32．

代秀兰．糠醛废水回用及生产醋酸钙镁盐试验研究［J］．黑龙江农业科学，2011（3）：97 - 100．

房桂干，邓拥军，叶利培，等．基于生物质精炼的桉木制浆技术［J］．桉树科技，2012，29（4）：1 - 8．

花修艺，于广军，郭志勇，等．利用糠醛废水制备醋酸钙镁融雪剂的工艺及产品性能研究［J］．世界科技研究与发展，2011，33(4)：546 - 548.

黄卫，侯文彪．松香深加工废水处理方法的研究[J]．生物质化学工程，2011，45(5)．

黄文，石碧．水解类单宁可生物降解性的研究[J]．中国皮革，2002，31(7)．

糠醛工业废水回用和综合利用技术[J]．中国环保产业，2008(10)：63 - 63.

冷一欣，武玉真，黄春香，等．利用农林废弃物杉木屑制备糠醛的工艺[J]．江苏农业科学，2013，41(7)：261 - 263.

李加波．糠醛废水中醋酸的回收及木糖母液制备糠醛的研究[M]．天津大学硕士学位论文，2007.

李晓萍，金向军，林海波．利用糠醛废水生产一级乙酸的研究[J]．吉林师范大学学报(自然科学版)，2005(2)：37 - 38.

李志松．糠醛生产工艺研究综述[J]．广东化工，2010，37(3)：40 - 41.

彭朝华，秦英杰，杨广仁，等．糠醛废水回收综合处理技术[J]．科技博览，2002.

彭晓成，郭庭正，路庆斌，等．实施清洁生产，推动企业走资源节约环境友好发展之路[C]．中国环境科学学会学术年会论文集(2010).

沈兆邦．生物质产业发展与林产化工[J]．林产化学与工业，2005，25，增刊：1 - 4.

束奕杨，陈奋林．松香生产废水处理的途径[J]．福建环境，2002，19(2)．

宋湛谦，商士斌．我国林产化工学科发展现状和趋势[J]．应用科技，2009，17(22)：13 - 15.

宋湛谦．生物质产业与林产化工[J]．现代化工，2009，29(1)：2 - 5.

王东旭，李爱民，毛燎原，等．糠醛废渣制备活性炭对糠醛废水的脱色研究[J]．环境科学研究，2010，23(7)：908 - 911.

王怀亮，王青蕾，张艳艳．腐殖酸与糠醛废渣复合制备 Cu^{2+} 络合剂的研究[J]．腐殖酸，2002：26 - 28.

王克慧，陈立平．糠醛厂废渣、废水同步治理并生产优质环保有机肥[J]．中国环保产业，2003(2)：46 - 47.

王素芬，周凌云，苏东海．糠醛渣对亚甲基蓝的吸附性能和机理[J]．湖北农业科学，2010，49(10)：2422 - 2424.

徐泽敏，于广军，王春红．糠醛废水制备醋酸钙镁工艺中活性炭最佳吸附条件的试验研究[J]．安全与环境，2009，16(4)：52 - 54.

薛福连．利用糠醛残液生产树脂[J]．石家庄化工，2000(4)：14 - 16.

杨爱江，王其，李清，等．UV/Fenton 法和石灰混凝法联合处理五倍子[J]．贵州大学学报(自然科学版)，2011，28(6)．

姚中华，沈大勇．全球 CO_2 排放预测模型[J]．长沙大学学报，2011，25(2)：65 - 67.

殷艳飞，房桂干，邓拥军，等．两步法稀酸水解竹黄(慈竹)生产糠醛的研究[J]．林产化学与工业，2011，31(6)：95 - 99.

喻新平．利用醋酸废水制取醋酸钙镁盐[J]．化工环保，2002，22(4)：224 - 227.

臧花运，卢平，伊洪坤，等．松香废水处理技术及机理研究[J]．干旱环境监测，2008，22(4)．

张文华，田沈，钱城，等．生物质气化发电厂洗焦废水生物处理的中试研究[J]．环境科学学报，2004，24(6)．

张晓辉，刘家祺，贾彦雷．糠醛废水中的醋酸回收工艺[J]．化学工业与工程，2006，23(2)：142 - 146.

张云峰，陈丽敏，李兴奇，等．从糠醛废水中回收醋酸工艺研究[J]．东北师范大学学报(自然科学版)，2001，33(4)：66 - 71.

赵国明，于广军．利用糠醛废水生产环保融雪剂的工艺研究[J]．价值工程，2012，31(5)：

317－319.

赵肯延，秦炜，戴猷元. 利用醋酸稀溶液生产绿色化学品——醋酸钙镁盐的研究[J]. 化学工程，2003，31(1)：63－66.

朱慎林，朴香兰. 萃取—蒸馏法处理与回收糠醛废水中醋酸的研究[J]. 水处理技术，2002，28(4)：200－202.

ARIRREZABAL-TELLERIA I，LARREATEGUI A，REQUIES F，et al. Furfupral production from xylose using sulfonic ion-exchange resins(Amberlyst)and simultaneous stripping with nitrogen[J]. Bioreseurce Teehnology，2011，102(16)：7478－7585.

CHANG GEUN YOO，MONLIN KU，et al. Ethanol and furfural production from corn stover using a hybrid fractionation process with zinc chloride and simultaneous accharification and fermentation(SSF)[J]. Process Biochemistry，2012，47：319－326.

COOK J，BEYEA J. Bioenergy in the United States：progress and possibilities[J]. Biomass and Bioenergy，2000，18(6)：441.

FOUQUET D，JOHAN-ON T. European renewable energy policy at crossroads-Foeus on electricity support mechanisms[J]. Energy Policy，2008，36(11)：4079－4092.

GROSS R，LEACH M，BAUEN A. Progress in renewable energy[J]. Environment International，2003，29(1)：105－122.

HILLEBRAND B，BUTTERMANN H G，BEHRINGER J M，et al. The expansion of renewable energes and employment effects in Germany[J]. Energy Policy，2006，34(18)：3484－3494.

HRONEE M，FULAJTAROVA K. Selective transformation of furfural to cyclopentanone[J]. Catalysis Communications，2012，24(5)：100－104.

JEAN-PAUL LANGE，EEVERT VAN DER HHIDE，JEROEN VAN BUIJTENEN，et al. Fufural-a platform for lignocellulosic biofuels[J]. ChemSusChem，2012，5(1)：150－166.

JOHN J C，PAUL D H，JOSEPH A B，et al. Annual Energy Outlook 2012，DOE/EIA-0383[J]. Energy Information Administration，2012，6：106－115.

JUNGINGER M，SIKKEMA R，FAAIJ A，et al. Analysis of the Global Pellet Market Including Major Driving Forces and Possible Technical and Non-technical Barriers[J]. Intelligent Energy Europe，2009，2：33－34.

LAMERS P，JUNGINGER M，HAMELINCK C，et al. Developments in international solid biofuel trade-An analysis of volumes. policies，and market factors[J]. Renewable and Sustainable Energy Reviews，2012，16(5)：3176－3199.

PETROLEUM B. BP statistical reviewof world energy June 2016[R/OL]. (2016)[2016-06]. WWW. bp. com/statistical review.

RIANSA-NGAWONG W，PRASERTSAN P. Optimization of furfural production from hemicellulose extracted from delignified palm pressed fiber using a two-stage process[J]. Carbohy drate Research，2011，346(1)：103－110.

ROMAN-LESHKOV Y，BARRETT C J，LIU Z Y，et al. Production of dimethylfuran for liquid fuels from biomass-derived carbohydmtes[J]. Nature，2007，7147(447)：982－985.

WENJIE XU，QINENG XIA，YUG ZHANG，et al. Effective production of octane from biomass derivatives under mild conditions[J]. ChemSusChem，2011，4(12)：1758－1761.

XING R，SUBRAHMANYAM A V，OLCAY H，et al. Production of jet and diesel fuel range alkanes from waste hemicelluloses-derived aqueous solutions[J]. Green Chemistry，2010，12：1933－1946.

YOKOYAMA S Y, OGI T, NALAMPOON A, et al. Biomass energy potential in Thailand[J]. Biomass and Bioenergy, 2000, 18(5): 405 –410.

第 **2** 章

林产化工废水的来源与污染特征

按照《林产化学工业全书》分类，我国林产化工行业主要有松香、松节油加工、活性炭、糠醛、栲胶、制浆等学科。以此为依据，本章重点阐述松香及其衍生物、松节油加工、活性炭、糠醛、栲胶、制浆等典型林产化工的清洁生产与废水的来源、发生量和主要污染特征。

2.1   松香生产废水

我国松脂资源丰富，松林面积约 1600 万 hm²，年生产松香类产品 140 余万 t，是松香、松节油生产大国，松香、松节油出口在世界上占有举足轻重的地位，主要出口到欧盟、日本和美国。我国松香出口量已超过国际贸易量的 60%，"世界松香看中国"名副其实。松香、松节油是宝贵的可再生资源，是最主要的林产化工产品，松香、松节油经深加工后有 400 多种用途，广泛应用于胶黏剂、油墨、油漆、食品、纸张、肥皂、电器、农药、香料、医药和化妆品等行业中，是国民经济不可缺少的天然化工原料。

2.1.1   松香清洁生产工艺

根据不同的松香制取方法，松香被分为脂松香、木松香和浮油松香三种。

脂松香：直接用活松树的含油松脂作原料，采用水蒸气蒸馏，脱去松节油而得。这是我国目前松香的主要生产方法，故脂松香生产废水处理是本书的重点内容。

木松香：以松树桩、松根明子、松木碎片等为原料，筛选后，用溶剂（汽油等）萃取浸提、沉淀、脱色、蒸发回收溶剂、分馏而得产品。

浮油松香：以亚硫酸盐制木浆所产生的废液表面上的粗浮油作原料，经洗涤、酸解、油水分离、干燥脱水、预热、真空分馏等工序而得产品。

新中国成立初期我国松香松节油工业只能单一生产松香、松节油，现在已能生产 100 多种松香、松节油深加工产品，世界上几乎所有工业化的松香、松节油深加工产品，我国已都能生产。

2.1.1.1   滴水法树脂加工工艺

松脂加工的目的是将挥发性的松节油与不挥发的松香分离，并除去杂质和水分。最原始的方法是置树脂于金属容器中的直接火加热，低沸点的松节油先逸出，留下的便是松香。后来将水蒸气蒸馏工艺应用于树脂加工，分三工段：①树脂先熔解；②熔解、净制脂液，除去杂质和水分；③净制的脂液再以水蒸气蒸馏分离松节油和松香。松脂加工分连续式和间歇式两种。

滴水法是最早的树脂加工工艺，利用了水蒸气蒸馏原理——道尔顿气体分压定律，即互不相溶的混合物在受热时逸出蒸汽，其蒸汽的总压等于该温度下各组分蒸汽分压力之和，在多组分体系中，该体系的沸点较其中任一组分的沸点都要低。在滴水法蒸馏树脂过程中，当松脂加热到一定温度时，滴入适量清水，水很快变成水蒸气，松节油蒸汽在不太高的温度下与水一同蒸出，经冷却器冷却后进入油水分离器，分离后得

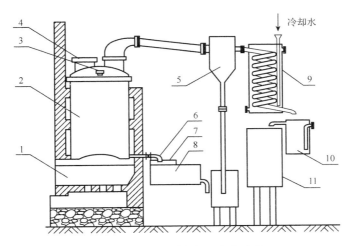

图 2-1　滴水法树脂加工设备流程

1. 炉膛；2. 蒸馏锅；3. 清水入口；4. 装料口；5. 捕沫器；6. 放香管；7. 过滤器；
8. 冷却槽；9. 冷凝器；10. 油水分离器；11. 松节油储槽

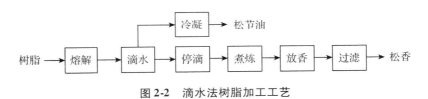

图 2-2　滴水法树脂加工工艺

成品松节油。

　　滴水法生产松香、松节油步骤如图 2-1，最适宜的蒸馏放香温度为 190℃~192℃，这是生产优质松香的关键。工艺流程如图 2-2。该工艺废水主要产自油水分离器，废水含有包括油类物质在内的各种有机污染物。

2.1.1.2　连续式水蒸气法

　　现代化的松脂加工多用连续式水蒸气蒸馏法，其典型的设备流程如图 2-3。松脂从上料螺旋输送机输入料斗，经螺旋给料器不断送入连续熔解器，并加入适量的松节油和水，在熔解器中松脂被加热熔解。熔解脂液经除渣器滤去大部分杂质，经过渡槽放出污水，再流入水洗器，用热水或搅拌、或对流、或通过静态混合器使之充分搅和，然后送入连续或半连续澄清槽，澄清后的脂液经浮渣过滤器滤去浮渣，流入净脂储罐，澄清的渣水间歇放出。中层脂液经澄清槽澄清后流入中层脂液压脂罐，再经高位槽返回熔解器回收。或者单独蒸煮黑松香，回收松节油。脂液泵将澄清脂液从净脂储罐抽出，经过转子流量计计量，预热器加热后送入连续蒸馏塔，有的工厂从预热器抽取部分松节油，油和水的混合蒸汽经分凝器分出蒎烯量高的油分，冷凝冷却、油水分离、盐滤后即得工业蒎烯产品，含蒎烯量相对较低的油分作为优油收集。脂液进入蒸馏塔后由间接蒸汽加热，直接蒸汽蒸馏，上段蒸出优油和水的混合蒸汽，下段蒸出重油和水的混合蒸汽，分别冷凝冷却、油水分离和盐滤后成为产品优油和重油入库。蒸馏塔

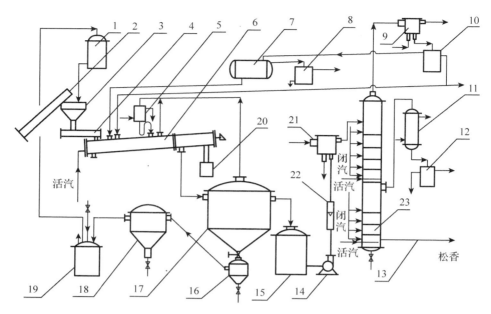

图 2-3　连续式水蒸气蒸馏法松脂加工设备流程

1. 熔解油贮罐；2. 螺旋输送器；3. 加料斗；4. 给料器；5、9、11. 冷凝冷却器；6. 连续熔解器；7. 优油储罐；8. 盐滤器；10、12. 油水分离器；13. 放香管；14. 脂液泵；15. 过滤器；16. 稳定器；17. 连续澄清槽；18. 中层脂液澄清槽；19. 压脂罐；20. 残渣受器；21. 脂液预热器；22. 转子流量计；23. 连续蒸馏塔

蒸出松节油后塔底连续放出松香，进行包装。

　　连续蒸馏塔形式有浮阀塔、浮动喷射塔两种，每块塔板上均有闭汽管加热，在段与段间用盲板分开，盲板上既有闭汽管，又有活汽管。靠降液管将各塔板与各段串联起来。脂液经预热后从塔顶第一块塔板进料，由各段顶部蒸出优、中、重油，或由分凝器将油分成两类，塔底连续放出成品松香。连续蒸馏特点是松香在高温区受热时间短，生产能力大，产品质量好。废水、废渣的排出如图 2-4，显示出连续式水蒸气蒸馏法松脂加工废水发生点，松香生产废水的发生量约为 1 m³/t~1.5m³/t。

2.1.1.3　间歇式水蒸气蒸馏法

　　间歇式蒸汽法树脂加工工艺多用于 1000 t/a~3000 t/a 规模。其工艺流程为：先将树脂加热并加入松节油和水，使之熔解为液态，滤去杂质，同时加入脱色剂，除去树脂中的铁化合物。再用热水洗涤，澄清，得净制脂液。净制脂液经过热水蒸气蒸馏，得到松香、松节油。

　　间歇式松脂加工生产设备流程如图 2-5。松脂贮脂池用螺旋输送机输入车间料斗，对生产量大的工厂还经过压脂罐用压缩空气压入车间料斗。树脂从车间料斗进入熔解釜，加入熔解油和水，至一定比例，放入适量草酸。以直接水蒸气（活汽）加热熔解，熔解脂液用水蒸气（闭汽）压入过渡槽，杂质残留在滤板上定期排出，熔解时逸出的蒸汽经冷凝冷却后返回釜中。从过渡槽放去大部分渣水的脂液间歇通过水洗器流入澄清

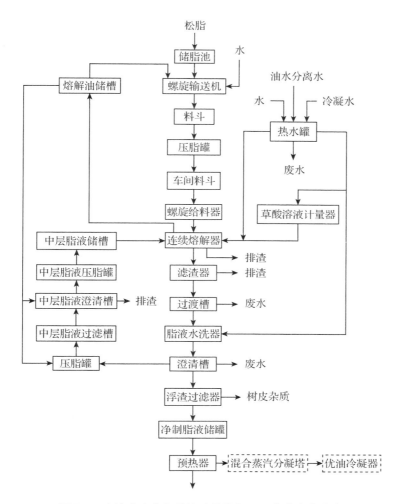

图 2-4　连续式水蒸气蒸馏法松脂加工工艺废水发生点

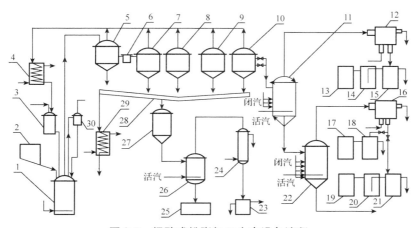

图 2-5　间歇式松脂加工生产设备流程

1. 熔解釜；2. 加料斗；3、17. 熔解油（中油）储罐；4、12、16、24、29. 冷凝冷却器（换热器）；5. 过渡槽；6. 过滤器；
7～10. 澄清槽；11. 一级蒸馏釜；13. 优油储罐；14、20. 盐滤器；15、18、21、23. 油水分离器；19. 重油储罐；
22. 二级蒸馏釜；25. 黑香或沉渣受器；26. 喷提锅；27. 中层脂液澄清罐；28. 排渣水槽；30. 分离器

槽。澄清脂液从澄清槽分次流入一级蒸馏釜，入釜前滤去浮渣，从一级蒸馏釜蒸出优油和水的混合蒸汽，经冷凝冷却器、油水分离器和盐滤器得到产品优级松节油。蒸完优油的脂液流入二级蒸馏釜，从二级蒸馏釜先后蒸出熔解油、水的混合蒸汽和重油、水的混合蒸汽，各组分分别经换热器和油水分离器后，熔解油直接送至熔解油高位槽稀释和熔解树脂。重油再经盐滤器除去残留于油中的水分得产品重油。脂液从二级蒸馏釜蒸完重油后得产品松香，放入松香储槽，分装于松香包装桶。

图 2-6 为间歇式水蒸气蒸馏法松脂加工流程废水排放点。

松香生产的废水污染源：①松脂加工过程中废水的主要发生源是树脂澄清器，占总加工废水的 70%~80%，其余废水主要来自油水分离器、盐滤器和储槽。②浮油松香加工过程中的废水，主要来自硫酸酸化硫酸盐皂所产生的含硫酸钠的酸性废水，浮油精馏过程所排出的含酚类衍生物、含脂肪酸废水。③明子松香加工废水主要来自精馏过程和溶剂回收过程。

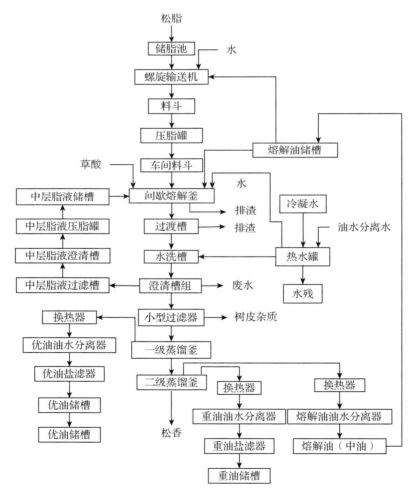

图 2-6   间歇式水蒸气蒸馏法松脂加工工艺废水排放点

2.1.1.4　松香的深加工

松香用途广泛，但本身存在一些缺陷，如易结晶、易氧化、酸价高、软化点低等，限制了松香的应用。根据松香分子的共轭双键、羧酸官能团的结构，进行分子改造，赋予松香新的特性，不仅能弥补松香本身的缺陷，而且可开发出新产品，提高松香的价值。

松香合成松香酯，如图 2-7。顺丁烯改性松香树脂合成，如图 2-8。松香改性酚醛树脂合成，如图 2-9。

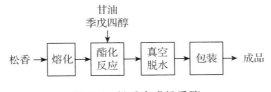

图 2-7　松香合成松香酯

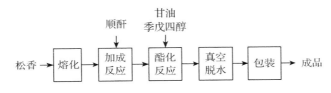

图 2-8　顺丁烯改性松香树脂合成

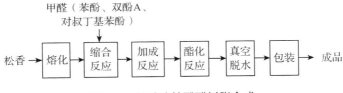

图 2-9　松香改性酚醛树脂合成

从上述松香深加工的技术路线可看出，在真空脱水单元，会产生含大量有机污染物的废水。

2.1.2　松香深加工废水

松香深加工废水具有成分复杂、有机污染物浓度高、分子质量大、难降解、易溶于水的特点。其中生产松香甘油酯产品所使用的甘油，在生产过程中产生甘油水解物在抽真空过程中进入废水。甘油与废水以任意比例互溶，难以降解。产生的混合废水水量相对较大，按生产松香树脂 100 t/d 计，真空泵耗水约 40 m³/h，废水中有机污染物种类及浓度变化也相对较大，COD 值为 2000 mg/L ~ 4500 mg/L。

松香深加工废水主要包括以下几部分。

2.1.2.1　酯化反应前真空吸料过程产生含油废水

松香的熔解液温度通常达到 150℃ ~ 180℃，真空吸料过程由于压力的降低，残留在松香中的重油有部分挥发出来，这些重油气体部分冷凝汇集于真空缓冲罐，未能冷凝的部分在经过水环真空泵时与水混合形成含油废水。

2.1.2.2　高真空蒸馏初期产生前馏分

为了获得颜色更浅的松香或改性松香，往往在较高的真空度和较低温度条件下将松香或改性松香蒸馏出来，蒸馏前期切除颜色较深的前馏分，这些前馏分主要包括松节油重油、脂肪酸和少量的树脂酸，并贮集在前馏分储槽中。

2.1.2.3　高真空蒸馏过程产生含油废水

由于在高真空和高温条件下，会不可避免地有部分松节油重油和松香或改性松香的脱羧产物以气体的形式，并可能夹带微量的脂肪酸和树脂酸，通过真空处理系统的惰性除沫器、离心除沫器和真空缓冲罐等设备，直至真空机组，部分冷凝成废油集结于上述各处理设备中，未冷凝部分在经过水环真空泵时与水混合形成含油废水。

2.1.2.4　酯化反应及后期真空处理过程产生含油废水

在酯化反应过程中，生成反应水（水蒸气），夹杂少量在高温下挥发的松香残留重油，以及高温下可能出现的醇类氧化（分解）物，经冷凝冷却器后形成含油废水汇集在冷凝液储槽，未完全冷凝的小部分气体，由冷凝液储槽排空管排出，或经空气自然冷却，或强制冷却后形成含油废水排出。其次，在酯化反应后期的抽真空过程中仍残留的前述物质，加上松香的脱羧产物，反应过程可能添加的抗氧剂、防老剂的残余物或转化物，绝大部分被抽出并经冷凝器冷却后形成含油废水，汇集在冷凝液储槽，另有部分冷凝成废油集结于真空缓冲罐中，少部分在经过水环真空泵时与水混合形成含油废水。

2.1.2.5　冷香熔解过程产生废油

在合格的商品松香中，松节油重油的残留量通常占松香质量的3%左右，当松香重新加热熔解时，残留在松香中的重油部分挥发出来，或经空气自然冷却或强制冷却后冷凝成废油排出。

2.1.2.6　含油废水的收集

强化冷却松香熔解釜和反应釜，冷凝液储槽的放空管容易被忽略，通常检修时会将油气直接排空，油滴和油气不但污染环境，也会引发事故。针对这一问题，可对放空管采取外加夹套管循环冷却水强化冷却，熔解釜放空管设置废油缓冲罐后再二次排空，反应釜冷凝液储槽的放空管的废油使油气冷凝后直接回流冷凝液储槽，可较好地解决油气直接排空的问题。

管道输送松香树脂生产过程，废油产生点多而分散，直接排放不仅工人劳动强度大，也容易污染生产场地和环境。将各废油生成罐的排污阀用管道连接起来，或根据设备的安装操作位置，从顶部插入吸液管，经废油总管与废油回收主罐连通，定期排放。在容易出现树脂酸结晶析出，或废油温度下降、黏度增大的设备上，设置外夹套导热油加热和保温，确保废油的彻底排出和输送通畅。

2.1.2.7　斜板隔油池

吸油系统废油回收罐是一个底部带有加热夹套的卧式罐，设有真空接口、液位视镜、排液窥镜、吸/排油管口等接口。操作时，可利用真空将各废油收集点的废油（水）吸至该回收罐，适当加热以降低废液的黏度，静置，由于油与水的密度不同，废水自然沉降分离，从液位视镜观察，如废油层透明性好，说明油水分离彻底，缓慢打开罐底排水阀，通过窥镜观察将下层废水排出，油水混合层排出后仍可做二次回收，确认油层底液位低于排油管口后，将废油装桶。隔油池及其集油吸油系统由进水口、进水池、过水井口、斜板、集油斗、U 形管、吸油槽以及油层液位视镜、排水口等组成。集油斗是一个方形大漏斗，其周边长，接触面宽，便于浮油快速溢流进入集油斗，集油斗比正常液面高 2 cm~3 cm。U 形管连接集油斗和吸油槽，浮油进入集油斗后通过 U 形管进入吸油槽，吸油槽底比正常液面低 10 cm~15 cm，在吸油槽将浮油吸入废油回收罐。操作时，操作人员经油层位视镜观察油层厚度，当浮油有 10 cm 左右厚度时进行操作：首先关闭出水阀提升池内液位，并打开 U 形管道阀门，当液面与集油斗同高时，浮油开始溢流进入，并通过 U 形管溢流入吸油槽，继而在吸油槽将浮油吸入废油储罐；通过视镜观察，当至油层较薄时重新打开出水阀，池内液面慢慢回到正常位置，操作人员将吸油槽内的油吸完后关闭 U 形管阀门，完成一个吸油回收周期。

基于真空泵以外的废油、废水含油量较高，以及油水易于分层分离，由各支管经总管直接排入废油回收罐；而真空泵排出的废水也含有一定的油类，且乳化程度较高，油水不易分离，须先排入斜板隔油池，进行分离浓缩后再吸回废油回收罐作回收处理。经过前述工序的处理，松香树脂生产过程 95% 以上的废油可得到回收，并可直接作为副产品出售。

废油回收罐及含油废水分离系统如图 2-10 所示。

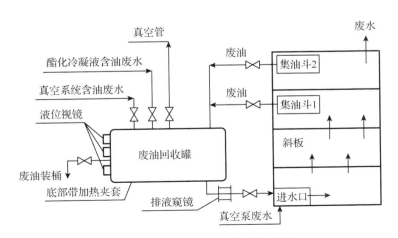

图 2-10　松香厂含油废水分离系统

松香树脂生产的废油废水来源分散，根据实际的分布状况加强收集回收，可大大改善车间环境。松香树脂生产的废油废水的污染主要为有机污染，COD 浓度高，治理分为前处理和后处理两部分，前处理主要使用物理方法，对废水中的废油进行回收；后处理主要采用物化处理和生化处理相结合的方法，可有效降低废水的 COD。经过前处理工段，生产过程的废油回收率可达到 95% 以上，排出的废水 COD 浓度可由很高的 60 000 mg/L 降到 400 mg/L~500 mg/L。

松脂加工废水水量不大，但污染负荷较高。废水中含有未回收的松脂、松节油、在加工过程中加入的草酸，还含单宁、糖类等，pH 3~4，COD 5000 mg/L~15 000 mg/L，树脂含量 1300 mg/L~3300 mg/L，悬浮物 1000 mg/L~3000 mg/L，松香生产过程中排放的废水温度高（70℃~85℃）、悬浮物多（2000 mg/L）、pH 值较低（pH = 2~3）、BOD 与 COD 比值低（669/10 900）、色度高（400 倍）、含油量大，且含有相当部分的乳化油和溶解油成分，是一种难处理的工业废水。

2.1.3 松香生产废水污染特征

废水中的污染物的组成、污染负荷量及排放量随原料品种、加工工艺方法及设备等条件而异。松脂加工废水是量小、负荷高的有机毒性废水。废水中含有树脂类（如左旋海松酸、枞酸、长叶松酸、海松酸等）、萜烯类物质（α-蒎烯、β-蒎烯、苧烯、倍半萜烯）及水溶性物质（糖类、单宁及其他）。由于废水中含树脂酸类物质，它的自然降解过程须消耗水体中的溶解氧，对鱼类等水生动物产生危害。研究表明，树脂酸对鱼类的致死极限浓度为 1 mg/L。以下列举了几个主要松香生产省份的废水情况。

2.1.3.1 福建

福建某松香厂日发生松香生产废水 24m³，其澄清锅废水（经 0.8mm 筛网过滤）（废水 I）和总排污口（废水 II）二者的污染负荷见表 2-1。

表 2-1 福建某松香厂的废水污染负荷

项目	单位	废水 I	废水 II	排放标准
COD	mg/L	8376	980	<100
SS	mg/L	1138	78	<500
TS	mg/L	1174	792	—
硫化物	mg/L	0.256	—	<1
乙醚萃取物（树脂）	mg/L	1428	247	—
单宁酸	mg/L	35.2	1.8	—
酸值	mg/L	23.38	0.699	—
还原糖	mg/L	2.94	—	—
酚类	mg/L	3.7	0.12	—
铁类	mg/L	1.72	0.24	<0.05
色度	倍	3488	1200	≤15

福建某林产化工有限公司是一家以加工生产脂松香、浮油松香和松香树脂的股份制企业，年生产脂松香、浮油松香、松香树脂 8000t，日发生生产废水约 $100m^3$，pH 2.75~5.5，酚 0.1mg/L~0.17mg/L，SS 80mg/L~1030mg/L，COD 1000mg/L~5264mg/L，油类 100mg/L~1771mg/L。该厂废水固形物色谱分析见表 2-2。

表 2-2 福建某林产化工厂废水固形物色谱分析

污染物类别	有机物	含量(%)
脂肪酸	十六酸	1.260
	二十酸	0.740
树脂酸	海松酸	4.743
	异海松酸	0.932
	长叶松酸 + 左旋海松酸	11.589
	去氢枞酸	0.782
	枞酸	42.284
	新枞酸	2.123

福建某松脂有限公司是一家主要生产松香树脂中间体的企业，生产过程中排放含有大量松脂、松节油等成分复杂的高浓度有机废水，生化性极差，该厂废水处理工程在国内尚无成功的实例。该公司有两条年产 1 万 t 马来松香树脂中间体生产线，平均日产 100t 马来松香，每天排放废水 $160m^3$，工艺设计按一天 24h 连续运行，即处理规模 $6.7m^3/h$。待处理废水包括生产工段废水、车间冲洗废水和松脂保养废水。生产工段排水量约 $1.3\ m^3/$ t 松香，占废水总量的 80%，内含成分复杂，污染物浓度高。混合废水的 COD、SS、油脂和 Fe^{2+} 等指标均较高，BOD/COD 值小于 0.1，生化性差(表 2-3)。

表 2-3 福建某松脂有限公司废水和回用水指标

废水种类	COD (mg/L)	SS (mg/L)	Fe^{2+} (mg/L)	色度(倍)	pH
综合废水	4000~10 000	1500~3000	5~16	—	1~2
回用水	≤1500	≤70	≤0.2	≤15	6~8

松脂加工废水中含有大量松脂，黏度大，容易堵塞管路，须经完善的预处理后方可进入主体处理设施，设计时沉渣池和隔油池要有足够停留时间，使废水冷却，松脂充分析出。同时输送管路要尽量短，方便拆卸清通，尽量保持连续运行。虽然气液混合泵的溶气效果仅有常规加压溶气方式的 65%~75%，但其设备简单，操作方便，且没有释放器的堵塞问题，在某些小规模废水处理中更有优势。

2.1.3.2 广西

广西中部某林产化工厂生产脂松香和聚合松香，该厂废水的主要成分为草酸盐、单宁酸、有机色素、乳化的松脂和松节油，含硫、锌的化合物，其生产废水污染负荷见表 2-4。

　　广西东部某林产化工厂年产脂松香30 000t、樟脑1000t、松节油4200t，生产废水含烧碱、无机酸、甲酸、乙酸、甲苯、樟脑、异龙酸、松节油、松脂等，其生产废水污染负荷见表2-5。

　　广西桂林某林化厂松香生产废水污染负荷见表2-6。

表2-4　广西中部某林产化工厂的废水污染负荷

项目	单位	综合废水
COD	mg/L	1800~5000
SS	mg/L	500~1000
硫化物	mg/L	2~5
锌含量	mg/L	100~230
pH	—	3~4

表2-5　广西东部某林产化工厂的废水污染负荷

项目	单位	综合废水
COD	mg/L	2048
SS	mg/L	4322*
硫化物	mg/L	0.01
挥发性酸	mg/L	0.01
pH	—	3.5
颜色	—	黑褐色

＊含锅炉冲渣废水。

表2-6　广西桂林某林化厂松香生产废水污染负荷

监测项目	单位	处理前
pH	—	3~4
SS	mg/L	500~1000
COD	mg/L	1800~5000
硫化物	mg/L	2~5
锌含量	mg/L	100~230

　　广西某林产化工有限公司承担国家火炬计划项目"年产1500t无色松香（水白松香）和1000 t无色松香酯（水白松香酯）"的建设任务以后，开发了3大类近20个品种的产品，并经过两期扩产，松香树脂的生产能力超过万吨，成为国内最大的松香树脂生产厂家之一。主要包括水环真空泵运行用水排出的废水，约30 m³/h，有机化学反应废水，约6 m³/d~10m³/d，以及其他系统设备不定期排出的少量废油废水。水环真空泵运行用水排出的废水，夹带有一定的油类，且乳化程度高，COD浓度约为600 mg/L，水温30℃左右。合成反应废水中也含有一定的油类，是由季戊四醇和甘油等多元醇与树脂酸反应生成的废水，所含有机物浓度高，污染物构成较为复杂，大部分溶于水或乳化，pH值约为2。

2.1.3.3　安徽

　　安徽某林产化工厂是我国较大的林化企业之一，年生产能力为松香5000 t、松油醇系列产品2000 t、天然级香兰素8 t。生产过程中排放大量含油废水，主要含有无机酸、树脂酸、萜类化合物、松油醇、SO_4^{2-} 等，COD 较高，是一种较难处理的废水。废水主要由锅炉车间、炼香车间、松油醇车间及香兰素车间排放，各车间排放的废水经专用管路，进入废水处理车间。生产车间混合废水检测指标为：水量 3.5 m^3/h，SS 417.9 mg/L，COD 5207 mg/L，Ar-OH 0.544mg/L，Oil 6.38 mg/L，CN^- 0.014 mg/L（表 2-7）。

表 2-7　安徽某林化厂的废水污染负荷

项目	单位	综合废水	项目	单位	综合废水
COD	mg/L	5207	pH	—	2.2
TSS	mg/L	2860	颜色	—	乳黄色
树脂	mg/L	1342			

2.1.3.4　广东

广东某林产化工公司主要产品是松香和合成樟脑，废水主要来源为松香车间的澄清工段排放水和樟脑车间离心工段的洗涤水，总水量约 1000 m^3/d。该公司废水水质情况见表 2-8。其中松香废水和樟脑废水的比例约为 1:2。废水颜色为乳白色，在空气中放置久了就会被氧化成为灰蓝色。原废水中悬浮物和油类物质比较多。松香废水的有机物浓度高。而樟脑废水水量大，将两种废水混合后 COD 在 2000 mg/L 左右，BOD 为 300 mg/L~500 mg/L。而 pH 在 5 左右，有利于内电解和后续生物降解过程的进行。

表 2-8　广东某林产化工公司的松香、樟脑废水污染负荷

废水种类	COD（mg/L）	SS（mg/L）	pH
松香生产	1500~8000	400	3~5
樟脑生产	<500	200	4~6

2.1.3.5　湖北

表 2-9 显示湖北某松脂加工企业生产废水情况，表明不同产品生产废水特征差异明显。炼脂松香废水酸性强，悬浮物含量和 COD 都高，可生化性较差；歧化松香废水碱性强、COD 高，有特殊气味，可生化性一般；二氢月桂烯醇废水 COD 最高，难生化处理；洗涤废水悬浮物含量高，COD 也超标。

表 2-9　湖北某松脂加工企业生产废水污染负荷

废水种类	COD（mg/L）	SS（mg/L）	pH	水量（m^3/d）
脂松香	10 000~25 000	1000~2500	1.5~3.0	310
歧化松香	20 000~28 000	100~200	12~13	95
二氢月桂烯醇	30 000~35 000	—	6.5~7.0	25
洗涤	300~400	2000~4000	6.0~6.5	1000

2.2　松节油加工废水

松节油是世界上产量最大的一种天然芳香油，年产量约 27 万 t，中国年产 6 万 t，居世界第二。用松脂加工成固体松香时，可同时得到液体松节油。松节油透明无色，易挥发，具有芳香气味。通常所指的松节油是以单萜为主要成分的混合液体，简称优油。以倍半萜长叶烯和石竹烯为主要组成的混合液体，简称重油。松节油是一种优良的溶剂，能与乙酸、乙醇、苯、二硫化碳、四氯化碳和汽油等互溶，但不溶于水。松节油最主要组分是 α-蒎烯和 β-蒎烯，两者含量之和约占松节油 90%。α-蒎烯和 β-蒎烯分子特有的双键结构，可以发生加成、异构化、氧化、聚合和热裂等诸多反应，可合成多种化工产品，如合成樟脑、合成龙脑、松油醇、芳樟醇、合成檀香、乙酸诺甫酯、甲酸长叶酯、异长叶烷酮、乙酰四氢萘、四氢萘酮、萜烯树脂等。这些产品广泛应用于香料、涂料、橡胶、油墨、胶黏剂、医药、新型材料和生物活性化合物。松节油大量来自于木本植物，是精细化工、合成工业重要的可再生的生物质原料。

2.2.1　松节油清洁生产工艺

松节油是松香的天然伴生产物，生产加工废水的可生物处理性与松香加工废水有一定的相似性。松节油的深加工在不断开拓，但松节油加工废水处理尚处于研究开发阶段。

2.2.1.1　合成樟脑

我国政府颁布的《环境标志产品技术要求　防虫蛀剂》（HJ/T 217—2005），明确规定合成樟脑是安全型防虫蛀剂的主要成分之一，规定安全型防虫蛀剂中不得含有对健康有害的萘和对二氯苯，这从法律层面上规范了合成樟脑是安全的民用产品及日用制品。天然樟脑由于其优异的环保安全型驱虫特性，受到百姓的青睐。但天然樟脑资源稀缺及资源保护等原因已经远不能满足日益扩大的樟脑市场需求。因此，以松节油为原料生产的合成樟脑应运而生，合成樟脑是利用松节油中蒎烯组分经化学加工得到的无旋光的樟脑。松节油资源丰富，且合成樟脑与天然樟脑在化学性质及应用性能等方面没有本质区别，合成樟脑作为环境友好型的驱虫剂、芳香剂商品，完全可以替代天然樟脑。松节油合成樟脑工业近年得到了较大的发展，国内年生产量在 1.63 万 t，出口量在 1 万 t 左右。松节油生产合成樟脑的成熟方法主要有两种，区别在于从莰烯制备异龙脑的过程，即所谓的酯化-皂化法和水合法，大部分企业使用酯化-皂化法，有少数企业使用水合法，目前这两种方法并存，都在使用。其具体合成路线如图 2-11。

（1）酯化-皂化法

松节油（α-蒎烯）经异构化后生成莰烯，莰烯酯化后生成乙酸龙脑酯，乙酸龙脑酯皂化后生成异龙脑，异龙脑脱氢后生成樟脑。

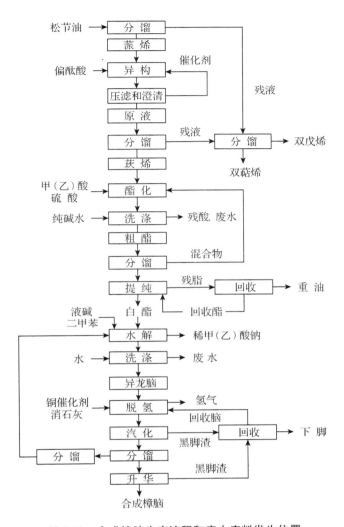

图 2-11　合成樟脑生产流程和废水废料发生位置

该法的主要特点是工艺技术成熟，产品质量稳定，生产能力大。

（2）水合法

松节油（α-蒎烯）经异构化后生成莰烯，莰烯经水合反应后生成异龙脑，异龙脑脱氢后生成樟脑。

该法的主要技术特点是减少了一步化学反应，工艺技术成熟，比较容易获得级别高的医药级合成樟脑产品，但松节油单耗较高，同时也存在着生产能力不易扩大、需要增加一些附属的后处理工艺等不足。

（3）生产技术改进状况

上述两种生产技术的工艺和设备，在生产实践中不断得到了改进和发展，产品质量得到提高。清洁生产中最大的改进在酯化工段，废除了环境危害大的浓硫酸催化剂，采用了安全的阳离子树脂膜催化剂或阳离子交换树脂催化剂。蒋爱萍等报道使用阳离子交换树脂催化剂代替离子膜催化剂使莰烯转化率提高 10% 以上，而异龙脑酯收率提高 12% 以上，反应时间、副产物、原料消耗得以减少；唐宝源等改进莰烯分馏塔，釜液中莰烯残留量降至 0.5%~0.8%，塔顶莰烯纯度提高到 98% 以上。同时改进樟脑分馏塔板效率，提高了医药级樟脑的产出比例；詹才立改进了异构锅的阀门位置；邓建明改进了超温电铃报警系统，减少或消除了异构锅喷料的不足；钟庆有、曹正梁等分别改进了水合法工艺的溶剂系统；邹志平等采用固体超强酸脱水剂从水合莰烯回收莰烯；朱明华等改进了水合法的脱氢工艺；杨洪武等在合成樟脑生产线上引入了 SPC 计算机监控系统。经过技术革新及改进，各生产企业有效控制了生产成本，目前采用酯化-皂化法的松节油单耗基本上能控制在 1.5 t/t 左右，采用水合法松节油单耗能控制在 1.8 t/t 左右。

2.2.1.2　合成龙脑

合成龙脑又称冰片或三甲基-2 莰醇，分子式 $C_{10}H_{18}O$，为无色或白色半透明六方形结晶体，气清香、味辛凉，用于迷迭香、薰衣草型香精，或用于神经系统类药物，主要用作兴奋剂和收敛剂，经典药品为冰硼散。α-蒎烯在 GC-82 型强酸性固体酸催化作用下可以直接水合一步生成龙脑和松油醇，还产生副产物萜烯。此反应是立体选择性的，得到的成品中含龙脑 92.23%，异龙脑 7.77%。固体酸催化水合法合成龙脑的工艺流程如图 2-12，冰片生产流程及废水排放节点如图 2-13。

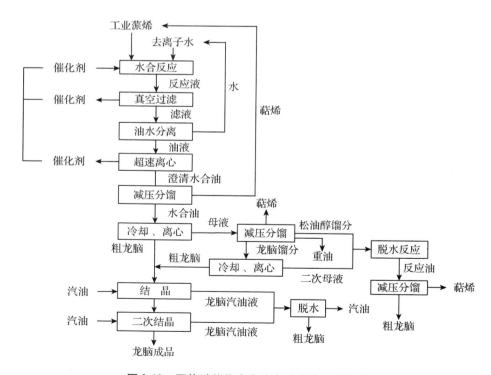

图 2-12　固体酸催化水合法合成龙脑工艺流程

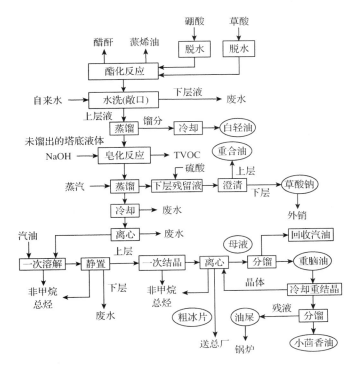

图 2-13 冰片生产流程及废水排放节点

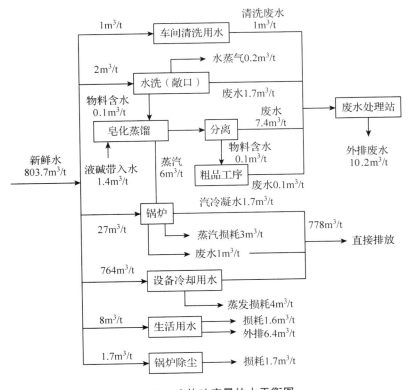

图 2-14 冰片吨产量的水平衡图

从图 2-14 看出，冰片生产用水量较大，吨产品用水 803.7m³，但其中 778 m³ 为冷却用水，经适当处理后再回用，仅 10.2 m³ 污染高的废水需专门处理。

2.2.2 松节油生产废水污染特征

国内对松节油生产废水研究的文献资料很少，随着社会对环境的重视，近年已有人开始研究松节油生产废水，预计今后几年将会有越来越多的相关文献资料出现。表2-10~表 2-12 列出了我国南方几家松节油加工企业废水的污染负荷。

表 2-10   广东某香料公司生产废水污染负荷

指标	单位	含量	平均
COD	mg/L	13 500~28 000	17 730
BOD	mg/L	2190~2870	2305
色度	倍	580~1100	724
动植物油	mg/L	65~108	88
NH_3-N	mg/L	0.24~1.70	1.22
pH	—	2.10~3.43	2.78
BOD/COD	—	0.11~0.20	0.13

表 2-11   广东某松节油公司生产废水污染负荷

指标	单位	含量	指标	单位	含量
COD	mg/L	5840~7820	NH_3-N	mg/L	0.2~1.2
BOD	mg/L	534~725	pH	—	2.42~3.16
色度	倍	210~286	BOD/COD	—	0.09
动植物油	mg/L	850~1500			

表 2-12   福建某松节油公司生产废水污染负荷

指标	单位	含量	指标	单位	含量
COD	mg/L	40 000~60 000	NH_3-N	mg/L	0.6~2.4
BOD	mg/L	500~3000	pH	—	2~4
色度	倍	500~1000	BOD/COD	—	0.01~0.05
动植物油	mg/L	850~1500			

综合表 2-10~表 2-12 可知，松节油加工废水 COD 为 5840 mg/L~60 000 mg/L，BOD 534 mg/L~3000 mg/L，浓度很高且波动范围大，随各企业生产工艺、清洁生产水平的差异而有所不同。BOD/COD 范围 0.01~0.20，比值很低，一般认为废水的 BOD/COD 低于 0.3 时，生物处理就较困难。松节油加工废水 BOD/COD 偏低的原因可能是废水含可生化的物质含量较低，另一原因是废水中含对微生物有毒性的化合物较多。松节油加工废水含油较多，达 88 mg/L~1500 mg/L，因此对废水先应除油预处理，再进行后续物化、生化处理。

2.3　糠醛生产废水

自从 1922 年糠醛首次在美国商业化生产以来，糠醛工业发展已有近百年历史。在 30 年代~40 年代，糠醛作为化工原料曾经有过极其辉煌的历史，在 50 年代以后伴随石油工业的兴起，大量的石油化工产品逐渐取代糠醛，糠醛市场基本处于停滞阶段。在 80 年代以后，随着能源危机的到来，石油价格大幅上扬，糠醛市场又迎来了新的春天。从 90 年代以来，糠醛行业发展迅速，整个世界糠醛消费量由 1995 年的 20 万 t 增加到近年的 100 万 t。我国现有糠醛生产企业 300 余家，年产量 30 万 t，年出口量为 3 万 t~6 万 t。我国既是糠醛产量最大的国家，也是糠醛出口大国。我国糠醛生产企业主要集中在原料来源地附近，即我国的玉米种植带，主要分布在东北和华北以及内蒙古地区。

糠醛是重要的化工产品，学名为 α-呋喃甲醛，纯糠醛无色、有苦杏仁味、油状液体，曝露在空气中的糠醛颜色变深，呈黄色。糠醛是由植物纤维水解生成的呋喃族杂环化合物，迄今为止，糠醛只能以植物纤维为原料制得，是为数不多的几种以植物纤维素类生物质为原料大规模商业化生产的生物基平台化合物，可以通过氧化、氢化、缩合等反应制取多种衍生物，可用于化学中间体、溶剂、添加剂等，可替代许多石油产品，以糠醛为基础原料的下游化工产品可以达到 1600 多种，广泛应用于医药、农药、树脂、橡胶、日化、铸造、纺织和石油等行业。近年来，它又被进一步开发利用，生产 1，5-戊二醇等高附加值精细化学品以及生物汽油、生物柴油、航空燃料等各类生物燃料。在人类担忧石化资源日益枯竭的今天，作为我国丰富的可再生资源的糠醛越发突显其特殊的价值，促使国内外许多研究人员致力于从林木、竹纤维、甘蔗渣等更多种类的农林剩余物中提取糠醛。糠醛最早的生产工艺由米糠和稀酸加热制取。现在主要由富含聚戊糖的玉米芯或其他部分生物质原料经水解和脱水两步而成。糠醛的生产过程是典型的生物质炼制产业，我国自 20 世纪 60 年代自行设计建设了第一批糠醛生产线、生产装置在天津投产以来，糠醛生产取得了快速发展。

由于糠醛生产一度属耗能高污染重行业，在 20 世纪 80 年代开始，欧美以及日本等发达国家逐步淘汰了糠醛生产线。目前糠醛生产主要集中在中国、巴西、多米尼加、伊朗等发展中国家，我国作为发展中国家逐渐承接这项产业转移，虽然糠醛生产可以带来经济效益，但是如何摆脱产率低、能耗高、污染重等困扰，亟须推进清洁生产技术，最大程度减少物料和能源的消耗，减少污染物的排放。

2.3.1　糠醛清洁生产工艺

许多聚戊糖含量高的植物纤维素类生物质都可以作为生产糠醛的原料（表 2-13）。随着造纸工业生物质精炼技术的发展，人们试图先从木材原料中提取糠醛后再制浆。目前，工业上主要以半纤维素含量很高的玉米芯和甘蔗渣等为原料生产糠醛。由木质纤维素生产糠醛要经历半纤维素水解生成戊糖和戊糖脱水环化生成糠醛两个反应步骤，根据水解和脱水环化两步反应是否在同一个反应釜内同时进行，分为糠醛生产一步法

表 2-13　各类原料聚戊糖含量(占绝干基)

原料名称	聚戊糖(%)	原料名称	聚戊糖(%)
桦树	25.9	玉米芯	35~40
杨树	22.6	玉米秸	24.6
桉树	21	小麦秸	25.6
油茶壳	24~27	高粱壳	23.2
橡碗壳栲胶渣	27.4	燕麦壳	32~36
橡树栲胶渣	19~20	棉籽壳	28
甘蔗渣	25.6~29.1	稻壳	16~22
甘蔗髓	29.1		

工艺和两步法工艺。

　　由木质纤维素制取糠醛过程包含两个反应步骤,植物纤维素中的半纤维素首先水解主要生成戊糖,戊糖再经脱水环化反应转化成糠醛,其反应原理如下所示:

$$(C_5H_8O_4)_n + nH_2O \xrightarrow[\triangle]{H^+} nC_5H_{10}O_5$$

$$C_5H_{10}O_5 \xrightarrow[\triangle]{-3H_2O} C_5H_4O_2(糠醛)$$

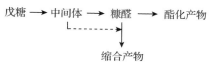

图 2-15　戊糖的转化

　　其中第一步半纤维素在较温和的反应条件下即可发生水解反应,并且水解反应速度很快,半纤维素转化率可达 95% 以上;而第二步戊糖脱水环化反应速度较慢,同时还有副反应发生,反应过程如图 2-15 所示。

2.3.1.1　传统一步法生产工艺

　　糠醛从 1922 年开始工业化生产至今,所有的糠醛工业化生产工艺都属于一步法生产工艺。经过近一个世纪的发展,糠醛的生产技术有了很大程度的进步,从最初的单锅蒸煮,发展到了多锅串联以及连续生产工艺,单位生产能耗大幅降低,产品质量得到显著提高。目前国内外糠醛生产企业应用较广的工艺主要有 Quaker Oats 工艺、Agri-furan 工艺、Petrole-chimie 工艺、Escher Wyss 工艺、Rosenlew 工艺及 RRL-J 工艺等。

　　由于戊糖在反应生成糠醛的条件下同时伴有消耗糠醛的副反应发生,为了获得较高的糠醛收率就必须及时把反应生成的糠醛转移出反应体系。传统工艺中都是靠往反应釜中连续通入蒸汽的方式把反应生成的糠醛及时带出反应体系。目前,我国糠醛生产主要以玉米芯为原料,95% 以上的生产企业采用稀硫酸作催化剂,生产工艺主要步骤如图 2-16 所示。

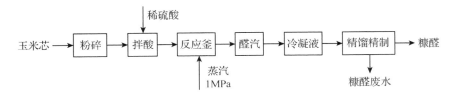

图 2-16　玉米芯制取糠醛

风干的玉米芯含水量约 15%~20%，经筛选去除杂质后，再经粉碎，粒径一般为 1 mm~3 mm，与 4%~8% 的稀硫酸混合，液固比（质量比）值 0.3~0.6，经搅拌机拌匀后，直接装入反应釜；从反应釜底部通入饱和蒸汽加热，压力 0.3 MPa~0.8 MPa（135℃~175℃），水解时间 2 h~6 h；反应过程生成的糠醛被不断通入的蒸汽带出反应体系，醛汽质量分数为 4%~6%，醛汽冷凝液通过分离工序获得糠醛产品和糠醛废水。目前我国糠醛生产中，每生产 1t 糠醛消耗约 12t 玉米芯和 20t~24t 蒸汽，糠醛收率 45% 左右，产生约 24m³ 废水，废水中主要含有乙酸、甲酸和糠醛等有机物，化学耗氧量 COD 值高达 15 000 mg/L，对环境污染极其严重。

工业上糠醛精制普遍采用蒸馏法，由最初简单蒸馏、间歇精馏，发展到三塔连续精馏、四塔连续精馏以至五塔连续精馏流程。三塔式连续精制流程，包括初馏塔以及干燥塔和精制塔，从初馏塔顶采出低沸物，塔侧线液相采出醛液。四塔工艺与三塔工艺的主要区别在于增加了专门的脱轻塔，即低沸物采出任务由脱轻塔承担。五塔精制工艺是在四塔流程基础上增加水洗塔去除糠醛中含有的有机酸，省去了以往在进干燥塔前的加碱中和工序，降低了糠醛产品醋酸钠杂质，提高了产品质量，其工艺流程如图 2-17 所示。

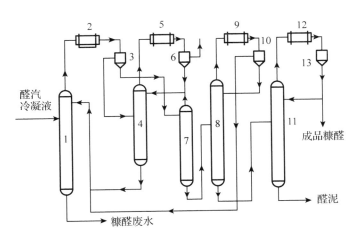

图 2-17　五塔精制糠醛工艺流程

1. 初馏塔；2、5、9、12. 冷凝器；3、10. 分醛罐；4. 脱轻塔；
6、13. 回流罐；7. 水洗塔；8. 干燥塔；11. 精制塔

传统糠醛生产工艺中，在反应阶段靠蒸汽把反应生成的糠醛带出反应体系，受汽—液平衡和反应进程的限制，醛汽中糠醛浓度很低，醛汽冷凝液经分离后获得糠醛产品和糠醛废水，大量的蒸汽最终以糠醛废水的形式排放。生产实践表明，反应阶段能耗远高于精制阶段，用蒸汽夹带转移糠醛是造成当前糠醛生产高能耗和大量废水产生的根本原因。

2.3.1.2　连续管式反应工艺

经过不断探索创新，近年出现一种连续管式反应器生产糠醛的工艺，硬木粉碎后悬浮在酸性浆液（0.2%~2.0%）里进入连续管式反应器，注入饱和蒸汽使操作温度维持在 230℃~250℃，保持较短的停留时间（5 s~60 s）。该工艺先后进行了实验室和工厂规模的研究，糠醛收率可达 70%。

长期以来，各国学者对戊糖制取糠醛技术的研究一直没有停止，主要有超临界 CO_2 反应萃取工艺和溶剂反应萃取工艺。Kim 等选用硫酸化的二氧化钛和氧化锆作催化剂对超临界 CO_2 萃取工艺进行了研究。研究结果表明：木糖的初始质量分数 2.0%、反应温度 180℃、固体酸催化剂质量浓度 20 g/L、CO_2（常压）流率 5 L/min，以二氧化钛和氧化锆作催化剂所得糠醛收率分别约为 60% 和 50%，而没有超临界 CO_2 萃取时收率分别约为 35% 和 25%。

2007 年，Sangarunlert 等对采用超临界 CO_2 萃取工艺由稻壳制取糠醛过程进行了研究，先用稀硫酸预水解稻壳，然后不断往反应体系通入超临界 CO_2 来把反应生成的糠醛从反应体系转移出来，最优反应条件为：反应温度 453 K、预水解 8 min、硫酸质量分数 7%、超临界 CO_2 流率 1.7×10^{-4} kg/s、液固比值为 1 时，糠醛收率大于 90%。

近年来，天津大学李凭力教授的科研团队开发了从糠醛废水中回收醋酸技术，并在河北某呋喃化工厂和某制药集团等多家企业成功应用，该工艺以半纤维素水解副产物醋酸、甲酸为催化剂，重点研究了以醋酸为催化剂时，采用多级连续逆流溶剂反应萃取工艺由戊糖制取糠醛的过程，以邻硝基甲苯为萃取剂，当戊糖质量分数 8%、反应温度为 210℃、溶剂比值为 2 时，戊糖转化率为 70%，戊糖转化成糠醛的收率为 70%。

Sproull 对由戊糖经反应萃取制取糠醛工艺过程进行了深入的研究。对分别选择甲苯和萘满为萃取剂时，糠醛与萃取剂分离成本进行了经济核算，研究结果表明选择高沸点萃取剂时，后续糠醛与萃取剂分离所需成本远低于选用低沸点萃取剂时的情况，所以反应萃取过程应选择高沸点萃取剂。研究中仍然选择硫酸为催化剂，并在单级两相全混流反应器中进行了反应萃取实验研究，研究结果表明：选择邻硝基甲苯为萃取剂、木糖质量分数 20%、硫酸质量分数 4.5%、反应温度 170℃、保留时间 70 min 时，糠醛收率可达 70%，最后萃取相通过简单蒸馏就可获得纯度高达 99.5% 的糠醛和再生的萃取剂，萃取剂可循环使用。Sproull 由木糖经反应萃取制取糠醛的工艺流程如图 2-18 所示。

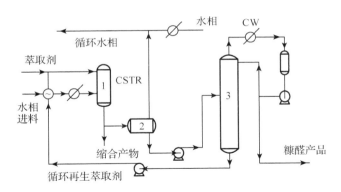

图 2-18　单级 CSTR 反应萃取工艺流程
1. 全混流反应器；2. 分相器；3. 分馏塔

糠醛生产工艺在工业上多采用"一步法"，这种方法工艺流程简单，一步法生产糠醛包括戊聚糖水解和戊糖脱水生成糠醛两步化学反应，两种反应在同一个水解容器内一次完成，因此一步法工艺简单，操作简便，设备投资少，在糠醛的生产中得到很广泛的应用。糠醛生产工艺经过几十年的发展，由最初的单容器发展到现在的多容器串联生产，工艺和清洁生产技术得到了提高。

2.3.2　糠醛生产废水污染特征

对某年产 1800t 糠醛企业的调查，发现糠醛生产过程中废水主要产生于 4 个阶段（图 2-19）。①水解阶段。玉米芯中加入浓度 6% 的稀硫酸，然后用蒸汽直接加热。蒸汽冷凝水、反应生成水、硫酸带入水均在水解釜内，水解工段只有原液和残渣 2 种物料。其中原液含糠醛 4%~8%（wt），乙酸也是水解的主要产物，占 2%（wt）左右。生产中以平均含糠醛 6% 计算，则原液中每 1t 糠醛含水 16.7m³，此水从蒸馏塔排出，是生产废水的主要来源，当生产指标下降时，废水量可能升至 20m³。②分醛阶段。从蒸馏塔粗蒸馏后的蒸汽糠醛进入冷凝器被冷凝为液体糠醛，再进入分醛罐进行醛水分离，此阶段分离水水量不大，每 1t 糠醛约产生分离水 0.1m³，但分离水糠醛含量较高，该分离水直接回流至原液储罐中，不外排。③中和阶段。采用浓度为 20% 的纯碱溶液调节粗醛的 pH。每 1t 产品需消耗纯碱 5kg，产生废水 20kg。该碱性废水被用于锅炉除尘器的脱硫系统，不排放。④精制阶段。糠醛的精制是糠醛与低沸物分离的过程，将有大量的低沸物从脱水罐中分出，主要成分为甲醇和丙酮，占低沸物的 70% 和 29%，每 1t 糠醛产生的低沸物 130 kg~150 kg。为了保证糠醛产品质量，防止高沸点树脂状物质因积累过多而被醛汽带入成品中，需对精馏塔进行清洗，从而产生清洗废水。综上所述，除去循环冷却水，糠醛企业的废水主要为蒸馏塔排放的废水，每 1t 成品糠醛产生 16.7m³ 废水，加上设备及地面冲洗水等，每 1t 成品糠醛排水约 20m³。

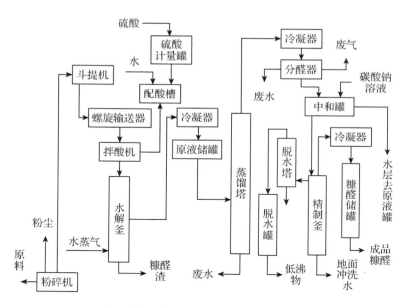

图 2-19   1800t 糠醛生产工艺流程及废水发生点

糠醛生产废水的主要来源是蒸馏塔下的废水，含有大量的有机酸，主要为醋酸，大约占废水总量的 2%~2.5%，并有相当数量的高沸点有机物，其中甲基糠醛和萜烯类为 0.2%~0.3%，糠醛为 0.05%。粗馏塔底废水产生量大约为糠醛产量的 15 倍~30 倍，粗馏塔底废水产生量与工艺参数及管理水平有关，例如水解锅压力与蒸汽耗量成反比，水解锅压力越小，蒸馏塔底废水产生量越多，另外，还受到其他因素制约。经归纳相关资料并调查多家糠醛厂，我国糠醛生产企业每生产 1 t 糠醛产生废水 20 m³~30m³，废水呈浊状土黄色，温度高达 95℃~99℃，pH 为 2~4，含糠醛 0.03%~0.05%，含其他有机物约 0.05%，含石油类约 40 mg/L，COD 10 000 mg/L~22 000 mg/L，BOD 2500 mg/L~3000 mg/L，BOD/COD = 0.20~0.25，属于高浓度难处理的有机废水。糠醛生产废水的一大特点是含大量重要的化工原料醋酸，如辽宁某糠醛厂废水含醋酸 1.65%（wt）、河北中部某糠醛厂废水含醋酸 2.84%、河北北部某糠醛厂废水含醋酸 1.43%、河南某糠醛厂废水含醋酸 2.00%。由此可看出，糠醛废水酸性强、浓度高，且 BOD/COD 低，生物处理困难，长期以来废水污染问题困扰着我国糠醛行业的健康发展。

2.3.3 糠醛工业污染物控制要求

糠醛工业污染物排放尚无国家标准，吉林省地方标准 DB22/426—2010《糠醛工业污染物控制要求》属强制性标准，是在 2005 年发布的同一标准基础上进行修订的，于 2010 年 7 月 1 日正式实施。修订后的标准中"水污染物排放要求"规定：2013 年 1 月 1 日前，现有的糠醛生产企业工艺废水需达到规定的现值（表 2-14）后排放；新建及扩建的糠醛生产企业工艺废水（循环冷却水除外）不得排放，要求 100% 回用。自 2013 年 1 月 1 日起，糠醛生产企业工艺废水（循环冷却水除外）不得排放，要求 100% 回用。循环冷却水排放执行(表2-14)规定的标准值。同时定义"排水量"为：在糠醛工业企业生产过程中直接用于工艺生产水的排放量，不包括间接冷却水、厂区锅炉排水和生活污水。

表 2-14　糠醛工业企业第二类水污染物最高允许排放浓度

pH	COD		BOD		NH$_3$-N		SS		色度	排放量
	kg/t 产品	mg/L	kg/t 产品	mg/L	kg/t 产品	mg/L	kg/t 产品	mg/L	倍	m^3/t 产品
6~9	0.48	60	0.16	20	0.12	15	0.16	20	50	8

注：①产品指糠醛；②排放量为推荐值。

2.4　活性炭生产废水

全世界约有 50 个国家生产活性炭，美国、日本、英国、德国、法国和俄罗斯等国的生产技术水平处于领先地位。20 年来，随着世界各国对环境保护的重视，使得活性炭的生产和研究有了更快发展。世界对环境保护的重视，将刺激活性炭工业的发展，而深加工活性炭、高性能活性炭将会有更多的市场机会。据预测，国际活性炭市场上需求量增长较快的品种有：汽车防止汽油挥发炭、高档溶剂回收炭、烟气净化炭、饮用水净化炭、变压吸附炭和炭分子筛等。煤质活性炭集中在宁夏、山西、内蒙古、新疆、河南，煤质活性炭企业约 140 家。木质活性炭集中在福建、江西、浙江、海南、广西等地，木质活性炭企业约 290 家。木质活性炭产品的生产原料是木材采伐、制材、加工产生的剩余物，以及果壳、果核、竹、棉花秆、稻壳等，是农林可再生资源的再利用，是资源综合利用型精细化工产品，和以煤为原料生产的煤质活性炭有本质区别，符合循环经济发展方向。木质活性炭无毒无害，可直接用于食品、饮料、医药和饮用水处理，是煤质活性炭不可替代的产品。

煤质活性炭具有发达的孔隙结构、良好的吸附性能、机械强度高、易反复再生、造价低等特点。而木质活性炭的中孔结构和比表面积更发达，吸附容量大，过滤速度快，高强度低灰分，孔径分布合理，着火点高。活性炭广泛用于环境保护领域中，可用来脱除有毒、有害气体和脱臭去味，防汽油蒸汽损失，预防放射性污染，为医院、宾馆、地下设施、潜艇、宇宙飞船、精密仪器室、特殊工艺过程、珍品收藏室提供洁净空气，生活饮用水的微污染净化，城市污水净化，工业废水净化等。随着我国经济社会的快速发展，活性炭产量持续增长。如图 2-20，2003 年，全国活性炭年产量为 26 万 t，至 2013 年，我国活性炭产量达 59 万 t，10 年翻了 2.27 倍。2003 年，全国活性炭年出口 18.1 万 t，

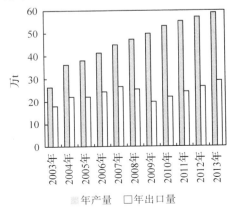

图 2-20　中国历年活性炭产量和出口量

至 2013 年, 我国活性炭年出口 29.1 万 t, 10 年翻了 1.61 倍, 我国已是活性炭生产和出口世界第一大国。

据统计, 我国活性炭企业约 430 家, 主要分布在福建、江西、浙江、山西、宁夏、河南、内蒙古等 10 余个地区。近年活性炭企业面临的环境保护压力越来越大, 浙江、宁夏等地多家活性炭厂生产因污染严重, 引发周围居民投诉, 致使工厂搬迁。2011 年 6 月起, 国家发改委全面关停污染严重、工艺落后的氯化锌法活性炭生产企业, 为活性炭行业环境保护敲响了警钟。

2.4.1 活性炭清洁生产工艺

木质活性炭生产按原料分为两大类: 一类是以果壳为主要原料的物理法生产工艺, 将原料先进行炭化, 再用水蒸气和二氧化碳进行活化; 另一类是以锯木屑为主要原料的化学法生产工艺, 将原料与化学药品混合浸渍一段时间后, 炭化和活化一步完成。按反应的性质又分为物理生产法和化学生产法。

2.4.1.1 物理法生产工艺

物理法生产工艺的简要流程是, 将炭化料通过提升机喂入旋窑, 通入过热水蒸气在 800℃~900℃对炭化料进行活化, 在窑内炭化料与高温水蒸气、热烟气相遇, 先后经过预热段、补充炭化段、活化段、冷却段完成活化工序, 从活化炉卸出的活性炭经冷却处理后进行磁选除砂。不需要洗涤的活性炭直接送入破碎机破碎, 经分级筛选、检验、包装入库。需要洗涤的活性炭送入酸洗罐进行深度净化洗涤, 在酸洗时加入适量盐酸并通入水蒸气, 酸洗过程产生废水。洗涤合格后的活性炭经离心脱水后进入干燥炉烘干, 经破碎、分级筛选、检验、包装入库(图 2-21)。

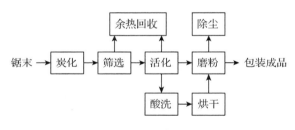

图 2-21 物理法生产工艺流程

2.4.1.2 化学法生产工艺

化学法有磷酸法、硫化钾法、氯化锌法等。过去我国活性炭生产主要采用氯化锌法, 但氯化锌法污染较严重。据杭州木材厂生产活性炭对转炉产生的烟气测定, 每生产 1t 产品, 产生废水 100 m^3, 废水呈强酸性, 锌含量高达 350 mg/L~400 mg/L, 对水环境产生较大危害。同时废气量达 30 000 m^3~36 000 m^3, 排气中锌含量为 10 mg/L~15 mg/L。排气温度为 180℃~200℃, 气体呈酸性, 对人体、植物和建筑物都产生危害。国家发改委 2011 年产业发展目录中已将氯化锌法活性炭生产工艺列为落后生产工艺应逐步予以淘汰。磷酸法生产工艺与传统的氯化锌法相比, 明显降低了环境污染的程度, 其工艺流程如图 2-22。

原料木屑经筛选, 分检出杂质后, 进入浸渍池, 用配好的 42°Be'(波美度)的磷酸

水溶液浸渍 1 h，将其中的磷木屑捞出放进旋转
炉内，加温到 300℃以上进行炭化、活化，经活
化后的活性炭粗品（磷炭），在回收池内降温到
200℃以下时，用不同浓度的低度磷酸水进行回
收萃取其中附着的磷炭表面和包容在磷炭内的
磷酸，以减少磷酸的损耗，最后回收的磷屑水
中磷酸的含量在 0°Be′（波美度），经回收萃取后
的所有低浓度磷屑水全部收集到各自相应的低
度磷屑水池，以备下一次的循环萃取回收利用。
然后用热水进行清洗，洗去其中的粉末杂质，
降低炭孔隙中磷酸根含量，在洗涤过程中产生
了废水。新品经烘干、粉碎、包装入库。

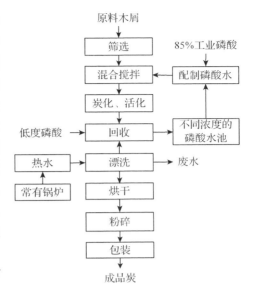

图 2-22 磷酸法生产工艺流程排污节点

　　按照清洁生产要求，现行工艺对以下几方
面进行了调整。

　　生产工艺与设备：采用污染低的磷酸法，
不使用污染严重的氯化锌法。

　　浸渍工序：采用精确计量，用机械搅拌的方法使磷屑比更稳定，保证产品质量的
稳定性。

　　回收工序：采用封闭式的回收室，在减少环境污染的同时，回收磷酸酸雾用于
生产。

　　烘干工序：采用转筒烘干炉，相对于平板烘干炉来说，可以有效减少活性炭的飞
扬，减少环境污染。

　　粉碎工序：采用高压悬辊磨粉机，相对于球磨机来说，使活性炭成品粒度更均匀，
减少出料时活性炭飞尘。

　　炭活化工序：采用回转炉相对于平板炉来说，更节能，更容易控制废气排放。

2.4.1.3 专用炭的生产

　　辽宁省某活性炭厂，利用当地丰富的山杏、大扁杏壳，年产高性能活性炭 3000t，
其中超电容级电池电极专用活性炭 1500t，糖用脱色活性炭 1000t，汽油吸附活性炭
500t。本工程产生废水 299m³/d，其中生产废水 281m³/d，生活污水 18m³/d。

　　糖用脱色活性炭、汽油吸附活性炭生产炭采用国内外流行的化学法，即将杏壳原
料与磷酸溶液混合搅拌 6h，然后在回转炉中进行活化，磷酸溶液大部分被回收利用。
活化工艺在 450℃下进行，连续进料连续出料，活化后的半成品用 pH 2~3 的盐酸溶液
酸洗，再水洗至 pH 4~6，然后在干燥炉中烘干，再用对辊式破碎机破碎。在筛分机上
筛分至合适颗粒后包装。年产颗粒糖炭、汽油炭 1500t，同时得 1500t 粉炭副产品。消
耗杏壳 10 500t，消耗 90% 工业磷酸 4200t，其中 3780t 磷酸被重复利用，剩余 420t 磷酸
进入废水中（图 2-23）。

　　超电容级电池电极专用活性炭生产采用国内外流行的化学—物理法，即先将杏壳

原料在炭化炉中炭化，在得到的炭化料中加入药剂 KOH 混拌，在电炉加热 800℃~820℃下高温活化，用过热蒸汽活化制取活性炭。然后在木桶中用盐酸酸洗，控制 pH 4~7，然后在烘干箱内 120℃温度下干燥 4 h~5h，使水分 <10%。将干燥的产品研磨至 200 目，最后进包装机包装。年产成品 1500t，消耗杏壳 10 500t，消耗氢氧化钾 2250t，其中 1500t 氢氧化钾在生产中循环使用，消耗盐酸 900t，中和后产生的氯化钾 1650t 进入废水中（图 2-24、图 2-25）。采用 KOH 法制电池炭，环境污染小，成品具有高比表面积、高吸附力、高中孔率和高比重，具体见表 2-15。

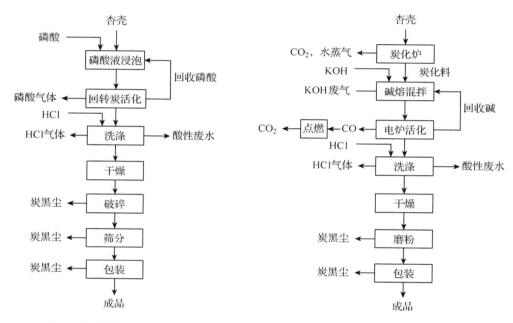

图 2-23　颗粒糖炭、汽油炭生产　　　图 2-24　电极活性炭生产工艺流程及排污节点图
工艺流程及排污节点图

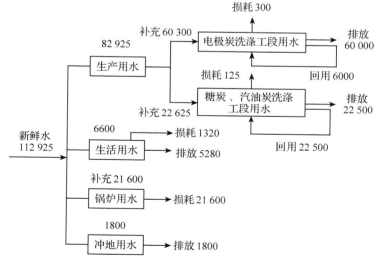

图 2-25　**3000t 高性能活性炭生产水平衡图**（单位：m³/a）

表 2-15　KOH 法和其他工艺比较

工艺	原料收率(%)	表面积(m³/g)	微孔率(%)	中孔率(%)	比重(g/cm³)	对环境影响
KOH 法	30	>1500	50~60	30~50	>0.45	污染轻微，易处理
水蒸气法	10	1000~1200	90	<10	0.3~0.45	基本无污染
ZnCl₂法	30~35	1000~1100	80	10~20	<0.35	污染严重，难处理

采用 H_3PO_4 法制糖炭、汽油炭，较 $ZnCl_2$ 法的技术优势见表 2-16。由表 2-16 看出，H_3PO_4 法活性炭孔径 2 nm~100nm，比较 $ZnCl_2$ 法活性炭孔径 1.4 nm~200nm，前者孔径分布窄，选择性吸附效果好，且前者原料收率明显高，生产对环境的污染影响小。

表 2-16　H_3PO_4 法和 $ZnCl_2$ 法比较

工艺	原料收率(%)	表面积(m³/g)	孔径(nm)	比重(g/cm³)	对环境影响
H_3PO_4法	35~40	900~1000	2~100	0.30~0.40	污染轻微，易处理
$ZnCl_2$法	30~35	1000~1100	1.4~200	<0.35	污染严重，难处理

2.4.1.4　磷酸法木质活性炭厂水平衡

某活性炭厂以木屑为原料，磷酸为活化剂，磷酸活化法生产木质活性炭主要材料消耗见表 2-17，生产流程如图 2-26。

表 2-17　磷酸活化法生产木质活性炭主要材料消耗表

序号	名称	单位能耗	年用量
1	木屑	3.7t/t	5.55 万 t
2	刨花粉	2.0t/t	3.0 万 t
3	磷酸	330kg/t	0.495 万 t
4	烧碱	44t/t	0.066 万 t
5	生产用水	8.76t/t	13.14 万 t
6	生活用水	4.25t/t	6.375 万 t
7	电	200(kW·h)/t	1100 万 kW·h

磷酸加入方式有两种，第一种是磷酸固体掺和木屑，简称掺和法；第二种将 38%的工业磷酸充分混合，称为浸渍法。浸渍法接触面积是掺和法的几倍，而且相同条件下掺和法的硫酸损失远高于浸渍法。从配料比和经济性考虑，多采用浸渍法。

根据生产线的实际情况调查获得了全厂水平衡图(图 2-27)，废水的排放量为 125.2 m³/d，挥发失水量为 62.64 m³/d，年生产用水量为 13.14 万 m³，年生活用水量为 6.375 万 m³，年总用水量为 19.515 万 m³。

该厂利用原有水处理系统，新建循环水处理系统，循环水综合利用量 2541.81 m³/d，循环用水占平均用水量的 89.69%，按 300 个生产日计，年节水 79 万 m³。

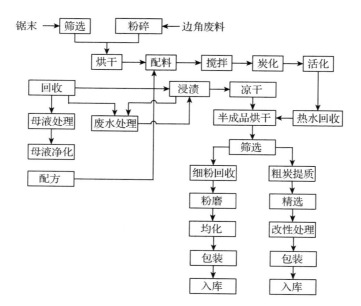

图 2-26　磷酸活化法生产木质活性炭的生产和废水处理

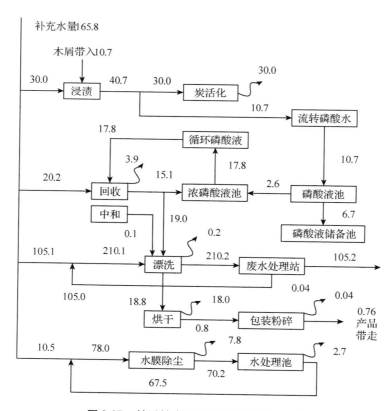

图 2-27　某活性炭厂水平衡图（单位：m³）

2.4.1.5　氯化锌法木质活性炭生产废水

氯化锌法木质活性炭生产废水主要来源于漂洗工序，废水的数量、组成随工艺条件（漂洗的段数、水温及洗涤方式）、设备及操作条件而异。生产 1t 活性炭，大约排放 80m³~120m³ 废水。废水中主要污染物质有：①残存盐酸，主要为煮炭时所加的过量盐酸，致使废水有较强的酸性，pH 2~3；②废水中锌离子浓度为 200mg/L~600mg/L，据生产线统计，每生产 1t 活性炭，大约消耗 0.4t~0.5t 氯化锌，就平板炉而论，大约 1/3 以上的氯化锌随废水流失，即每生产 1t 活性炭，约从废水中流失 150kg；③流失细炭粉，据大茅山活性炭厂测定，每生产 1t 活性炭流失细炭 20 kg~80kg。废水处理的目标是将含锌的重金属酸性废水的 pH 值调至 6~9，锌离子浓度降至国家工业排放标准 5 mg/L 以下。

2.4.2　活性炭生产废水污染特征

按照《国家环境保护"十二五"规划》，2014 年环保部制订和下发了国家《活性炭工业污染物排放标准》征求意见稿，这将是我国活性炭工业首个污染物排放国家标准，是我国活性炭工业的一件大事，也是林产化工行业的一件大事。总结归纳活性炭生产废水污染特征，是活性炭生产废水治理的首要任务。

（1）磷酸法活性炭生产废水

表 2-18 显示了某磷酸法活性炭厂生产废水有关成分，pH 值 2~4，SS 1000 mg/L，金属元素中 Ca 含量最高，达 529 mg/L。

表 2-19 为数十个磷酸法活性炭厂生产废水有关成分的平均指标，pH 值 1.5~9.0，平均 SS 108 mg/L，平均 COD 84.7 mg/L，平均 TN 8.18mg/L。

表 2-18　磷酸法活性炭生产废水特征

pH	SS	Se	Zn	Cr	Pb	Cu	Cd
2~4	1000	<0.075	0.49	0.42	<0.042	0.10	<0.004

Ni	Fe	Mn	Mg	Al	Ca	Na	
0.32	76	2.33	148	65.5	529	154	

注：表中单位除 pH 外，均为 mg/L。

表 2-19　磷酸法活性炭企业废水污染浓度

指标	pH	SS	COD	TP	NH₃-N	TN	石油类
				mg/L			
范围	1.5~9.0	11~500	13.8~300	0.26~0.78	1.40~5.12	4.25~12.1	0.11~1.25
平均	—	108	84.7	0.52	3.26	8.18	0.48
废水样本数	25	26	29	12	6	6	7

表 2-20 显示了某磷酸法活性炭厂漂洗工序污染物特征，pH 值 1～3，SS 100 mg/L～500 mg/L，COD 60 mg/L～80 mg/L，TP 82 mg/L～196 mg/L。

（2）氯化锌法活性炭生产废水

表 2-21 显示了两个氯化锌法活性炭厂废水污染特征，pH 值小于 2，外观都是无色透明，Zn^{2+} 高达 1151 mg/L～1910 mg/L，Fe^{3+} 1151 mg/L～1910 mg/L，Ca^{2+} 37.02 mg/L～54.89 mg/L。

表 2-22 显示了某氯化锌法活性炭厂废水主要化合物和元素，Zn 高达 1910 mg/L，Al_2O_3 110 mg/L，Fe_2O_3 220 mg/L，MgO 95 mg/L，CaO 55 mg/L，K_2O 13.0 mg/L，P 25.8 mg/L，其余的金属元素含量都很低。

表 2-20　磷酸法漂洗工序污染物特征

废水种类	pH	SS（mg/L）	COD（mg/L）	TP（mg/L）
生产废水	1～3	100～500	60～80	82～196
处理后废水	6～9	40	30	0.6

表 2-21　两个氯化锌法活性炭厂废水污染特征

项目	A 厂	B 厂	项目	A 厂	B 厂
pH	<2	2.05	Fe^{3+}（mg/L）	125	20.6
外观	无色透明	无色透明	Ca^{2+}（mg/L）	54.89	37.02
Zn^{2+}（mg/L）	1910	1151			

表 2-22　氯化锌法活性炭生产废水有关成分　　　　　　　　mg/L

项目	分析值	项目	分析值	项目	分析值	项目	分析值	项目	分析值
pH（无量纲）	1.5	K_2O	13.0	Be	0.013	Yb	0.012	Th	0.110
$ZnCl_2$（Zn 计）	1910	Ba	1.4	Ce	0.270	La	0.066	V	0.080
Al_2O_3	110	Mn	1.5	Co	0.083	Li	0.030	Y	0.053
Fe_2O_3	220	P	25.8	Cr	0.260	Nb	0.068		
MgO	95	Pb	1.1	Cu	0.054	Ni	0.310		
CaO	55	Ti	0.75	Ca	0.200	Se	0.014		

从表 2-21、表 2-22 数据看出，氯化锌法活性炭生产废水主要污染因子是 Zn。

2.4.3　活性炭生产废水排放标准

我国活性炭企业规模普遍偏小、集中度低、生产分散，技术水平和国际先进水平还有较大距离，环境污染和资源浪费现象较为突出。由于长期没有行业污染物排放标准，新、改、扩项目和现有环境管理缺乏强有力的法律依据，缺乏统一、规范的要求。企业环保工作良莠不一，特征污染物无法做到有效控制，污染物达标排放和总量很难严格控制，存在着明显的环境安全隐患，活性炭工业环境保护已刻不容缓。

活性炭工业原来执行的是污水综合排放标准 GB8978—1996，制订于 1996 年，历经 20 年，该环境标准的导向作用已严重缺失，制约了先进的生产工艺和先进的环保治理技术在活性炭行业的推广应用。随着我国活性炭生产技术和污染治理水平的提高，该标准已不能反映行业的特殊性，不能适应活性炭工业环境保护要求。因此国家有关部门组织行业专家，提出了《活性炭工业污染物排放标准》征求意见稿，其主要内容如下：

（1）对现有企业水污染物排放限值

《活性炭工业污染物排放标准》征求意见稿规定，现有企业水污染物排放浓度限值见表 2-23。

表 2-23　现有企业水污染物排放浓度限值　　　　　　　　　　mg/L

编号	指标	直接排放	间接排放
1	pH（无量纲）	6~9	6~9
2	COD	100	200
3	SS	70	150
4	石油类	3	5
5	NH_3-N	15	25
6	TN	20	30
7	TP	2	5
单位产品基准排水量	煤质酸洗工艺（m^3/t）		15
	煤质无酸洗工艺（m^3/t）		2
	木质工艺（m^3/t）		30

从表 2-23 看出，新标准对活性炭工业排放废水规定了 pH、COD、SS、石油类等 7 项指标。受纳水体 pH 失去平衡将抑制微生物的生长，妨碍水体的自净，使水质恶化、土壤酸化或盐碱化。COD 是在酸性条件下，用 K_2CrO_7（或 $KMnO_4$）将有机物或还原性物质氧化成 CO_2、H_2O 所消耗的氧化剂的量，COD 是反映废水污染程度最重要的指标，COD 越高，表明废水污染程度越大。SS 高，将使受纳水体混浊，降低水体的透明度，影响水生生物接受阳光，同时给人不愉快的感受。当受纳水体 NH_3-N、TN、TP 超过一定值时，就会引起水体的富营养化，激发出各种藻类的活性，刺激它们异常繁殖，并大量消耗水中的溶解氧，导致鱼类窒息和死亡。其次，水中大量的 NO_3^-、NO_2^- 若经食物链进入人体，有致癌作用，危害人体健康。石油类多指烷烃、烯烃和芳香烃，石油类进入水体会形成油膜，阻碍水体复氧；石油类黏附在鱼鳃上，致鱼窒息；石油类含量较高时会产生石油气味，难以饮用。

表 2-23 规定了煤质无酸洗、工艺煤质酸洗、工艺木质 3 种工艺吨产品允许的排放废水量，依次为 2 m^3、15 m^3、30 m^3。表 2-23 把处理后废水分为"直接排放""间接排放"两类，"直接排放"系指废水处理后直接排入水体，"间接排放"系指废水处理后进入管网最终至污水处理总厂。显然，"间接排放"较"直接排放"要求宽了许多，这是为了鼓励和引导企业生产废水尽量集中处理，以降低社会成本。

（2）新建企业水污染物排放要求更严

综合排放标准对排放废水分成一级、二级、三级，新标准则不再划分排放级别，但按照"现有企业""新建企业"和"特别排放标准"规定了不同要求,且标准依次加严。比如对监测频率最高的污染物指标 COD,现有企业是 100 mg/L 以下,新建企业则规定 50 mg/L 以下,新建企业较现有企业要求提高了 1 倍(表 2-24)。且吨产品排水量也更少,如现有企业"木质工艺"吨产品排水量为 30 m^3,而"新建企业""木质工艺"吨产品排水量降为 20 m^3,排水量减少了 1/3。因此:

"现有企业""木质工艺"吨产品 COD 排放量: 100 mg/L(g/ m^3)×30 m^3 =3000 g

"新建企业""木质工艺"吨产品 COD 排放量: 50 mg/L(g/ m^3)×20 m^3 =1000 g

"新建企业"较现有企业吨产品 COD 排放量从 3000 g 减少至 1000 g,整整减少了 2/3,这样严格的环保力度将促进我国活性炭行业结构调整,"新建企业"将会主动采用技术先进、经济合理、环境允许的清洁生产工艺,这就有利于行业环境保护水平,对活性炭行业走清洁生产道路、沿可持续方向发展具有重要意义。

表 2-24　新建企业水污染物排放限值　　　　　　　　　　　　　　mg/L

编号	指标	直接排放	间接排放
2	COD	50	100
3	SS	50	100
4	石油类	2	3
5	NH_3-N	8	10
6	TN	10	15
7	TP	1	2
单位产品基准排水量	煤质酸洗工艺(m^3/t)	12	
	煤质无酸洗工艺(m^3/t)	2	
	木质工艺(m^3/t)	20	

新标准还规定了"水污染物特别排放限值",该规定主要针对环境敏感地区的活性炭企业,这包含了重要的自然价值、经济价值、人为价值和人口稠密地区或承受环境负荷较小地区。"水污染物特别排放限值"较"新建企业"水污染物排放限值除了 pH 不变外,COD 从 50 mg/L 进一步降至 30 mg/L、SS 从 50 mg/L 进一步降至 30 mg/L、NH_3-N 从 8 mg/L 进一步降至 5 mg/L、TN 从 10 mg/L 进一步降至 6 mg/L、TP 从 1 mg/L 进一步降至 0.5 mg/L、石油类从 2 mg/L 进一步降至 1 mg/L。其他各指标的排放浓度限值进一步压缩了 40%~50%。煤质无酸洗工艺、煤质酸洗工艺、木质工艺 3 种工艺吨产品允许的排放废水量,依次为 2 m^3、12m^3、20 m^3 降至 1 m^3、10 m^3、15 m^3。对于"木质工艺","水污染物特别排放限值"较"新建企业"吨产品 COD 排放量从 1000 g 减少至 525g,污染物排放量减少近一半。

(3)新标准与国际先进水平的比较

将我国活性炭企业新建厂水污染排放标准与世界先进水平相比较,我国绝大多数水污染标准中都规定有 BOD 限值,日本、德国、欧盟水污染标准也都有规定,但新标准却没规定 BOD 限值(表 2-25)。作者根据多年专业经验认为,首先,对于有机污染物废水,当废水处理至 COD 较低时,BOD 将更低,因为 BOD 总是小于等于 COD;其次,

表 2-25　新标准与国际先进水平的比较

检测指标		pH	COD	BOD	SS	石油类	NH₃-N	TN	TP
			mg/L						
中国	新建企业	6~9	50	—	50	2	8	10	1
	现有企业	6~9	100	—	70	3	15	20	2
德国		6.5~8.5	110	25	—	—	10	30	2
欧盟		—	80	20	30	—	5	80	8
日本		5.8~8.6	120	120	150	5		60	8
世界银行		6~9	150	30	35	—	5	10	2

检测 BOD 需要高精密仪器和较高的专业检测水平，检测时间长达 5 天以上，非常费时；再次，我国现阶段极少企业有能力检测 BOD。因此，不设 BOD 限值规定符合我国现阶段国情。

从表 2-25 可看出，新标准对现有活性炭企业 pH、COD、SS、TN、TP、石油类等指标限值基本和发达国家相当，仅 NH₃-N 限值比发达国家宽松 30%~100%。而新标准对新建活性炭企业除 pH 限值没变外，NH₃-N 限值要求提高了一倍，与发达国家相当。其余 COD、SS、TN、TP、石油类限值都比发达国家要求更高。特别是最重要的污染物指标 COD 限值在 50mg/L 以下，甚至比发达国家指标要求提高了一倍以上。总体来看，现有活性炭企业的污染物指标和国际先进水平相当，而新建企业污染物指标已达到国际领先水平。

为了建设环境友好型社会，我国政府正加快提高各行各业水污染排放标准，提高后的许多水污染排放标准达到了世界领先水平，比发达国家的标准还严格，这充分体现了我国政府对保护环境的决心，也对各行各业环境保护技术的研究开发提出了更高的要求。我们应以《活性炭工业污染物排放标准》发布为契机，积极开发活性炭工业环保技术，为推动我国林产化工行业清洁生产而努力。

2.5　制浆造纸废水

林浆纸一体化循环发展，是世界发达国家造纸工业的经验，即在市场机制的促进下，将原来分离的育林、制浆、造纸三个环节整合在一起，让造纸企业负担起造林的责任，自己解决木材原料问题，发展生态造纸，形成以纸养林、以林促纸的产业格局，促进造纸企业永续经营和造纸工业可持续发展。走林浆纸一体化发展道路，是我国发展现代造纸工业和林业的必须之路，具有重要的战略意义，有利于实现造纸工业结构调整和产业升级，实现造纸工业木材原料供应由自然状态向集约化、高科技化和基地化方向转变，将从根本上解决长期困扰我国造纸工业发展的问题。我国近几年林纸一体化化学木浆项目大多分布在东南沿海，以充分利用海域经济优势条件，采取合理利用国内国外资源来保证原料的供应。林纸一体化竹浆项目主要建设在国内竹子资源丰富的西南地区，已初步形成以造纸工业为龙头的产业链，许多造纸企业建设了原料基地，实现了林、浆、纸产业链的有机结合，充分调动造纸企业、林场和农民造林的积极性，形成制浆造纸、植树育林的良性循环，同时减少了水资源消耗和污染物排放。

我国纸和纸板年产量已超过 1 亿 t，连续多年居世界第一。许多大中型企业装备了世界最先进的制浆造纸生产线和环保设施，曾经技术落后、污染严重的我国造纸工业面貌得到根本改变。但我国造纸面临着两大问题，造纸原料紧缺和废水问题。我国造纸产业发展政策规定，要充分利用国内外两种原料资源，提高木浆比重，扩大废纸回收利用，合理利用非木浆。随着我国实施环境友好型社会发展战略，减少废水和 COD 排放量是我国造纸工业发展的长期的首要任务。

2015 年 4 月，国务院颁布《水污染防治行动计划》，要求全部取缔不符合国家产业政策的小型造纸等严重污染水环境的生产项目。计划要求在 2017 年底前，造纸行业力争完成纸浆无元素氯漂白改造或采取其他低污染制浆技术。抓好工业节水，到 2020 年，造纸等高耗水行业达到先进定额标准。推动污染企业退出，城市建成区内现有造纸等企业应有序搬迁改造或依法关闭。推进循环发展，鼓励造纸等高耗水企业废水深度处理回用。促进再生水利用，具备使用再生水条件但未充分利用的制浆造纸等项目，不得批准其新增取水许可。造纸行业废水治理是《水污染防治行动计划》的重点。

2.5.1 制浆造纸清洁生产工艺

世界造纸工业通过加大废纸利用、林纸一体化、采用节能减排技术，实现了原料—制浆造纸—原料再生的良性循环，走上绿色低碳发展之路。废纸的大规模资源化利用，极大地节约了森林资源；林纸一体化发展大幅提高了林地生产力，改善了当地生态环境，固碳效果显著，实现了造纸、林业、生态的协调发展；制浆造纸装备的大型化以及从植树到污染防治工艺技术的全面改进，使能耗、物耗和污染物排放降低到较低水平。造纸工业具有低碳、绿色、可循环发展的潜力，在全球经济发展中仍具有旺盛的生命力和发展前景。

我国现已成为世界制浆造纸装备的主要市场，但大型制浆造纸装备主要依赖进口，导致投资成本提高，阻碍了众多中小型制浆造纸企业装备大型化步伐，我国制浆造纸装备自主化水平亟须提高。国内已投产和即将投产的制浆造纸生产线均使用了国际、国内最新的技术和装备。如大型木浆项目，基本都采用了新一代连续蒸煮、新型压榨洗浆机、热二氧化氯漂白、ECF 漂白，高浓黑液结晶蒸发、高浓黑液燃烧、非工艺元素去除、高效白液过滤和洗涤等最新工艺技术和装备。

国产制浆技术和装备近几年也有较大发展，如竹原料采用低能耗置换蒸煮工艺，新型 120m^2 真空洗浆机、大型双辊压榨洗浆机、白液盘式过滤机、高浓黑液蒸发系统、大型高效碱回收炉、双网压榨浆板机、浆板气垫干燥机等，这些新技术和新装备已广泛应用于中型制浆工程项目上。国家《造纸工业发展"十二五"规划》明确了"鼓励""限制""淘汰"的工艺技术见表 2-26。

表 2-26　"十二五"工艺技术与装备研发和应用

类别	工艺技术
鼓励	<ul><li>化学制浆采用深度脱木素、低能耗间歇蒸煮或连续蒸煮、氧脱木素、无元素氯漂白和全无氯漂白等技术与装备</li><li>发展低能耗高得率制浆技术及装备</li><li>发展废纸高效脱墨技术及装备</li><li>发展秸秆未漂纸浆及其制品生产技术</li><li>采用蒸煮用汽的废热回收；蒸发站二次蒸汽废热回收；提高白泥干度、减少白泥燃烧能耗；高效节能热泵；造纸机采用新型脱水器材、宽区压榨、全封闭式气罩、热回收等节能技术与装备</li><li>采用湿法备料洗浆水循环、制浆逆流洗涤中浓封闭筛选系统、中高浓漂白、纸机白水回用、回收蒸发站污冷凝水分级及回用等节水技术与装备</li><li>结晶蒸发、非工艺元素去除、黑液降黏处理技术及装备</li><li>碱炉、锅炉与自备电站采用热电联产提高能源利用率</li><li>发展厌氧处理高浓废水、沼气资源化利用技术与装备</li><li>开发应用污水深度处理技术及完善监测系统</li><li>开发与应用造纸污泥干化、固废处理及生物质资源化利用技术与装备</li><li>制浆造纸工艺过程采用信息化和计算机全自动控制等技术</li></ul>
限制	<ul><li>新上项目采用元素氯漂白工艺</li></ul>
淘汰	<ul><li>容积 40m³ 以下蒸球</li><li>石灰法地池制浆工艺（宣纸除外）</li><li>幅宽 1.76 m 以下、车速 120 m/min 以下文化纸机</li><li>幅宽 2 m 以下、车速 80 m/min 以下纸板机</li></ul>

　　推广清洁生产技术，防治污染。推广应用先进、成熟、适用的制浆造纸环保新技术、新工艺、新设备。推进低能耗蒸煮、碱回收、封闭筛选、氧脱木素、无元素氯漂白、全无氯漂白、低白度纸浆及其纸产品生产、未漂白纸浆及其纸产品生产等技术的广泛应用。以水污染物防治为重点，兼顾废气、废渣处理，采用封闭循环用水、白水回收、中段废水多级生化处理、烟气高效净化、废渣资源化处理等技术，提高综合防治水平，减少"三废"的排放。现有企业通过技术改造，加快技术装备更新，降低单位产品资源消耗和污染物排放量，提高清洁生产水平（表 2-27）。

表 2-27　清洁生产纸浆生产线

序号	项目名称	实施内容及关键技术	目标	选项标准
1	化学纸浆生产线技术改造	采用低能耗蒸煮、氧脱木素、无元素氯漂白等清洁生产技术、改造传统生产线	减少可吸附有机卤素 AOX 排放 80%，吨浆节水 30m³，改造产能 200 万 t 纸浆	木浆单条生产线年产 10 万 t 以上；竹浆单条生产线年产 5.1 万 t 以上；非木浆年产 3.4 万 t 以上
2	秸秆未漂纸浆及其制品综合利用	低能耗蒸煮、氧脱木素、废液资源化利用等技术	纸浆得率提高 5%，吨浆节水 30m³，污染物发生量降低 20%，改造、新增产能 200 万 t	新建单条生产线年产 10 万 t 以上；改造单条生产线年产 3.4 万 t 以上
3	碱回收技术改造	采用高浓黑液蒸发及燃烧技术，中压或次高压碱回收炉配套汽轮发电机组，新型绿液、白液过滤和白泥洗涤设备应用等技术改造现有碱回收系统	年产 5 万 t 碱法化学纸浆日回收 30t 碱，产生蒸汽 570t，碱炉产汽热电联产供电 300（kW·h）/t 浆，污染负荷减少 70% 以上	年产 5 万 t 及以上化学制浆系统

（续）

序号	项目名称	实施内容及关键技术	目标	选项标准
4	碱回收白泥资源化利用技术改造	新型绿液、白液过滤和白泥洗涤设备应用等技术改造现有苛化系统，固废物白泥资源化综合利用	年产 5 万 t 碱法化学纸浆日生产绝干碳酸钙 35t，消除固废污染负荷	年产 5 万 t 及以上化学制浆系统
5	厌氧处理和沼气资源化利用	厌氧技术处理高浓度造纸废水，沼气发电或其他资源化利用技术	1kg 生化需氧量 BOD 产生约 1m³ 沼气，1m³ 沼气发电 1.8 kW·h 左右，减少污染负荷 70% 以上	废纸浆生产单线年产 10 万 t 及以上；化机浆生产单线年产 5 万 t 及以上；半化学浆生产单线年产 5 万 t 及以上
6	热电联产	根据生产所需的蒸汽配备自备电站，以热定电，采用热电联产，提高能源利用率	6MW 及以上热电联产项目，单项节能折标煤约 1.5 万 t	1500kW 及以上
7	污泥干化及固体废弃物综合利用	采用污泥脱水、干化技术、储运技术、焚烧技术等，采用专用多燃料焚烧炉，煤为辅助燃料，掺标煤重量比应少于 30%，生物质制气技术	当固废物的量低于 300t/d 时，可干化后采用掺烧方式，掺烧煤废重量比一般大于 50%；固废物大于 300t/d 时，经充分干化后采用专用固废物焚烧炉、煤废重量比一般小于 30%；当焚烧炉蒸发量 >20 t/h，采用余热发电	

加快淘汰落后产能，减排减污。着力加快解决重点流域和重点区域的造纸工业结构调整和污染问题。现有制浆造纸企业要进一步加大力度淘汰污染严重的落后工艺与设备，抓紧技术改造，淘汰年产 5.1 万 t 以下的化学木浆生产线、单条年产 3.4 万 t 非木浆生产线和单条年产 1 万 t 及以下废纸浆生产线，以及窄幅、低车速、高消耗、低水平造纸机。禁止采用石灰法地池制浆（宣纸除外）、限制新上项目采用元素氯漂白工艺（现有企业逐步淘汰），禁止进口国外落后的二手制浆造纸设备。完善"三废"治理设施，严格控制污染物排放。对经限期治理仍不能达标的企业或生产线要依法整顿或关停。"十二五"期间，继续实行产业退出机制，调整和明确淘汰标准，量化淘汰指标，加大淘汰力度。新增日处理污水能力 300 万 t，淘汰纸及纸板落后产能 1000 万 t 以上。

按照《中华人民共和国履行关于持久性有机污染物的斯德哥尔摩公约国家实施计划》，推进我国造纸工业二噁英类持久性有机污染物减排进程。根据《制浆造纸工业水污染物排放标准》（GB3544—2008）新增加氨氮、总氮、总磷等限值的要求，造纸工业需要加强氮、磷污染物的调研，升级改造污水处理设施，强化脱氮除磷功能，推进氨氮等污染物减排。

化学木浆采用深度脱木素、无元素氯漂白、中高浓技术、配套碱回收系统及自备电厂和全自动控制系统。有合理的原料供应方案，吨浆取水量 30m³，能源自给率 90% 以上，废水可吸附有机卤素 AOX 排放量吨浆 0.3kg 以下，提高热电联产能源自给率，新增化学木浆产能 430 万 t。

新建漂白化学木浆生产单条生产线年产 30 万 t 及以上。

现有企业化学木浆改造单条生产线年产 10 万 t 及以上。

2.5.2 原料结构与污染发生量的关系

清洁生产已成为我国造纸工业一项十分重要的任务，其重要内涵之一是"从原材提取到处理过程中减少其对环境的影响"。环境工作者十分关注各种不同造纸工艺废水污染发生量及其处理方法，一般认为不同制浆造纸工艺是导致污染负荷高低的决定因素，但很少有人研究造纸原料对废水污染负荷的重要影响。有文献统计归纳了大量制浆造纸生产数据，定量研究了稻麦草浆得率和废水化学需氧量的关系，提出增加草浆得率有效降低草浆厂污染的观点。

回收废纸现已成为主要的造纸原料之一，国内造纸厂的废纸原料来源丰富，有国内废纸、美国废纸、日本废纸、欧洲废纸等，废纸占我国造纸原料几近 2/3。探索原料废纸种类、用量与废水污染负荷关系，这对指导清洁生产工艺和废水末端治理，乃至对造纸工艺的改进和废纸原料结构的调整都具有重要意义。通过调查一个大型造纸公司连续运行 11 个月的多种原料生产数据，采用 Linest 数理统计方法，可以发现废水污染负荷与废纸原料结构的内在规律。

2.5.2.1 废纸和污染负荷的生产数据

表 2-28 显示了某纸业公司某年 12 月至翌年 10 月每月使用的造纸原料种类、用量以及每月制浆造纸工艺废水污染物 COD、SS 的发生量。

表 2-28 原料废纸用量和废水污染负荷   t

月	原料种类和废纸用量					废水污染负荷		
	总用量	国内废纸	美国废纸	欧洲废纸	其他原料	废水量	COD	SS
12	16 805.2	12 387.2	4313.2	0	104.8	363 926	866.9	831.9
1	17 750.2	12 618.1	4860.8	0	271.3	259 256	1072.0	1010.0
2	15 354.6	1032.1	3447.7	1167.4	418.3	326 116	751.7	705.7
3	17 084.5	11 185.4	4110.5	1558.1	200.5	368 590	892.7	800.9
4	16 678.8	8923.6	5369.5	2145.4	240.3	317 160	857.3	796.6
5	17 101.1	8708.3	5668.6	2487.5	236.7	264 178	835.9	698.5
6	16 287.8	8074.3	6041.7	2005.2	166.6	335 076	775.5	626.1
7	16 599.4	7864.1	4089.0	4220.2	426.1	360 956	842.1	740.3
8	16 355.2	6399.9	4225.1	4275.4	1454.8	361 912	734.6	706.8
9	15 873.2	5539.3	5069.5	4070.8	1193.6	327 323	695.9	629.8
10	16 573.0	7664.5	4391.8	3087.1	1429.6	333 731	683.5	650.8
合计	182 463	90 397	51 587	25 017	6143	3 618 224	9008	8197

2.5.2.2 污染负荷和废纸结构的关系

(1) 污染负荷与废纸来源、用量关系式的建立

假设因变量和诸自变量之间具有多元线性关系，则：

$$Y = aLOCC + bEOCC + cAOCC + dOTHERS + e \tag{2-1}$$

式中：因变量 Y 为每月产生的废水 COD 量(t)；自变量 $LOCC$ 为大陆废纸(国废)每月用

量(t)；自变量 $EOCC$ 为欧洲废纸(欧废)每月用量(t)；自变量 $AOCC$ 为美国废纸(美废)每月用量(t)；自变量 $OTHERS$ 为日本废纸(日废)和木浆(t)。从表 2-28 可知，此项仅占原料总量的 3% 左右。

式(2-1)中 a(国废)、b(欧废)、c(美废)、d(杂废)为诸自变量系数，e 为常数项。如果因变量和诸自变量的相关性良好，则证明多元线性关系存在。

(2)污染负荷与废纸结构关系式的解

运用 Excel 语言设置的 Linest 函数，对表 2-28 所列样本进行数理统计，求得式(2-1)诸自变量系数 a、b、c、d 和 e：$a = 1.0630 \times 10^{-1}$，$b = 9.8173 \times 10^{-2}$，$c = 7.5479 \times 10^{-2}$，$d = 1.1691 \times 10^{-2}$，$e = -7.2584 \times 10^{2}$。

将求得的系数一一代入式(2-1)，即：

$$Y = 1.0630 \times 10^{-1} LOCC + 9.8173 \times 10^{-2} EOCC + 7.5479 \times 10^{-2} AOCC + 1.1691 \times 10^{-2} OTHERS - 7.2584 \times 10^{2} \tag{2-2}$$

式(2-2)表达了废纸种类、用量与污染发生量之间的确定关系。

(3)应用式(2-2)的可靠性

将表 2-28 所列每月各类原料废纸消耗量代入式(2-2)，可求得 COD 污染发生量的预测值。比较预测值和实测值，分析相对误差，考察所获方程的可靠性，结果见表 2-29。相对误差(%) = (预测值 - 实测值)/ 实测值。

表 2-29   污染负荷预测值和实测值的误差   t

月份	COD 发生量		
	预测值	实测值	相对误差(%)
12	917.7	866.9	+5.80
1	985.5	1072.0	-8.10
2	751.0	751.7	-0.09
3	931.7	892.7	+4.37
4	841.5	857.3	-1.84
5	874.7	835.9	+4.64
6	787.3	775.5	+1.52
7	838.0	842.1	-0.48
8	733.0	734.8	-0.24
9	659.2	695.9	-5.27
10	740.2	683.5	+8.30

由表 2-29 可看出，11 个月的 COD 污染负荷预测值和实测值误差为 -0.09% ~ +8.30%。

2.5.2.3   废纸原料结构对污染发生量的影响

考察式(2-2)，诸自变量系数按 a、b、c、d 顺序依此递减。这表明：单位质量国废产生的污染负荷最高，欧废次之，美废第三，日废和木浆最低。单位质量日废和木浆产生污染负荷最低的原因可能是杂废主要部分为洁净木浆的缘故。

由式(2-2)可知，当诸自变量趋于无穷大时，系数 e 可忽略不计。以国废的污染负荷为 1，系数 b/a 为 0.92，说明单位质量欧废污染量是国废的 0.92 倍；c/a 为 0.71，说明单位质量美废产生污染负荷是国废的 0.71 倍；d/a 为 0.11，说明单位质量日废和木浆污染量是国废的 0.11 倍。

2.5.2.4　小　结

(1)某大型造纸公司造纸废水污染负荷大小与原料废纸结构有密切的相关性，其关系可用如下多元线性方程表达，这对造纸污染预测预报提出了一种新的思路。

$$Y = 1.0630 \times 10^{-1}LOCC + 7.5479 \times 10^{-2}AOCC + 9.8173 \times 10^{-2}EOCC + 1.1691 \times 10^{-2}OTHERS - 7.2584 \times 10^{2}$$

(2)根据获取的方程诸自变量系数，可评估废纸产生的污染量高低。当原料废纸用量趋于极大值时，单位质量以国废的污染负荷为 1，欧废产生的污染负荷是国废的 0.92 倍，美废是国废的 0.71 倍，日废和木浆是国废的 0.11 倍。造纸原料产生的废水污染负荷顺序是：国废 > 欧废 > 美废 > 日废和木浆。

2.5.3　制浆造纸废水污染特征

据环保部统计，2014 年造纸工业排放废水 27.55 亿 t，占全国工业废水总排放量 186.96 亿 t 的 14.7%。废水 COD 排放 47.8 万 t，占全国工业 COD 总排放量 274.6 万 t 的 17.4%，比上年减少 5.5 万 t，减少 10.3%。我国造纸工业废水和 COD 排放量在各工业行业中连年降幅最大，但废水和 COD 排放量依然居各工业行业之首。

2.5.3.1　化学法制浆废水

化学法工艺是最经典的制浆工艺，其浆料的综合性能优于其他浆种而将长期存在。化学法制浆工艺的蒸煮段产生的黑液 COD 极高，且含大量无机盐。相比之下，漂白洗浆段产生的中段废水 COD 浓度和盐含量较低。

(1)黑液

我国化学制浆企业多用硫酸盐法工艺。对于一个典型的制浆生产工艺：原料慈竹，NaOH(以 Na$_2$O 计) 20.0%(对绝干原料)，硫化度 25%，液比 1:3，升温 90min，最高温 160℃，保温 120min。蒸煮后挤压提取黑液，吨浆产生的黑液量为 7 m³~10m³。表 2-30 列出了慈竹、朝鲜芦竹、杭州芦竹硫酸盐法制浆黑液的浓度和化学成分。从表 2-30 提供的平均值可知，硫酸盐法竹浆黑液中有机物占总固体的 1/3，木素占有机物总量的 1/3。

表 2-30　硫酸盐法制浆黑液的浓度和化学成分 [*]　　　　　　　　　　　g/L

原料	总固体	有机物	无机物	有效碱	总碱	SiO$_2$	NaS	木素
慈竹	217.5	148.00	69.40	11.22	37.36	1.20	3.68	48.48
芦竹(朝鲜)	212.8	135.79	76.96	15.15	55.80	1.62	8.50	43.30
芦竹(杭州)	156.7	104.65	52.05	4.82	36.70	3.87	—	39.30
平均	195.7	129.48	66.14	10.40	43.29	2.23	6.09	43.69

[*]总固体以黑液总体积计，其他项以总固体体积计。

在云南某竹浆厂现场监测的黑液和中段水 + 白水的发生量、COD、pH 见表 2-31。由表 2-31 看出，挤浆黑液发生量不大，但浓度很高，日产生 COD 量为 15 013 kg。而综合废水(洗浆黑液 + 中段水 + 白水)发生量很大，但浓度较低，日产生 COD 量为 1986kg。黑液产生的 COD 占废水总 COD 量的 88.3%。

表 2-31　黑液和中段水污染负荷

废水来源	挤浆黑液	洗浆黑液	中段水 + 白水
水量(m³/d)	100	300	2450
COD(mg/L)	150 130	1310	650
pH	8	7	6

现代竹浆厂都用蒸发、浓缩、燃烧处理黑液中的有机物，既解决了黑液污染问题，还回收了黑液有机物的热值。苛化燃烧后获得无机物，回收了黑液中的无机碱。竹浆黑液中的 SiO_2 达 2.23%，较木浆黑液中的 SiO_2 含量高数倍，国内自行设计制造的最大碱回收炉达 1500 t/d，但竹浆黑液的硅干扰问题尚未很好解决。

(2)中段水

中段水由原料清洗水、漂白废水、污冷凝水和车间冲洗水汇合成综合废水，西南某年产 12 万 t 化学竹浆厂中段废水发生量和污染负荷见表 2-32。

表 2-32　年产 12 万 t 化学竹浆厂中段废水发生量和污染负荷

废水来源	水量(m³/d)	COD(mg/L)	BOD(mg/L)	SS (mg/L)	pH
洗竹水	1500	1500	750	800	5 ~ 7
漂白水	14 000	2000	500	200	5 ~ 8
污冷凝水	2000	800	240	50	9 ~ 10
冲洗水	500	300	100	40	6 ~ 9
综合废水	18 000	1800	540	600	6 ~ 9

由年产量和表 2-32 综合废水日发生量可得出，吨浆产生的中段水量为 49m³，COD 浓度 1800 mg/L，吨浆产生的中段水 COD 量为 88 kg。BOD/COD = 0.3，表明竹浆中段废水宜用厌氧、好氧生物方法进行处理。

2.5.3.2　化学机械法制浆废水

化学机械法制浆是典型的清洁制浆工艺，与化学法制浆比较，前者原料纤维利用率比后者高 50%，而废水污染负荷比后者减少 80% 之多。纤维原料利用率高、废水污染负荷低的优势，使化学机械法制浆技术近年在我国发展很快。

(1)P-RC APMP 工艺

技术线路：木片→筛选→洗涤、浸泡→预汽蒸→一段螺旋挤压→一段化学浸渍→二段螺旋挤压→二段化学浸渍→一段高浓磨浆→高浓停留→后续磨浆→消潜→酸化洗涤→筛浆→浓缩→成浆。

流程：木片经筛选后，室温浸泡水洗，洗后木片送入汽蒸仓常压预汽蒸 10 min ~ 15

min，汽蒸后木片进行第一段螺旋挤压（压缩比 1:4），挤压后物料进入一段化学预处理，一段化学预处理后物料进入第二段螺旋挤压（压缩比 1:4），挤后物料进入第二段化学预处理，然后进入第一段常压磨浆，磨后浆料在高浓反应仓内停留（其间，监测温度，pH 值，在反应终点测残余的过氧化氢和氢氧化钠）。反应后浆料进行后续磨浆，在对浆料进行消潜、洗涤、筛选后得成品纸浆。制浆工艺流程如图 2-28。

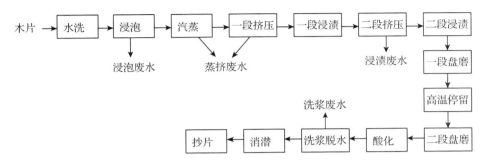

图 2-28 新型 P-RC APMP 制浆工艺流程

（2）废水发生量和污染特征

由表 2-33、表 2-34 可见，在中试装置上，每产 1t 桉木 P-RC APMP 浆，耗水 26.7 m³，排出 COD 114.8 kg，BOD 35.7 kg，SS 42.1 kg。与传统化学制浆工艺相比，桉木 P-RC APMP 工艺废水产生的污染量大大降低，尤其废水量少。但正因为如此，其综合废水浓度较高：COD 4300mg/L，BOD 1337mg/L，SS 1162 mg/L。吨浆产生的废水有机物达 79.6 kg，属高浓有机废水。

表 2-33 桉木 P-RC APMP 工艺综合废水发生量及污染负荷

废水量 (m³/t pulp)	COD		BOD		SS		TS		有机物		无机物		色度 (倍)	pH
	kg/t pulp	mg/L	kg/t pulp	mg/L	kg/t pulp	mg/L	kg/t pulp	mg/L	kg/t pulp	mg/L	kg/t pulp	mg/L		
26.7	114.8	4300	35.7	1337	1577	1162	132	4944	79.6	2981	52.4	1962	680	7.9

表 2-34 化机浆、化学浆废水发生量及污染负荷比较

项目	吨浆废水指标		废水指标	
	化机浆	化学浆	化机浆	化学浆
废水量	26.7m³	215m³	—	—
COD	114.8kg	1330kg	4300mg/L	6186mg/L
BOD	35.7kg	300kg	1337mg/L	1395mg/L
SS	42.1kg	1204kg	1577mg/L	5600mg/L
TS	132kg	—	4944mg/L	—
有机物	79.6kg	—	2981mg/L	—
无机物	52.4kg	—	1962mg/L	—
色度	—	—	680 倍	3300 倍
pH	—	—	7.9	5.4

废水固形物 TS 中元素种类和含量见表 2-35。其中 Na 的质量分数大大高于其他金属元素，其原因是制浆过程中加入了 NaOH。Na 占 TS 的 25.36%，但在废水中的质量分数仅 0.125%，对废水生物处理不会带来负影响。非金属元素主要是 C、O、H，元素 N、P 的存在则有利于好氧、厌氧生物处理。

表 2-35 废水 TS 中元素的百分含量

元素	C	O	H	S	Cl	P	N	Si	K	Na	Ca	Mg	Fe	Zn
百分含量(%)	24.56	37.79	3.54	0.39	0.67	0.07	0.29	6.45	0.32	25.36	0.04	0.34	0.18	<0.02

（3）竹材化学机械法制浆工艺与废水

为了节约木材，合理利用非木纤维造纸是我国造纸工业的特色。中国林业科学研究院林产化学工业研究所在承担"十一五""十二五"国家科研项目期间，结合市场需求，在国内较早开展了竹材 CTMP、P-RC APMP 化机浆工艺探索研究，对中试产生的化机浆废水污染特征的检测结果列于表 2-36、表 2-37。

表 2-36 竹材 CTMP 制浆废水的污染特征

制浆工段	单位	挤压	浸渍	洗浆	综合废水
水量	m^3/t pulp	2.39	3.92	34.89	41.20
pH	—	5.65	10.65	7.74	7.65
COD	mg/L	12 954	59 791	1004	7320
吨产品 COD	kg/t pulp	30.96	234.38	35.03	301.58
BOD	mg/L	4712	19 968	338	2496
吨产品 BOD	kg/t pulp	11.26	78.27	11.80	102.84
SS	mg/L	2080	12 300	100	1308
吨产品 SS	kg/t pulp	4.97	48.22	3.49	53.90
TS	mg/L	13 600	56 000	1008	7478
TS	%	1.36	5.60	0.10	0.75
吨产品 TS	kg/t pulp	32.50	219.52	35.17	308.09
TS 中的有机物	%	74.47	63.68	65.94	67.03
TS 中的无机物	%	25.53	36.32	34.06	32.97
色度	倍	200	2000	160	300
NH_3-N	mg/L	707	679	476	512
吨产品 NH_3-N	kg/t pulp	1.69	2.66	16.58	21.10

由表 2-36 看出，竹材 CTMP 制浆综合废水 COD 301.58 kg/t pulp，其中浸渍段 234.38 kg/t pulp，占总量的 77.7%。综合废水 NH_3-N 21.10 kg/t pulp，NH_3-N 含量高是竹浆废水的一个显著特点。

表 2-37　竹材 P-RC APMP 各工段废水性质

废水来源	单位	汽蒸	挤压	洗浆	综合
废水量	m³/t pulp	3.74	2.53	24.9	31.17
COD	mg/L	6944	26 895	6348	8085
COD	kg/t pulp	25.92	68.04	158.06	252
pH	—	5.36	6.75	5.15	5.31
电导率	ms/cm	3.54	13.56	3.17	4.06
色度	倍	12 000	30 400	1740	5297
TOC	mg/L	1468	16 300	2828	3758
TN	mg/L	403	1622	32.4	157.5
SS	mg/L	1.2	23.7	2.6	4.1
TS	mg/L	6.53	35.15	3.7	6.59

由表 2-37 看出，竹材 P-RC APMP 综合废水 COD 252.00 kg/t pulp，其中洗浆段 158.06 kg/t pulp，占总量的 62.7%。综合废水 TN 157.5 mg/L，或 7.71kg/t pulp。

由表 2-36、表 2-37 得出，竹材化机浆废水 COD 252.00 kg/t pulp ~ 301.58 kg/t pulp，比木材化机浆 COD 100 kg/t pulp ~ 200 kg/t pulp 高 50% 以上。对化学法制浆工艺，吨浆产生的 COD 在 1000kg ~ 1500 kg 之间，而竹材化机浆工艺产生的 COD 量仅为化学法制浆工艺的 1/5 ~ 1/4。竹材化机浆工艺的优势是废水污染负荷低，竹材利用率是化学浆工艺的 2 倍。

2.5.4　制浆造纸废水有机污染物

制浆造纸废水中含有大量的有机污染物，特别是以废纸为原料的制浆工艺废水。表 2-38 ~ 表 2-40 列出了江苏某大型废纸造纸公司取综合排放水水样，在经过不同处理之后主要有机污染物的种类以及含量。

表 2-38　废纸造纸综合废水中主要有机污染物

序号	保留时间（min）	有机物名称	相对含量（%）
1	0.98	乙二酸	2.50
2	1.03	乙醇	3.69
3	1.17	乙酸	0.52
4	1.30	六甲基二硅醚	0.20
5	1.40	1-乙氧基丁烷	0.40
6	2.02	3-羟基,2-甲基戊烷	0.29
7	3.09	顺-丙二醇	5.57
8	3.79	丁酸	0.44
9	24.52	3,5-二丁基,4-羟基甲苯	3.27
10	24.64	2,4-二叔丁基苯酚	0.52
11	34.62	棕榈酸	0.69
12	35.33	十七烷	0.51

（续）

序号	保留时间（min）	有机物名称	相对含量（%）
13	37.25	二十一烷	0.70
14	39.09	二十二烷	0.88
15	40.86	二十三烷	1.27
16	42.56	二十四烷	1.51
17	44.19	二十五烷	1.18
18	44.93	2-苯二甲酸，2-乙基己酯	0.54
19	45.77	二十六烷	1.02
20	46.30	粪甾烷	0.28
21	47.29	1-氯代二十七烷	1.18
22	48.20	γ-谷甾醇	21.98
23	48.55	3-羟基，3β，5α-豆甾烷	11.10
24	50.79	谷甾醇三甲硅烷醚	0.86
	相对含量合计		87.09

表 2-39　生物处理后废纸造纸废水中主要有机污染物

序号	保留时间（min）	有机物名称	相对含量（%）
1	0.98	乙二酸	0.84
2	1.03	乙醇	2.18
3	1.17	乙酸	4.86
4	1.40	1-乙氧基丁烷	0.07
5	3.09	顺-丙二醇	43.56
6	15.04	茂并芳庚	0.15
7	23.28	2，6-二叔丙基苯醌	0.14
8	24.63	2，4-二叔丁基苯酚	0.51
9	33.86	棕榈酸甲酯	0.36
10	34.64	棕榈酸	0.19
11	35.33	十七烷	0.52
12	37.25	二十一烷	0.68
13	39.09	二十二烷	1.36
14	40.85	二十三烷	1.67
15	42.56	二十四烷	2.26
16	44.19	二十五烷	3.18
17	44.93	2-苯二甲酸，2-乙基己酯	3.11
18	45.77	二十六烷	3.84
19	46.34	粪甾烷	3.01
20	47.29	1-氯代二十七烷	4.14
21	48.29	γ-谷甾醇	2.25
22	48.55	3-羟基，3β，5α-豆甾烷	7.56
23	50.78	5-butyl-6-hexyloctahydro-1-H-indene	0.46
	相对含量合计		87.12

表 2-40　生物—混凝处理后废纸造纸废水中主要有机污染物

序号	保留时间（min）	有机物名称	相对含量（%）
1	0.98	乙二酸	3.07
2	1.03	乙醇	8.88
3	1.17	乙酸	1.64
4	1.40	1-乙氧基丁烷	0.23
5	1.60	丙酸	2.43
6	2.02	3-羟基，2-甲基戊烷	0.44
7	3.09	顺-丙二醇	65.06
8	3.79	丁酸	0.20
9	9.96	环辛二烯	0.36
10	15.63	2-甲氧基，4-甲基苯酚	0.21
11	24.51	3，5-二丁基，4-羟基甲苯	0.31
12	24.63	2，4-二叔丁基苯酚	1.17
13	26.53	苯二甲酸二乙酯	0.61
14	33.86	14-甲基十五烷酸甲酯	0.49
15	34.62	棕榈酸	0.48
16	39.08	二十二烷	0.76
17	40.85	二十三烷	0.80
18	41.47	1-菲羧酸甲酯	0.13
19	42.55	二十四烷	1.02
20	44.19	二十五烷	1.32
21	44.93	2-苯二甲酸，2-乙基己酯	1.51
22	45.76	二十六烷	1.08
23	46.34	粪甾烷	0.80
24	47.29	1-氯代二十七烷	0.95
25	48.54	3-羟基，3β，5α-豆甾烷	1.79
		相对含量合计	95.71

2.5.4.1　废水有机污染物

由表 2-38 可看出，从废纸造纸综合废水中共检出 24 种有机物，检出的有机物量占有机物总量的 87.09%。已检出的主要有酸、醇、苯、烷、醚类，相对含量超过 5% 的有机物是顺-丙二醇、γ-谷甾醇和 3-羟基-3β，5α-豆甾烷，相对含量超过 2% 的有机物是乙二酸、乙醇、3，5-二丁基、4-羟基甲苯 3-羟基，含量超过 1% 的有机物是二十三烷、二十四烷、二十五烷、二十六烷和 1-氯代二十七烷。

由表 2-39 可看出，从生物处理后废纸造纸废水中共检出 23 种有机物，检出的有机物量占有机物总量的 87.12%。已检出的主要有酸、醇、苯、酯类，相对含量超过 5% 的有机物是顺-丙二醇和 3-羟基-3β，5α-豆甾烷，相对含量超过 2% 的有机物是乙醇、乙酸、二十四烷、二十五烷、2-苯二甲酸-2-乙基己酯、二十六烷、粪甾烷、1-氯代二十七烷、γ-谷甾醇和 3-羟基，3β，5α-豆甾烷。

由表 2-40 可看出，从生物-混凝处理后废纸造纸废水中共检出 25 种有机物，检出的有机物量占有机物总量的 95.71%。已检出的主要有酸、醇、烷、酚、酯类，相对含量超过 5% 的有机物是乙醇和顺-丙二醇，相对含量超过 2% 的有机物是乙二酸和丙酸，相对含量超过 1% 的有机物是乙酸、2，4-二叔丁基苯酚、二十四烷、二十五烷、2-苯二甲酸-2-乙基己酯、二十六烷和 3-羟基-3β，5α-豆甾烷。

2.5.4.2 污染物分子结构

综合废水被处理后，有机物类别没发生明显变化，但各类有机物相对含量发生了较大变化。如生物处理后，顺-丙二醇相对含量从 5.57% 升至 43.56%，再经混凝处理后升至 65.06%。相应地，3-羟基-3β，5α-豆甾烷相对含量从 11.10% 先后降至 7.56% 和 1.79%。由表 2-38~表 2-40 统计出，三种废水中 6 碳以下低分子有机物相对含量为 12.7%、51.5%、78.9%，相对含量在很快升高。该综合废水中有机物含量为 3760 mg/L，生化处理后有机物含量降至 130 mg/L，混凝处理后又进一步降至 84 mg/L。而废水中 6 碳以下低分子有机物分别为 477 mg/L、67 mg/L、66 mg/L。从表 2-38~表 2-40 可看出，综合废水、生化处理后、混凝处理后废水中份额高的顺-丙二醇的相对含量分别为 5.57%、43.56%、65.06%，即废水中顺-丙二醇的绝对含量分别为 209 mg/L、56 mg/L、55 mg/L。可见，随着废水经过一步步的处理，低分子有机污染物被大大削减，生物-混凝处理后废水中有机污染物含量被削减了 97.8%。

据表 2-38，综合废水有机污染物中含 3，5-二丁基，4-羟基甲苯 3.27%，含 4-二叔丁基苯酚 0.52%，这两种分子含发色体不饱和共轭链（—C＝C—C＝C—），链的另一端与供电子基（—OH）基团相连。这两种分子吸收了一定波长的光量子的能量后，发生极化并产生偶极矩，使共轭结构的 π 电子在不同能级间跃迁而形成不同的颜色。

生物处理后废纸造纸废水中主要有机污染物中含茂并芳庚 0.152%、6-二叔丙基苯醌 0.142%、4-二叔丁基苯酚 0.51%。茂并芳庚双环含有 6 个共轭双键，相间的 π 键与 π 键相互作用（π-π 共轭效应），生成大 π 键。由于大 π 键各能级间的距离较近电子容易激发，所以吸收峰的波长就增加，生色作用大为加强。6-二叔丙基苯醌则具有醌式基团，由于 π-π 共轭效应而发色。4-二叔丁基苯酚的发色如前节所述。

生物-混凝处理后废纸造纸废水中主要有机污染物环辛二烯 0.362%、2-甲氧基-4-甲基苯酚 0.21%、2，4-二叔丁基苯酚 1.17%。环辛二烯具有 π-π 共轭效应而发色，2-甲氧基-4-甲基苯酚、2，4-二叔丁基苯酚都是共轭链（—C＝C—C＝C—）与另一端供电子基（—OH）基团极化而产生了颜色。

由此看出，上述三种废水中均含有多种发色有机污染物而呈现色度，色度的深浅与这些污染物分子结构有关，还和这些分子的含量相关。特别是排放的生物-混凝处理后废纸造纸废水呈现浅黄色，就是残存在水中的微量的苯酚、二烯类分子所致。

2.5.4.3 废水的污染特征

（1）对综合和生物、混凝技术处理过程中的废纸造纸废水，用乙醚进行了萃取，再用旋转蒸发器进行蒸发浓缩，然后用气相色谱/质谱进行分析，通过 Chemistation

G1701DA 软件获得了总离子流图谱定性定量结果。

（2）在废纸造纸综合废水和生物、混凝处理的废水中，检测出 25 种有机污染物及其相对含量，包括酸、醇、烷、酚、酯、醚类。三种废水中 6 碳以下低分子有机物相对含量为 12.7%、51.5%、78.9%，6 碳以下低分子有机物含量分别为 477 mg/L、67 mg/L、66 mg/L，生物-混凝处理后废水中有机污染物含量被削减了 97.8%。

（3）综合废纸造纸废水有机污染物中含 3,5-二丁基-4-羟基甲苯、4-二叔丁基苯酚，生物处理后废水主要有机污染物中含茂并芳庚、6-二叔丙基苯醌、4-二叔丁基苯酚，生物-混凝处理后废水中有机污染物含环辛二烯、2-甲氧基-4-甲基苯酚、2,4-二叔丁基苯酚，这些分子含有的发色基团或助色基团的基本特性，是废水发色的基本原因。

2.5.5　制浆造纸废水的色度

制浆造纸工业废水多呈较深的颜色，如化学碱法蒸煮废水呈黑色，化学机械工艺废水呈棕红色，废纸造纸废水呈灰色。造纸废水色度给人不舒服的感观，会降低接纳水体的透明度，阻碍阳光的透射，妨碍水生生物对阳光的吸收，最终破坏水体的生态平衡。我国从 1983 年制订第一个《制浆造纸工业水污染物排放标准》，此后分别在 1988 年、1992 年、1999 年和 2001 年进行了修订，这 5 个标准都没规定废水的色度要求。直到 2008 年颁布的第 6 个《制浆造纸工业水污染物排放标准》（GB3544—2008），才首次对排放废水的色度进行了限定。

作者曾探索了造纸废水色度和 COD 的关系，以此设计了一种根据色度半定量分析造纸废水 COD 的快速方法。李海明等人应用铂钴比色法和稀释倍数法，对 CTMP 制浆废水进行了检测，指出了各检测方法之间的差异。于鹏等人通过监测造纸废水的色度、浊度和 COD 的关系，认为色度、COD 之间存在确定的近似线性的关系，同时须考虑浊度的影响。作者根据《制浆造纸工业水污染物排放标准》（GB3544—2008）对色度的规定，研究了某企业废纸造纸废水在处理过程中色度的变化，并且探索用多种方法测定了废水的色度。

2.5.5.1　材料与方法

废水水样取自江苏某废纸造纸公司综合排放水，外观呈浑浊灰色。

色度检测：稀释倍数法 GB11903—1989；色度仪 SD—9011 上海昕瑞仪器仪有限公司；浊度仪 WGZ—3 上海昕瑞仪器仪有限公司；紫外-可见分光光度仪 756MC 上海第三分析仪器厂。

2.5.5.2　废水处理

在废水处理实验室，对前述废水水样先经过沉淀（HRT 3h），然后用 UASB 装置厌氧处理（HRT 10 h），再用普通活性污泥法好氧处理（HRT 15h），最后用混凝沉淀法作深度处理（HRT 3h，液体 PAC 0.5 g/L，PAM 5mg/L），如图 2-29 所示。各处理工段的效果见表 2-41。

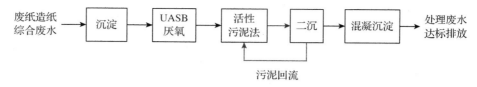

图 2-29   废纸造纸废水处理流程

表 2-41   各处理工段对废水 COD、SS 和色度的去除情况

工段	COD		SS		色度	
	出水值(mg/L)	去除率(%)	出水值(mg/L)	去除率(%)	倍数	去除率(%)
综合	3541	—	965	—	80	—
沉淀	2671	24.6	212	78.0	60	25.0
UASB	459	82.8	182	14.2	35	41.6
二沉	72	84.3	76	58.2	30	14.3
混凝	54	25.0	26	65.8	10	66.7

通过合适的技术处理，废水 COD 从 3541mg/L 降至 54mg/L，总去除率达 98.5%。SS 从 965mg/L 降至 26mg/L，总去除率达 97.3%。色度倍数从 80 倍降至 10 倍，总去除率达 87.5%。

2.5.5.3   废水的色度

表 2-42 显示了操作员甲和操作员乙分别测定了各处理工段废水的色度，操作员甲测得综合、沉淀、UASB、二沉和混凝废水色度倍数依次为 80 倍、35 倍、60 倍、30 倍、10 倍，但操作员乙对相同废水样测得的色度依次为 60 倍、35 倍、50 倍、20 倍、5 倍，最大测定差异达 1 倍。说明稀释法测废水色度，受主观因素影响很大。《制浆造纸工业水污染物排放标准》（GB3544—2008）规定用稀释目测比色法测定废水的色度，该方法不用复杂的仪器、操作简单、易学易用，但大量的应用实践表明，该方法人为误差较大，准确性不高。特别是废水色度较低时，不同操作者对色度感受的差异，测定的稀释倍数差异很大。甚至同一操作者不同时间、不同场合测同一水样，也会带来较大差异。

表 2-42 显示，用色度仪评价废水色度，综合废水色度 658 EBC，混凝出水色度降至 101 EBC，有较大的数值差异性表征。综合废水浊度 600 NTU，混凝出水色度降至 2.32 NTU，有更大的数值差异性表征，但浊度主要反映的是废水含有的颗粒度状况。

表 2-42   各处理阶段废水色度的测定

	综合	沉淀	UASB	二沉	混凝	备注
稀释法(倍)	80	35	60	30	10	操作员甲
	60	35	50	20	5	操作员乙
色度仪(EBC)	658	627	631	166	101	
浊度仪(NTU)	600	414	284	3.54	2.32	

2.5.5.4　废水的吸光度

用紫外-可见分光光度仪对综合废水和处理各阶段废水进行了扫描，结果如图 2-30 所示。在紫外区，有强烈的吸收；在可见光段，废水的吸光度 A 较低，波长 λ 大于 590 nm 后吸光度 A 几乎等于零。

用 ORIGIN 数据处理软件可对每条吸光度曲线与 X、Y 轴所围的面积进行积分，5 条曲线可得 5 列积分值，见表 2-43。波长 λ190nm～590 nm 积分值反映了各处理段废水对紫外-可见光吸光度 A 的总值。波长 λ390nm～590 nm 是可见光段，综合废水的可见光吸光度 A 的积分值为 27.9，沉淀后吸光度 A 的积分值降至 14.0，但经过 UASB 厌氧处理后，吸光度 A 的积分值升至 80.8，甚至超过了综合废水吸光度 A 的积分值，混凝后废水吸光度 A 的积分值已降至 3.0，说明排放水已经很清了。

分光光度法是一种传统的用于发色化合物测定的分析测定方法，广谱性好，准确度高。用 ORIGIN 数据处理软件对废水可见光吸光度 A 积分，获得明确的积分数字值表征各废水样外观，表达了废水透光性的差异性。

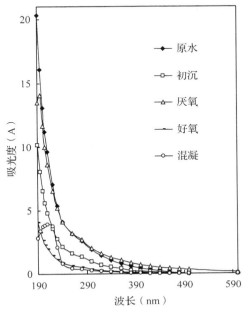

图 2-30　造纸废水在各处理阶段的紫外可见光吸光度

表 2-43　废水吸光度的积分值

吸光度 A 的积分	综合	沉淀	UASB	二沉	混凝
190 nm～590 nm	760	380	780	152	192
390 nm～590 nm	27.9	14.0	80.8	5.0	3.0

2.5.5.5　小　结

(1)稀释法测定低色度造纸废水时人为误差较大，测定的重现性差、准确度低。

(2)色度仪法能准确反映低色度废纸造纸废水色度，重现性好，准确度高，可避免稀释法测定带来的较大的人为误差。

(3)在废水的吸光值曲线的特征吸收相同的情况下，通过计算相同波长范围的曲线积分面积可以反映低色度废纸造纸废水在处理过程中透光度的差异。

2.5.6 制浆造纸水污染物排放标准

2008 年，环境保护部、国家质量监督检验检疫总局联合发布《制浆造纸工业水污染物排放标准》，表 2-44 是 2008 年新标准（GB3544—2008）和 2001 年旧标准（GB3544—2001）排放水主要指标的对照。

对比新旧标准，内容有减有增。旧标准对废水分类较细，如木浆废水和非木浆废水；本色浆废水和漂白废水。加上制浆废水和造纸废水的两大类，废水种类繁多。新标准增加了总磷、总氮、氨氮和色度共 4 项新指标（表 2-44）。显然，增加氮磷指标是为了降低制浆造纸排放水对水环境富营养化的影响，此指标对亚铵法制浆废水的处理带来难度，但对其他制浆造纸工艺废水的处理不应带来困难。新增色度指标是明智之举，排放的造纸深色废水会降低水体的透明度，影响水中生物的正常生长，特别是深色度废水已引起社会的诸多抱怨和纠纷，环保管理部门夹在企业和社会舆论中间左右为难，现在有了色度标准应是有法可依。二噁英是目前已知的世界上毒性最大的化合物，早已引起世界各国的重视，新标准首次规定新建厂必须限制排放废水二噁英浓度。

表 2-44 新标准和旧标准主要指标的对照

指标	新标准（GB3544—2008）	旧标准（GB3544—2001）	备注
COD（mg/L）	100	350	
BOD（mg/L）	20	70	
SS（mg/L）	50	100	
pH	6~9	6~9	
AOX（mg/L）	12	12	对制浆排放
总磷（mg/L）	0.8	—	废水的规定
总氮（mg/L）	15	—	
氨氮（mg/L）	12	—	
色度（倍）	50	—	

对制浆企业，废水量从旧标准的 300 m^3/t 减少至新标准的 80 m^3/t，废水量减少了 73%。COD 浓度从 350 mg/L 降低至 200 mg/L，降低了 43%。吨浆 COD 排放量减少：

旧标准允许 COD 排放：$350 \times 300/1000 = 105$ kg/t

新标准允许 COD 排放：$200 \times 80/1000 = 16$ kg/t

新标准较旧标准 COD 排放减量 85%。同样的计算可知，BOD 排放减量 81%，SS 排放减量 81%，AOX 排放减量 82%，即新标准容许的污染排放量仅为旧标准的 1/4，减排力度极大。

和世界发达国家和地区比较，我国造纸工业吨浆允许排放的 COD 已走在世界的前列，如图 2-31 所示。

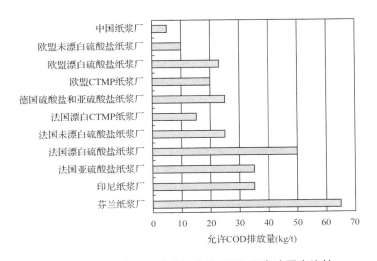

图 2-31　我国造纸工业吨浆排放 COD 和发达国家比较

2.6　栲胶生产废水

　　栲胶是重要的林产化工产品之一，它主要用于皮革鞣剂，还用于木工胶黏剂、木材表面涂饰剂、泥浆稀释剂、锅炉除垢剂、金属防蚀剂、水处理絮凝剂、矿石浮选抑制剂、锗沉淀剂、染色固色剂、气体脱硫组成剂、医药用剂、铅蓄电池负极板添加剂等。栲胶有热熔、冷溶、半冷溶、浅色等不同规格，不仅供应国内市场，还出口到国际市场。栲胶是绿色可再生资源，随着不可再生资源（如石油等）的日益减少，栲胶等林特产品行业的发展显得尤为重要。近年以氧化栲胶和五价钒的循环氧化催化为核心技术，在我国烟尘脱硫大气治理中发挥了重要作用。但栲胶废水中含大量单宁，单宁对好氧、厌氧菌有强烈的抑制作用，因此，目前对栲胶废水处理技术上有较大困难。

2.6.1　栲胶中的单宁

　　栲胶是从富含单宁的植物性物料（如树皮、木材、果壳、根皮、块茎、叶）经浸提、浓缩等过程制成的以单宁为主要成分的混合物，为棕黄到褐色的块状固体或浆状体。单宁（tannin），又称单宁酸、鞣酸，分子式为 $C_{76}H_{52}O_{46}$，分子量 1701.22。是多酚中高度聚合的化合物，分子结构之一如图 2-32 所示。

　　单宁也称为植物鞣质，是相对分子质量在 500～3000 范围内的天然植物多酚。单宁可分为水解类单宁和缩合类单宁。栗木单宁属水解类，落叶松单宁属缩合类，都可应用于皮革的鞣制。由于单宁有抑制酶的作用，对微生物的生物氧化过程具有极强的抗性，因此含单宁废水很难被生物降解，对环境造成严重的威胁。大量研究证明单宁对动物和人有毒性，它能与蛋白质形成强配合物，对人和草食动物的食欲和养分吸收造成负面影响。含单宁废水主要源于皮革、制药和造纸生产。含单宁废水的处理有吸附法、膜过滤法、光催化降解及纳米化学降解法等，其中吸附法因其低成本、高吸附性、轻污染等特点，较多应用于水中有机物的去除，过程应用的吸附剂如活性炭、壳聚糖、树脂、有机黏土、有机膨润土和凹凸棒土等。

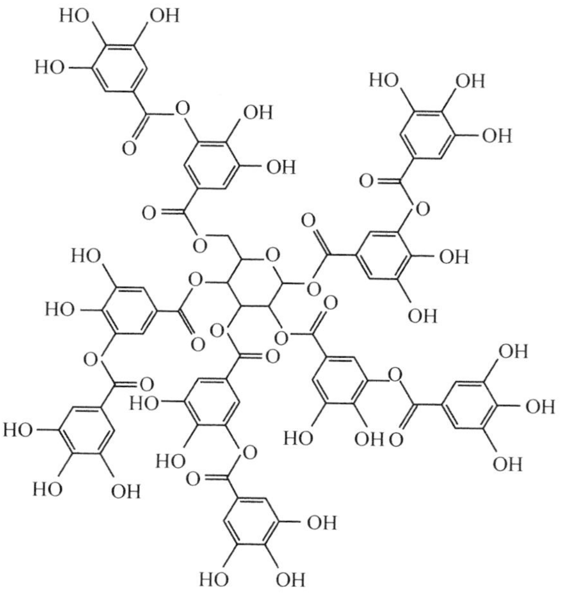

我国用于提取栲胶的原料主要有落叶松（*Larix gmelini*）、麻栎（*Quercus acutissima*）和栓皮栎（*Quercus variabilis*）的果壳、毛杨梅（*Myrica esculenta*）、余甘（*Phyllanthus emblica*）、黑荆树（*Acacia mearnsli*）、马占相思（*Acacia mangium*）、木麻黄（*Casuarina equiserti folia*）、化香树（*Platycarya strobilacea*）、槲树（*Quercus dentate*）、厚皮香（*Ternstroemia gymnanthera*）等 10 多个。黑荆树树皮单宁含量可达 40%（以含水率 12.5% 为基准）。毛杨梅树皮中单宁含量一般在

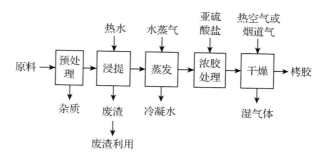

图 2-32　一种单宁分子的结构

10%~27% 之间，优等余柑栲胶单宁含量可达 70%，是鞣革比较好的栲胶产品。马占相思树皮含单宁 40%，通过化学方法对马占相思栲胶进行颜色浅化处理，得到浅色栲胶，可与进口的黑荆树皮栲胶媲美。五倍子中肚倍和角倍单宁含量（以绝干计）为 65.0%~73.0%，倍花单宁含量（以绝干计）为 25.0%~50.0%。随着全球经济的高速发展，石油消耗日益增大，皮革产品需求量的剧增，环境污染的加重，国内外对栲胶这类天然产物的市场需求显著增加，价格成倍增长。

2.6.2　栲胶清洁生产工艺

栲胶生产工艺流程示意如图 2-33 所示。栲胶生产过程包括备料（原料粉碎、筛选、净化和输送）、原料浸提流程如图 2-34，浸提液蒸发、浓胶亚硫酸盐处理（磺化）流程如图 2-35，浓胶干燥流程如图 2-36。

图 2-33　栲胶生产工艺流程示意

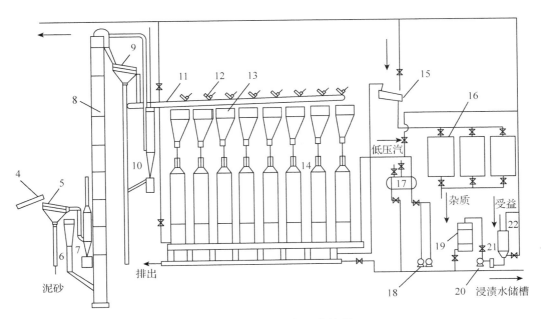

图 2-34　备料和浸提工艺流程

（原料经移动式皮带输送机、电瓶车、卷扬机，上皮带输送机 4）4、11. 输送机；5、9. 振动筛；6. 粉碎机；

7、10. 除尘器；8. 提升机；12. 卸料器；13. 储料斗；14. 浸提罐；15. 料筛；16. 浸提液储槽；

17. 浸提水加热器；18. 浸提上水泵；19. 亚硫酸盐计量槽；20. 泵；21. 过滤器；22. 亚硫酸盐溶解槽

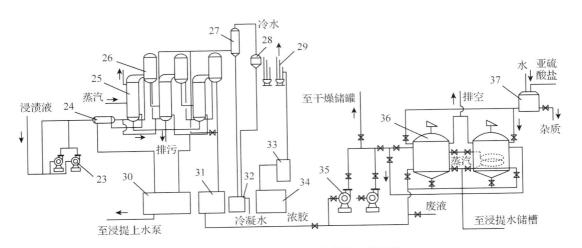

图 2-35　浸提液蒸发和浓胶磺化工艺流程

23. 蒸发上液泵；24. 浸提液预热器；25. 蒸发器加热室；26. 蒸发器分离室；27. 混合冷凝器；

28. 捕集器；29. 真空泵；30. 冷凝水储槽；31. 浓胶储槽；32. 水封槽；33. 气水分离器；

34. 冲渣水储槽；35. 浓胶泵；36. 反应釜；37. 亚硫酸盐溶解器

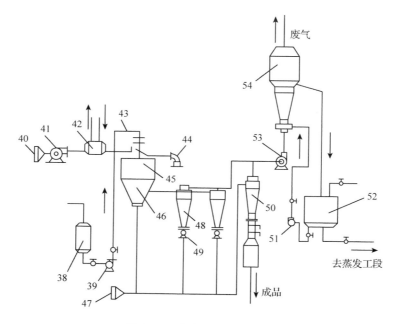

图 2-36   浓胶喷雾干燥流程

38. 搪玻璃储罐；39. 螺杆泵；40. 空气过滤器；41. 鼓风机；42. 翅片式空气加热器；43. 浓胶过滤器；

44. 冷却风机；45. 离心喷雾器；46. 干燥塔；47. 关风器；48、50. 旋风分离器；49. 星形排料器；

51. 泵；52. 循环水箱；53. 风机；54. 湿法除尘器

2.6.3   栲胶生产废水污染特征

栲胶生产废水具胶体特征，含糖类、植物蛋白、有机酸、酚类、无机盐和色素等，COD、BOD 负荷较高。

废水取自于某五倍子生产单宁酸和没食子酸厂（图 2-37），COD 为 67 000 mg/L，pH 为 0.5。栲胶生产废水的特点是成分复杂，除含大量单宁外，还含有糖、非单宁酚类、有机酸、色素及木素衍生物等有机成分，COD 浓度高，水质变化较大，颜色深，感官极差。内蒙古某栲胶厂生产废水 pH 4.6，COD 57 800 mg/L，残渣 5373 mg/L，单宁 12 mg/L，砷 0.01mg/L，酚 0.041mg/L，硫酸盐 160 mg/L。国内某栲胶生产废水实测的污染特征见表 2-45。

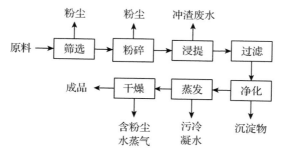

图 2-37   栲胶生产过程污染发生点

表 2-45　栲胶生产废水的污染特征

废水种类	COD（mg/L）	BOD（mg/L）	没食子酸（%）	焦性没食子酸（%）	单糖（%）
倍子水解	12 350	3320	2.62	—	1.81
焦性没食子酸	22 350	950	3.86	2.18	—

参考文献

薄德臣，李凭力. 糠醛生产技术发展及展望[J]. 林产化学与工业，2013，33(6).

薄德臣. 以醋酸为催化剂由戊糖经反应萃取制取糠醛的过程研究[D]. 天津大学，博士学位论文.

柴国梁. 国内外活性炭工业分析(上)[J]. 上海化工，2006，31(8)：49-52.

柴国梁. 国内外活性炭工业分析(下)[J]. 上海化工，2006，31(9)：46-50.

陈克复. 我国造纸工业绿色发展的若干问题[J]. 中华纸业，2014，35(7)：29-35.

陈雄彪. 糠醛清洁生产工艺研究[J]. 资源节约与环保，2014(7).

丁来保. 竹材 CTMP 制浆高浓废水生化组合处理技术研究[D]. 中国林业科学研究院，硕士研究生论文，200606.

谷瑶，周丽珠，李军集，等. 桉树栲胶的研究和开发前景[J]. 广西林业科学，2013，42(3).

贺近恪，李启基. 林产化学工业全书[M]. 北京：中国林业出版社，1997.

侯文彪，唐文伟，赵桂山. 松香树脂生产废油废水的回收及治理[J]. 林产化工通讯，2004，38(4).

花拉. 糠醛生产企业废水处理措施[J]. 环境与发展，2014，26(3).

环保部环办[2014]923 号文件，关于征求国家环境保护标准《活性炭工业污染物排放标准》(征求意见稿)意见的函.

黄国林. 炉渣动态吸附处理松香废水的研究[J]. 上海环境科学，1996，15(8).

黄卫，侯文彪. 松香深加工废水处理方法的研究[J]. 生物质化学工程，2011，45(5).

黄自力，郑春华. 松脂加工废水物化方法强化处理[J]. 工业水处理，2007(1).

刘光良，房桂干. 发展高得率草浆——解决草浆厂污染的重要途径[J]. 江苏造纸，1996(4)：7-12.

倪安顺. Excel 统计与数量方法应用[M]. 北京：清华大学出版社，1998.

施英乔，丁来保，李萍，等. 15 000t/d 造纸废水处理工程的运行和控制[J]. 林产化学与工业，2001，21(2).

施英乔，丁来保，李萍，等. 多次纤维造纸废水生物处理工业应用新技术[J]. 林产化工通讯，2002，36(3).

史伟明，张楠糠. 醛生产"三废"情况的调查[J]. 黑龙江环境通报，2002，26(1).

汪大翚，徐新华，杨岳平. 化工环境工程概论[M]. 北京：化学工业出版社，2001.

王洪莉. 糠醛生产污染来源与污染防治[J]. 环境保护与循环经济，2013(4).

王玉. 浅议吉林省"糠醛工业污染物控制要求"[J]. 环境科学与管理，2012，37(7).

肖毓敏，黄筱雄. 林化生产废水处理技术[J]. 林产化工通讯，2003，37(2).

臧花运，卢平，伊洪坤，等. 松香废水处理技术及机理研究[J]. 干旱环境监测，2008，22(4).

张晋康. 林产化工环境保护[M]. 北京：中国林业出版社，1996.

张亮，沈力，刘宛宜，等. Fenton 试剂结合二氧化铅电极强化处理糠醛废水的研究[J]. 科学技术与工程，2013，13（17）.

郑育毅，唐静珍，潘智勇. 物化法处理松脂加工废水［J］. 工业用水与废水，2001，32（2）.

CROENERT H，LOEPER D. New industrial paths in the continuous production offurfural［J］. Escher Wyss News，1969，42/43：69 – 77.

HAQUER，CHAKRABARTIRK，BIR S，et al. Anindigenoustechnologyforproduction offurfural［J］. Chemical Engineering World，1976，11：71 – 73.

HARRIS J F. Process alternatives for furfural production［J］. Tappi Journal，1978，61（1）：41 – 44.

ORONZIO D N I. Continuous process for the production of furfural and acetic acid from vegetative material：US，2818413 A［P］. 1957-12-31.

PANICKER P K N. Furfural-Part II -Processes［J］. Chemical Age of India，1975，26（6）：457 – 464.

SANGARUNLERT W，PIUMSOMBOON P，NGAMPRASERTSITH S. Fufural production by acid hydrolysis and supercritical carbon dioxide extraction from rice husk［J］. Korean Journal of Chemical Engineering，2007，24（6）：936 – 941.

SPROULL R D. The Production of Furfural in An Extraction Coupled Reaction System［D］. Indiana：Purdue University，Ph D Thesis，1986.

第 **3** 章

林产化工废水
治理工艺

林产化工废水种类多、浓度高、成分复杂，特别是 BOD/COD 比值很低，用传统生物处理方法难以达到排放标准。针对不同种类的林产化工废水，先应在实验室进行深入的处理研究，获得关键的工程参数，再设计合理的组合废水处理工艺，才能使建造的环保工程真正满足废水处理要求。

3.1　松香生产废水处理

生物处理工程实践证明，BOD/COD 低于 0.3 时，被认为是难生物处理的废水。松香生产废水 BOD/COD 多在 0.1~0.2 之间，生物处理困难。松香生产废水有机物含量高，呈较强的酸性，先采用内电解法等强氧化手段处理松香废水，在降低废水有机污染物的同时，可提高废水的 BOD/COD 比值，有利于后续生物处理达到良好效果。

3.1.1　内电解反应

内电解处理技术已广泛用于染料、印染等工业废水的处理，该法利用废铁屑/炭粒在废水中形成无数个微电池，微电池产生的电解作用，产生强烈的氧化还原作用，可以促使大分子有机污染物的断链、开环，并破坏发色助色基团降低色度。内电解法具有使用范围广、处理效果好、使用寿命长、成本低廉、操作维护方便等优点。

内电解反应所用的铁屑大多来自于机械厂加工铸件时产生的铸铁屑，呈卷曲状。实验室试验时，先用洗衣粉粗洗，再用质量分数为 3%~5% 的 NaOH 溶液在 70%~80% 浸泡约 30 min，去除表面油污，用清水冲洗至中性后用质量分数为 1% 的硫酸溶液浸泡 10 min，去表面氧化物，再用清水冲洗干净，处理后应立即使用。采用静态实验模式，在 1000 mL 烧杯中，加入铁屑和颗粒炭（直径 1 mm~2 mm），铁、炭质量比为 1:1，加一定量废水，改变反应条件，如 pH、反应时间，反应后取出废水样进行分析，主要分析项目为 pH、COD 和 BOD 等。

3.1.1.1　pH 值变化对内电解处理效果的影响

由图 3-1 可知，pH 值在 3.5~5 之间时，废水 COD 的去除率较高，可达 35% 以上，松香生产废水的 pH 值一般都在 2~5 之间，因此，在实际应用中不需要调节就可保证内电解处理过程在较为理想的 pH 值条件下进行，这样可以简化操作管理步骤和节约运行成本。另外，经过内电解反应后，废水的 pH 值均有所上升，这也有利于后续的生物处理过程。

3.1.1.2　内电解反应时间变化对处理效果的影响

表 3-1 可见反应时间对内电解处理效果的影响。

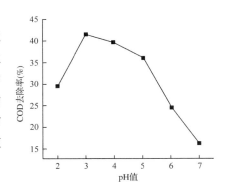

图 3-1　废水 pH 值变化对 COD 去除率影响

表 3-1 内电解反应时间对处理效果的影响

t(反应)(h)	COD(mg/L)	BOD(mg/L)	BOD/COD	pH(出水)	COD 去除率(%)
0	1612	435	0.269	5.44	—
2	1195	412	0.345	5.57	25.89
4	1173	411	0350	5.62	27.23
6	1145	427	0.372	5.70	28.95
8	1135	487	0.429	6.02	32.86
9	1013	436	0.430	6.18	37.13
10	938	430	0.459	6.37	41.81
11	940	426	0.453	6.43	41.70
12	987	430	0.360	6.22	38.75

由表 3-1 可知，COD 和去除率随着内电解反应时间的增加而增加，当反应时间为 10 h 时，COD 去除率达最大值 41.81%。延长反应时间，COD 去除率呈下降趋势。从表 3-1 数据可看出，未经内电解处理的废水 BOD/COD 值为 0.269(t = 0)，说明该废水的可生化性较差。经内电解处理后，BOD/COD 值升高。随着反应时间的增加，BOD/COD 值也增加，反应时间为 10 h 时，BOD/COD 达最大值 0.459。废水的可生化性得到较大提高，这一结果有利于后续生物化学方法将废水处理至达标排放。根据内电解原理，松香废水中的一部分有机污染物经过氧化还原作用被分解，一部分有机污染物被内电解产生的三价铁离子絮凝沉淀，从而使松香废水得到初步净化。

3.1.1.3 铁屑投加量对内电解效果的影响

由图 3-2 可知，随着铁屑用量的增加，废水 COD 去除率也随之增加，铁屑投加量在 50g 以上时，COD 去除率达 47% 以上，但当铁屑投加量超过 60g 后，COD 去除率的变化趋向平缓，或有下降的趋势，因此确定最佳铁屑投加量为 60g/L 松香生产废水。

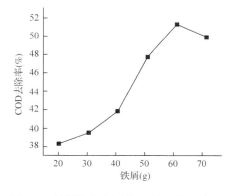

图 3-2 铁屑投加量对处理效果的影响

3.1.1.4 内电解处理对废水中有机成分变化的影响

松香生产过程所产生的废水在处理前需经过隔油、沉淀预处理。预处理后的松香废水中有机成分分为碱性组分和酸性组分。在用气相色谱法进行组分分析时，两部分需分离后单独进样。用质量分数(下同)为 10% 氢氧化钠溶液调节松香废水 pH > 12，以氯仿为萃取剂萃取 3 次，合并有机相，用无水硫酸钠脱水，可得到碱性组分。再用 6 mol/L 硫酸溶液调节上述水相至 pH < 2，以氯仿为萃取剂萃取 3 次，合并有机相，用无水硫酸钠脱水，得到酸性组分。

从气相色谱分析图(图 3-3、图 3-4)可知，碱性条件下废水萃取得到的有机物种类较多，内电解处理后有机物的种类和含量均有较大的变化，部分含量较高的有机物在

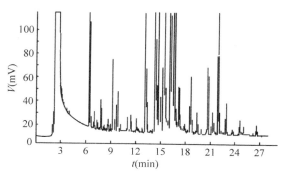

图 3-3　内电解处理前碱性组分气相色谱分析图

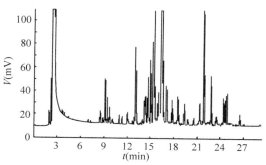

图 3-4　内电解处理后碱性组分气相色谱分析图

内电解处理后含量大大降低，例如，保留时间为 6.4 min 的有机物成分经内电解处理后已无检出。同时，处理后的废水在停留时间大于 15 min 后的吸收峰数量，以及吸收峰面积均较处理前废水有大幅度降低，这说明内电解处理过程有效地破坏了废水中分子量较大组分的化学结构，提高了废水的可生化性，降低了后续处理难度。

　　同样，由气相色谱分析结果比较可知，在酸性条件下萃取的有机物种类比在碱性条件下明显少（图略），内电解处理后的酸性萃取组分色谱峰总数量减少，峰面积也明显减少。说明经过内电解处理后有机物种类和含量减少了。内电解处理前后的酸性萃取的有机物成分变化规律和碱性萃取的有机物成分变化规律相似。

　　综上所述，松香生产废水有机物含量高，可生化性差，采用内电解法处理可有效降解有机物污染物，同时提高了 BOD/COD 值，有助于后续生物处理。松香生产废水的最佳反应条件为：反应时间 9 h～11 h，pH 范围为 2～5，铁屑投加量为 60 g/L 废水，在此条件下处理松香废水 COD 去除率可达 51%。

　　通过内电解处理后松香生产废水的 BOD/COD 值从 0.269 升至 0.459，说明内电解处理不仅可以降低松香生产废水中的有机污染物含量，还可以改善松香废水的可生化性，有利于后续进一步生物处理。

　　采用气相色谱法对内电解处理过程中松香废水有机成分的变化进行分析，结果表明内电解处理在降低废水有机污染物含量时，可以有效破坏大分子结构，产生了分子量较小的有机物，进一步说明了内电解处理可以改善废水可生化性。

3.1.2　电催化氧化处理

　　电催化氧化法是通过电极反应，在电极表面上产生羟基自由基、臭氧等强氧化剂来氧化降解有机物，是一种高级氧化方法。该方法除了具有高级氧化过程氧化能力强、反应速度快、氧化彻底等优点外，还有以下特点：①处理对象广泛；②设备体积小，占地面积少；③操作简单灵活，可以在常温常压下进行；④适合自动化控制。多相催化氧化工艺是将催化剂附载在机械强度高和具有化学惰性的多孔材料上，避免催化剂的流失。同时多孔材料为催化剂提供了巨大的比表面积，使催化反应具有较高效率。

　　电-多相催化氧化法降解松香废水需使用负载型金属催化剂，含 Fe 和 Mn 复合催化剂对松香废水具有较高的活性。利用电-多相催化氧化降解松香废水，为松香废水的有效降解提供了一种新方法。

3.1.2.1　电催化氧化装置

电催化氧化反应槽的结构如图 3-5 所示。电极：RuIrSnMnTi 电极，由广州某金属研究院提供，电极板面积为 4.7 cm×11 cm。取松香废水 1 L 于电解槽内，再分别在无催化剂和有催化剂及室温条件下，通入一定量空气。电解条件为 10 V、0.5 A。分别在不同时间取废水进行 COD 测定。

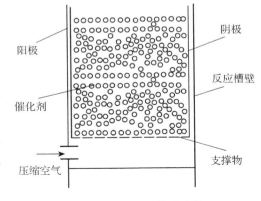

图 3-5　电催化反应槽的结构

3.1.2.2　催化剂的制备

称取一定量化学纯亚硫酸铁和四水氯化锰贵金属盐类化合物，加入一定体积的去离子水，搅拌使其完全溶解。分别加入等体积的活性炭、分子筛和 Al_2O_3，用水玻璃进行造粒，置 120℃的烘箱烘 3 h，然后在 1200℃进行高温灼烧 2 h，冷却至室温，制备成 Fe-Mn 催化剂，待用。采用化学纯硝酸钴、硝酸铜等试剂，同法制得 Fe、Co、Mn、Ni、Fe + Co、Fe + Ni、Ni + Mn、Co + Ni、Co + Mn 等多种催化剂。

3.1.2.3　不同催化剂的效果

负载型催化剂中，载体的作用是作为活性组分的骨架，分散各活性组分，使活性组分有较大的曝露面积，合适的载体还能提高催化剂的机械强度和热稳定性，使用不同的载体可以使催化剂具有不同的活性。

采用不同载体制备的催化剂其催化效率见表 3-2。不同载体催化剂的效率有明显的差别。以活性炭为载体的催化剂效率最高，分子筛次之，Al_2O_3 为载体催化剂的效率最低。可能是由于活性炭的微粒具有较大的外表面，使出现在表面的活性中心数增多，因而使催化反应速度加快。

表 3-3 是不同催化剂降解松香废水 COD 结果。实验结果表明，两种组分好于单一组分，其中以 Fe + Mn 制备的催化剂效率最高。

表 3-2　不同载体制备的催化剂效率比较

编号	载体种类	COD 去除率（%）
1	活性炭	78
2	分子筛	63
3	Al_2O_3	56

对催化剂的能谱元素分析结果见表 3-4。其中 Ca、S 组分可能是由活性炭带入的杂质，主要起作用的成分是 Fe 和 Mn，主要采用 RuIrSnMnTi 电极进行废水处理和有机物质降解研究。由显微照片可看出，所制备的 Fe + Mn 催化剂具有多孔结构和较大的比表面积。

表 3-3　以活性炭为载体催化剂降解松香废水结果　　　　　　　　%

编号	催化剂	COD 去除率	编号	催化剂	COD 去除率
1	Fe	70.6	6	Fe + Ni	79.3
2	Co	56.8	7	Fe + Mn	83.6
3	Ni	52.9	8	Co + Ni	67.1
4	Mn	64.6	9	Co + Mn	71.5
5	Fe + Co	75.2	10	Ni + Mn	65.4

表 3-4　催化剂元素分析　　　　　　　　　　%

编号	元素名称	质量分数	摩尔分数	编号	元素名称	质量分数	摩尔分数
1	C	65.948	83.478	5	K	0.564	0.219
2	O	2.675	2.542	6	Ca	2.187	0.830
3	Mg	0.226	0.141	7	Mn	0.171	0.295
4	S	2.135	1.012	8	Fe	8.558	2.330

3.1.2.4　对松香废水 COD 的降解

　　以广东某松香厂的松香废水为对象，进行电-多相催化氧化降解有机废水的研究，调节废水 pH < 5，进入电催化电解装置(电流 2A，电压 10V)，用曝气头鼓气搅拌，$V_水 : V_气 = 20:1$，间隔反应 30min 取样测定溶液 COD，比较无催化剂和有催化剂条件下其降解松香废水的效果，结果如图 3-6 所示。

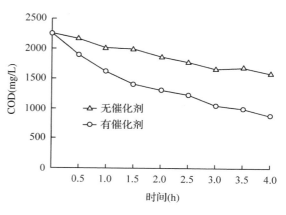

图 3-6　电-多相催化氧化降解松香废水效果

　　由图 3-6 可以看出，处理较低浓度松香废水，4h 后原水 COD 从 2300 mg/L 降至 1587mg/L(无催化剂时)，COD 去除率为 31%。有催化剂时原水 COD 从 2300 mg/L 降至 851mg/L，COD 去除率 63%。

表 3-5　电-多相催化降解高浓度松香废水

时间(min)	无催化剂 COD(mg/L)	电-多相催化 COD(mg/L)
0	6500	6500
30	5832	4206
60	5326	3670
80	5145	2105
90	4862	1483
120	4650	1106
180	4210	806

由表 3-5 可以看出，高浓度松香废水 COD 为 6500 mg/L，在无催化剂情况下，电解处理松香废水后，COD 降至 4210 mg/L，COD 去除率为 63.5%。在有催化剂情况下，高浓度松香废水 COD 从 6500 mg/L 降到 806 mg/L，降解率为 87.6%。因此，电-多相催化降解法作为松香废水的预处理，可有效降低 COD，有利于后续生物处理。

3.1.2.5 小结

（1）以活性炭为载体的催化剂效率高。催化剂中两种组分好于单一组分，其中以 Fe + Mn 制备的催化剂效果最好。

（2）催化剂具有多孔结构和较大的比表面积，具有较强的催化功能。

（3）对于 COD 为 2300 mg/L 的低浓度松香废水，采用电-多相催化氧化处理效果较好，COD 去除率达到 63%。

（4）对于 COD 为 6500 mg/L 的高浓度松香废水，无催化剂时电解处理后 COD 去除率为 35.2%，有催化剂时电解处理后 COD 去除率达 87.6%。电解催化作为松香废水的预处理，可有效降低 COD，提高松香废水的可生化性。

3.1.3 膜生物反应器处理

膜生物反应器（MBR）是将生物处理工艺与膜分离技术相结合的一种新型废水处理方法，其采用膜分离技术代替传统的二沉池出水，能将微生物完全截留在生物反应器中，从而大幅度提高污泥浓度，提高了难降解有机物的降解率。MBR 还具有设备占地面积小、耐冲击负荷强、剩余污泥量低等优点，已在国内许多大中小各种类型的水处理工程上得到应用，近年国内已有用 MBR 处理松香废水的工程实例。李香莉等人采用一体式中空纤维材料的 MBR 对松香废水进行了系统研究，考察了 MBR 的运行特点和降解松香废水的效果，为完善 MBR 处理高浓度、难降解松香废水工程设计提供了理论依据。

3.1.3.1 实验装置

实验采用的一体式 MBR 如图 3-7 所示。

MBR 尺寸为 51.6 cm × 16.4 cm × 29.1 cm，有效容积为 25 L。膜组件为聚偏氟乙烯（PVDF）帘式中空纤维膜，膜孔径 0.1 μm，通过出水泵排水。反应器的底部设曝气器头，通过曝气头给反应器充气供氧，提供微生物所需的溶解氧，对 MBR 膜面产生冲刷错流流体。

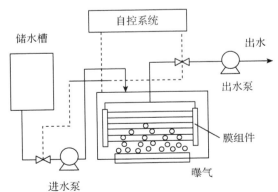

图 3-7 一体式 MBR 装置

实验用松香废水取自某松香树脂有限公司，COD 平均为 3257 mg/L，pH 为 7.6 ~ 8.0。由于启动期间进水的 COD 负荷不宜高，故将松香废水用清水稀释后使用，逐步提高进水流量和有机负荷,待微生物逐渐适应后再进原水处理。

3.1.3.2　反应器内活性污泥菌驯化

实验所用的活性污泥菌取自某市政污水处理厂。混合液悬浮固体 MLSS 为 7862 mg/L,污泥沉降比 SV 为 48%,污泥体积指数 SVI 为 61 mL/g,接种污泥量约占反应器体积的 1/10。每天投加营养盐及适量的硫酸亚铁溶液对污泥进行驯化培养,以使活性污泥菌逐步适应松香废水。驯化结束后,将被处理松香废水稀释浓度依 20%、40%、60%、80%、100% 逐渐提升,相应地逐步调整营养盐用量,控制 HRT 为 8 h。

3.1.3.3　反应器内活性污泥菌的生长

在显微镜下观察,培养驯化前污泥中有大量新生指状分支菌胶团,有丝状物穿插其中,结构松散。生物相丰富,有较多弯豆形虫、少量片状漫游虫、大量体型很小的豆形虫和少量钟虫,随着驯化的进行,细菌数目大大增加,废水中出现掠食能力更强的纤毛虫纲中的原生动物,增殖的微生物吸附水中的悬浮物质并相互絮凝,形成了新活性污泥。继续培养,出现大量的钟虫类原生动物,形成足量的活性污泥絮体。活性污泥驯化期间,反应器内混合液生物相以钟虫、累枝钟虫为主,松散的菌胶团趋向紧密,此时表明活性污泥已经驯化成熟。

3.1.3.4　污泥特性变化

系统启动阶段,污泥的 MLSS、SV 的变化情况如图 3-8 所示。

从图 3-8 可看出,前 8 天的培养期,由于进水负荷较低,MLSS 增长缓慢,由开始的 1450 mg/L 增加到 2065 mg/L。此后逐渐提高进水负荷,对废水进行驯化,MLSS 迅速增加,由 2185 mg/L 增加到 6772mg/L,驯化后期

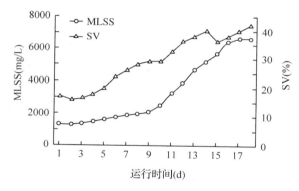

图 3-8　MLSS 和 SV 随时间的变化

MLSS 基本稳定。由于膜的过滤作用,大分子颗粒和活性污泥被截留在生物反应器中。使生物反应器内保持较高的 MLSS,在培养初期 SV 有所下降,主要是由于此时曝气池中污泥量比较少,而排水时部分污泥被带走,曝气池内的污泥沉降性能较差。随着污泥浓度的增长,SV 呈上升趋势。至驯化期结束,SV 达到 40% 左右,污泥的絮凝和沉淀性良好,混合液静置 0.5 h,上清液清澈透明,泥水界面清晰,污泥呈黄褐色。

3.1.3.5　MBR 运行效果

(1)COD 变化

反应器运行期间,系统进出水 COD 变化曲线如图 3-9 所示。由图 3-9 可以看出,随着微生物对废水的逐渐适应,COD 去除率不断提高,至驯化结束达到 94%。稳定运行期间,COD 为 3040 mg/L~3479 mg/L,平均 COD 为 3287mg/L。经过微生物处理和

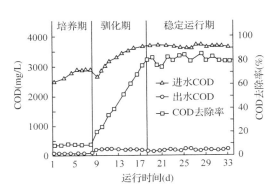

图 3-9　COD 随时间的变化

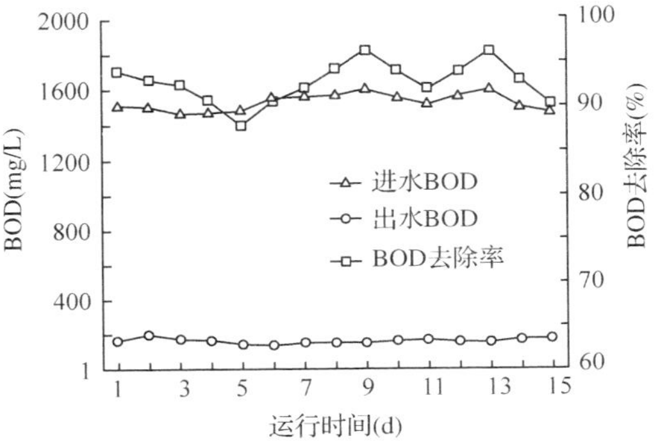

图 3-10　BOD 随时间的变化

膜过滤，出水平均 COD 240 mg/L，平均去除率可达到 92.7%，表明 MBR 对 COD 具有较高的去除率。

（2）BOD 变化

稳定运行时，BOD 的变化如图 3-10 所示。

进水 BOD 为 1405 mg/L～1825 mg/L 时，系统出水的 BOD 保持在 < 200 mg/L，BOD 的平均去除率达到 90%，出水 BOD 相对比较稳定，不随进水 BOD 的变化而波动，这主要是由膜的高效过滤作用所决定的。

（3）pH 的变化

反应器运行期间 pH 的变化如图 3-11 所示。

膜稳定运行时，MBR 进水 pH 为 7.6～8.0，出水 pH 稳定在 7.0。这可能是因为在 MBR 生物反应池内，弱碱条件下可发生硝化作用，由于硝化反应生成属于强酸的硝酸根离子，使废水 pH 降低。

（4）水力停留时间对 COD 的影响

水力停留时间 HRT 是污水生物处理系统的一个重要参数，它不仅与系统的处理效果有关，还直接决定了生物反应器容积的大小，进而影响到处理工程的基建投资。因此在保证出水水质的前提下，确定最短的 HRT 具有重要的实际意义，实验考察了不同 HRT 对污染物去除效果的影响，结果如图 3-12。由图 3-12 可知，生物反应器中开始时

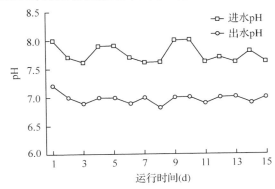

图 3-11　pH 随时间的变化

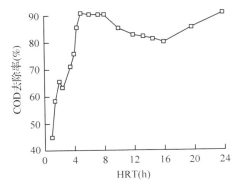

图 3-12　HRT 对 COD 去除率的影响

COD 去除率快速上升。至 5h ~ 8h 时趋于平稳，COD 去除率达到 92%。之后开始下降，12h 时 COD 去除率下降到 82.7%，这可能是被活性污泥吸附的胶态和溶解性的有机物质经生物酶的作用转化为可溶性物质或小分子物质后扩散到溶液中，造成上清液 COD 升高，去除率降低。因此实验选定最佳 HRT 为 5h ~ 8h。

（5）小结

① MBR 能有效去除松香废水中的有机物，COD 去除率达到 94%，pH 由 7.6 ~ 8.0 稳定在 7.0 左右。采用膜生物反应器处理松香废水，启动迅速，负荷提高快，有机物去除率高，运行稳定。

②膜的机械截留避免了微生物的流失，生物反应池内可保持较高的 MLSS，从而提高体积负荷。本实验 MBR 反应器内 MLSS 高达 6772 mg/L。

③在活性污泥培养驯化过程中，随着菌胶团的形成并逐渐长大，指示生物的种类也发生了根本变化。在培养初期，出现少量小型鞭毛虫及变形虫。培养中期开始形成活性污泥，微生物以游泳型纤毛虫为主，种类和数量增多。到活性污泥成熟期，菌胶团长大，指示生物主要以钟虫、累枝虫等固着型纤毛虫为主。由此表明，可以利用镜检生物相的方法来直观判断膜生物反应器的运行状态。

④ HRT 的变化对 COD 的去除效果影响很大，HRT 为 0 ~ 5 h 时，COD 去除率迅速上升，本试验的最佳 HRT 确定为 5h ~ 8h。

3.1.4　内电解—生物—混凝沉淀法

广东某林产化工厂主要生产松香，废水来源为松香车间的澄清工段排放水，总水量约 1000 m³/d，对该厂松香废水采用内电解—生物—混凝沉淀法进行处理（图 3-13）。原废水中悬浮物和油类物质比较多，废水的 pH 值一般在 5.0 左右，COD 在 1600 mg/L ~ 8000 mg/L 之间，经隔油、沉淀预处理后，COD 为 600 mg/L ~ 2000 mg/L，BOD 为 300 mg/L ~ 500 mg/L。废水颜色为乳白色，在空气中放置久了就会被氧化成为灰蓝色，处理前的废水需经过隔油、沉淀预处理。

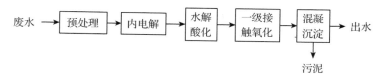

图 3-13　内电解—生物—混凝流程

3.1.4.1　工艺步骤

内电解反应器用有机玻璃管制成，直径 6 cm，塔高 80 cm，内装铁屑，塔底放入砂芯曝气头，连接气泵进行微曝气，气量适当，使废水出现湍流即可。微曝气主要起搅拌作用，使反应器中的废水与铁屑表面充分接触进行反应，同时避免在铁屑表面出现反应产物积累的现象。水解酸化池和接触氧化池都是用 PVC 塑料制成。其中水解酸化池的有效容积为 3950 mL，接触氧化池的有效容积为 3100 mL。水解酸化池中加了弹性填料，接触氧化池的内置填料是煤渣，池底安装 2 个砂芯曝气头，连接气泵进行曝气。

接种的菌种选用经专门培养驯化、适用该种废水水质的菌种，挂膜同时投入到反应池中，挂膜时间大约历时 4 周，期间逐渐提高通入的废水量。最后用恒流泵进水，保证进水的流量恒定。混凝沉淀在 500 mL 烧杯中进行，改变条件，将混凝剂加入烧杯中，用六联电动搅拌器先以 200 r/min 快速搅拌 30 s，然后以 100 r/min 中速搅拌 5 min，再以 50 r/min 慢速搅拌 5 min，停止搅拌，静置沉淀 20 min，取上层清液测定各项水质指标。

3.1.4.2　内电解作用

松香生产废水呈酸性，废水与铁屑的质量比为 10:1，在废水 pH 值为 5.0 的条件下，试验确定反应时间对内电解处理结果的影响，如图 3-14。

从图 3-14 可看出，COD 去除率随内电解反应时间的增加而增加，因为废水与铁接触时间越长反应越充分，但时间超过 10 h 后去除率提高得不明显，可以认为 10 h 基本反应完全了。故处理时间选 10 h～12 h 为宜。比较图 3-15 和图 3-16 可以发现，经过内电解处理后，废水中的有机物种类含量大幅度减少，其中，最明显的是内电解处理后保留时间超过 20 min 以后的物质很少了，而原水 GC 图中保留时间在 35 min～40 min 之间存在多种高含量有机物。质谱分析结果表明，这些物质主要是一些含有菲

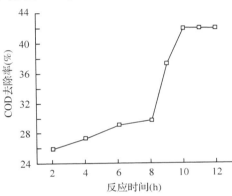

图 3-14　反应时间与 COD 去除率关系

结构的、含有苯环或含有杂环的有机化合物，分子量相对较大。根据这些物质的性质并结合后面生化出水的 GC—MS 分析结果可知，这些物质的生物稳定性较好，难以生物降解。内电解处理通过氧化还原作用和凝聚吸附作用，使废水中的这些难生物降解的有机物含量减少。可能的作用机理为，一方面通过凝聚吸附除去作用，另一方面通过内电解产生的活性自由基的氧化作用把苯环或菲环打开，生成新的含有羟基或是羧基的物质。这一结果说明了内电解处理可以提高废水的生化性，有利于后续的生化处理。

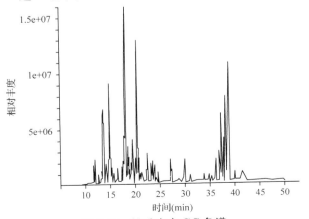

图 3-15　松香废水 GC 色谱

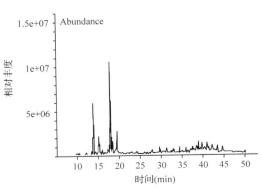

图 3-16　松香废水内电解 GC 色谱

3.1.4.3 气相色谱图分析

分析松香废水、内电解后、松香废水内电解＋生物处理后 GC 色谱原水组分与生化出水组分的色谱图，如图 3-15～图 3-17。经过内电解处理后，松香废水中有机物种类和含量大大减少；松香废水经过内电解＋生物处理后，松香废水中有机物种类和含量进一步减少，特别是低沸点有机污染物已基本消除。

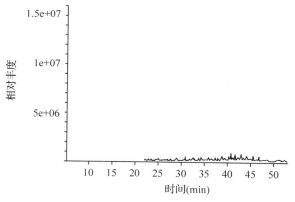

图 3-17　松香废水内电解＋生物处理后 GC 色谱

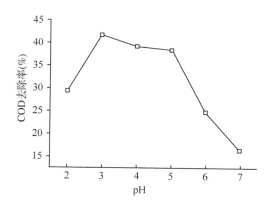

图 3-18　废水的 pH 值与 COD 去除率的关系

3.1.4.4 pH 值的影响

在内电解为 10 h 的条件下，用质量分数为 5% 的 NaOH 和 5% 的 H_2SO_4 调节废水的 pH 值，测定在不同的 pH 值的条件下内电解的出水。经过内电解处理的废水，COD 在 1000 mg/L 左右，BOD/COD 的值大于 0.4，废水的可生化性得到明显提高。而且出水的 pH 值也发生了明显变化，反应超过 8 h 以后，出水的 pH 值可以达到或者超过 7，这些均为后续生化处理提供了很好的条件。

由图 3-18 可知，当内电解废水的 pH 值为 3～5 时，废水的 COD 去除率比较高，由于原废水的 pH 值为 5.0 左右，所以在以后的实验或工程中不需要调节废水的 pH 值就可以保证内电解处理废水有较好的处理效果，这可以简化工艺，降低投资，节约运行成本。

3.1.4.5 生化阶段的处理结果

整个生化阶段水力停留时间与出水 COD 的关系如图 3-19。水解酸化阶段水力停留时间与出水 COD 的关系如图 3-20。由图 3-20 可看出，水解酸化阶段对原水的 COD 去除率不大，不超过 20%，但是废水处理前后 BOD 变化更小，BOD 相对含量升高，废水的可生化性提高，这有利于后面的好氧生物处理。

由图 3-19 和图 3-20 可看出，水力停留时间对 COD 的去除率有很大的影响，增加水力停留时间可以提高 COD 的去除率，但当整个生化系统的停留时间超过 24 h 后，出水 COD 变化不大，一般 COD 在 110 mg/L 左右，这说明出水中还残留的有机物难以生

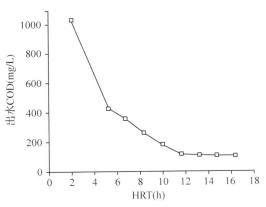
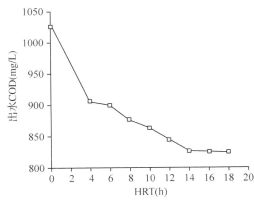

图 3-19　生化阶段 HRT 与出水 COD 的关系　　**图 3-20　水解酸化阶段 HRT 与出水 COD 的关系**

物降解，继续延长生化反应时间无法取得明显的效果，反而增加基建和运行成本。因此该生化系统的停留时间选择 24 h 为宜。

3.1.4.6　混凝沉淀的处理效果

在废水其他水质条件不变的情况下，用 5% 的 NaOH 和 5% 的 H_2SO_4 调节废水的 pH 值，聚铁投加量为 200 mg/L 进行处理，废水 pH 值与 COD 去除率的关系如图 3-21 所示。由图 3-21 可看出，以聚铁为混凝剂处理经过内电解和生化处理过的废水最佳 pH 值为 8.0。

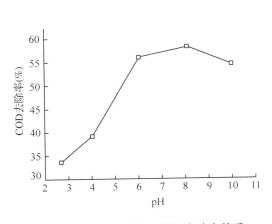
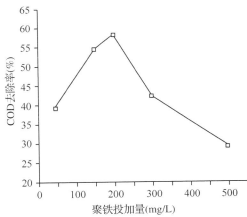

图 3-21　废水 pH 值与 COD 去除率关系　　**图 3-22　聚铁投加量与 COD 去除率关系**

在 pH 值为 8.0 的最佳条件下，改变混凝剂的投加量，以此得到混凝剂的投加量对处理效果的影响。如图 3-22，COD 的去除率随聚铁投加量的增加而增大，当投加量增加到 200 mg/L 时 COD 的去除率最高，达到 58.5%，再增大投加量则 COD 去除率出现降低的趋势，因此，聚铁的最佳投加量为 200 mg/L，此时出水的 COD <70mg/L，达到污水综合排放标准的一级标准。

3.1.5　厌氧—好氧处理松香废水工程

福建某林业(集团)股份有限公司林产化工厂是我国较大的林化企业之一，年生产能力为松香5000 t，松油醇系列产品2000 t，天然级香兰素8 t。生产过程中排放大量含油废水，主要含有无机酸、树脂酸、萜类化合物、松油醇、SO_4^{2-} 等，COD 较高，是一种较难处理的废水(表3-6)。SS、COD、Ar-OH、Oil 均超过国家排放标准。建造的废水处理车间，经两年的连续运行，表明该废水处理工艺较成熟，为林化行业及其他行业的废水处理提供了参考和借鉴，结果见表3-6。

表3-6　监测结果统计和评价

项目	流量 (m³/h)	水温 (℃)	pH	SS (mg/L)	COD (mg/L)	Oil (mg/L)	Ar-OH (mg/L)	CN⁻ (mg/L)
污水站进口	3.50	40.6	—	418	5800	6.38	0.543	0.014
污水站出口	5.98	19.9	7.66	45	97	0.02	0.207	0.003
最高允许排放浓度	—	—	6~9	70	100	10	0.50	0.50
评价结果	—	—	达标	达标	达标	达标	达标	达标
总去除率(%)	—	—	—	89	98	99.7	61.9	78.6

3.1.5.1　主要工艺简介

整个处理工艺可分为预处理和生化处理两部分(图 3-23)。由于废水含油浓度高，悬浮物多，化学耗氧量大，直接可生化性差，因此必须强化预处理，最大限度削减废水污染因子负荷，为生化处理提供良好条件。

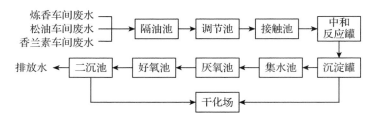

图 3-23　厌氧—好氧处理松香废水流程

3.1.5.2　预处理

隔油池各车间排出的废水，经多级格栅、网，去除粗大颗粒后，进入多级串联的隔油池，靠重力分离，去除大部分油脂，在第一级隔油池投破乳剂以提高油水分离的效果。废水经隔油池后，拦截去除了大部分悬浮物和浮油。

调节池经隔油池处理的废水自流入调节池，进行水质水量调整，使废水匀质匀量。由调节池泵入的废水进入接触池，加入絮凝剂，使水中的污物形成较大颗粒，同时往水中打入压缩空气，空气经减压释放后，形成小气泡。在气浮作用下，无数的小气泡将絮凝剂形成的小颗粒絮聚成较大颗粒，形成悬浮物，浮出水面。并排入排渣槽，达到进一步除油和降低悬浮物的目的。

　　废水进入中和反应罐后，加入石灰乳，调节 pH 值，同时除去酸类（如草酸）及大部分的盐类，如 Fe^{3+}、SO_4^{2-} 等，出水至沉淀罐除去沉淀物，就完成了预处理过程。由于林化废水含有较多的抑制微生物作用的蒎烯、萜烯类、松油醇、酚类及石油类物质，直接降解负荷过大。经过预处理后，除去了大部分有机物和无机盐类，使 COD 负荷大幅度下降（经预处理总 COD 去除率达 70%~80%），使废水的可生化性得到较大提高。

3.1.5.3　生化处理

　　经预处理的废水进入集水池后，先后送入厌氧池和好氧池处理，再经二沉池处理沉淀后排放。厌氧、好氧产生的污泥均排至干化场。

　　厌氧池生化处理首先利用能耗低的厌氧工艺。废水从集水池进入厌氧池，通过厌氧微生物的水解、酸化作用，将水中大分子、好氧难降解的有机物分解为小分子有机物。提高污水的好氧生化性。厌氧池 COD 去除率不高，但可以大大提高后续好氧池的 COD 去除率。厌氧工艺一般适用于高浓度的有机污水处理，具有过程动力消耗低、运行费用低、为好氧生化提供良好条件的优点，因此被广泛采用。

　　废水经厌氧处理后，进入好氧池。充入空气，并投入一定量的 N、P 元素以满足附在填料上的微生物代谢的需要，在微生物的新陈代谢作用下将水中的有机物氧化降解。好氧生物处理主要是去除废水中溶解性的有机物，利用好氧微生物的氧化作用将废水中有机物氧化为二氧化碳和水，从而去除有机物。运行数据表明，好氧生化处理对冲击负荷有较强的适应力，出水水质有保证。

3.1.5.4　小结

　　经本工艺处理的废水，COD 总去除率达 98% 以上，主要污染物指标排放浓度优于 GB 8978—1996 一级标准，实现达标排放。因此，本工艺可以有效处理含高浓度松香（树脂酸）、松油醇、萜烯类、酚类及部分无机盐类废水。

3.2　松节油生产废水处理

　　松节油生产废水 COD 浓度高，且 BOD/COD 低，需组合多种技术，才能使松节油生产废水达到较好的处理效果。松节油废水取自某松节油加工公司，外观为黄褐色，呈酸性（pH 值约为 2），有刺鼻的芳香气味，COD 浓度约为 40 000 mg/L~60 000 mg/L，BOD/COD 比值约为 0.10~0.12，属于难生物降解废水。

3.2.1　絮凝沉淀—吸附处理松节油加工废水

　　根据松节油加工废水浓度高、难生物降解的特点，采用絮凝处理可先去除废水中大量悬浮物 SS，同时去除一部分 COD、BOD。近年处理废水的专用吸附剂技术发展很快，用于松节油加工废水的预处理，既有效果，还对后续的生物处理有较大的帮助。

3.2.1.1　絮凝剂

用烧碱将松节油废水中和至中性，分别选用氯化铝、硫酸铁、PAC、PFS、PAM 作为絮凝剂，以 COD 的去除率作为絮凝剂的筛选条件，结果如图 3-24。从图 3-24 可以看出，随着絮凝剂投加量的增加，COD 的去除率都升高，达到某一个最大值时，继续增加絮凝剂的投加量，COD 去除率的变化并不明显。絮凝效果：PAM > PFS > PAC > 氯化铝 > 硫酸铁。PAM 投加量为 0.01‰时，沉淀效果较好，COD 的去除率可达 32.8%。投加量为 0.03‰时，处理效率最高，COD 的去除率可以达到 36.1%，且 PAM 絮凝时形成的矾花较大，沉降速率较快，对废水色度的去除效果明显。采用 PAM 为 0.1% 的溶液为絮凝剂，其合适的投加量为 30 mL/L。

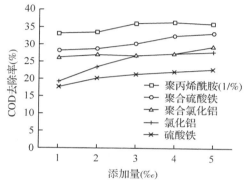

图 3-24　混凝处理松节油加工废水　　　图 3-25　吸附法处理松节油加工废水

3.2.1.2　静态吸附

采用高分子材料或活性炭对废水的 COD、SS 等污染常常有良好的去除作用，且工艺简单，操作方便。

（1）吸附材料的影响

分别选用 EVA、聚酯、聚氨酯、聚丙烯、活性炭为吸附剂，对废水进行吸附，以 COD 的去除率作为评价指标来确定最佳吸附材料，结果如图 3-25。从图 3-25 中可以看出，以聚氨酯作为吸附材料用量 6‰时，COD 的去除率最高，达 34.2%。这可能是由于聚氨酯具有相对较大的比表面积，且表面的氨基甲酸酯基团对松节油加工废水中的有机物具有良好的吸附性能，故以下试验采用聚氨酯进行吸附试验。进一步测试聚氨酯树脂的吸附速率，试验结果如图 3-26。从图 3-26 中可以看出，聚氨酯对 COD 的去除具有较好的吸附动力学特征，2 h 之后达到吸附平衡，COD 的去除率达到 34.0%，废水中的 COD 浓度基本保持不变。

（2）温度对废水吸附的影响

选择聚氨酯作为吸附材料，向 100 mL 松节油废水中加入 0.6 g 聚氨酯，在温度分别为 4℃、20℃、30℃、40℃、50℃、60℃、70℃的条件下吸附 2 h，测定废水 COD 浓度，计算 COD 的去除率，结果见图 3-27。从图 3-27 可以看出，随着温度的升高，废水中的分子扩散能力增强，聚氨酯与废水中溶质分子接触概率增加，吸附量逐渐增大，当温度达到 30℃时，COD 的去除率可以达到 35.7%，聚氨酯对松节油废水的最佳吸附温度为 30℃。继续升高温度，水中各分子运动速度持续加速，动能过大，导致分子间形成了弹性碰撞，虽然接触次数增加，但能够形成吸附作用的有效接触却降低了，废水中的有机污染物难以吸附到聚氨酯分子表面，吸附量下降，废水 COD 的去除率降低。

（3）动态吸附试验

废水以 1 BV/h、2 BV/h、4 BV/h 3 种流量通过吸附柱（BV，吸附床体积的倍数），测定出水的 COD，计算 COD 去除率，结果如图 3-28。从图 3-28 中可以看出，随着废水处理量的增加，COD 的去除率逐渐降低；吸附流量为 1 BV/h 时的吸附效果明显优于吸附流量为 2 BV/h 和 4 BV/h 时。这是因为随着吸附流量的增加，聚氨酯与废水的接触时间变短，导致 COD 去除率降低。当流量为 1 BV/h、废水处理量为 15 BV 时，吸附出水的 COD 去除率仍然可达 31.0% 左右。

（4）脱附条件

在脱附流量为 1 BV/h 时，分别以 A（依次以 3BV 质量分数为 6% 的 NaOH 溶液和 2 BV 的水作为脱附剂）、B（依次以 3 BV 质量分数为 6% 的 H_2SO_4 溶液和 2 BV 的水作为脱附剂）、C（以 5 BV 水作为脱附剂）3 种脱附方式进行脱附试验，结果如图 3-29。

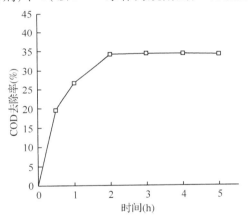

图 3-26　吸附时间对 COD 去除率的影响

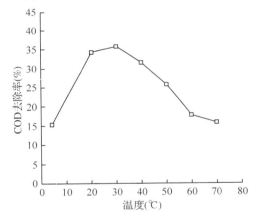

图 3-27　吸附温度对 COD 去除率的影响

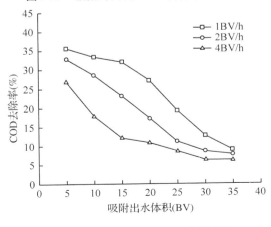

图 3-28　流量对 COD 去除率的影响

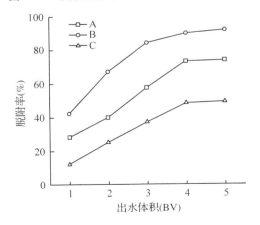

图 3-29　脱附方式对 COD 去除率的影响

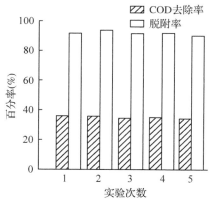

图 3-30 吸附—脱附实验

从图 3-29 中可以看出，随着脱附液出水体积的增加，3 种方式的脱附率逐渐增大。3 种脱附方式的效果大小依次是 B ＞ A ＞ C：依次以 3 BV 质量分数为 6% 的 H_2SO_4 溶液和 2 BV 的水作为脱附剂，当脱附液体积为 1 BV 时，脱附率达 42.3%。当脱附液体积为 5 BV 时，脱附率可达 92.3%。

（5）树脂的循环利用

对聚氨酯进行了 5 次循环再生利用研究，结果如图 3-30。从图 3-30 中可以看出，聚氨酯具有良好的吸附—解吸性能，因此可以循环使用。5 次循环使用过程中吸附段 COD 的去除率稳定在 35.0% 左右，脱附率可达 90.0% 以上，且在使用过程中未发现破碎现象，机械强度好，耐有机污染性能好，耐酸性强。

（6）小结

①絮凝试验表明，常温下 PAM 是处理松节油废水的最佳絮凝剂，在 pH 值为 7、添加量为 0.03‰ 的条件下，COD 去除率可以达到 36.1%。

②聚氨酯对松节油废水 COD 的去除效果优于其他几种材料，在温度为 30℃ 时、用量 6‰ 时，对 COD 的去除效果最佳，去除率可以达到 35.7%。在常温、流量为 1 BV/h 的条件下进行动态吸附，废水处理量为 15 BV 时，COD 去除率为 31.0%。

③依次以 3 BV 质量分数为 6% 的 H_2SO_4 溶液和 2 BV 的水作为脱附剂，其脱附效果最佳。当脱附液体积为 5 BV 时，脱附率可以达到 92.3%。

④5 次再生试验表明，聚氨酯具有良好的吸附—脱附性能，可以被多次循环使用。

⑤絮凝沉淀—吸附两步法预处理松节油加工废水操作简单，经济节约，且废水的总 COD 去除率可达 60% 以上，具有一定的实际应用价值。

3.2.2 微电解—混凝—滤池处理松节油废水

由松节油加工废水特征表 2-10 ～ 表 2-12 可知，松节油加工废水 pH 2～4，呈较强的酸性，正是微电解需要的酸环境。废水处理工艺流程如图 3-31。采用连续进水、连续出水的运行方式，废水处理量为 10 L/h。铁炭微电解滤池的有效容积为 20 L，铁炭填充率为 80%，填充体积为 16 L。厌氧生物滤池（AF）和好氧生物滤池（BAF）的有效容积分别为 700 L 和 80 L，均内设 SPR—1 型聚乙烯悬浮填料，填充率分别为 80% 和 60%。该填料呈圆柱形，直径为 25 mm，高度为 10 mm，比表面积为 500m²/m³，密度为

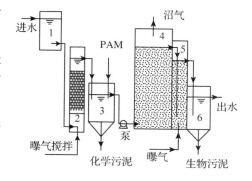

图 3-31 松节油加工废水处理工艺流程
1. 贮水箱；2. 铁炭微电解滤池；3. 混凝沉淀池；
4. AF；5. BAF；6. 沉淀池

$0.96g/cm^3$。沉淀池的容积为 20 L。

3.2.2.1　试验废水

废水取自某松节油加工企业隔油后出水。颜色为淡黄色，具有刺激性松香气味，污染物主要成分为树脂酸、草酸及草酸盐、单宁酸、酚类物质、有机色素、乳化状松脂和松节油等。

铁炭微电解单元的运行参数：铁屑投加量为 100 g/L，铁、炭质量比为 1:1，铁屑和炭屑均过 16 目筛，进水 pH 值为 2~3，反应时间为 2 h，曝气搅拌气水体积比为 10:1。

混凝沉淀单元的运行参数：调节 pH 值为 6.5~8.0，聚丙烯酰胺（PAM）投加量为 8 mg/L，停留时间为 40min。生物处理单元的运行参数：常温条件下进行 pH 值为 6.8~7.5，总 HRT 为 80 h，其中 AF 停留 70 h，BAF 停留 8 h，沉淀池停留 2 h，BAF 的 DO 质量浓度为 2 mg/L~3 mg/L。

3.2.2.2　组合工艺对有机物的去除效果

该组合工艺对有机物的去除效果如图 3-32。

由图 3-32 可知，进水 COD 的平均质量浓度为 7200 mg/L，铁炭微电解、混凝沉淀、AF 和 BAF 各单元出水 COD 的累计去除率分别为 43.05%、58.05%、93.68% 和 99.07%，各处理单元对 COD 去除的贡献率分别为 43.05%、15.00%、35.63% 和 5.39%。铁炭微电解和 AF 单元对 COD 的去除起主要作用，其原因主要有以下 2 方面：

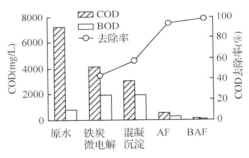

图 3-32　组合工艺对有机物去除效果

①在铁炭微电解滤池中，由于铁、炭之间存在电位差，可形成大量微小原电池，在酸性富氧条件下，发生电化学氧化还原反应：

阳极（Fe）：$Fe - 2e \longrightarrow Fe^{2+}$，$E^0 = -0.44$ V

阴极（C）：$4H^+ + O_2 + 4e \longrightarrow 2H_2O$，$E^0 = 1.23$ V

由于反应产生的新生态 Fe^{2+} 和 [H] 具有较高的化学活性，能改变废水中许多有机物的结构和特性，使难生物降解的官能团不断发生开环、断裂，使 COD 去除率得到提高；同时一定强度的曝气有助于增强铁炭床内水体的湍流程度，使得污染物与铁炭填料的接触概率增加，从而提高对有机物的去除效果。

②铁炭微电解可使废水的可生化性得到提高，使 COD 去除效果得到改善；再加上 AF 中填充了高比表面积的悬浮填料，使得其中同时存在厌氧生物膜和悬浮的厌氧污泥，通过滤料的过滤作用和厌氧微生物的净化作用，废水中悬浮物和有机物得到了去除；悬浮填料随着水流不断回旋翻，使废水中有机物和厌氧生物膜、厌氧污泥频繁接触，强化了反应系统内物系之间的传质，系统去除能力得到明显增强；AF 具有较强的抗冲击负荷能力，常温条件下仍能维持较高的 COD 去除率。

3.2.2.3 组合工艺对油类的去除效果

由图 3-33 可知，在进水动植物油的平均质量浓度为 62.76 mg/L 时，铁炭微电解、混凝沉淀、AF 和 BAF 各单元对出水动植物油的累计去除率分别为 24.44%、34.62%、70.46% 和 92.64%，各处理单元对动植物油去除的贡献率分别为 24.44%、10.18%、35.84% 和 22.18%。由于试验用水是经隔油池去除浮油后的出水，基本不对铁炭微电解滤池造成不利影响。在铁炭微电解的作用下，溶解油和分散油得到分解；在混凝沉淀作用下进一步去除；由于 AF 单元含有较多的厌氧微生物膜和悬浮厌氧污泥，对废水中残余的动植物油具有一定的吸附和生物降解作用，使得 AF 对动植物油去除的贡献率达到 35.84%；最后再经过 BAF 单元，虽然残余的动植物油浓度已经很低，但由于 BAF 的深度氧化作用，动植物油的最终去除率达到了 92.64%，出水浓度优于排放标准的要求。

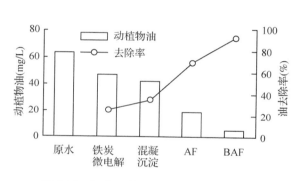

图 3-33 组合工艺对动植物油的去除效果

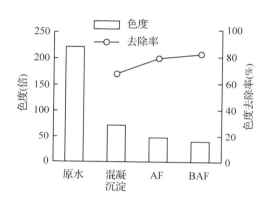

图 3-34 组合工艺对色度的去除效果

3.2.2.4 组合工艺对色度的去除效果

该组合工艺对色度的去除效果见图 3-34，由图 3-34 可知，进水色度平均为 220 倍。由于铁炭微电解池出水未测色度，混凝沉淀、AF 和 BAF 各单元出水的平均色度分别为 70 倍、46 倍和 38 倍，去除率分别为 68.18%、79.09% 和 82.73%，对应各单元对色度去除的贡献率分别为 68.18%、10.91% 和 3.64%。分析认为，铁炭微电解产生的新生态 Fe^{2+} 具有较强的还原能力，能够破坏废水中有色物质的发色基团和助色基团，如偶氮基团双键打开，将硝基还原成氨基等，达到降解脱色的目的；加上铁炭微电解产生的 Fe^{2+} 和 Fe^{3+} 具有很高的吸附—絮凝活性，调节废水 pH 值使其为碱性时可使 Fe^{2+} 和 Fe^{3+} 变成氢氧化物的絮状沉淀，吸附废水中的悬浮或胶体态的微小颗粒，以及有机高分子发生共同沉淀，又加上助凝剂 PAM 的作用，使小颗粒架桥聚集成更大颗粒，从而快速从废水中沉降下来，使废水色度降低。经过后续生化处理单元的进一步脱色作用，出水色度指标达到排放标准的要求。

3.2.2.5 组合工艺对废水可生化性的改善

该组合工艺可显著改善废水的可生化性，具体情况如图 3-35。由图 3-35 可知，松节油加工废水的 BOD/COD 值仅为 0.10，经过该组合工艺处理后，铁炭微电解、混凝沉淀、AF 各单元出水的平均 BOD/COD 值分别为 0.46、0.62 和 0.67。原水经铁炭微电解处理后 BOD/COD 值提高了 0.36，这是因为铁炭微电解系统产生的具有较强化学活性的新生态 [H] 以及 Fe^{2+}，与废水中许多污染物组分发生氧化还原反应，使长链的大分子有机物分解成小分子物质，使某些难生化降解的物质转变成易生化降解物质。废水的可生化性得到显著改善，有利于后续的生化处理。

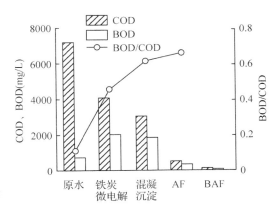

图 3-35 组合工艺对废水可生化性的改善效果

3.2.2.6 小结

(1) 采用铁炭微电解—混凝沉淀—生物滤池组合工艺处理高浓度难降解的松节油加工废水，铁炭微电解单元可将废水的 BOD/COD 值由 0.10 提高到 0.46，有效地改善了废水的可生化性；AF 和 BAF 内均填充了高比表面积的 SPR—1 型悬浮填料，使生物膜和活性污泥共存，微生物含量高，抗冲击负荷能力强，COD 的去除率高达 99%。

(2) 铁炭微电解—混凝沉淀—生物滤池组合工艺可在常温条件下连续运行，当铁屑的投加量为 100g/L，铁、炭质量比为 1:1，PAM 的投加量为 8 mg/L，BAF 的 DO 质量浓度为 2 mg/L~3 mg/L 时，该工艺表现出较高的效能，出水水质达到 GB 8978—1996《污水综合排放标准》中一级标准的要求。

3.2.3 Fe/C 微电解—Fenton 氧化法处理松节油加工废水

采用 Fe/C 微电解—Fenton 氧化—混凝沉淀—生化法组合工艺处理松节油加工废水。首先，针对此类废水含较多难降解化学物质的特点，采用 Fe/C 微电解对大分子难降解物质进行分解处理，产生的 Fe^{2+} 则可节省随后 Fenton 试剂的 Fe 投加量，经混凝沉淀，最后经过生化处理，能达到较好的出水水质。实验用废水取自广东某松节油加工厂隔油后出水，颜色为淡黄色，具有刺激性芳香气味，该废水酸性强，COD 含量高，氨氮含量低，BOD/COD 比值低，可生化性差，属于高浓度难生化降解废水。

3.2.3.1 处理装置

实验用铁屑取金属加工厂，呈卷曲状，先用 10% 的 NaOH 溶液浸泡 2 h 清除表面油污，再用 5% H_2SO_4 溶液活化 30 min，清洗干净后备用；实验用颗粒活性炭（东莞市长安锦昌活性炭经营部），直径 1 mm~2 mm，长 2 mm~3 mm，碘吸附值≥850mg/g，强度≥93%，比表面积950 m²/g±10 m²/g，水分≤4%，需预先置于废水中浸泡2天。使其丧失吸附能力后再用，实验用 H_2O_2 质量分数为30%，聚丙烯酰胺（PAM），均为市售工业纯。实验装置与分析仪器实验装置及处理工艺流程如图3-36，废水处理量10 L/h，其中 Fe/C 微电解池、Fenton 氧化池、混凝沉淀池、调节池、BAF 池和沉淀池的有效容积分别为20L、20L、10L、10L、80L 和 20 L。铁炭填充率为80%，Fenton 氧化池可利用 Fe/C 微电解单元产生的 Fe^{2+}，无须投加 $FeSO_4$，BAF 内设 SPR 型悬浮填料，填充率为60%。

将松节油加工废水，控制一定操作条件，依次经过 Fe/C 微电解、Fenton 氧化、混凝沉淀等反应单元，监测各反应单元的进、出水 COD 和 BOD 等指标，计算 COD 去除率和 BOD/COD 比值，考察废水可生化降解特性；然后调节废水 pH 值，经曝气生物滤池（BAF）进行生化处理，测定出水 COD、动植物油和色度等水质。

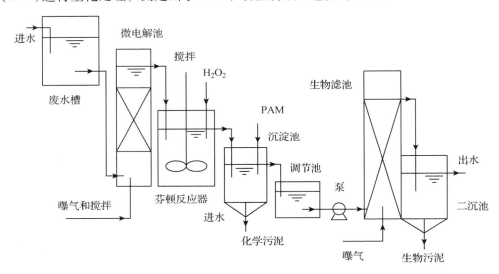

图3-36 Fe/C 微电解—Fenton 处理松节油废水

3.2.3.2 Fe/C 微电解处理

在进水 COD 为 13 500 mg/L~28 000 mg/L，平均值为 17 730 mg/L 的进水条件下，不仅生化处理的微生物不适应，而且直接采用 Fenton 氧化也消耗太多的 H_2O_2，成本太高，所以首先进行 Fe/C 微电解反应，降低 COD 尤其是分解大分子有机物，Fe/C 微电解的原理是：铁屑和活性炭浸在废水溶液中，构成一个完整的微电池回路，在其表面有电流流动。电极反应生成的新生态[H]能与溶液中的许多组分发生氧化还原作用，破坏有机大分子的三维空间结构，降低后续反应活化能，提高废水生化性。根据初试实验结果，确定 Fe/C 微电解正交实验影响 COD 去除率的主要变量为铁屑投加量（A）、Fe/C 质量比（B）、废水 pH 值（C）、反应时间（D），选取各因素水平，按 $L_9(3^4)$ 进行 Fe/C 微电解正交实验。正交实验结果中极差越大，说明这个因素的水平改变时对实验指标的影响越大。正交实验表明,影响 COD 去除率的 4 个因素的重要性顺序为:铁屑投加量 > 废水 pH 值 > 反应时间 > Fe/C 质量比,即铁屑投加量对 Fe/C 微电解处理效果影响最大,其次是废水 pH 值,反应时间和 Fe/C 质量比。COD 去除率达到最大的条件为铁屑投加量为 100 g/L,废水 pH = 3,反应时间为 2 h,Fe/C 质量比为 2:1。

(1) 铁屑投加量的影响

控制废水 pH = 3,反应时间为 2 h,Fe/C 质量比为 2:1,分别在不同铁屑投加量 (40 g/L,60 g/L,80 g/L,100 g/L,120 g/L,140 g/L) 下进行 Fe/C 微电解实验,考察铁屑投加量对 Fe/C 微电解处理松节油加工废水效果的影响,结果如图 3-37。

从图 3-37 可看出,随铁屑投加量增加,COD 去除率和 BOD/COD 比值快速提高,在铁屑投加量为 100 g/L 时达最大值,而后 COD 去除率和 BOD/COD 比值缓慢降低,这是由于在反应体系中,投加的铁屑和炭粒之间形成无数个以铁屑为阳极,炭粒为阴极的微小原电池,在酸性和充氧条件下,由于原电池的氧化还原作用和新生态的 Fe^{2+} 和 [H] 的强还原作用等,使废水中难生物降解的官能团不断发生开环、断裂变化,从而使 COD 去除率提高,改善了 BOD/COD 比值;当铁屑用量过高,Fe^{2+} 产生量过快,使溶液中瞬间积存大量 Fe^{2+},这部分 Fe^{2+} 又可以和 ·OH 发生反应:$Fe^{2+} + ·OH \longrightarrow Fe^{3+} + OH^-$,该反应消耗 ·OH 而降低溶液中 ·OH 的浓度,从而使 COD 的去除效果有所下降。因此,本实验取铁屑投加量为 100 g/L,在废水初始 COD 为 17 650 mg/L,BOD/COD 比为 0.13 时,在此条件下,废水微电解后出水的 COD 的去除率达 43%,BOD/COD 比提高到 0.43。

控制铁屑投加量为 100 g/L,pH 值为 3,反应时间为 2 h,在不同 Fe/C 质量比 (1:10,1:5,1:2,1:1,2:1,5:1,10:1) 的条件下进行 Fe/C 微电解实验,考察 Fe/C 质量比对微电解处理松节油加工废水效果的影响,结果如图 3-38。

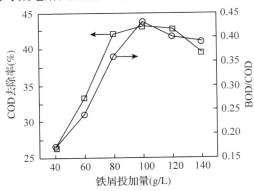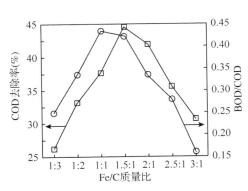

图 3-37　铁屑投加量对 Fe/C 微电解效果的影响　　图 3-38　Fe/C 质量比对微电解处理效果的影响

反应体系中存在一个动态的微电解过程,其中 Fe/C 比值会直接影响到形成微型原电池的数目。在 Fe/C 质量比较低时,溶液中所形成的原电池数量有限,COD 去除率和 BOD/COD 比均比较低;原电池数量随 Fe/C 质量比增大而增加,COD 去除率和 BOD/COD 比也随之提高。从图 3-38 可看出,当 Fe/C 质量比为 1 时 BOD/COD 最大,Fe/C 质量比为 1.5 时 COD 去除率达到最大值,之后处理效果又呈下降趋势,这是因为当

Fe/C 质量比超过一定值（如 1.5）时，铁屑不是和炭形成原电池，反而是加速溶解使更多的 Fe^{2+} 进入溶液，加上曝气被氧化成 Fe^{3+}，使溶液色度增大，而且不利于 Fe/C 微电解的电化学反应。Fe/C 质量比为 1 和 1.5 的 BOD/COD 比分别为 0.41 和 0.40，差别不大，而 COD 去除率却出现了较大差异，分别为 36% 和 42%。因此，本实验综合考虑取 Fe/C 比为 1.5，在此条件下，废水经 Fe/C 微电解后出水的 COD 去除率达到 42%，BOD/COD 比可提高到 0.40。

（2）反应 pH 值的影响

控制铁屑投加量为 100 g/L，Fe/C 质量比为 1.5:1，反应时间为 2 h，分别在不同 pH 值（1.0，2.0，3.0，4.0，5.0，6.0）的条件下进行 Fe/C 微电解实验，考察 pH 值对 Fe/C 微电解处理松节油加工废水效果的影响，结果如图 3-39。从图 3-39 可看出，由于 pH 值较低的环境条件下有利于 Fe/C 微电解处理松节油加工废水，随 pH 值逐渐升高，废水 COD 去除率和 BOD/COD 比逐渐降低。由 Fe/C 微电解基本原理可知，pH 值较高时，参加反应的 H^+ 数目不足，Fe 被氧化成 Fe^{2+} 的反应受到抑制；pH 值过低虽可加快 Fe/C 微电解反应，但不仅会增加酸的成本，而且会使 Fe 消耗量过大而污泥量增多，不利于后续 Fenton 氧化反应。同时，长时间在酸性条件下运行会对腐蚀设备，影响系统的使用寿命。因此，确定 Fe/C 微电解最佳的 pH 值为 3 较合适。在此条件下，废水经 Fe/C 微电解后出水的 COD 去除率达 47%，BOD/COD 比可提高到 0.45。

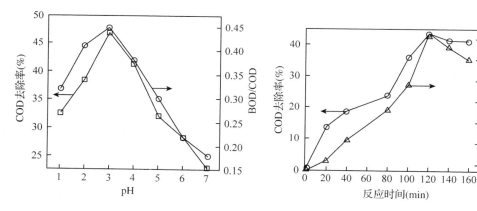

图 3-39　pH 值对微电解处理效果的影响　　图 3-40　反应时间对微电解法处理效果的影响

（3）反应时间的影响

控制铁屑投加量为 100 g/L，pH = 3，Fe/C 质量比为 1.5:1，分别在不同反应时间（20 min，40 min，60 min，80 min，100 min，120 min，140 min，160 min）的条件下进行 Fe/C 微电解实验，考察反应时间对 Fe/C 微电解处理松节油加工废水效果的影响，结果如图 3-40，反应后的出水 Fe^{2+} 浓度和 pH 值变化如图 3-41。从图 3-40 可看出，反应 120 min 之前，COD 去除率基本呈线性增加，反应时间从 40 min 增加到 120 min，COD 去除率由 19% 提高到 43%；反应时间达到 120 min 后，COD 去除率保持在 40% 以上，变化较小。这是因为，对于 Fe/C 微电解反应，反应时间越长，氧化还原等作用进行得越彻底，反应时间的长短决定了氧化还原等作用时间的长短。反应初期，随时间延长，反应更加充分，处理效果明显增加。但到达一定时间后反应基本停止，处理效果呈下降趋势。

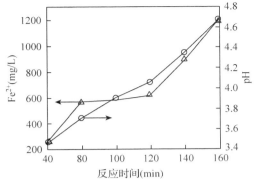

图3-41　微电解出水 Fe^{2+} 和 pH 值的变化

反应时间过长，超过 120 min 后（图3-41），出水中 Fe^{2+} 浓度由反应初期的 612 mg/L 增加到 892 mg/L，并继续上升，会使溶液色度增加而对后续处理不利；且反应时间长还会带来处理效率降低和工程投资的增加。由图 3-41 还可看出，在反应 120min 时废水的 pH 值升高至 4.06，由于 Fe/C 微电解后序处理工艺为 Fenton 氧化，根据已有的文献资料，Fenton 氧化的最佳 pH 值为 3.5~4.0，综合考虑，反应时间确定为 120 min 较合理。在此条件下，废水经 Fe/C 微电解后出水的 COD 去除率达 43%，BOD/COD 比可提高到 0.46。

综合以上实验，确定 Fe/C 微电解处理单元的最佳操作条件为：铁屑投加量为 100 g/L，Fe/C 质量比为 1.5:1，pH = 3，反应时间为 120 min。在此操作条件下，松节油加工废水的 COD 去除率可达 43%，BOD/COD 比由初始的 0.13 增加到 0.46，提高了 0.33，极大地改善了废水的可生化性。

3.2.3.3　Fenton 氧化处理

经过前面的 Fe/C 微电解处理，废水的 COD 降至 10 020 mg/L~13 020 mg/L，平均值为 10 970 mg/L，在最佳条件下 COD 降解率达到 43%，此时废水再进行 Fenton 氧化已经较为节省 H_2O_2 用量。Fenton 氧化的原理是：在酸性溶液中，有 Fe^{2+} 存在的条件下，Fe^{2+} 催化 H_2O_2 分解产生·OH 自由基，从而对废水中的有机物进行降解。H_2O_2 的投加量直接决定了·OH 自由基产生的速率与数量，也直接影响了 Fenton 法的氧化效果。

（1）H_2O_2 投加量的影响

利用 Fe/C 微电解与 Fenton 氧化的有机组合，在 Fe/C 微电解处理的基础上，充分利用 Fe/C 微电解处理进入废水中的 Fe^{2+}，以节省 Fenton 试剂中的 Fe^{2+} 投加量。控制 pH = 4，反应时间为 2 h，投加不同体积的 H_2O_2 溶液（分别为 10 mL/L，20 mL/L，30 mL/L，40 mL/L，50 mL/L，60mL/L），进行 Fenton 氧化反应，考察 H_2O_2 的投加量对 Fenton 氧化处理效果的影响，结果如图 3-42。从图 3-42 可看出，随 H_2O_2 投加量增加，废水的 COD 去除率、BOD/COD 比不断升高。但当 H_2O_2 投加量继续增加超过 40 mL/L 时，COD 去除率、BOD/COD 比值均有所回落。分析认为，在 Fe^{2+} 的作用下，Fe^{2+} + $H_2O_2 \longrightarrow Fe^{3+} + OH^- + ·OH$，产生具有极强氧化作用的自由基·OH，废水中的有机污染物与·OH 发生快速的链式反应而得到分解，随 H_2O_2 投加量增加，溶液中·OH 自由基不断增多，分解反应不断进行，COD 去除率增加；当 H_2O_2 投加量继续增加超过一定值（如 40 mL/L）时，残留在出水中的过量的 H_2O_2 在测量 COD 时会消耗氧化剂使得测

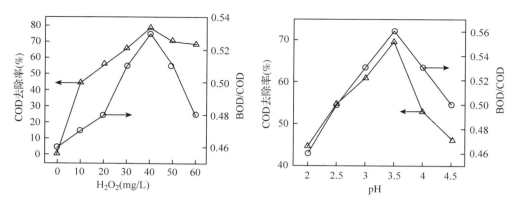

图 3-42　H_2O_2 投加量对 Fenton 效果的影响　　图 3-43　pH 值对 Fenton 效果的影响

量值偏高，从而降低 COD 去除率和 BOD/COD。因此，本实验选取 H_2O_2 的投加量为 40 mL/L。在此条件下，废水经 Fenton 氧化单元 COD 去除率达 78%，BOD/COD 比可提高到 0.53。

（2）反应 pH 值的影响

控制 H_2O_2 的投加量为 40mL/L，反应时间为 2 h，改变溶液的 pH 值，进行 Fenton 氧化反应，考察不同 pH 值对 Fenton 氧化处理效果的影响，结果如图 3-43 所示。由图 3-43 可看出，当 pH 值由 2~5 递增时，COD 去除率先上升，而后急剧下降，pH = 3.5 时为拐点。结合前一单元 Fe/C 微电解反应认为，H^+ 越多，生成的 Fe^{2+} 越多，有利于 Fenton 氧化法反应，过高的 pH 值使形成自由基·OH 还没来得及和污染物反应就很快分解，同时会使溶液中的 Fe^{2+} 很快转化成 Fe^{3+}，使 Fe^{2+} 作用受阻；过低的 pH 值环境会使 H_2O_2 过于稳定，不利于自由基·OH 的形成，故取 Fenton 氧化反应废水 pH 值为 3.5。在此条件下，废水经 Fenton 氧化单元 COD 去除率达到 70%，BOD/COD 比可提高到 0.56。

（3）反应时间的影响

Fenton 试剂处理难降解有机废水，在反应开始阶段，COD 去除率随时间延长而增大，一定时间后，COD 去除率接近最大值，而后基本稳定。控制 H_2O_2 投加量为 40mL/L，pH 值为 3，考察不同反应时间 Fenton 氧化法的处理效果，结果如图 3-44。由图 3-44 可看出，当反应时间从 30min 递增时，COD 去除率不断升高，其中 100min 到 120min 增加较快。120min 后，COD 去除率趋于稳定且变化不大，故取最佳的反应时间为 120 min。在此条件下废水经 Fenton 氧化单元 COD 去除率达到 80%，BOD/COD 比可提高到 0.58。

综合上述实验，确定 Fenton 氧化处理单元的最佳操作条件为：H_2O_2 投加量为 40 mL/L，pH 值为 3.5，反应时间为 120 min。在此操作参数下，松节油加工废水的 COD 去除率可达 80%，BOD/COD 比由初始的 0.46 增加到 0.58，在 Fenton 氧化处理后废水的可生化性又有所提高。

（4）混凝沉淀处理

由于 Fe/C 微电解和 Fenton 氧化反应使废水中残留了大量的 Fe^{2+} 和 Fe^{3+}，这些离子在碱性条件下分别以 $Fe(OH)_2$ 和 $Fe(OH)_3$ 形式存在，由于 $Fe(OH)_2$ 和 $Fe(OH)_3$ 胶体

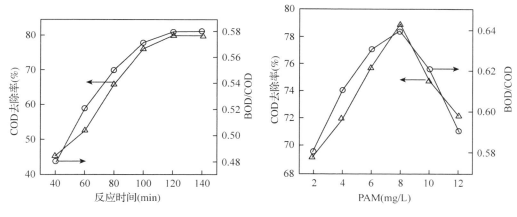

图 3-44 反应时间对 Fenton 效果的影响　　图 3-45 PAM 投加量对混凝效果的影响

具有很大的比表面积和很强的吸附能力，通过混凝吸附沉淀可进一步去除废水中的胶体 COD。为改善絮体的沉降效果，需投加助凝剂使生成的细小胶体沉淀形成较大的絮体，从而加快沉降速度。经多次探索性实验，确定将 Fenton 氧化后废水调节 pH 值为 9.0~9.5，经快速搅拌 5 min、慢速搅拌 15 min、静止 30 min，投加不同剂量（分别为 2 mg/L，4 mg/L，6 mg/L，8 mg/L，10 mg/L 和 12mg/L）的助凝剂聚丙烯酰胺（PAM）进行混凝处理，考察不同加药量对混凝效果的影响。由图 3-45 可知，PAM 最佳投药量以 8 mg/L 为宜，在此条件下废水经混凝沉淀单元 COD 去除率达 72%，BOD/COD 比可提高到 0.64。

（5）生化处理

松节油加工废水经过 Fe/C 微电解—Fenton 氧化—混凝沉淀等一系列预处理后，废水的 COD 去除率和 BOD/COD 分别达 98% 和 0.64，废水可生化性好，适合生化处理。松节油加工废水经预处理后，出水 COD 为 200 mg/L~450 mg/L，先将 pH 值调节至 6.8~7.5，否则预处理后废水的高 pH 值对生化处理不利。然后进入生物处理单元。即曝气生物滤池（BAF）单元。BAF 的工艺原理为，在滤池中装填一定量粒径较小的粒状滤料，滤料表面生长着生物膜，滤池内部曝气，废水流经时，利用滤料上高浓度生物膜量的强氧化降解能力快速净化废水。

BAF 的启动采用城市污水处理厂的活性污泥接种，加入预处理后的出水进行闷曝，每隔 12 h 更换一次上清液，更换量为废水量的 40%，从第 5 天开始连续进、出水，采用逐步提高进水量直至处理量，10 天后在填料上挂有微生物菌胶团和大量游离细菌，15 天后出水清澈，生物膜厚度增加，完成挂膜，可进入稳定运行处理阶段。控制 BAF 的水力停留时间为 5 h，DO 浓度在 2 mg/L~3 mg/L，连续运行 15 天，废水处理效果如图 3-46 所示。由图 3-46 可知，BAF 连续运行 15 天后，出水 COD、动植物油和色度指标基本稳定，出水水质均达到《污水综合排放标准》（GB8978—1996）一级标准。实验表明，BAF 工艺可显著节约基建投资并减少占地面积，出水水质较好，运行费用低。

（6）小结

采用 Fe/C 微电解—Fenton 氧化—混凝沉淀—BAF 生化组合工艺处理松节油加工废

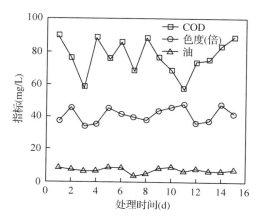

图 3-46　BAF 处理效果

水，分别研究了 Fe/C 微电解工艺、Fenton 氧化工艺、混凝沉淀工艺及 BAF 生化工艺的运行条件和工艺影响参数，得到如下结论：

①Fe/C 微电解处理松节油加工废水：最佳操作条件为，铁屑投加量为 100 g/L，Fe/C 质量比为 1.5:1，pH 值为 3，反应时间为 120 min，处理后废水的 COD 去除率达 43%，BOD/COD 比由 0.13 提高到 0.46。

②Fenton 氧化处理：对 Fe/C 微电解处理后废水无须投加 $FeSO_4$ 药剂，最佳操作条件为，H_2O_2 投加量 40mL/L，pH = 3.5，反应时间 120 min，处理后废水的 COD 去除率达 80%，BOD/COD 比由 0.46 提高到 0.58。

③混凝沉淀处理：对 Fenton 氧化后废水，控制 pH = 9，PAM 投加量为 8 mg/L 时，处理后废水 COD 去除率达 72%，BOD/COD 比由 0.58 提高到 0.64，满足生化处理要求。

④BAF 生化法：净化后出水 COD、动植物油和色度分别为 50 mg/L ~ 90 mg/L、3 mg/L ~ 5 mg/L 和 30 倍 ~ 50 倍，出水水质达到《污水综合排放标准》（GB8978—1996）一级标准。

3.2.4　废水处理工程案例

广东某香料厂是国内规模较大的林产化工企业，主要生产松节油及松节油衍生产品，平均废水量为 48 m³/d，废水主要含有松节油、松香及树脂液中的单宁、有机色素、糖类物质等。废水 COD 高达 5000 mg/L ~ 8000 mg/L，可生化性较差。

3.2.4.1　工艺流程及设计参数

工程设计的规模为 60 m³/d，根据废水的组成和特点，设计的工艺流程如图 3-47。

如图 3-47 所示，废水首先由各车间汇入隔油池除去浮油，隔油池兼起水量和水质调节作用；然后由泵提升至气浮池，通过加入 PAC 絮凝剂除去废水中的乳化油；气浮出水通过电解池中电滤机进行电解，电解池出水进入调节池，通过投加 10% 的稀硫酸

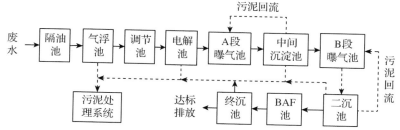

图 3-47　松节油废水处理工艺流程

调节 pH 至 6.5~7.8；再进入生物吸附和曝气生物滤池（BAF）进行生化处理，出水最终经终沉池达标排放。其中隔油池上层废油定期回收；气浮和电解的浮渣及生化产生的剩余污泥经板框压滤机脱水后成泥饼外运，压滤机滤液经管道回流至隔油池。主要处理构筑物设计参数见表3-7，主要设备参数见表3-8。

表 3-7 主要构筑物设计参数

项目	尺寸（m）	数量	容积（m³）	主要参数
隔油池	4.5×1.5×1.8	1	12.2	HRT = 4h
气浮池	2.3×1.0×1.2	1	2.7	HRT = 1h，PAC 投加量 200mg/L
电解池	1.6×1.6×1.0	1	2.6	HRT = 1h
调节池	4.0×1.0×2.2	1	8.8	HRT = 4h
A 段曝气池	1.0×1.0×3.8	1	3.8	MLSS = 6g/L，回流比 45%，DO 0.5mg/L~1mg/L，HRT = 1.75h
中间沉淀池	φ2.0×2.2	1	6.9	HRT = 3h
B 段曝气池	6.0×2.0×3.8	1	45.6	MLSS = 4g/L，回流比 30%，DO 2mg/L~3mg/L，HRT = 21h
二沉池	φ2.0×2.2	1	6.9	HRT = 3h
BAF	φ2.5×3.3	1	16.2	MLSS = 4g/L，DO 2mg/L~2.5mg/L，HRT = 5.4h，反冲洗周期 48h
终沉池	φ2.0×2.2	1	6.9	HRT = 3h

表 3-8 主要设备和技术参数

项目	技术参数	尺寸（m）	数量	型号规格
气浮机	处理规模 3m³/h，充氧能力 40N·m³/h~50N·m³/h，2.2kW	2.3×0.8	1	JQF—05
电滤机	处理规模 3m³/h，6.5kW	1.5×1.5	1	DL—IV—5
风机	风量 180N·m³/h，风压 45kPa，4kW	1×1.5	2	SSR—80
离心泵	流量 8m³/h，扬程 20m，1.5kW	0.8×1.2	2	JFZ—40
污泥泵	流量 7.2m³/h，扬程 14m，3kW	1×1.4	2	PN—1
加药泵	流量 30L/h，扬程 20m，0.37kW	0.6×1	2	JMX—20
压滤机	过滤面积 10m³，滤室 0.2m，1.5kW·h	2.8×0.9	1	520—30U

3.2.4.2 运行效果及分析

（1）气浮

气浮系统主要由气浮池、气浮机及刮渣系统等组成，其中气浮池采用涡凹气浮。

工艺参数为：气浮机转速 1460 r/min；曝气区上升流速 12 cm/min~14 cm/min，停留时间 5 min~7 min；废水在分离区向下流速 1.8 cm/s~2 cm/s，分离时间 40 min~45 min；PAC 加药量 150 mg/L~200 mg/L。

（2）电解处理

电解法是利用铁板作为阳极，铝板作为阴极，在强电流的作用下对废水进行电化学处理。电滤机电流控制在 400 A，直流电压在 14V~16 V 之间；进入电解槽的废水 pH 控制在 8~9 之间，pH 太低对电极板腐蚀较大，太高则电解效果较差，电解时间为 60 min。

（3）生化处理

生化处理采用 AB 工艺，A 池污泥浓度为 6 g/L~8 g/L，污泥回流比 45%，溶解氧为 0.5 mg/L~1 mg/L，水力停留时间为 1.75 h。B 池污泥浓度为 3 g/L~5 g/L，污泥回流比 30%，溶解氧为 2 mg/L~3 mg/L，水力停留时间为 21 h。

（4）曝气生物滤池（BAF）

BAF 水力停留时间为 5.4 h；曝气量为 30 m³/h~40 m³/h，溶解氧为 2 mg/L~2.5 mg/L。随着运行时间的延长，水头损失增大，出水水质变差，此时应对滤池进行反冲洗：气反冲洗 10 min，气洗强度为 20 m³/(m²·h)；气水反冲洗 7 min，水洗强度为 2 m³/(m²·h)；再进行水反冲洗 5 min；反冲洗周期为 48 h。

（5）运行结果

废水处理设施于 5 月建成并调试运行，至 7、8 月运行稳定。对松节油加工废水的主要评价指标 COD 和动植物油每 5 天监测 1 次，表 3-9 是 8、9 月水质监测结果。

废水排放的标准执行《污水综合排放标准》（GB 8978—1996）一级标准：COD≤100 mg/L，动植物油≤10 mg/L，出水指标总体可达以上标准。经过一年的实际运行，各单元处理效果稳定（表 3-10）。

表 3-9   水质监测结果

采样时间	进水（mg/L）		出水（mg/L）	
	COD	动植物油	COD	动植物油
0806	7260	1210	84	6.1
0810	6880	1050	84	6.4
0815	7030	1160	83	5.5
0820	5150	870	73	3.2
0825	5920	950	87	4.9
0830	7910	1470	102	8.5
0905	7360	1220	94	7.6
0910	6250	980	78	6.6
0915	6790	1040	87	7.4
0920	7240	1120	88	7.2
0925	7370	1260	96	8.3
0930	7430	1290	95	8.0

表 3-10   各处理单元运行效果

处理单元		单位	COD	BOD	动植物油
隔油	进水	mg/L	7010	660	1280
	出水	mg/L	3650	640	466
	去除率	%	47.9	3.0	63.6
气浮	出水	mg/L	2410	580	104
	去除率	%	34.0	9.4	77.7

（续）

处理单元		单位	COD	BOD	动植物油
电解	出水	mg/L	1380	660	62
	去除率	%	42.7	—	40.4
调节	出水	mg/L	1210	650	55
	去除率	%	12.3	1.5	11.3
AB 法	出水	mg/L	226	43	13
	去除率	%	81.3	93.4	76.4
BAF	出水	mg/L	81	7.6	4.6
	去除率	%	64.2	82.3	64.6
	总去除率	%	98.8	98.8	99.6
	排放标准	mg/L	100	20	10

3.2.4.3　问题及处理措施

（1）气浮池出水不稳定

采用涡凹气浮分离乳化油。当进水水质突变时，需要调整加药量即当废水含油量为 800 mg/L～1200 mg/L 时，投加 PAC 150 mg/L～200 mg/L；当含油量猛增到 1500 mg/L 以上时，需要加大投药量，投加 PAC 要提高到 250 mg/L～300 mg/L。

（2）气浮刮渣问题

出现气浮刮渣难排现象时，首先可以通过水位隔栅提升涡凹气浮刮渣的水位以改善排渣状况，其次利用气冲也可以改善排渣状况。

（3）曝气生物滤池不完全反冲洗

曝气生物滤池有时候水体明显浑浊、有异味，在排除进水水质突变的情况下可以通过不完全反冲洗解决。根据实际情况进行非正常周期反冲洗，即先气洗 7 min，然后气水反冲洗 5min。

（4）技术经济分析

采用电解—生物吸附池—曝气生物滤池为核心的松节油废水处理工艺，设计处理规模为 60 m³/d，总投资为 140 万元，运行费用（包括电费和药剂费，不含折旧费和人工费）约为 16.5 元/m³。因处理规模较小，各种配套设施齐全而增加了建设和运行成本，如果放大处理规模，可相应降低成本。

（5）环境及经济效益分析

该废水处理工艺的稳定运行可减轻对周边水环境的污染，每年按生产 330 天计算，可减少 COD 排放量 109.8 t/a，减少 BOD 排放量 10.3 t/a，减少动植物油排放量约 20.2 t/a，具有较大的环境效益。采用强化物化法/生化法处理松节油加工废水，处理规模为 48 m³/d，总投资为 140 万元。运行费用主要包括动力费和药剂费（不计人工费），总装机容量为 12 kW，实际为 8 kW，电费约 200 元/d，药剂费约 20 元/d，废水处理运行费用为 4.6 元/m³。

3.3 糠醛生产废水处理

辽宁省 2014 年有 26 家糠醛生产企业，全部安装了废水治理设施。其中采用水解酸化技术有 5 家，相转移法技术有 5 家，污水蒸发器技术有 16 家。辽宁省糠醛生产废水处理技术大致可分为三大类，一是水解酸化；二是相转移法；三是污水蒸发器。其中相转移法和污水蒸发器技术又有新的延伸：一是在相转移法后加了无机膜，回收醋酸；二是在蒸发器法基础上开发出双效蒸馏法治理糠醛废水及回收醋酸钠技术，生产出的醋酸钠市场销售情况良好。糠醛工业产生的高浓度有机废水已从单纯的治理向废水的资源化方向发展。

3.3.1 微电解—UASB 组合工艺处理糠醛废水

糠醛废水 pH 2~3，非常适合微电解所需的酸性环境。微电解处理糠醛废水，省去了用其他处理方法须加碱提高 pH 的程序。

3.3.1.1 材料粒度对处理效果的影响

将不同粒径的铁屑和活性炭，按体积比为 1:1 均匀混合装入反应器内（图 3-48），引入糠醛废水，反应 1 h 后出水。结果见表 3-11。由试验可知，铁屑、活性炭粒度对试验效果有较大影响。铁屑、活性炭粒度越小，单位体积填充物中所含的铁屑、活性炭颗粒越多，颗粒的比表面积越大，微电池数增加，颗粒间的接触更加紧密，延长了过柱时间，使 COD 去除率从 19.02% 提高到 76.33%，pH 由 3.92 上升到 5.85。但粒度越小，单位时间处理的水量越小，且易产生堵塞、结块等不利影响，综合考虑，选择铁屑粒径为 1 mm~3 mm，活性炭粒径为 2 mm~4 mm。

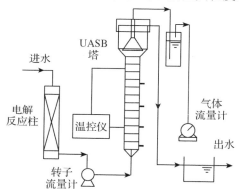

图 3-48 微电解—UASB 组合处理糠醛废水流程

表 3-11 铁屑、活性炭粒径对处理效果的影响

铁屑粒径（mm）	活性炭粒径（mm）	COD（%）	出水 pH
<1	<1	76.3	5.8
1~2	1~2	69.5	5.5
2~3	<2	62.6	5.3
3~4	<2	19.0	3.9

3.3.1.2 水力停留时间对处理效果的影响

分别控制废水在反应器中的停留时间为 10 min、20 min、30 min、40 min、50 min、60 min、70 min、80 min、90 min、120 min，待出水稳定后测其 COD 及 pH 值。试验结果如图 3-49 和图 3-50。由图 3-49 可以看出，当水力停留时间 <50 min 时，COD 去除率与时间呈线性上升。超过 60 min 以后，COD 去除率增加缓慢，基本保持不变，而且停留时间越长，所需反应器体积越大，因此确定最佳水力停留时间为 60 min。

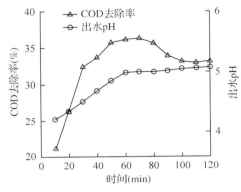

图 3-49 停留时间对处理效果的影响   图 3-50 水力停留时间对出水 Fe^{2+} 含量的影响

由图 3-49 和图 3-50 可以看出，并不是水力停留时间越长，COD 去除率越高，如果停留时间超过 80 min，铁屑的消耗量增加，从而使溶出的 Fe^{2+} 大量增加，并氧化成为 Fe^{3+}，造成色度的增加，加大后续处理难度，所以停留时间并非越长越好。

3.3.1.3 Fe/C 对处理效果的影响

调节 Fe/C 体积比为 2.0、1.5、1.0、0.67、0.5，考察不同 Fe/C 对微电解处理糠醛废水的影响，试验结果见表 3-12。由试验结果可以看出，铁炭混合填料的处理效果比纯铁填料的处理效果好。对于一定量的铁屑，随着铁炭比的降低，处理效果逐渐变好。当铁炭比达 0.67 左右时，出水 pH 和 COD 的去除率分别保持在 4.8 和 38% 左右。

表 3-12 铁/炭比对处理效果的影响

Fe/C	出水 pH	COD(%)	Fe/C	出水 pH	COD(%)
—	3.62	10.0	1.00	4.58	36.8
2.00	3.93	14.2	0.67	4.85	38.8
1.50	4.23	32.1	0.50	4.92	39.0

3.3.1.4 UASB 进水 pH 值对处理效果的影响

将进水 pH 分别调节为 2.5、3.0、3.5、4.0、4.5、5.0、5.5、6.0，考察进水 pH 对铁炭微电解处理糠醛废水的影响，试验结果如图 3-51 所示。由图 3-51 可知，COD 去除率随进水 pH 值降低而升高。当进水 pH 从 6 降低到 2.5 时，COD 去除率由 23.68%

提高到 40%，而出水 pH 变化不大。这是由于低 pH 值时，存在大量的 H^+，使反应速度加快，但 pH 值不能太低，因为 pH 值太低会改变产物的存在形式，如破坏反应后生成的絮体，从而产生有色的 Fe^{3+}，使处理效果变差。本试验所用废水 pH 为 2.5 左右，COD 去除率已达 40.68%，综合考虑各因素，在处理过程中不必调节进水 pH 值。

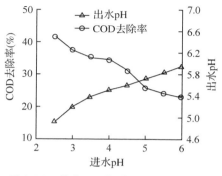

图 3-51　进水 pH 值对处理效果的影响

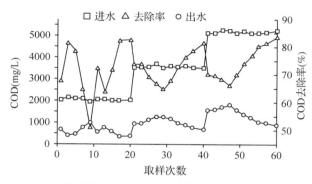

图 3-52　UASB 启动阶段 COD 变化

　　UASB 启动时间为 60 天，以每 20 天为 1 阶段，共分 3 阶段。由图 3-52 可知，3 个阶段 COD 去除率在图像上有一定的相似性，均呈 V 字形。这是因为虽然进水 COD 浓度相差较大，但是产甲烷菌都经历了相同的消化过程，每个阶段都因为进水 COD 浓度的增加，产甲烷菌要经历一个比较长的适应过程，挥发性脂肪酸的不断增多，对产甲烷菌产生了一定的抑制作用，在这段期间出水 COD 浓度增高，去除率下降。为检测出水挥发性脂肪酸与 pH 之间的影响关系，试验每天检测 1 次出水 pH，每 3 天检测 1 次出水 VFA。由图 3-53 可知，当检测 VFA 较高时，则之后第 2 天或第 3 天监测 pH 值较低；当检测 VFA 低时，则随后几天 pH 值相应升高，出水 pH 值明显比 VFA 变化滞后。

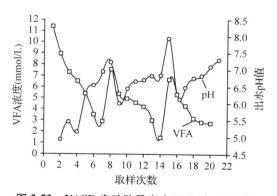

图 3-53　UASB 启动阶段出水 VFA 和 pH 变化

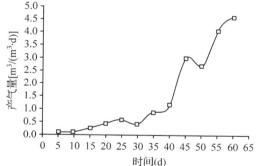

图 3-54　启动阶段 UASB 产气量

3.3.1.5　启动阶段 UASB 产气量的变化曲线

　　试验采用每 5 天检测 1 次产气量的方法来观察厌氧菌的活性状况，在一定程度上可反映反应器中厌氧菌的变化情况。由图 3-54 可知，在增加负荷后的短时间内，产气量随着产甲烷菌的生长繁殖，出水 COD 浓度不断降低，去除率逐渐平稳升高，达到预定的去除效果。略微下降，然后快速上升。首先，这是因为小的甲烷菌微粒被洗出，几天后产气量由于甲烷菌的增殖而重新上升，出水 VFA 浓度也会下降；其次，厌氧菌对进水 COD 浓度的变化有一个适应过程。

3.3.1.6　产生颗粒污泥后的稳定运行阶段

在稳定运行阶段，HRT 对 COD 去除率的影响由表 3-13 可知：当 HRT 为 12 h、VLR 为 10.32 kg/(m^3·d)时，COD 去除率为 63.8%，而水力停留时间为 48 h 时，COD 去除率为 80.5%，上升了 16.7%；当 HRT 在 60h~96 h 时，COD 去除率从 84.1% 增加到 86.1%，HRT 的增加对 COD 去除率的影响明显变小。在 UASB 启动 60 天后，发现厌氧污泥颗粒化，如图 3-52 所示，出水 COD 指标也逐渐稳定。由表 3-13 可以看出：在稳定运行阶段，即使进水 pH 值比较低(4.7~5.2)，出水 pH 也可维持在 7 左右(适合产甲烷菌生长的范围内)，这是因为颗粒污泥的生成，尤其是产甲烷菌异常丰富，消耗掉了大量 VFA。

表 3-13　UASB 反应器稳定运行情况下各项数据

日期	HRT (h)	VLR [kg/(m^3·d)]	进水 COD (mg/L)	出水 COD (mg/L)	去除率 (%)	进水 pH	出水 pH	出水 VFA (mg/L)
8-05	48	2.64	5120	850	83.4	4.73	7.31	2.7
8-10	24	5.04	5118	1654	67.7	4.98	6.77	3.0
8-16	12	10.32	5204	1883	63.8	5.12	6.52	3.1
8-21	36	3.36	5098	1753	65.6	4.86	6.89	3.5
8-27	48	2.64	5166	1006	80.5	5.03	7.21	2.9
9-02	60	2.16	5205	823	84.1	5.10	7.36	2.1
9-07	72	1.68	5167	800	84.5	4.99	7.45	1.6
9-13	84	1.44	5186	757	85.4	5.12	7.63	0.6
9-18	96	1.20	5112	711	86.1	5.22	7.88	—

3.3.1.7　小结

(1)微电解—UASB 联合工艺工序简单，经济性较好，且利用废水本身特点，资源化程度高，处理效果明显。

(2)采用微电解作为预处理，在 Fe/C 为 0.67，水力停留时间为 60 min 时，COD 去除率较高，提高了废水的可生化性，降低了后续 UASB 工艺处理难度。

(3)在温度为 38℃~40℃，接种污泥浓度为 17.5 kg/m^3，添加自制填料后，UASB 工艺启动快，易生成颗粒污泥，耐冲击负荷提高，COD 去除率进一步提高到 80% 以上，出水指标更加稳定。

3.3.2　电解—UASB—CASS 处理糠醛废水

电化学法作为一种清洁工艺，产生的自由基、过氧化氢和 Fe(OH)$_3$的絮凝体等物质可以去除废水中难生物降解的有机物，在难降解、可生化性差废水的预处理中有良好的应用前景。上流式厌氧污泥床(upflow anaerobic sludge blanket，UASB)—循环活性污泥系统(cyclic activated sludge system，CASS)工艺处理高浓度有机废水的应用较为成熟，工程运行稳定。所以采用电解—UASB—CASS组合工艺处理糠醛废水，利用电解提高糠醛废水的可生化性，再采用UASB—CASS工艺进一步处理，处理后出水可达到《污水综合排放标准》(GB8978—1996)中的二级排放标准。

3.3.2.1　电解预处理

现场考察一个内电解预处理—UASB—CASS工程，铁炭内电解预处理阶段所需停留时间较长(8h以上)，基建投资较大，运行中出现了严重的板结现象，这是内电解常遇见的难题，导致出水不能稳定达标排放。针对板结问题，改用电解—UASB—CASS工艺处理糠醛废水。

电流强度和电解时间对COD去除率影响的试验结果如图3-55所示(极板间距定为30 mm)。从图3-55可以看出：①电解时的电流强度大小对COD去除率的影响比较显著，开始阶段COD去除率随着电流强度的增加而增加，但当电流强度为0.4A时，COD去除率出现下降的现象。②0.1 A~0.3 A时COD去除率随着电解时间的延长逐渐增加，0.4 A和0.5 A时的去除率却先增加后逐渐降低，可以推测0.1 A~0.3 A时6 h后去除率随着电解时间的延长也会逐渐降低。

所以，在电解预处理糠醛废水时并不是电流强度越大、电解时间越长效果就越好，而是有一个最佳的范围。这是因为电解时阳极采用的铁极板溶解并水解形成$Fe(OH)_3$絮凝体，它比投加混凝剂生成的絮凝体更加活泼，所以对水中的有机和无机杂质有强大的凝聚作用。电流过大以及电解时间过长都会使产生的$Fe(OH)_3$过量，产生高聚物包裹胶粒，使胶粒失去吸附活性，并使其无法与其他胶粒架桥结合。同时电解时间过长还会使已经吸附的有机物重新解离从而使COD值增大，导致处理效果下降，出水水质不稳定。在本试验中，确定电流强度为0.2 A、0.3 A和0.4A，电解时间为3h、4h和5h，是下一步正交试验的因素等级。

极板间距对COD去除率影响的结果如图3-56所示(电流强度为0.3 A，电解时间为3 h)。从图3-56中可以看出，在相同电解电流强度、电解时间下，随着极板间距的变

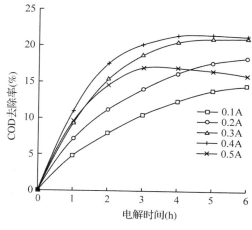

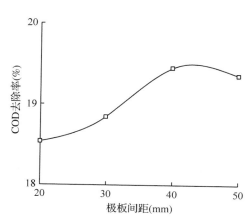

图3-55　电流强度和电解时间对COD去除率的影响　　**图3-56　极板间距对COD去除率的影响**

化，COD 去除率有一定的变化，但变化不大。从节约能源、节省处理成本的角度考虑，还是决定把极板间距定为一个影响因素，并分为 20 mm、30 mm 和 40 mm 3 个等级进行研究。通过三因素三等级[$L_9(3^3)$]正交试验得出，电解时间和电流强度对电解效果的影响较大，而极板间距对电解的影响效果较小，其结果和预处理因素对电解效果影响的理论分析是一致的。正交试验还得出，在电解 3h～5h 范围内，电流大小对 COD 去除率的影响要大于电解时间的影响，原因是在电解 3h～5h 范围内各电流强度对水样的电解处理基本上都已经完成，其中能被氧化的有机物大部分都已经被氧化，所以，随时间的增加 COD 的去除率提高越来越小。

3.3.2.2　可生化性校验

选定 3 个较佳试验条件：①电流强度 0.4 A，极板间距 20 mm，电解时间 4 h；②电流强度 0.3 A，极板间距 30 mm，电解时间 4 h；③电流强度 0.3 A，极板间距 20 mm，电解时间 5 h。校验其可生化性的变化情况，结果见表 3-14。从表 3-14 数据可以看出，3 种试验条件出水的 COD 值均低于原水，BOD/COD 的值也明显升高。这是因为电解预处理时发生的电化学燃烧和电化学转化降解了污水中的有机物：电化学燃烧通过阳极直接或间接氧化把废水中有机物彻底氧化为二氧化碳和水，电化学转化将废水中难生物降解或生物毒性污染物转化为可生物降解的物质。因此，经电解预处理后，糠醛废水的 COD 值降低、可生化性得到了明显的改善，可以进行后续生化处理。根据试验结果，选择电解预处理阶段的最佳试验条件为电流强度 0.3 A、电解时间 4 h、极板间距 30 mm。在此试验条件下 COD 去除率为 20.6%，可生化性提高了 38.1%。

表 3-14　可生化性变化

编号	COD（mg/L）	BOD（mg/L）	BOD/COD
原水	16 225	5375	0.331
1#	12 732	5640	0.443
2#	12 878	5885	0.457
3#	12 780	5265	0.412

3.3.2.3　厌氧(UASB)处理

厌氧阶段对停留时间为 60 h、72 h 和 84h 3 种情况进行了研究，实验结果见表 3-15 所列。

表 3-15　厌氧 UASB 处理数据

反应时间(h)	进水 COD（mg/L）	出水 COD（mg/L）	COD 去除率(%)
	12 657	2900	77.1
	12 960	3148	75.7
60	12 748	2955	76.8
	13 080	3580	72.6
	12 767	2676	79.0

（续）

反应时间（h）	进水 COD（mg/L）	出水 COD（mg/L）	COD 去除率（%）
	12 815	1779	86.1
	12 764	1824	85.7
72	13 125	2170	83.5
	12 780	1690	86.8
	12 760	1721	86.5
	12 852	1939	84.9
	12 913	1710	86.8
84	12 775	1716	86.6
	12 544	1619	87.1
	12 780	1568	87.7

从表3-15可知，随着停留时间的延长，COD去除率增加。停留时间为60 h的COD去除率明显要低于72 h和84 h的，但是84 h和72 h的数据相比，COD去除率增加不明显，说明72 h后反应器中大部分能够被厌氧菌去除的有机物已经被去除了，继续延长时间对COD去除率不会产生很大影响，所以选取72 h为厌氧反应的停留时间。

3.3.2.4 好氧（CASS）处理

好氧处理对停留时间为4 h和6 h、气水比为5∶1和6∶1的情况进行了正交试验研究，试验结果见表3-16所列。由表3-16可知，随着停留时间和气水比的增加，COD去除率明显增加。因为对CASS反应器来讲，起净化作用的主要是好氧微生物，停留时间越长，对废水中的污染物去除的越彻底；同时，气水比越大，反应器内的溶解氧越高，微生物的代谢活动越强，对COD去除率越高，气水比减小则微生物代谢活动受到抑制，COD去除率降低。考虑到废水的稳定达标排放和环保部门对所排废水日益严格的要求，确定停留时间6h、气水比6∶1为好氧阶段最佳试验条件。

表3-16 好氧 CASS 处理数据

反应时间 （h）	气水比 （V∶V）	进水 COD （mg/L）	出水 COD （mg/L）	COD 去除率 （%）
		1788	478	73.3
		1792	440	75.4
4	5∶1	1764	458	74.0
		1805	507	71.9
		1968	589	70.1
		1850	423	77.1
		1775	363	79.5
4	6∶1	1924	434	77.4
		1812	386	78.7
		1772	327	81.6

（续）

反应时间 （h）	气水比 （V:V）	进水 COD （mg/L）	出水 COD （mg/L）	COD 去除率 （%）
6	5:1	1846	282	84.7
		1709	238	86.1
		1782	254	85.7
		1650	182	89.0
		1759	271	84.6
6	6:1	1914	132	93.1
		1822	108	94.1
		1763	84	95.2
		1749	119	93.2
		1798	111	93.8

由表 3-16 的出水水质可知，在停留时间 6h、气水比 6:1 的试验条件下，实验出水 COD 浓度均 < 150 mg/L，满足《污水综合排放标准》（GB8978—1996）二级排放标准。

3.3.2.5　小结

（1）通过电解预处理因素对电解效果影响试验，确定了主要影响因素为电流强度大小和电解时间，极板间距对出水水质影响不大。

（2）通过正交试验确定了电解预处理最佳工艺，参数为电流强度 0.3A、电解时间 4h、极板间距 30mm。

（3）通过后续生化处理实验研究，确定了一种实用、高效且处理效果稳定的糠醛废水处理新工艺：电解预处理—UASB—CASS 工艺。

3.3.3　相转移法处理糠醛废水

根据色谱—质谱分析，糠醛废水含有机物达 40 余种，含酸、醛、醇、酮、酯等多种有机物，其中以醋酸、糠醛为主。针对糠醛废水的这一特点，近年开发了一种"相转移法治理糠醛废水"技术（图 3-57），在国内已有数家企业在应用。

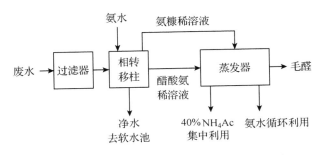

图 3-57　相转移法处理糠醛废水流程

3.3.3.1 相转移法原理

所谓相转移法，是利用多功能高分子聚合物(简称相转移剂)，将有机物从液相转移到固相，即有机物被转移剂截留，相转移伴有物理吸附、化学吸附及化学反应。当糠醛废水进入柱内，糠醛、醋酸及其他有机杂质即转移到柱上并被分离排出，余下的则为清澈的中性水，整个工艺过程是连续反复进行的。

3.3.3.2 相转移过程

对 COD 10 000 mg/L～15 000 mg/L，pH<2，95℃，日产生 100 m³ 的糠醛生产废水经微孔滤料、40 m² 换热器和 150m³ 贮水池，使废水温度冷却至低于 30℃，再经过滤器(内装微孔滤料及碳纤维)，使废水中的 SS 和胶质基本上得到净化，达到预处理目的。预处理后的废水，进入相转移柱、废水中的醋酸、糠醛等其他有机物被截留在转移柱上。排出水为中性净化水，再经活性炭柱吸附，得到清澈透明的软化水，水质达到锅炉给水标准，用作锅炉的补充水。相转移柱饱和后，用稀氨水进行解析。首先，醋酸及其他有机液与氨水反应，生成有机酸铵，随排出液进入有机液储罐。当转移柱出口水质 pH>8，颜色转红时，糠醛即随排出液进入氨糠液储罐。有机液进蒸发器，浓缩成含 40% NH_4Ac 的浓缩液，集中处理回收醋酸。氨糠液进蒸发器，其冷凝液为稀氨水，回用。釜残液为毛醛，返回糠醛初馏塔回收。该工艺预期处理效果见表 3-17。

表 3-17 相转移处理后糠醛废水水质

COD（mg/L）	pH	油（mg/L）	SS（mg/L）
400～700	6～9	≤5	≤5

3.3.3.3 效益分析

废水设计处理能力 100 m³/d，废水处理车间占地 150 m²，工程总投资费用为 99.7 万元，详见表 3-18。

表 3-18 相转移工程投资

项目	费用(万元)	备注
土建	6.3	污水间及水池等
相转移设备	13	含相转移活性炭柱
预处理设备	22.5	含蒸发器及各类储罐等
配电	4	含配电盘及控制柜等
试剂	32.8	含相转移剂及活性炭
设计、安装	14.2	含调试及技术服务等
其他	6.9	税金、利息及运费等
合计	99.7	

污水治理设施正常运转后，经测算，吨水处理运行费用为 9.41 元。环保设施运行产出的副产品，如净化水、粗醛、浓缩液等，可创造可观的经济价值，具体情况见表3-19。由此看来，环保设施在削减大量污染物的同时，还可创造出显著的效益，不仅抵消了环保设施运行费用，还获得了可观的经济利润。

表 3-19　运行费用

物料名称	特性	数量	价格	每日效益（元）
净化水	油≤8mg/L	100t/d	2 元/t	200
粗醛	85%	30kg/d	3 元/kg	90
浓缩液	含 40% NH₄Ac	3t/d	300 元/t	900
水资源费		100t/d	0.53 元/t	53
合　计				1243

综上分析，采用相转移技术对糠醛废水进行综合治理，该工艺流程容易控制，操作方便、运行平稳，它从根本上改变了现有治理工艺，不仅可以将糠醛和醋酸从糠醛废水中有效地分离出来，并加以回收，而且处理后的废水变成净化水，可以直接用于锅炉给水，从而实现糠醛生产废水的零排放，具有明显的经济效益、社会效益和环境效益。

3.3.4　废水处理工程案例

在林产化工行业，对糠醛废水处理的研究投入了较多的人力、物力，发表了较多的研究文献，已建造了许多工程案例。

3.3.4.1　二级絮凝沉淀—厌氧—生物接触氧化法治理糠醛废水

工艺流程如图 3-58，根据日排糠醛废水 120m³ 设计。

（1）调节池

钢筋混凝土、地下池，内壁用环氧树脂玻璃钢布防腐，设自吸式不锈钢泵 1 台，抽污水去原水池，有效池容 40m³，1 座。

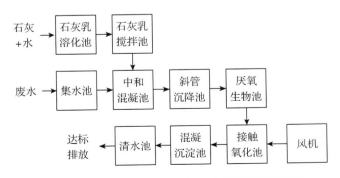

图 3-58　二级絮凝沉淀—厌氧—生物接触氧化流程

（2）石灰溶化池及石灰乳搅拌池

钢筋混凝土，有效容积 5 m³，池内安装减速搅拌机 2 台，用以搅拌池内石灰乳液（CaO 质量分数 6%），防止乳液中悬浮态的 $Ca(OH)_2$ 颗粒沉淀，石灰乳液面不得超过联轴器下沿以下 15 cm。本池中安装潜污水泵 1 台，用于向中和混凝池中不断供应石灰乳液，泵出口设供料管（有球阀 1 个）及回流管（球阀 1 个），供料阀开启大小应以中和混凝池中的混合液 pH 达到 7.5~8.0 为准，多余的由回流管返回搅拌池。

（3）原水池

钢筋混凝土，内设进水槽及出口槽，池内用玻璃钢布防腐。

（4）中和混凝池

钢筋混凝土，有效容积 10 m³，池内设穿孔管多排，利用压缩空气对池内混合液进行搅拌，使石灰乳、混凝剂 A 和混凝剂 B 与原污水发生中和及化学混凝反应，并使生成的絮凝物不沉积于池底。本池安装无堵塞自吸排污泵（1 备 1 用），提升池中含絮凝物的污水去斜管沉降槽。

（5）水解厌氧生物池

钢筋混凝土，半地下池，有效池容 68 m³，池内安装弹性生物填料，以利于高浓度微生物在池内上、中、下各部位均匀分布，该池接收来自斜管沉淀池之后中间池出水。厌氧池池深 4.57m，有效水深 4.07m。内装弹性生物填料（长 3 m），可固定大量厌氧微生物。污水由池底布水管自下向上流经弹性填料后，再进入下一步好氧生物池。

（6）生物接触氧化池

该池为半地下池，钢筋混凝土结构，与厌氧池之间相隔一中间池。该池深度 3.7m，有效水深 3.37m，安装有弹性生物填料（长 2m），自上而下分别设置有生物填料、布气及膜片式微孔曝气盘、布水管、排泥管。空气由鼓风机经专用管路供入。污泥 COD 负荷为 4kg/(m³·d)，该水接收厌氧生物池出水，利用好氧微生物对厌氧生物处理出水进一步处理，污水自下经填料上层排出。

（7）二沉池

经好氧生物处理后出水，经出水槽流入二沉池进行沉淀，当好氧生物处理出水因为厌氧及好氧微生物的数量在培养菌初期不足而未达到设计要求时，可向生物接触氧化池出水槽前、后两处投加少量 PAC 及 PAM 药液，使发生化学混凝反应生成絮凝物，经二沉池沉淀，使 COD、BOD 及 SS 外排达标。二沉池与生物接触氧化池合建。池内安装有斜管填料及排泥管等。

（8）中间池

接受二沉池出水，可使二沉池出水中未沉下来的少量悬浮物进一步沉降，中间池与二沉池合建。

（9）清水池

该池接收中间池出水，有一定容量，有排出管与地下排水管相连，将达标废水外排。

（10）综合操作间

鼓风机房 1 间，安装鼓风机 2 台；压滤机房 1 间，安装厢式压滤机 1 台；配药间 1

间，安装加药设备及磁力加药泵 4 台。

（11）调试运行

①厌氧生化池厌氧微生物的培养与驯化：本工程以物化处理做先导，目的在于调节原水的 pH（强酸性），适当去除部分有机污染物、硫酸根，创造适宜的生化处理环境。

②菌种类型：糠醛污水中含有少量糠醛成分，因此引进酿酒及淀粉行业的生物处理设施中的菌种污泥较适宜。如果引入化工厂的活性污泥，应选择生产同类产品的化工厂。

③引进污泥菌种数量：在日产 6t 糠醛情况下，生产污水排放量约 100m³，废水加石灰中和混凝处理后，COD 从约 1.1×10^4 mg/L 降至 80 mg/L 左右，BOD 约为 50 mg/L，按单位 MLVSS BOD 负荷为 0.05kg/（kg·d）~ 0.15 kg/（kg·d）计算，BOD 总量为 $5 \times 100 = 500$kg，则需 MLVSS 3333 g/L ~ 10 000 g/L。若污泥含水率为 75%，MLVSS 占 MLSS 的 50%，则厌氧池需菌种 27t~80 t。如果引入的菌种并不是糠醛生产厂的活性污泥，可先引进 20 t，投入厌氧池中观察效果后，再决定是否引进。由于建设的厌氧池较大，不能按池容投泥。应按每日排入的 COD、BOD 总量来计算投泥量。先将池内充水一半体积，再用立筛（5 mm 孔）将外运干污泥进行过筛，去除杂物（石子、砂粒、线、塑料布、铁丝等），将泥倒入临时水池，用清水溶成泥汤，用泵抽出打入厌氧池。向池中投入营养基料，如果不投入高级营养源（如白糖、蛋白粉、牛肉浸膏、尿素、磷酸盐），可用过筛的人畜粪便代替，但一定要注意安全卫生。投加量：绝干粪块 5 kg/m³，尿与稀粪便 50 L/m³，加入池中 1/10 体积的经中和处理后的废水。在投入废水后，水温应保持在 35℃~40℃之间。由于废水本身入中和池时可达 90℃，在经过中和、鼓空气及沉降后，温度有所下降，因此不必调温。在投入废水当天，从大池中取水样测 pH、COD，然后每天取水样测 COD 变化，连续测 5 天，如果每天下降 10%，则按每天投入池容 1/20 的做法，陆续加入物化处理后的废水。再取水样，观察投入废水后的 COD 每天变化情况。由于污泥适应糠醛废水的情况因污泥品种、品质而异，在条件适宜的情况下，大约三个月可完成。其他营养盐的投入：铁按 108 g/m³（按 Fe 计）投入，可用 $FeCl_3$ 盐；氮按 400 g/m³（按 N 计）投入，可用尿素或人畜尿；磷按 80 g/m³（按 P 计）投入，可用磷酸或磷肥。以上这些营养盐在开始培养污泥半个月后，每 2 天投加 1 次，按每天排入废水 100 m³ 计算。

④生物接触氧化池：好氧生化池中活性污泥应由同类糠醛生产厂引入。也可引进酿酒厂、淀粉厂或城市生活污水处理厂的好氧活性污泥。引进污泥量的计算，进入废水 100 m³，BOD 500 mg/L，MLVSS 的 BOD 负荷为 0.05 kg/（kg·d），即 100m³ × 0.5 kg/m³ ÷ 0.05 = 1000 kg MLVSS，按 MLVSS 占 MLSS 的质量分数为 50%，污泥含水率 75% 计，则引入污泥量为 8 t。操作方法：在好氧池中加入 1/2 体积清水，将引入的活性污泥用泵打入好氧池（同厌氧池操作），向池中加入营养基料（如厌氧池）。投加量是厌氧池的 1/3，曝气。加入厌氧池出水或物化处理后的糠醛废水，连续曝气 24h。其他营养盐的投入，投加量是厌氧池的 1/5。

⑤二级混凝处理及沉淀池：当生物接触氧化池出水流入二沉池后，出水 COD 指标

仍超过 150 mg/L 时，需做二级混凝处理，用 PAC 和 PAM 混凝处理。

⑥沉淀池：沉淀好氧生化出水中的悬浮物，沉淀池内安装有斜管蜂窝填料。

⑦处理效果：各工序处理效果见表 3-20。主要技术经济指标：总投资 90 万元。电费 1.085 元/m³，药剂费 2.51 元/m³，人工费 1 元/m³。每年减少 COD 排放 47 t，减少 BOD 排放 24 t，处理后出水符合国家污水综合排放标准 GB 8978—1996 中的二级标准，见表 3-21。

表 3-20　各工序处理糠醛废水效果

工序	COD（mg/L）		COD 去除率（%）	BOD（mg/L）		BOD 去除率（%）	SS（mg/L）		SS 去除率（%）	pH	
	进水	出水		进水	出水		进水	出水		进水	出水
混凝池	11 000	7700	30	5000	2350	35	400	120	80	23	6.5～7.2
厌氧池	7700	770	90	2350	235	95	120	48	60	6.5～7.2	—
曝气池	770	116	85	235	35.2	85	48	24	50	7.5	6～9
沉淀池	116	81.2	30	35.2	14.8	30	24	16.8	30	6～9	6～9

表 3-21　废水处理站进水、出水水质设计值

指标	pH	COD（mg/L）	BOD（mg/L）	SS（mg/L）
原始污水	0.5～1.0	11 000	5000	400
达标值	6～9	≤150	≤60	≤150

3.3.4.2　铁炭微电解—ABR—接触氧化工艺处理糠醛废水

废水概况，绥化市某糠醛有限公司以玉米芯为主要原料，采用蒸馏法，年产量约为 300 t/a，废水量为 160 m³/d。铁炭微电解—ABR—接触氧化工艺处理糠醛废水流程如图 3-59。

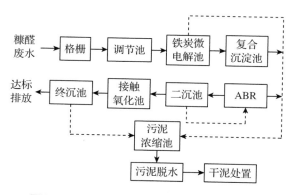

图 3-59　铁炭微电解—ABR—接触氧化工艺

（1）主要构筑物

①调节池：地下式钢筋混凝土结构，有效容积为 80 m³，HRT 12 h，内置穿孔管进行曝气，使池内水质均匀，设置两台高温潜水提升泵，1 用 1 备，将水提升至铁炭池。

②铁炭微电解池：半地上式钢混结构，有效容积 40 m³，焦炭和废铁屑颗粒为

1 mm～2 mm，以 1:1 的比例均匀混合，投加前用 1% 的硫酸浸泡 24 h 并用清水冲洗。内置穿孔管曝气，使废水与铁炭床充分接触，进水温度约 40℃。

③ABR：有效容积为 480 m³，容积负荷为 3 kgCOD/(m³·d)，池体为半地上式钢筋混凝土结构。分为 3 格串联，内置波纹板填料。进水以折流的方式通过反应区，每个反应区 HRT 24 h，每区设置 1 根排气管以保证产生的沼气能够顺利排出。

④接触氧化池：1 组，分为 4 格，有效容积 160 m³，推流式，内置穿孔管，采用罗茨鼓风机曝气，控制池内 DO 为 3 mg/L～5 mg/L。同时安装交叉流填料，HRT 24 h，半地上式钢筋混凝土结构。

⑤污泥浓缩池：半地上式钢混结构，有效容积 35 m³，上清液返回调节池。外接带式压滤机将污泥压成泥饼定期外运。

（2）反应器的启动和运行

①铁炭微电解池的启动和运行：为保证厌氧反应器的顺利启动，首先控制进水 COD 在 3000 mg/L 左右，进水量为 4 m³/h，采取上向流的方式进水，控制 DO 为 3 mg/L～4.5 mg/L，使废水与铁炭床中的铁屑和炭粒充分接触，形成大量的微电池，发生以下电化学反应，产生大量的 H^+、Fe^{2+}、Fe^{3+} 等具有较高活性的离子，与废水中难降解物质发生氧化还原反应，破坏发色基团的结构，提高废水的可生化性，同时在微电场的作用下，废水中的胶体微粒通过静电引力进行富集、絮凝、沉淀，使废水得到第一步净化。经过近两个月的稳定运行，COD 去除率稳定在 30% 左右，pH 能够升高 1.5，在减轻 ABR 容积负荷的同时大大降低了运行费用。

②ABR 的启动和运行：种泥选自大庆市某啤酒废水处理厂二沉池的脱水污泥，经筛滤稀释搅匀后用污泥泵分别注入各区，投加污泥浓度为 15%，铁炭池出水与投加的碱液混合后，控制 pH 在 6 左右，保证碱度为 1500 mg/L，温度 32℃～37℃，进入复合沉淀池。由于铁炭池出水含有一定量的 Fe^{2+}、Fe^{3+}，在提高 pH 的过程中与水中胶体和悬浮物质再次絮凝、结合、沉淀，使废水得到第二次净化。上清液进入 ABR，在保持进水量不变，控制反应器的容积负荷稳定在 1.5 kgCOD/(m³·d)，按时检测反应器出水的 pH、碱度、VFA 和 COD 的变化。

通过控制投药量稳定反应器中碱度为 1500 mg/L 的前提下，维持 ABR 中 VFA 为 500 mg/L，防止反应器酸化。当 COD 去除率达到 60% 以上并稳定运行一周后开始提升进水浓度，直至达到最大容积负荷 2.7 kg COD/(m³·d)。此时保持该进水浓度，通过增加进水量来逐步提高进水容积负荷，直到全负荷运行。经过半个月的全负荷运行，ABR 对 COD 去除率稳定在 72 % 以上，ABR 在启动和全负荷运行过程中 COD 去除效果如图 3-60。

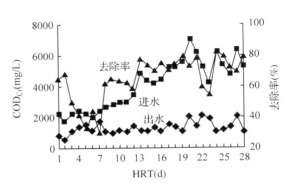

图 3-60　ABR 在启动和全负荷运行过程中 COD 去除效果

③接触氧化池的启动和运行：在 ABR 启动的同时，启动好氧生物系统，投加种泥浓度控制为 4 kg/m³，完毕后系统闷曝 48 h，控制 DO 稳定在 3 mg/L～5 mg/L，按照 C:N:P=100:5:1 的比例定期投加适量的磷肥和氮肥。将二沉池上清液引入接触氧化池，连续进水，回流比控制在 2:1，按时检测反应器中的 COD、pH、DO、MLSS。当启动运行 15 天时，COD 去除率就达到 69.6%，随后增加容积负荷，COD 去除率稳定在 86.3% 以上，交叉流填料表面略带灰白色，污泥沉降性能较好，出水清澈，说明好氧菌群挂膜成功。出水 COD 150 mg/L，达到《污水综合排放标准》（GB 8978—1996）二级排放标准。本项目于 10 月上旬正式进水启动，11 月下旬系统运行稳定，设备最终出水达到排放标准，检测结果见表 3-22。

表 3-22   各工序处理糠醛废水效果

工序	COD(mg/L)		COD 去除率(%)	BOD(mg/L)		BOD 去除率(%)	SS(mg/L)		SS 去除率(%)	pH	
	进水	出水		进水	出水		进水	出水		进水	出水
混凝池	11 000	7700	30	5000	2350	35	400	120	80	23	6.5～7.2
厌氧池	7700	770	90	2350	235	95	120	48	60	6.5～7.2	—
曝气池	770	116	85	235	35.2	85	48	24	50	7.5	6～9
沉淀池	116	81.2	30	35.2	14.8	30	24	16.8	30	6～9	6～9

3.3.4.3   系统运行过程中的几个问题

（1）铁炭微电解池的水力停留时间过长

在调试运行过程中，采用方案是首先小水量进水，逐步提高进水量直至全负荷运行。当小水量时，铁炭微电解池中 HRT 最长时间达到 10 h，废水长时间与铁炭床接触，不仅造成铁炭床过快损耗，而且造成出水中含有过量的 Fe^{3+}、Fe^{2+}，因此与废水中 OH^-、CO_2、HCO_2^- 等发生反应，导致大量的碱度被消耗，最终引起运行费用上升。同时产生大量的废渣，难以处理。

（2）进水 pH 的控制

铁炭微电解池进水 pH 最好控制在偏酸性条件下，即 5～6 为宜，否则过多的 H^+ 会造成溶铁量过快，同时过多的 H^+ 还会与 $Fe(OH)_3$ 反应，破坏絮凝体，使得出水水质恶化。

（3）色度的控制

废水经过铁炭微电解池反应后，出水中带有定量的 Fe^{2+}、Fe^{3+}，特别是 Fe^{2+}，通过接触氧化池的曝气后，Fe^{2+} 在好氧条件下被氧化为 Fe^{3+}，出水呈现红褐色，造成出水感观不佳。

（4）运行的经济可行性

好氧出水 pH 需要稳定在 8 以上，因此，可以将部分设备出水回流至调节池，这样既可以降低废水的温度，同时还可以提高废水的 pH，减少运行过程中的投药量，降低运行成本。

3.3.4.4　工程效益分析

试运行期间，处理水量为 160 m^3/d，运行成本为 2.85 元/m^3，其中电费为 0.28 元/m^3，药剂 2.32 元/m^3（絮凝剂 0.16 元/m^3，碱 2.16 元/m^3），人工费 0.25 元/m^3。工艺运行后，每年可减少 COD 排放 38 t，减少 BOD 排放 19 t，环境效益十分显著。

3.3.4.5　小结

采用铁炭微电解—ABR—接触氧化工艺处理糠醛废水是经济、有效、可行的，但同时需要防止铁炭床板结、铁炭床过快消耗等问题，避免铁盐过度氧化难以脱色，同时还应继续开展废渣综合利用等方面的研究。

3.4　活性炭生产废水处理

有关活性炭生产废水治理与回用研究方面的文献，目前少见报道。对于工业废水治理与回用技术，人们一般是采用生物、物理、化学和电化学处理技术等几种方法。对处理后的活性炭生产废水主要回用于两个方面，一个是作为工艺用水的补充；另一个是作为冲刷用水，用于清洗车间地面、工厂马路等。根据废水治理与回用要求，重点在于活性炭颗粒的分离回收、水的软化、铁离子的去除和氯化物的去除几个部分。

3.4.1　重力沉降法

重力沉降法是在重力作用下将比重大于水的悬浮物从水中分离出去的一种水处理方法，在废水处理中应用非常广泛，是固液分离的常用方法。重力沉降法的去除对象主要是悬浮液中粒径在 10μm 以上的可沉固体，或者是在 2h 左右的自然沉降时间内能从水中分离出去的悬浮固体。对于活性炭生产废水，可以采用平流式沉淀法，这种方法可以有效地去除和分离废水中粒径比较大的颗粒，但对粒径比较小的颗粒，所需沉淀时间加长，难以达到分离效果。要有效分离粒径小的活性炭颗粒，使之沉淀，则必须加大沉淀池的尺寸，或采用其他形式，如斜板斜管沉淀池等。

3.4.2　混凝澄清法

混凝澄清法是指在混凝剂的作用下，使废水中的胶体和细微悬浮物凝聚为絮凝体，然后予以分离除去的水处理法。该方法主要用于处理粒径分别为 1 nm～100 nm 的胶体粒子和 100 nm～1000 nm 的细微悬浮物。混凝澄清法是给水和废水处理中应用得非常广泛的方法，它可以降低原水的浊度、色度等感观指标，也可作为预处理、中间处理和最终处理过程。对于活性炭生产废水，用混凝澄清法分离颗粒与废水后，沉淀的活性炭中混有混凝剂，不利于活性炭的回收再利用。

3.4.3 筛滤

筛分脱水是物料以薄层通过筛面时发生的水分与颗粒脱离的过程，从原理上讲，筛分脱水是一种在重力场或离心力场中进行的过滤过程，故有时筛分脱水也称为筛滤。筛分脱水一般应用于 0.5 mm 以上的较粗物料排水，也可用于粒度范围为 0.1 mm ~ 1 mm 的较细物料的脱水，其中脱水筛的功能是最大限度地从悬浮液中回收固体颗粒，最大可能地降低所回收的固相中的水分。粒度越小，脱水的难度越大，对于 0.5 mm 以下细粒物料，要实现高质量的脱水应考虑物料性质、脱水筛的结构性能以及操作条件等。

3.4.4 深层过滤

深层过滤是用深层粒状介质（通常为砂粒或焦炭粒）进行的澄清过滤，此外，用金属粉末、陶瓷、塑料等材料制成的多孔介质以及滤毡和绕线滤芯等作为过滤介质时，若固相颗粒粒度小于介质孔隙尺寸，则其过滤过程也可称作深层过滤。深层过滤通常可以得到含悬浮物不大于 5 mg/L 的滤液，在与凝聚过程相结合的情况下，直接进行或沉降后进行深层过滤，可得到非常澄清的滤液，其中的悬浮物含量用浊度计很难测定。这种澄清过程的缺点是过滤器的堵塞，为维持所需流量，须不断增加克服阻力的能量，当所需能量增大到可用的最大数值时，便应清洗过滤介质。深层过滤可以有效地分离活性炭颗粒，但分离后的活性炭颗料分散于粒状介质中，不易回收利用。同时过多的活性炭颗粒会阻塞过滤介质层，影响分离效果和分离速度。但微滤分离法处理效率高，分离效果好，操作简便，工作环境较好，和一般沉淀池相比，占地面积较小。

3.4.5 沉淀法除铁

铁离子是活性炭废水里的一项重要污染物，含铁离子浓度较低的活性炭废水可以用沉淀法处理。沉淀法是通过投加化学药剂或再投加絮凝剂，使二价铁、三价铁沉淀而加以去除的方法。所投加的化学药剂可以是石灰或者是苛性碱、苏打等，对于大多数工业废水，为去除铁，常需中和含铁废水中浓度很高的酸。投加石灰，pH 控制在 8.0 ~ 8.5 之间，可以生成 $FeCO_3$，但要求水没有被氧化。投加氢氧化物，pH 为 5.5 时，$Fe(OH)_3$ 的溶解度最小，pH 上升到 12 时，$Fe(OH)_3$ 重新溶解，在 pH 值为 7.0 ~ 7.5 条件下进行曝气，二价铁可迅速转化成三价铁。反应生成 $Fe(OH)_3$ 沉淀比生成 $Fe(OH)_2$ 沉淀优越，因为 $Fe(OH)_3$ 比 $Fe(OH)_2$ 稳定。$Fe(OH)_2$ 沉渣会缓慢氧化，随之发生酸化，以致在沉渣处置场释放可溶性铁。为加速沉淀颗粒的形成，使其以较快的沉淀速度沉降，可以向水中投入混凝剂，例如 PAC。

3.4.6 自然氧化法除铁

有的活性炭生产废水中铁的含量比较高，如北方某活性炭厂废水中含铁 76 mg/L 左右，而且多以二价铁的形式存在，如果废水处理后回用，铁离子浓度应控制在

0.3 mg/L以下，达到饮用水标准，否则将影响活性炭产品质量。

自然氧化法除铁，就是使原水曝气，将原水中的溶解氧保持在一个较高的浓度。用溶解氧将水中二价铁氧化成三价铁，由于三价铁在水中的溶解度极小，便以氢氧化物形式由水中析出，再用沉淀和过滤方法将氢氧化铁从水中去除，从而达到除铁的目的。在自然氧化法中，二价铁的氧化和三价铁氢氧化物的凝聚，是除铁过程的两个重要步骤。

3.4.7　接触氧化法除铁

接触氧化法除铁是指含铁离子废水经简单曝气后直接进入滤池，在滤料表面催化剂的作用下，二价铁迅速氧化为三价的氢氧化物，并截滤于滤层中，从而将水中的铁除掉的方法。它的机制是催化氧化反应，在除铁过程中，滤料表面会形成氢氧化铁胶体活性滤膜，滤膜首先以离子交换方式吸附水中二价铁，当水中有溶解氧存在时，被吸附的二价铁离子在活性滤膜的催化作用下迅速氧化水解，从而使催化剂再生，反应生成物又参与催化反应，因此铁质滤膜接触氧化除铁是一个自催化过程。对于铁离子浓度较高的水，这种方法处理效果也较好，如某水泥厂地下水铁离子浓度为66.1 mg/L，经处理后达到 0.27mg/L。接触氧化法所用滤料常为锰砂、石英砂或无烟煤等硬质滤料，存在着滤速低、反冲洗不易控制等问题，人们也在试着使用软纤维滤料，但软纤维过滤器增加了胶囊、充水、排水设备，操作要求也比较严格。

3.4.8　电渗析法处理

电渗析法的工艺流程是：首先将废水通过中和沉淀池，在中和沉淀池中去除铁离子和硬度，出水通过砂滤，去除水中的细小沉淀物，此时出水呈一定碱性，可投加酸调节至中性。至此，废水根据用途分成两部分。一部分用做初级用水，可作为微滤反洗水、冲刷用水、冲洗路面用水或作为颗粒状活性炭生产中水洗工序的洗水；另一部分废水通过脱盐装置，即电渗析装置进行深度处理后作为高级用水，以达到原生产中去离子水的要求，这部分回用水可替代粉末状活性炭生产中水洗工序所使用的去离子水。对于脱盐部分产生的浓水，可以调配至活性炭车间附近的制砖厂作为制砖用水，或用做修建马路时铺路用水。对于中和所产生的沉渣可用于制砖，或用于铺路，做到废物的综合利用(图 3-61)。

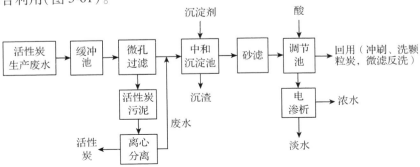

图 3-61　电渗析法资源化利用活性炭生产废水流程

3.4.9 两次中和法处理

化学法和物理法生产废水主要来自于漂洗工序，废水处理措施：生产废水经初沉池将废水中大颗粒的活性炭沉淀下来，回用于生产；再在调节池内用石灰将废水的pH值调到10以上，送到二沉池沉淀，使其中的PO_4^{3-}全部转化为磷酸钙或过磷酸钙沉淀下来，污泥可送磷肥厂进行综合利用，澄清后的废水流入下一个pH调节池，用稀酸将pH值调节到6~9，然后经过石英砂滤池过滤后，各污染因子的浓度满足《污水综合排放标准》(GB8978—1996)中一级排放标准要求，其处理工艺流程如图3-62所示。

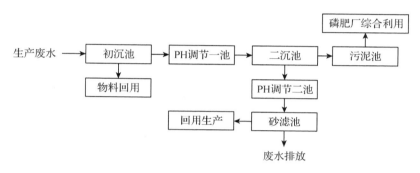

图3-62 沉淀法资源化利用活性炭生产废水技术流程

回收利用生产过程中产生的活性炭粉尘、木屑渣回用到炉窑中作燃料；炭活化、回收工序吸收的磷酸蒸发废气，成为磷酸溶液回用到生产过程中；活性炭工业废水性质不复杂，处理技术难度不大，具有循环利用潜力。

3.4.10 Ca(OH)₂处理

以锯屑、果壳、果核和其他木质纤维废料为原料，用氯化锌法生产各种用途的活性炭已有一百余年的历史。在我国，氯化锌法曾经是生产活性炭的主要生产工艺。氯化锌法生产活性炭，除散发盐酸、氯化锌、氧化锌、粉尘及水蒸气等大气污染物外，还排放数量较大的含锌生产废水。

3.4.10.1 锌平衡图

为探明生产过程中污染物发生源、发生量及组成，在实验室模拟了锌木屑的活化和回收。锌木屑按工厂常规标准配制，活化温度550℃±50℃。排气用0.5% NaOH溶液吸收，常规滴定法测定排气中的酸含量，用ZD—2型自动电位滴定计测定吸收液的锌含量。测得气态逃逸氯化锌约1/3(167kg/产品)，废水中溶入氯化锌约2/3(315kg/产品)。实验所得活化料分别用25°Be′、20°Be′、10°Be′、5°Be′、0°Be′已知浓度氯化锌回收液逆流洗涤回收。在活化过程中，锌平衡情况汇总于图3-63。

试验表明，第一段可回收活化料中50%的氯化锌，第二段可回收25%，第三段可回收10%，第四段可回收6%，第五段可回收3%。五段逆流强化回收漂洗，总回收率

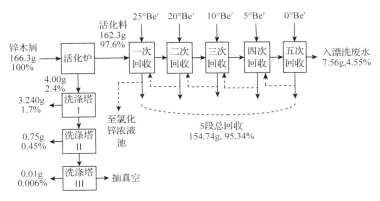

图 3-63　锌在回收过程中的平衡图

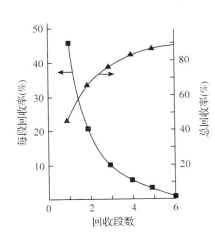

图 3-64　回收段数和锌回收率关系

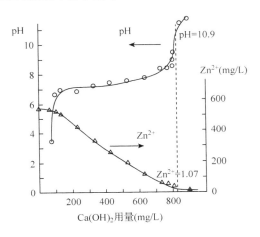

图 3-65　$Ca(OH)_2$ 用量对 pH 和 $[Zn^{2+}]$ 的影响

达 95.34%（图 3-64）。因此，发展高效逆流漂洗回收技术，用尽量少的漂洗水，可回收尽量多的氯化锌。

3.4.10.2　石灰乳中和反应

先将生石灰消化，去除砂砾等杂质，再调成 10% 石灰乳备用。对某氯化锌法活性炭工厂废水用 10% 石灰乳进行了中和絮凝处理，取车间一定量排放废水，加一定量石灰乳，搅拌机转速 50r/min ~ 100r/min，搅拌 30min，静置 2h，取上层清液测 pH，$[Zn^{2+}]$ 及其他指标，所得结果如图 3-65。

其原理为：

$2HCl + Ca(OH)_2 \Longrightarrow CaCl_2 + H_2O$

$ZnCl_2 + Ca(OH)_2 \Longrightarrow Zn(OH)_2 \downarrow + CaCl_2$

$Zn(OH)_2$ 的溶度积 $Ksp = 4.5 \times 10^{-17}$，pH 沉淀范围 6.8 ~ 13.8。

$2FeCl_3 + 3Ca(OH)_2 \Longrightarrow 2Fe(OH)_3 \downarrow + 3CaCl_2$

$Fe(OH)_3$ 的溶度积 $Ksp = 8 \times 10^{-16}$

在酸性条件下，Fe^{2+} 按下式氧化成 Fe^{3+}，再和生成 $Fe(OH)_3$ 沉淀。

$$4Fe^{2+} + O_2 + 4H^+ \rightleftharpoons 4Fe^{3+} + 2H_2O$$

中和絮凝沉淀时，废水呈碱性，残存的未氧化的 Fe^{2+} 也易于进一步氧化成 Fe^{3+} 而被沉淀去除。

$$4Fe(OH)_2 + O_2 + 2H_2O \rightleftharpoons 4Fe(OH)_3 \downarrow$$

中和絮凝剂可因地制宜采用 $NaOH$、Na_2CO_3、KOH、$Ca(OH)_2$、CaO 等，但用石灰最便宜。

3.4.10.3 $Ca(OH)_2$ 用量 pH 值控制对[Zn^{2+}]的影响

pH 控制是中和絮凝最重要的控制参数，从图 3-66 看出，废水 Zn^{2+} 含量随 pH 值的增加呈直线快速下降，至 pH = 10.7 时，Zn^{2+} 含量降至最低点 1.07 mg/L，即 99.81% 的 Zn^{2+} 被沉淀除去。由于 $Zn(OH)_2$ 属两性化合物，当 pH 值继续上升时，废水 Zn^{2+} 含量又逐渐增加（图 3-66 虚线所示）。因此，对氯化锌法活性炭废水絮凝处理，须控制最适宜的 pH 值范围。

在中和反应中，添加很少量的高分子助凝剂 PAM，有利于本中和反应形成紧密的沉淀絮体，改善污泥滤水性能。中和反应后，废水中 99% 以上的 Zn^{2+} 被转移至沉淀污泥中。污泥浓度约 0.5%，污泥体积约为废水体积的 2%。澄清后的排放水清澈透明，但 Ca^{2+} 含量可达 477.9 mg/L（表 3-23）。

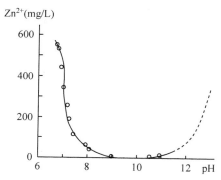

图 3-66 [Zn^{2+}] 和 pH 的相互关系

表 3-23 $Ca(OH)_2$ + 阴离子 PAM 处理氯化锌法活性炭废水效果

	pH	Zn^{2+} (mg/L)	Fe^{2+} (mg/L)	Ca^{2+} (mg/L)	处理条件
处理前	2.65	540.6	0.26	33.3	$Ca(OH)_2$ 用量 820 mg/L，
处理后	10.3	2.2	0.012	477.9	阴离子 PAM 4 mg/L

3.4.10.4 小结

氯化锌法活性炭生产，气态逃逸氯化锌约 1/3(167kg/产品)，废水中溶入氯化锌约 2/3(315kg/产品)。采用石灰乳中和絮凝处理，可去除废水中 99% 以上的氯化锌，废水达工业排放国家规定($Zn \leqslant 5$ mg/L)。

3.4.11 活性炭生产废水处理案例

某活性炭厂氯化锌法木质活性炭生产废水，主要来源于漂洗，随漂洗工艺如漂洗段数、水温度及洗涤方式、设备条件等因素不同，废水数量及其组成各不相同。每生产 1t 活性炭，大约排放 50 m³~100m³ 废水，废水主要含 3 种污染物：①残存盐酸，致使废水呈较强酸性，pH 值为 2～3。②氯化锌，废水锌离子浓度约为 200 mg/L～600 mg/L。据生产过程锌平衡调查，每生产 1t 活性炭，大约消耗 0.4t～0.5t 氯化锌。以平板活化炉而论，大约有 1/3 以上随废水流失，即每生产 1t 活性炭，约 150 kg 氯化锌流入废水中。③据测定，随废水流失的漂失炭含量为 0.2 g/L～0.8 g/L，每生产 1t 产品，将从废水流失 20 kg～80 kg 细炭，细炭并非毒性物质，但使河水变黑，有损感官质量。

3.4.11.1　处理原理

微量的锌离子是人体必不可缺的元素，但过高锌浓度将造成污染危害。国家排放标准规定，地表水锌浓度为 1 mg/L，工业排放标准为 ≤5 mg/L。氯化锌法活性炭废水净化处理的目标：①将废水锌离子浓度降至 5 mg/L 以下；②将废水 pH 调节至 6～9。活性炭生产废水属重金属酸性废水，可通过离子交换、半透膜逆渗透、吸附、电渗析及电极沉积等方法进行处理，但最有生产实际意义的是中和凝聚法。中国林业科学研究院林产化学工业研究所在国内较早用石灰乳中和凝聚处理氯化锌法活性炭废水，获得较好的环境效益和经济效益。石灰乳中和凝聚反应原理见 3.4.10.2 节。废水和石灰乳充分混合反应，将 pH 值控制在 9～10 范围内，经凝聚沉淀或气浮分离，确保排放水锌浓度低于 5 mg/L，pH 值可调至 6～9，漂失炭也将同氢氧化锌絮凝体一道被分离去除。

3.4.11.2　处理工程

由于活性炭厂多为林区中、小企业，工艺流程应尽量简单，力求以最小的基建投资，达到最大的环境效益和经济效益。在设备及构筑物选择方面，应尽量就地取材，以减少费用。在设施布置方面，应尽量利用工厂天然地理条件和高差，以节省土方工程量和动力消耗。图 3-67 是中国林业科学研究院林产化学工业研究所设计的活性炭厂废水处理及回收流程图。

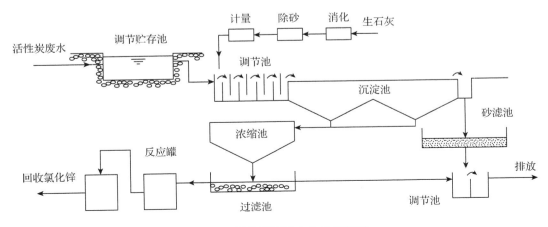

图 3-67　活性炭厂废水处理流程图

3.5　制浆造纸废水处理

进入 21 世纪，我国制浆造纸废水处理技术得到快速发展，很多大中型企业引进采用了大量国际先进技术和装备，我国造纸工业废水处理技术水平已和国际先进水平同步。我国制浆造纸企业大多建设了一级预处理（沉淀、气浮）＋二级生化处理（厌氧、好氧），但一般二级处理后难以达到新排放要求，因此大部分企业增加了三级深度（混凝、催化氧化、膜滤）处理设施，处理后废水的回用也取得重要成就。

3.5.1　生物处理技术

我国大中型造纸企业规模已接近或达到国际先进水平，往往一个企业日排放废水量达数千吨至数万吨，降低吨水处理成本可为企业带来明显的经济效益，生物技术的不断发展可大大降低造纸废水处理的成本，是近年造纸废水环保技术研究的热点。

3.5.1.1　白腐真菌

造纸工业中的化学法制浆工艺排放的黑液 COD 和色度形成，主要是因为从原料中溶出的木质素，其异质多晶三维多聚体结构是由甲氧基取代的对—羟基肉桂酸聚合而成，分子间的醚键、C—C 键很稳定，是当前公认的微生物难降解芳香化合物之一。目前，国内大部分工厂处理造纸废水采用传统生物法应用的微生物主要以细菌为主，并不能有效去除造纸废水中的木质素衍生物以及漂白过程中产生的氯酚类物质（来源于氯漂工艺），这便成为造纸废水达标排放的主要障碍。白腐真菌是目前所发现的对木质素及其衍生物降解最有效的微生物，多数白腐真菌属于担子菌纲，少数为子囊菌纲，其中，黄孢原毛平革菌（Phanerochaete chrysosporium）是已被广泛研究的典型白腐真菌。

白腐菌降解木质素通常分两步进行：第一，菌体利用菌丝吸附木质素；第二，白腐菌分泌出的酶催化氧化木质素等污染物，主要分为细胞内和细胞外两个过程，整个降解系统在主要营养物质（碳、氮、硫）限制条件下才得以启动形成。锰过氧化物酶（Mnp）、漆酶（La）、木质素过氧化物酶（Lip）均合成于细胞内，通过分泌到细胞外对污染物进行降解。前两者均须以 H_2O_2 为底物，漆酶以氧气作电子受体催化形成醌及自由基。故降解污染物时，白腐菌需借助 H_2O_2 激活，由酶触发启动自由基链反应，产生具有超常的氧化能力的细胞外·OH，对芳香化合物有很好的降解作用。故白腐菌在降解污染物上所具有的优点是其他生物系统尤其是细菌没有的。①特定污染物不需要预条件化：处理系统以细菌为主的，诱导合成所需的降解酶须预先置于一定有效浓度的污染物。白腐真菌降解酶的诱导与降解底物的有无多少无关。②动力学优势：细菌对化学物的降解多为酶促转化，遵循米氏动力学。初始氧化反应的酶经白腐真菌催化启动对底物没有真正意义上的 Km 值（米氏常数，Km 等于酶促反应的最大速度一半时的底物浓度），对氧化产物的形成有利。③产生氧化能力极强的·OH。④有毒污染物不必进入细胞内代谢而在其细胞外即可有效降解。可忍受高浓度有毒污染物的同时，避免有毒污染物对细胞的毒害。⑤非专一性降解的特性：能降解大量结构不同的化学物质。⑥对营养物的要求低。

从上述可知白腐真菌在治理造纸废水方面有极大的研究价值。吴涓等比较了几株白腐真菌在造纸黑液废水中的挂膜生长状况及其对黑液废水的处理效果。黄孢原毛平革菌、侧耳菌和 S22 菌都可以在较强碱性的废水中生长挂膜，且对木质素有显著的降解作用，有很强的适应废水的能力。李雪芝等用 8 株不同的白腐菌对造纸废水进行处理，选出的白腐菌 L02 处理效果是最好的。该菌株可直接应用于造纸废水的处理，可大幅度降低废水 COD 含量（降低 84% 以上）、废水的色度（降低 93% 以上）以及废水的 pH 值。路忻采用序列间歇式活性污泥法（SBR）利用白腐菌共代谢理论分析及处理试验研究含木质素的造纸废水，结果表明，相同进水 COD 浓度和水力停留时间，与单纯好氧生物处理相比，共代谢作用下好氧处理的 COD 去除率要高得多，有约 30% 的提高率。

3.5.1.2　生物酶

白腐菌降解木质素，是通过其分泌的酶的作用来实现。相较于锰过氧化物酶、木质素过氧化酶，在白腐菌木质素降解酶系统中，漆酶的实际应用价值更大一些。首先，木质素过氧化物酶和锰过氧化物酶产生的条件是限碳和氮的。而漆酶可在碳和/或氮存在条件下由菌体分泌；其次，木质素过氧化物酶和锰过氧化物酶只在系统存在 H_2O_2 时，才可降解有机污染物，这在现实情况下很难实现的；最后，重要的还在于漆酶具有 780 mV 氧化还原电位，在不存在 H_2O_2 和其他次级代谢产物时，有机污染物的氧化也能够被催化。所以，在环境保护和生物技术方面，漆酶的应用潜力是非常巨大的。据林鹿等人研究通过漆酶进行去除桉木硫酸盐浆 CEH 漂白废水时发现，它可以把废水中有毒物质去除 40% 以上。造纸废液中有机氯化物用漆酶处理，具有高效能的催化作用，反应条件温和，对反应设备和反应条件要求也不高。谢益民等采用杂色云芝发酵产生的漆酶液深度处理造纸厂二沉池出水。结果表明，经催化氧化作用，漆酶及其介体体系可氧化聚合废水中的大部分残余木质素。在最佳实验处理条件下，木质素、COD 和色度的去除率分别达到 82.0%、76.9% 和 84.9%。同时，纸浆生物漂白上的研究热点也包括漆酶。通过酶法漂白纸浆，脱氯效果更好，相对于传统的氯气漂白法所产生的有毒的氯酚类化合物而言，其避免了对环境的污染。

3.5.1.3　微生物固定化

微生物固定化技术是通过化学或物理的方法，把游离酶或细胞限定在一定的空间区域内，使其能反复利用且保持活性，利于除去高浓度有机物或某些难降解物质。Messner 等利用生物滴滤器原理开发的 MYCOPOR 反应器，在多孔的载体填料上把白腐菌固定好。废水处理 6h~12h，87% 的色度、80% 的 AOX 和 40% 的 COD 可被去除。李朝霞等采用一种新型海藻酸钠/壳聚糖/活性炭生物微胶囊固定化白腐菌和悬浮态白腐菌，在不同接种量下降解造纸废水，结果显示，白腐菌在不同的两种状态下均能对造纸废水进行降解，不过在代谢稳定性和降解木质素能力等方面，固定化白腐菌比悬浮态白腐菌的效果更好。刘帅等用固定漆酶和游离漆酶对造纸废水进行深度处理，通过对废水处理的效果对比，固定漆酶的优点在于达到最佳效果的反应时间短，酶的稳定性高，温度耐受性强，pH 适应性显著增强。

3.5.1.4　仿酶催化缩合技术

仿酶催化缩合技术是根据木素分子在过氧化氢存在的条件下，通过天然过氧化氢酶(如白腐菌分泌的胞外漆酶)的催化作用，可以与木素分子或多糖发生脱氢缩合反应，从而生成大分子木素聚合物的特性，使用仿酶代替天然酶，控制合适的反应条件，将经过二级生化处理的制浆造纸废水中残余的难降解、水溶性好的小分子木素碎片缩合生成水溶性较差的大分子物质，再通过固液分离方式从废水中去除的制浆造纸废水深度处理技术。该技术使用的仿酶是一类金属离子螯合物，它们在过氧化氢存在的条件下能够具有类似于自然界中的天然过氧化氢酶的功能，可以模拟天然酶的一些主导作用要素，如活性中心结构、疏水微环境、与底物的多种共价键相互作用及协同效应等，因此具有天然酶的催化特性，同时又具有结构稳定、反应条件宽松、不易失活、价格低廉等天然酶不具有的特点。

催化聚合技术的反应机理是仿酶把过氧化氢转化为 HO_2·自由基，HO_2·自由基与以 ROH(木素碎片、木素酸、单宁、多酚等)形式存在的木素衍生物反应生成 RO·自由基，通过木素间的自由基转移反应，缩合形成具有稳定醚键结构的聚合物 ROR，使得木素分子量增大、水溶性降低，继而通过固液分离过程实现水体净化，达到去除废水有机污染物和降低色度的目的。

工艺流程如图 3-68 所示，经好氧生化处理的二沉出水通过提升泵提升进入磁化混合反应器，实现药剂混合、催化剂与有机污染物分子活化等过程，磁化混合反应器出水进入催化聚合反应区，在特定的反应条件下(pH、温度、反应时间、搅拌强度等)，实现废水中水溶性小分子木素的脱氢缩合反应，生成水溶性较差的大分子聚合物；催化缩合反应区出水自流进入二级反应沉淀池，通过药剂的加入实现废水的 pH 调整、总硬度及浊度的去除，提高出水品质，以便于回用或高标准排放。

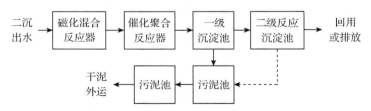

图 3-68　仿酶催化缩合技术工艺流程

3.5.2　微波光催化 Fenton 法

微波辐射 Fenton 试剂法是一种新型的高级氧化技术，它与传统 Fenton 法以及电 Fenton 相比，大大提高了有机物的去除率。目前，国内外学者利用这种技术对各种印染、苯酚类、有机酸、焦化、垃圾渗滤液等有机废水进行了研究，均取得良好进展。刘晓华等采用微波辐射强化高级氧化法对 4-氯酚的降解。结果表明，微波与 TiO_2、H_2O_2、UV/H_2O_2 联用对 4-氯酚去除率更高，比没有微波作用下的去除率高出近 1 倍，原因是微波和 TiO_2、H_2O_2、UV/H_2O_2 之间会产生协同效应。

使用的光催化剂包括 WO_3、Li_2O_3、W 粉、TiO_2。光催化反应机理如下：

$$S \cdot C + h\gamma \longrightarrow e^- + h^+ \qquad ①$$

$$H_2O + h^+ \longrightarrow \cdot OH + H^+ \qquad ②$$

$$e^- + O_2 \longrightarrow \cdot O^{2-} \qquad ③$$

$$\cdot\cdot O^{2-} + H^+ \longrightarrow HO_2 \cdot \qquad ④$$

$$2HO_2 \cdot\cdot \longrightarrow \cdot O_2 + H_2O_2 \qquad ⑤$$

$$H_2O_2 + \cdot O_2 \longrightarrow \cdot OH + OH^- + O_2 \qquad ⑥$$

$$RCHO + \cdot OH \longrightarrow RCOOH \qquad ⑦$$

$$[C,H,N] + \cdot OH \longrightarrow CO_2 + H_2O + N_2 \qquad ⑧$$

$$SO_3^{2-} + H_2O \longrightarrow 2SO_4^{2-} + H_2O \qquad ⑨$$

$$2S^{2-} + 2h^+ \longrightarrow S_2^{2-} \qquad ⑩$$

光催化剂 $S \cdot C$ 受光照射后，半导体表面上的价带电子吸收光能后被激发到导带上去，从而使导带带有负电荷（e^-）而具有还原性，而在价带上，由于电子被激发而产生带正电荷的空穴（h^+）而具有氧化性，这样，形成氧化—还原体系，所产生的空穴（h^+）及电子（e^-）与溶解 O_2 及 H_2O 发生作用，最终产生具有高度化学活性的羟基自由。$\cdot OH$ 及 $H_2O_2 \cdot$ 这种高活性自由基及 H_2O_2 把废水中的醛氧化为羧酸；把其中的纤维素、木素、有机酸等有机物 [C，H，N] 氧化为 $CO_2 + H_2O + N_2$；把无机物亚硫酸钠、硫化钠等氧化为硫酸钠、Na_2S_2，从而降低了废水中的 COD 及其色度。

3.5.3　氧化耦合絮凝剂技术

催化氧化耦合絮凝技术是利用变价金属离子催化氧化及网络絮凝吸附作用净化污水的方法。新型高效多功能催化氧化耦合絮凝剂在处理过程中，一是产生大量新生态自由基，使有机物被自由基催化氧化，分解成阴离子微胶粒；二是形成含变价金属离子的新生态高电荷密度的网状阳离子核，迅速吸附、网络污水中阴离子微胶粒，使含有大量有机物、细菌、杂物等悬浮阴离子微胶粒发生物化反应，形成大分子团，沉降于水底，使废水得到净化。典型的药剂配比是采用改性钙盐作为氧化剂，改性铝盐作为吸附絮凝剂，复配药剂中含有钙、铝、铁、镁及少量稀土元素等多种元素。多元组分使其同时具备催化、氧化、吸附、絮凝作用，能高效地去除水体中悬浮性和胶体性污染物，以及小分子溶解性有机物。药剂中各组分以最佳配比使用，使其对造纸废水水质具有较强的适应性。药剂不仅对 COD 有较高去除率，同时该药剂具有脱色功能，大大改善了水质的感观效果。

图 3-69 为新型氧化耦合絮凝技术流程，废水经废水泵打入混合池中与药剂混合 5min 后，进入反应池进行絮凝反应 20min，沉淀 60min，最终出水清澈见底，污泥由底

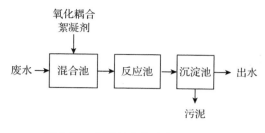

图 3-69 新型氧化耦合絮凝技术流程

部排出。PAC、PAFS 和 AS 三种药剂处理效果区别不大，对色度去除率在 60%～65% 之间，COD 去除率在 50% 左右。而氧化耦合絮凝剂 COF-IH 对 COD 和色度去除率分别为 81% 和 85%，高出常规无机絮凝剂 30% 和 20%。氧化耦合絮凝剂在相同条件下，对造纸废水深度处理效果优于其他无机高分子絮凝剂，相对而言，投加量少，沉淀快，产泥量少，运行成本低。并且氧化耦合絮凝剂在使用中充分发挥氧化、吸附、絮凝等多种功效，不仅能去除悬浮物、胶体物，同时对小分子有机物也有较好的去除，在最佳条件下，COD、SS 和色度去除率高达 80%、90% 和 85% 以上，处理造纸废水运行费约为 1.20 元/m³。

3.5.4 膜分离技术

膜分离技术作为一种新型分离技术，是利用特殊的薄膜对液体中的某些成分进行选择性透过，既能对液体有效净化，使废水达到造纸工艺回用水要求，又能回收一些有用物质，因此在造纸废水处理中该项技术的应用充满前景。在特定条件下，对二沉池出水进行絮凝预处理，满足超滤膜进水要求后，再用膜分离法对预处理过的造纸废水进行超滤（UF）、纳滤（NF）和反渗透（RO）深度处理。

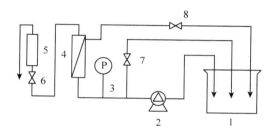

图 3-70 膜处理工艺流程

1. 进水槽；2. 输液泵；3. 压力表；4. 滤组件；5. 流量计；
6. 循环阀；7. 流量计阀；8. 截流液阀

图 3-70 为膜处理工艺流程，将混凝沉淀并过滤出絮状物的废水作为超滤（UF）膜进水，经输液泵打入 UF 膜组件，收集 UF 出水，截留液回流到 UF 膜进水槽。UF 膜出水作为纳滤系统的进水，经输液泵加压泵入 NF 膜组件，流程同 UF 膜。收集 NF 膜出水作为反渗透（RO）膜进水。每段截留液都流回前段进水槽重新处理，RO 膜截留液通过阀门的控制可实现全排放或一部分回流以提高 RO 系统回收率，出水则直接进入 RO 膜产水槽。

采用絮凝沉淀作为膜反应器预处理工艺，不仅能很好地除去固体悬浮物，还对溶解性污染物质有很好的去除作用，处理后的水完全能满足超滤膜进水要求。同时此工艺操作简便，处理成本较低。对絮凝预处理后废水进行超滤处理时，操作压力和出水阀门开度对处理效果有影响，应加以控制。

3.5.5 催化氧化深度处理工程

多年来，造纸行业的废水处理多采用"二级生化"技术，特别是厌氧-好氧生物技术的广泛使用，使造纸行业 COD 排放量得到有效控制。由于近年造纸废水排放标准不断提高，有些省市甚至出台了更严格的地方标准，传统的"二级生化"技术已不能满足新标准要求。催化氧化技术是废水处理技术升级的热点。催化氧化技术的最大特点是降解彻底，可将废水中绝大部分有机污染物分解为 CO_2 和 H_2O，该技术易于和生物处理方法结合，应用范围广、处理效率高、反应迅速、易于控制。

3.5.5.1 制浆废水深度处理

福建某化机浆厂的车间排放废水先后经过了沉淀、厌氧、好氧处理（图 3-71），收集好氧处理出水样。将取得的车间排放废水和好氧

图 3-71 福建某化机浆厂废水处理简要流程

处理出水样现场测定 pH，然后分别装入塑料桶内，密封，置于 0~4℃冷库备用。

图 3-72 为催化氧化实验室装置，图 3-73 为催化氧化处理工程。

在该化机浆厂，从 6 月 2 日到 7 月 2 日连续 1 个月监测了废水污染特征。每天吨浆废水量的变化情况如图 3-74，可见吨浆废水量在 24 m^3/t~55 m^3/t 之间变动。日排放化学机械浆废水量 3000 m^3~5000m^3，COD 4500mg/L~6000mg/L，废水污染特征见表 3-24。经过沉淀—厌氧—好氧处理后，好氧出水 COD 降至 500mg/L 左右，沉淀—厌氧—好氧去除了废水中 90% 的污染负荷。

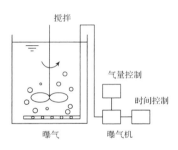

图 3-72 催化氧化实验装置

图 3-73 催化氧化深度处理工程

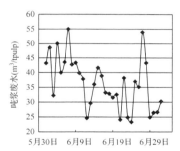

图 3-74 化机浆厂吨浆废水发生量

表 3-24 某化学机械浆厂车间排放废水样污染特征

COD (mg/L)	BOD (mg/L)	SS (mg/L)	TSS (mg/L)	pH	色度(倍)	温度(℃)
4897	1507	2020	6342	6.98	900	48

3.5.5.2 pH 对 COD 去除率的影响

由于经过了沉淀—厌氧—好氧处理，好氧处理出水中有机污染物还残存 10%。高级氧化法是去除残存有机污染物的较合适的方法，Fe^{2+} 和 H_2O_2 组成的氧化还原体系是高级氧化法的一种。原理见下列离子方程式：

$$Fe^{2+} + H_2O_2 \longrightarrow OH^- + \cdot OH + Fe^{3+}$$

反应生成的羟基自由基与有机污染物发生反应，反应生成的有机自由基可以继续

参加·OH 的链式反应，或者在生成有机过氧化物自由基后，进一步发生氧化分解反应直至有机污染物降解为最终产物 CO_2 和 H_2O，从而达到了氧化分解有机污染物的目的。从离子方程式可看出，pH 对反应进程有重要影响。

利用催化氧化实验装置（图 3-72），借鉴相关文献资料，在加入一定量好氧出水后，加 3 mmol/L $FeSO_4 \cdot 7H_2O$，加 H_2SO_4 调 pH，再加 H_2O_2 2mmol/L，搅拌反应 15 min，加 5% $Ca(OH)_2$ 使 pH 升至 6.5，再加 0.1% PAM（阴离子聚丙烯酰胺）3mL/L，搅拌 3 min 后静置 60 min，取上清液测定 COD。如此，分别在 H_2SO_4 调 pH = 2、3、4、5、6 的条件下完成 5 个试验，结果如果图 3-75。由图 3-75 看出，pH 值对处理效果的影响是相当明显。pH 值过高时，不仅抑制了·OH 的生成，同时也因为 Fe^{2+} 和 Fe^{3+} 会以氢氧化物的形式沉淀而降低或失去催化作用；pH 值过低时，过氧化氢不能电离，导致 Fe^{3+} 很难被还原，Fe^{2+} 的供给不足，也使·OH 的数量减少，都不利于反应的进行，在 pH = 3 时，本氧化反应对好氧出水有最高的 COD 去除率，达 74.4%。

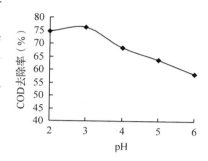

图 3-75　pH 对废水 COD
去除率的影响

3.5.5.3 　H_2O_2 对 COD 去除率的影响

利用催化氧化实验装置（图 3-72），加入一定量好氧出水后，加 3 mmol/L $FeSO_4 \cdot 7H_2O$，加 H_2SO_4 调 pH 至 3，再加一定量的 H_2O_2，搅拌反应 15 min，加 5% $Ca(OH)_2$ 使 pH 升至 6.5，再加 0.1% PAM（阴离子聚丙烯酰胺）3mL/L，搅拌 3 min 后静置 60 min，取上清液测定 COD。如此，分别在 H_2O_2 = 1 mmol/L、2 mmol/L、3 mmol/L、4 mmol/L、5 mmol/L 的条件下完成 5 个试验，结果如图 3-76。由图 3-76 看出，H_2O_2 用量增加，溶液中生成·OH 的也随之增加，好氧出水的 COD 去除率逐渐升高，但在 3 mmol/L 以后，COD 去除率稳定在 72%~77% 之间，工程实践中，过高的 H_2O_2 投加量极大地影响处理成本，确定最佳 H_2O_2 投加量为 3 mmol/L。

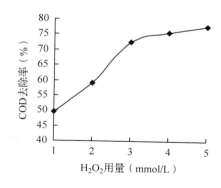

图 3-76　H_2O_2 用量对废水 COD
去除率的影响

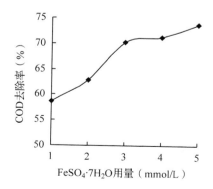

图 3-77　$FeSO_4 \cdot 7H_2O$ 用量对废水
COD 去除率的影响

3.5.5.4　FeSO₄·7H₂O 用量对 COD 去除率的影响

采用催化氧化实验装置(图 3-72),加入一定量好氧出水,加一定量的 FeSO₄·7H₂O,加 H₂SO₄ 调 pH 至 3,再加 2 mmol/L H₂O₂,搅拌反应 15min,加 5% Ca(OH)₂ 使 pH 升至 6.5,再加 0.1% PAM(阴离子聚丙烯酰胺)3mL/L,搅拌 3 min 后静置 60min,取上清液测定 COD。如此,分别在 FeSO₄·7H₂O = 1 mmol/L、2 mmol/L、3 mmol/L、4 mmol/L、5 mmol/L 的条件下完成 5 个试验,结果如图 3-77。由图 3-77 看出,FeSO₄·7H₂O 用量增加,好氧出水的 COD 去除率逐渐升高,但在 3mmol/L 以后,COD 去除率增长变缓。

3.5.5.5　空气催化对 COD 去除率的影响

空气催化工艺流程见图 3-72。在反应池底部安装了环形塑胶管,管上开了许多微孔用于曝气催化。在该反应器中做催化氧化试验,实验条件同 3.5.5.2 节(pH = 3),当加入 H₂O₂ 后即通入空气。分别做 6 组实验,各组曝气气量分别为每升废水 0、0.3L、0.6L、0.9L、1.2L、1.5L。由图 3-78 看出,与通气量为 0、即不曝气相比,曝气后废水的 COD 去除率高达 80% 以上,明显高于不曝气,说明空气中的氧对本氧化反应起到了催化作用。

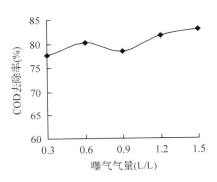

图 3-78　曝气气量对废水 COD 去除率的影响

3.5.5.6　工程设计和运行

本项研究的目标是进行工程设计,能参考的深度处理文献很少,所以在 3.5.5.2~3.5.5.5 节中,每组试验都反复做了 5 次~10 次,获得小试优化数据后又在工厂现场做了上百次放大试验,根据放大试验结果,设计了如下催化氧化工艺流程(图 3-79)。确定的主要运行参数是 pH = 3,FeSO₄·7H₂O = 3mmol/L,H₂O₂ = 2mmol/L,反应 30min,同时曝气 0.6 m³/m³~1.0 m³/m³。用 5% Ca(OH)₂ 使 pH 升至 6.5,再加 0.1% PAM 5mL/L,搅拌 5min,澄清后排放。曝气来自原风机房的风机余量,节省了工程投资。

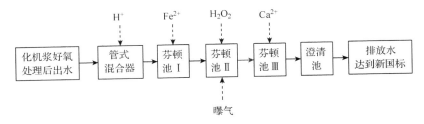

图 3-79　催化氧化工程设计流程

对该深度处理工程进行了现场监测,结果见表 3-25、表 3-26。从 1 个月运行统计结果来看,该企业化学机械浆好氧处理后出水 265mg/L~724mg/L,经过新的催化氧化工程深度处理，总排放口出水 COD 降至 31mg/L~87mg/L（国家标准重铬酸钾法测定），或 36mg/L~89mg/L（在线 TOC 仪监测），完全满足 COD≤100mg/L 的国家排放标准（GB3544—2008）。

表 3-27 显示 7 月催化氧化深度处理工程运行的物料消耗及费用。可见，在化学机械浆好氧处理后出水在 500mg/L 左右时，经过本技术处理后，出水 COD 降至 90mg/L 以下，平均 COD 仅 54mg/L，深度处理费用 1.38 元。

表 3-25　7 月废水深度工程处理调试监测统计　　　　　　　　　　　　mg/L

| 日期 | 好氧出水 | 总排口 | | 日期 | 好氧出水 | 总排口 | |
		重铬酸钾法	在线 TOC 仪监测			重铬酸钾法	在线 TOC 仪监测
1 日	265	46	46	17 日	406	31	34
2 日	357	51	49	18 日	427	34	34
3 日	387	51	49	19 日	440	32	27
4 日	464	52	52	20 日	460	33	29
5 日	561	46	42	21 日	509	42	38
6 日	562	54	52	22 日	569	55	51
7 日	546	55	53	23 日	576	53	51
8 日	533	56	52	24 日	625	59	51
9 日	556	55	52	25 日	690	56	52
10 日	529	57	62	26 日	684	51	48
11 日	423	59	70	27 日	702	73	68
12 日	389	74	75	28 日	724	87	89
13 日	422	55	56	29 日	636	78	82
14 日	397	44	49	30 日	541	85	84
15 日	393	48	50	31 日	458	63	66
16 日	403	35	36	日均	504	54	53

表 3-26　对好氧处理出水用催化氧化工程处理月平均结果

COD（mg/L）	BOD（mg/L）	SS（mg/L）	pH	色度（倍）	污泥量（mg/L）	处理费用（元/m³）
54	17	32	6.8	30	0.53	1.354

表 3-27　物料消耗和费用

| 序号 | 物料 | 单位 | 日均 | 元（税前） | |
				单价	费用
1	电量	kW·h	2415	0.43	1038.45
2	硫酸铝	kg	526	0.71	373.46
3	Ca^{2+}	kg	1408	0.4	563.2
4	PAM（阴离子型）	kg	95	9.5	902.5
5	Fe^{2+}	kg	1421	0.15	213.15
6	H^+	kg	1133	0.64	725.12
7	H_2O_2	kg	1257	0.77	967.89
8	合　计				4783.77
9	处理废水量	m³	3464	吨水费用	1.38

3.5.5.7　小结

（1）监测了某化机浆厂吨浆废水发生量和污染负荷，化机浆废水经过了沉淀—厌氧—好氧生物处理后，好氧处理出水在 24 m^3/t ~ 55 m^3/t 之间变动。经过沉淀—厌氧—好氧处理，好氧出水 COD 降至 500mg/L 左右，去除了废水中 90% 的污染负荷。

（2）对好氧出水进行了催化氧化试验，探讨了主要因素 pH、H_2O_2、$FeSO_4 \cdot 7H_2O$ 用量对 COD 去除率的影响，发现用空气催化可使 COD 去除率提高 5.6 个百分点。在工程上，曝气可引自好氧处理的风机房余量，节省了投资。

（3）在工厂现场完成放大试验后，设计和建造了催化氧化工程，工程运行表明：好氧出水经过氧化处理后排放水 COD 降至 54mg/L，BOD 降至 17 mg/L，SS 降至 32 mg/L，色度降至 30 倍，废水处理后污染指标达到了新国家排放标准（GB3544—2008）。

3.6　栲胶生产废水处理

单宁酸是一种水溶性多酚化合物，属天然有机物，广泛存在于地表水和饮用水中。单宁酸在饮用水氯消毒过程中可以产生卤代烃类物质，对人体有"致畸、致癌、致突变"作用，使其成为饮用水安全控制对象。同时，单宁酸作为一种环境污染物，对水生生物具有一定的毒性，如藻类、浮游植物、鱼类及无脊椎动物等，从而引起了人们的广泛关注。由于单宁会抑制酶的催化性能，对微生物的生物氧化过程具有极强的抗性，因此含单宁废水很难被生物降解，对环境造成严重的威胁。大量的研究证明，单宁对动物和人有毒性，它能与蛋白形成强配合物，对人和草食动物的食欲和养分吸收造成负面影响。单宁废水主要源于皮革、制药和造纸生产。

20 世纪 80 年代以来，国外对单宁造成的污染开始重视，并以橡梳单宁为代表对其生物降解展开研究。结果表明，此类单宁降解过程中主要是单宁酶起关键性作用。国内学者任南琪的研究表明，微生物经过驯化后可以提高对含单宁的制革废水的氧化分解速度，从而很快达到较高的氧化分解程度。栲胶生产废水含大量单宁，单宁对微生物具有广谱的抑制性，但有少数微生物能忍受单宁的毒性，分泌胞外酶使其降解。因此，通过一定条件下的人工生物驯化，可培养出降解单宁的厌氧、好氧微生物。单宁废水的处理方法有吸附法、膜过滤法、光催化降解及纳米化学降解法等，其中吸附法因其低成本、高吸附性能、轻污染等特点，应用于水中有机物的去除。国内外研究的吸附剂如活性炭、壳聚糖、树脂、有机黏土、有机膨润土和凹凸棒土等，虽已用于单宁废水的净化，但存在着运行成本高、能耗高、吸附材料制备困难及去除率较低等不足。

3.6.1　厌氧处理栲胶废水

栲胶废水有较强的生物抑制性，但经过逐步驯化后，厌氧反应器可对栲胶废水有较好的处理效果。

3.6.1.1 处理装置

ABR 厌氧试验装置如图 3-80 所示。其主体部分是由有机玻璃制成,外部尺寸如下:长×宽×高为 674mm×213mm×510 mm,由内部主体反应器和外部恒温水浴槽组成,反应器总有效容积 30L,内部悬挂聚丙烯弹性立体填料。

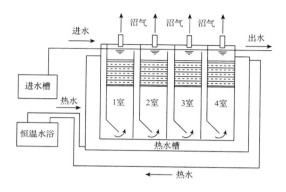

图 3-80 处理栲胶废水的 ABR 厌氧装置

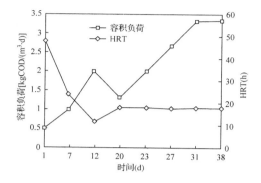

图 3-81 反应器容积负荷和 HRT 的变化

3.6.1.2 处理准备

接种污泥取自某啤酒厂 UASB 反应器中,其 VSS/SS 为 0.65,接种量约为反应器有效容积的 1/3。氮和磷分别由氯化铵和磷酸氢二钾提供,COD∶N∶P 为 250∶5∶1~300∶5∶1。加碳酸氢钠调节碱度,维持进水碱度在 900mg/L 左右。同时,适量添加各种微量元素。在中温(34±1)℃条件下启动。为了避免污泥大量流失,开始采用低负荷、长停留时间方式启动,启动负荷为 0.5 kgCOD/(m³·d)。驯化用的碳源由葡萄糖和单宁共同提供,以此模拟栲胶废水,启动可分为两个阶段:①固定进水 COD=1000mg/L 不变,调节进水流量,使水力停留时间(HRT)依次为 48h~24h、18h~12h,从而确定合适的 HRT。②进水浓度提升:在合理的进水流速下即固定 HRT=18h,逐渐提高进水 COD 至 2500mg/L。在每一浓度下,反应器都能快速达到稳定,历时数十天,待污泥明显颗粒化时,启动完成。启动完成时容积负荷为 3.33kgCOD/(m³·d),COD 去除率在 96% 以上。整个启动过程反应器的 HRT 调控和容积负荷变化如图 3-81 所示。

3.6.1.3 厌氧微生物的驯化

对 ABR 中的厌氧微生物的驯化要达到两个目的:一是培育出有效降解栲胶废水污染物的微生物,使其逐步适应含单宁的特定环境,最后获得较高耐受力;二是使微生物适应含有较高单宁浓度的废水,保证耐单宁微生物种群的成长,使废水 COD 的去除率处于较高水平。在驯化阶段进水葡萄糖 COD 浓度始终保持在 2000mg/L 以上,通过不断增加单宁浓度,同时减少葡萄糖浓度来使微生物逐渐适应高浓度的单宁废水。HRT 为 18h,此过程有机负荷为 3.6kg COD/(m³·d)。单宁废水 COD 的最初浓度为 100mg/L,然后依次为 200 mg/L、300 mg/L、350 mg/L、400 mg/L、500 mg/L、1000 mg/L、1500mg/L。驯化历经数十天后,最终的进水单宁浓度为 1.29 mg/L。

3.6.1.4 辅酶的变化

由图 3-82 可以看出，随着启动时间的推移，ABR 各隔室（图 3-80）辅酶 F_{420} 的含量依序升高。说明随着驯化时间的延长和废水负荷变大，产甲烷菌的数量增多且活性增大。在最初两个阶段（0~10d）的负荷下，污泥中辅酶 F_{420} 的含量都比较小，这一方面是由于负荷本身比较低；另一方面说明产甲烷菌正处于适应环境的过程中。当污染负荷升到 2.0kgCOD/（$m^3 \cdot d$）之后，颗粒污泥逐渐形成，产甲烷菌主要集中在颗粒污泥的内核，环境 pH 的波动对其活性影响变小，表现在辅酶 F_{420} 含量有了较大的提高。各隔室中辅酶 F_{420} 的含量大致为 1<4<2<3。第 3 隔室中辅酶 F_{420} 含量最高的原因可能是由于其中的有机酸量、氢气含量和 pH 相比其他隔室来说最适宜产甲烷菌的生存；第 4 隔室含量没有第 3 隔室含量高可能是由于第 4 隔室的营养基质不足；第 1 隔室中产甲烷菌也存在，但种类应与后面几个隔室有所区别。有文献表明，利用氢和二氧化碳的甲烷菌的 F_{420} 值高于利用乙酸的甲烷菌的 F_{420} 值，而第 1 隔室中因为产氢产酸菌为主导地位，所以氢气应较多，因此推测第 1 隔室中的辅酶 F_{420} 应该主要由利用氢气的产甲烷菌所贡献。

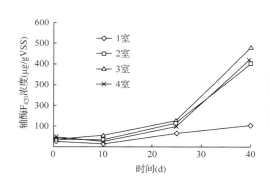

图 3-82 ABR 反应器驯化期辅酶的变化

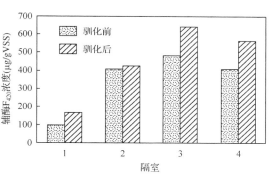

图 3-83 ABR 反应器辅酶驯化前后的变化

图 3-83 是驯化前和驯化后各室辅酶 F_{420} 的对比图。从图 3-83 可以看出，驯化后各隔室 F_{420} 的浓度都有所增高，这是因为随着驯化时间的延长，所有隔室都形成了较好的颗粒污泥，尤其是第 4 隔室，在启动时它的颗粒化程度是比较低的。形成颗粒污泥的好处是它会在自然选择的条件下，将产甲烷菌包在颗粒内核，而适应性强的产酸菌处于颗粒外表面，所以外部液相环境的变化对产甲烷菌的影响较小。在第 3 隔室 F_{420} 的浓度最大，表明第 3 隔室的产甲烷活性最好。同时第 3 隔室的辅酶 F_{420} 的增幅也最大，其次是第 4 隔室，说明后面两隔室污泥的产甲烷活性得到了很大程度的恢复，并趋于成熟稳定。

污泥驯化是一个较长的过程，随着驯化时间的延长，有毒污染物的负荷不断地增加，在这段时间内微生物为了适应特殊的基质环境，有可能发生了自发突变，具体表现为合成了大量新的诱导酶类并进行积累，改变了原来降解酶的结构和反应过程，建立了新的酶系反应，从而提高了在新情况下的降解活性。此外，突变还可能引起微生物细胞膜上与毒性物质结合的某些敏感酶的结合位点的改变，使微生物忍受这些毒性物质的能力得到加强。

3.6.1.5 ABR 各室处理单宁废水效果

从图 3-84 可以看出第 1 隔室（图 3-80）的 COD 去除率基本稳定在 35% 左右，2 室的去除率从驯化前的 80% 下降到了驯化后的 35%，3 室去除率从驯化前的 5% 升高到了 60%，4 室去除率从 20% 升到了 50%。这说明从启动到驯化完成，1、2 室的污泥活性已基本完全发挥并趋于了稳定。在本次驯化过程中 2 室的污泥对环境表现出了一定的敏感性和适应性，3、4 室污泥在本阶段由于碳源和营养物质较充分，在不断适应新环境的过程中，开始生长、成熟，所以也表现出了一定的去除效果。

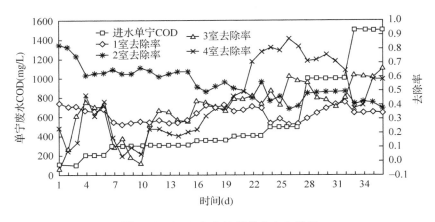

图 3-84　ABR 各室处理单宁废水效果

3.6.1.6 ABR 处理栲胶废水

处理两类栲胶废水的试验都经历了 10 天，每天检测进出水的 COD 值，结果如图 3-85 和图 3-86 所示。处理 BA 浅色栲胶废水时，出水 COD 值在 360mg/L ~ 470mg/L 范围内，去除率在 80% 左右；处理荆树皮栲胶废水时，出水 COD 值的范围为 498mg/L ~ 647mg/L，去除率基本稳定在 71%。在整个过程中可以看出，在处理两类废水时，随着时间的推移 COD 去除率都是稳中有升，可见系统的稳定性很好。这是因为，当厌氧生物反应器中的活性驯化好后，它对负荷变化、水质变化都会表现出更好的稳定性和去除效果，而 ABR 本身还具有强的抗冲击特性，由此可见，该系统用于处理栲胶废水是有一定的可行性的。另外，对照图 3-85 和图 3-86 可以明显看出，BA 浅色栲胶比荆树皮栲胶易降解，这是因为 BA 浅色栲胶经过处理后，不易被氧化，而天然的荆树皮栲胶废水随着时间的延长会逐渐被氧化，使废水的颜色逐渐加深，微生物对有机物的还原降解更困难。从已有文献资料来看，用生物法处理栲胶废水的案例还很少见，研究较多的是物理化学法，如光催化氧化、微波降解、臭氧氧化、萃取、混凝与絮凝等，而且栲胶的浓度都很小。本实验中栲胶的浓度达 1.8 g/L，取得了良好的净化效果，证明了经过驯化的 ABR 处理含栲胶的废水具有一定的可行性。

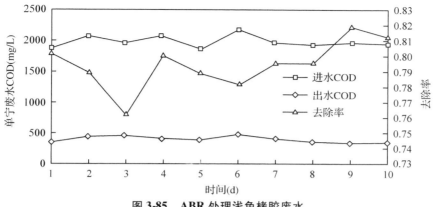

图 3-85 ABR 处理浅色栲胶废水

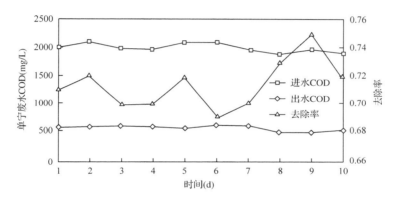

图 3-86 ABR 处理荆树皮栲胶废水

3.6.2 磁性复合材料吸附水中单宁酸

吸附技术由于具有简单、高效的特点，活性炭、树脂等均可对水中单宁酸进行吸附。但很多吸附剂在吸附饱和后无法从溶液中分离或者分离困难，使其应用受到了限制。磁性材料由于其特殊的磁性备受人们的关注，如 Fe_3O_4 和 $\gamma\text{-}Fe_2O_3$ 等，但由于在水中磁性材料容易氧化或者溶解，易造成二次污染。因此，人们通常在磁性材料的外部包覆一层保护层（如 SiO_2），这样既可以保留原有的磁性，也保护了磁性材料不被氧化或溶解，延长使用寿命。

3.6.2.1 制备磁性复合材料

首先，利用水热法合成 Fe_3O_4，并用改良的 stober 法包覆 SiO_2，形成核壳结构的 $Fe_3O_4 \cdot SiO_2$ 磁性复合体。具体操作为：1.35 g $FeCl_3 \cdot 6H_2O$ 与 2.05g NaAc 溶于 40 mL 乙二醇中，180℃水热 18 h，冷却后清洗，分散于乙醇中得到 Fe_3O_4 磁流体；将 6 mL 磁流体加入到 6 mL 超纯水与 30 mL 乙醇混合的三口瓶中，边搅拌边加入 25% 的氨水 2 mL，然后加入 0.1 mL TEOS，继续搅拌 4h 后，清洗，磁吸分离，并重复清洗步骤 3

次，自然干燥过夜，得到 $Fe_3O_4 \cdot SiO_2$ 磁性复合体，将 0.1 g $Fe_3O_4 \cdot SiO_2$ 磁性复合体分散于 40 mL 无水乙醇中，超声 15 min 后，边搅拌边加入 2 mL 3-氨丙基三乙氧基硅烷（KH550），室温下继续搅拌 1 h，之后磁吸分离，乙醇清洗 3 次，自然干燥，得到 $Fe_3O_4 \cdot SiO_2$-NH_2 磁性复合材料。

3.6.2.2 $Fe_3O_4 \cdot SiO_2$-NH_2 磁性复合材料的表征

图 3-87 的 XRD 谱图显示，$Fe_3O_4 \cdot SiO_2$-NH_2 和 $Fe_3O_4 \cdot SiO_2$ 的所有衍射峰都与 Fe_3O_4（JCPDS card No. 75-1609）的峰位相一致，且 Fe_3O_4 为面心立方结构，没有出现其他杂质的峰位，说明没有其他物质；也没有出现与 SiO_2 相匹配的衍射峰，说明表面包覆的 SiO_2 为无定形的。同时，SiO_2 在 $2\theta = 20° \sim 30°$ 之间出现一个比较宽的峰，进一步确定 SiO_2 为无定形的。从图 3-88 SiO_2 的红外光谱图可以看出，在 1097.07 cm^{-1} 处的较大且较宽的吸收峰为 SiO_2 的 Si-O-Si 伸缩振动峰，3421.01 cm^{-1} 和 1636.04 cm^{-1} 处的吸收峰分别为样品表面吸附水 O-H 的伸缩振动峰和弯曲振动。在 $Fe_3O_4 \cdot SiO_2$ 的红外谱图中，除与 SiO_2 相符合的峰之外，在 575.50 cm^{-1} 处的吸收峰是 Fe_3O_4 粒子 Fe-O 的特征吸收峰，说明有 Fe_3O_4 的存在，$Fe_3O_4 \cdot SiO_2$-NH_2 红外谱图在 1546.42 cm^{-1} 处出现的峰为 N-H 的特征吸收峰，说明成功合成了 $Fe_3O_4 \cdot SiO_2$-NH 磁性复合材料。图 3-88 中 S_4 为 $Fe_3O_4 \cdot SiO_2$-NH 磁性复合材料吸附单宁酸后的红外谱图，可以明显看到，1546.42 cm^{-1} 处的 N-H 特征吸收峰消失，且在 1712.79 cm^{-1} 处出现了新的峰值，与单宁酸标准红外谱图对比，发现此峰为单宁酸 C-O（羰基）特征峰（肖玲等，2006），说明单宁酸被成功吸附在 $Fe_3O_4 \cdot SiO_2$-NH_2 磁性复合材料的氨基基团上。

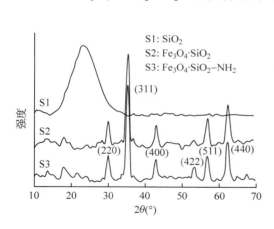

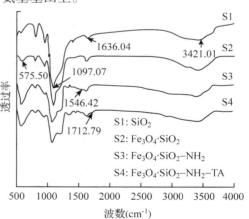

图 3-87　复合材料 XRD 谱图　　　图 3-88　复合材料 FT-IR 谱图

3.6.2.3 吸附等温线和吸附动力学

图 3-89 a 为在 25℃时，$Fe_3O_4 \cdot SiO_2$-NH_2 磁性复合材料与 $Fe_3O_4 \cdot SiO_2$、SiO_2 对单宁酸的吸附能力比较情况。通过计算可以得出，$Fe_3O_4 \cdot SiO_2$-NH 的吸附能力最强，吸附量为 85.18 mg/g；其次是 $Fe_3O_4 \cdot SiO_2$，吸附量为 42.39 mg/g；SiO_2 的吸附能力最差，

为 18.85 mg/g。

　　$Fe_3O_4 \cdot SiO_2$-NH_2 对单宁酸的吸附效果很好，且在前 20 min 对单宁酸的吸附量增加较快，这是因为 $Fe_3O_4 \cdot SiO_2$-NH 上的氨基基团能够与单宁酸上的酚羟基反应，-NH：质子化形成 NH_3^+，实现单宁酸从水中的去除。在相同条件下，$Fe_3O_4 \cdot SiO_2$ 对单宁酸的吸附能力强于 SiO_2，这是由于 $Fe_3O_4 \cdot SiO_2$ 中少量浸出的 Fe^{3+} 与单宁酸上的酚羟基发生络合反应生成螯合物单宁酸铁，从而减少了溶液中单宁酸的含量。图 3-89 b 为利用 Langmuir 吸附模型［式（3-1）］拟合 3 种吸附剂对单宁酸的吸附，拟合参数如表 3-28 所示。可以看出，Langmuir 吸附模型拟合的 R^2 大于 Freundlich 吸附模型［式（3-2）］，说明这 3 种吸附剂对单宁酸的吸附都符合 Langmuir 吸附模型，都属于单分子层吸附。

$$Q_e = Q_m bC_e / (1 + bC_e) \tag{3-1}$$

$$\lg Q_e = \lg K_f C_e^{1/n} \tag{3-2}$$

式中：Q_e 为吸附剂平衡吸附量（mg/g）；Q_m 为饱和吸附量（mg/g）；C_e 为溶液中单宁酸的平衡吸附浓度（mg/L）；b 为 Langmuir 方程的相关参数；K_f 和 n 为 Freundlich 吸附方程的相关参数。

　　图 3-89 为 $Fe_3O_4 \cdot SiO_2$-NH_2、$Fe_3O_4 \cdot SiO_2$ 和 SiO_2 对单宁酸的吸附动力学情况。从

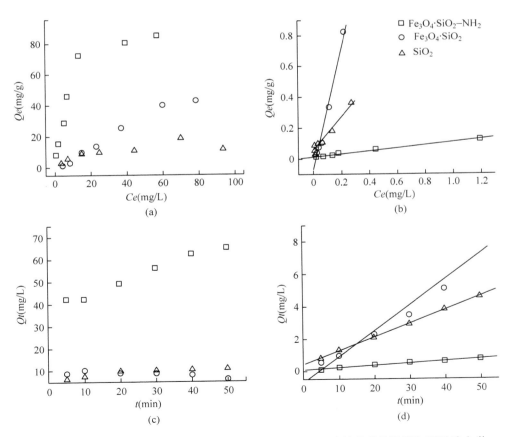

图 3-89　$Fe_3O_4 \cdot SiO_2$-NH_2、$Fe_3O_4 \cdot SiO_2$ 和 SiO_2 对单宁酸的吸附等温线和吸附动力学

图中可以看出，随着时间的延长，$Fe_3O_4 \cdot SiO_2\text{-}NH_2$ 对 TA 的吸附量也越来越多，在 50 min 时达到 65.35 mg/g，远远高于 $Fe_3O_4 \cdot SiO_2$（10.15 mg/g）和 SiO_2（10.88 mg/g）的吸附量，$Fe_3O_4 \cdot SiO_2$ 和 SiO_2 对单宁酸的吸附量并没有随着时间延长而有明显变化。对吸附数据进行了拟一、二级动力学方程拟合［式(3-3)、式(3-4)］，图 3-89 d 为这 3 种吸附剂的二级动力学拟合曲线，动力学拟合参数如表 3-28 所示。由此发现，拟二级动力学方程的 R^2 远远大于拟一级动力学方程的 R^2，说明这 3 种吸附剂对单宁酸的吸附动力学都符合二级吸附动力学方程。

$$\ln(Q_e - Q_t) = \ln Q_e - k_1 t/2.303 \tag{3-3}$$

$$t/Q_t = Q_e^2/k_2 + t/Q_e \tag{3-4}$$

式中：Q_e 为吸附剂平衡吸附量(mg/g)；Q_t 为 t 时刻吸附量(mg/g)；t 为吸附剂的吸附时间(min)；k_1 和 k_2 分别为一级动力学(min^{-1})和二级动力学［mg/(g·min)］的吸附速率。

表 3-28　动力学拟合参数

吸附剂	$Q_{e\,(\text{exp.})}$ (mg/g)	拟一级动力学方程			拟二级动力学方程		
		$Q_{e\,(\text{cal.})}$ (mg/g)	k_1 (min^{-1})	R^2	$Q_{e\,(\text{cal.})}$ (mg/g)	k_2 ［mg/(g·min)］	R^2
$Fe_3O_4 \cdot SiO_2\text{-}NH_2$	72.03	41.82	0.0813	0.9733	71.94	0.0021	0.9926
$Fe_3O_4 \cdot SiO_2$	25.46	15.69	-0.0083	0.7075	6.33	-0.0023	0.9790
SiO_2	11.08	6.87	0.1561	0.9752	11.98	0.0185	0.9994

3.6.3　好氧处理栲胶废水

好氧微生物与底物接触时，耗氧量的变化特性可以反映底物的可生化性。通过对不同单宁浓度废水的耗氧量研究，从而判断单宁废水的可生化处理性。

3.6.3.1　不同单宁浓度的好氧呼吸曲线

被处理的落叶松栲胶废水水质主要指标：COD 为 2102 mg/L，BOD 为 924 mg/L，单宁浓度为 21 mg/L~188 mg/L。采用瓦勃氏(Warburg)SKW—2 型生化呼吸仪对单宁废水的可生化处理性进行了研究，摇动速率 120 次/min，试验温度为 20℃。微生物的驯化采用间歇式表面曝气反应器驯化 1 个月。图 3-90 显示未驯化的微生物受到单宁抑制作用的生化呼吸曲线。a、b、c、d 依次代表废水单宁浓度 21 mg/L、105 mg/L、141 mg/L、188 mg/L，COD 依次是 55mg/L、264mg/L、363mg/L、428 mg/L 时微生物的好氧呼吸变化。在反应初期，微生物的生物氧化作用受到强烈的抑制，各单宁浓度下的生化呼吸曲线均在内源呼吸曲线之下，随着微生物对单宁的逐渐适应(4h~5h 后)，耗氧量开始上升，表明微生物开始对单宁进行氧化分解。这说明微生物经过 4 天~5 天的驯化后，产生出能够氧化分解单宁的某些酶类，通过单宁被氧化脱氢后的呼吸作用，使耗氧量有明显的回升。图 3-90 还表明，随着废水单宁浓度增加，微生物所受抑制程度也增加，图 3-91 所示为 20h 的耗氧量(Q)与单宁浓度(C)的关系，关系曲线为：

$$Q(\text{mg/L}) = 5.964 - 0.087C$$

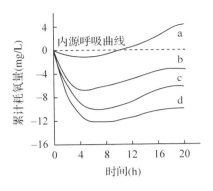

图 3-90　不同单宁浓度好氧呼吸曲线

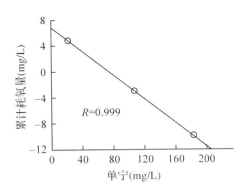

图 3-91　单宁浓度与耗氧量关系

3.6.3.2　不同单宁浓度/COD 比的好氧呼吸曲线

取制革废水，配制 e、f、g、h、i 五种废水样，单宁浓度依次为 15 mg/L、21 mg/L、26 mg/L、32 mg/L、37 mg/L，COD 依次为 350 mg/L、356 mg/L、359 mg/L、361 mg/L、363 mg/L，获得的生化呼吸曲线如图 3-92。随着单宁浓度增加，废水耗氧量规律性地下降，很明显，单宁好氧菌的生物降解反应随着单宁含量（Tan/COD）的增加，微生物的适应期明显增长，耗氧量减少。耗氧量与单宁含量的关系为：

$$Q(mg/L) = 98.660 - 483.854(Tan/COD)$$

分析结果得出，在单宁浓度与 COD 的比值为 3%~10% 时，制革废水的可生化性与单宁含量有良好的相关性（图 3-92、图 3-93）。

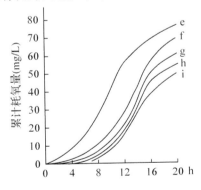

图 3-92　不同单宁含量废水生化呼吸曲线

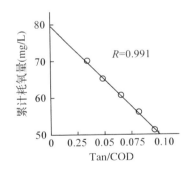

图 3-93　不同 Tan/COD 耗氧量

3.6.3.3　好氧驯化后微生物的呼吸曲线

经过驯化后的微生物对落叶松栲胶废水的氧化分解百分数有明显的影响（图 3-94），经过驯化后，好氧微生物不再存在适应期，从而很快达到最终的氧化分解百分数；而未经驯化的微生物需经过较长的时间才能达到同样的分解能力。

可见，栲胶废水之所以难于降解，其本质就在于单宁不仅是难降解物质，而且还是微生物活性的抑制分子。

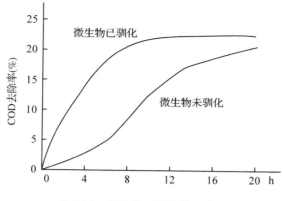

图 3-94　微生物对单宁的适应性

参考文献

程琳，李亚峰，班福忱．电 Fenton 法处理难降解有机物的研究现状及趋势[J]．辽宁化工，2008，37(8)：543 – 545．

代秀兰．糠醛企业清洁生产关键技术研究[D]．大连：大连理工大学，2007．

丁绍兰，蔡丽，董凌霄，等．ABR 反应器对单宁类物质的处理效果研究[J]．中国皮革，2013，42(15)．

丁巍，董晓丽，张秀芳，等．高级芬顿反应处理染料废水的影响因素及工艺条件优化[J]．大连轻工业学院学报，2005，24(3)：178 – 181．

黄文，石碧．水解类单宁可生物降解性的研究[J]．中国皮革，2002，31(7)：23 – 25．

贾文颖．HABR 启动性能及其处理栲胶废水的研究[D]．西安：陕西科技大学，2012．

姜成春，张佳发，李继．电化学原位产生 H_2O_2 的影响因素分析及数学建模[J]．环境科学学报，2006，26(9)：1504 – 1509．

李闻欣，李斯．醛鞣革屑对废水中单宁的吸附性能研究[J]．中国皮革，2014，43(2)：5 – 8．

李香莉，肖凯军，鲁玉侠，等．膜生物反应器处理高浓度松香废水的试验研究[J]．工业水处理，2011，31(2)．

梁文艳．活性炭生产废水治理与回用工艺的研究[D]．北京：北京工业大学，2000．

刘光良．氯化锌法木质活性炭生产废水的净化处理及回收利用[J]．林化科技通讯，1987(05)．

刘光良．氯化锌法生产活性炭的废水处理及回收[J]．林化科技通讯，1985(01)．

刘光良，杨殿隆，王静霞，等．氯化锌法活性炭生产废水处理及回收利用的研究——Ⅰ．污染散发源及废水处理[J]．林产化学与工业，1984，4(04)．

刘光良，杨殿隆，王静霞，等．氯化锌法生产活性炭废水处理和回收利用的研究[J]．林产化学与工业，1985，5(01)．

刘光良，杨殿隆，王静霞，等．木质活性炭生产废水的处理及氯化锌的回收[J]．环境科学，1985，5(05)．

刘晓静，文一波．Fenton 试剂法深度处理造纸废水的实验研究[J]．中国资源综合利用，2007，25(4)：11 – 13．

刘燕娜．林化企业的环境污染及其防治对策[J]．林产化学与工业，2001，21(4)．

卢平，曾宝强，吴赛叶，等．松香生产废水的内电解处理技术研究[J]．华南师范大学学报（自然科学版)，2006(3).

聂丽君，周如金，钟华文，等. Fe/C 微电解—Fenton 氧化—混凝沉淀—生化法处理松节油加工废水[J]. 工程学报，2014，4(14).

聂丽君，周如金，钟华文，等. 强化物化/生化法联合处理松节油加工废水[J]. 中国给水排水，2014，30(16).

聂丽君，周如金，钟华文，等. 铁炭微电解—混凝沉淀—生物滤池组合工艺处理松节油加工废水研究[J]. 工业用水与废水，2014，45(5).

潘忠成，赖娜，李琛，等. 白腐菌在废水处理中的应用研究进展[J]. 化工技术与开发，2013，42(7).

盘爱享，施英乔，丁来保，等. 催化氧化深度处理高浓化机浆废水及工程设计[J]. 林产化学与工业，2012，32(3).

千南琪，张自杰. 单宁的生物降解路径及其规律的研究[J]. 哈尔滨建筑工程学院学报，1987(4).

任南琪. 单宁影响制革废水可生化型的研究[J]. 中国给水排水，1989，5(2).

任南琪. 单宁影响制革废水可生化型的研究[J]. 中国给水排水，1989，5(2)：16-19.

施春阳，刘兵昌. MBR 在造纸废水处理中应用的研究进展[J]. 污染防治技术，2012，25(5).

施英乔. 化学机械浆废水深度处理技术[J]. 中华纸业，2011，32(16)：16-17.

唐少宇. 生物膜—活性污泥法 A/O 工艺处理松节油加工废水的研究[D]. 江苏科技大学，硕士论文，2013.

唐少宇，周如金，邱松山，等. 絮凝沉淀—吸附两步法预处理松节油加工废水[J]. 工业用水与废水，2012，43(6).

王雪，孟令友，代莹，等. $Fe_3O_4 \cdot SiO_2-NH_2$ 磁性复合材料对水中单宁酸的吸附性能研究[J]. 环境科学学报，2013，33(8)：2193-2198.

郗文君，张安龙. 造纸工业废水深度处理新方法[J]. 黑龙江造纸，2014(4).

肖毓敏，黄筱雄. 林化生产废水处理技术[J]. 林产化工通讯，2003，37(2).

徐会颖，周国伟，孟庆海，等. 光催化降解造纸废水的影响因素及反应机理[J]. 工业水处理，2008，28(6)：12-15.

徐美娟，王启山，胡长兴. 废纸制浆废水光催化降解条件的优化[J]. 中国造纸，2008，27(9)：31-34.

银玉容，肖凯军，王继民，等. 电-多相催化氧化降解松香废水的研究[J]. 工业水处理，2009，29(5).

臧花运，卢平，伊洪坤，等. 松香废水处理技术及机理研究[J]. 干旱环境监测，2008，22(4).

张慧，李玉庆，张建，等. 造纸废水生物处理技术的研究进展[J]. 科技资讯，2015(10).

钟华文，林培喜，周如金，等. 电解—吸附降解—曝气生物滤池联合处理松节油生产废水[J]. 给水排水，2013，39(3).

CHANG M Y, JUANG R S. Adsorption of tannic acid, humic acid, and dyes from water using the composite of chitosan and activated clay[J]. Journal of Colloid and Interface Science, 2004, 278(1)：18-25.

DENG S, BAI R. Adsorption and desorption of humic acid on aminated polyacrylonitrile fibers[J]. Journal of Colloid and Interface Science, 2004, 280(1)：36-43.

DENTEL S K, JAMRAH A I, SPARKS D L. Sorption and adsorption of 1, 2, 4-trichlorobenzene and tannic acid by organic-clays[J]. Water Res, 1998, 32(4)：3689-3697.

FERRO-GARCOA M A, RIVERA UTRILLA J, BAUTISTA TOLEDO I, et al. Adsorption of humic substanes on activated carbon from aqueous solutions and their effect on the removal of Cr(Ⅲ) ions[J]. Langmuir, 1998, 14(7): 1880 – 1886.

FRANCKE H. Neue moglichkeiten der hochauszehernden chromgerbung[J]. Das Leder, 1992, 43(2): 21 – 25.

HSIEH C T, TENG H. Influence of mesopore volume and adsorbate size on adsorption capacities of activated carbons in aqueous solutins[J]. Carbon, 2000, 38(6): 863 – 869.

KESHAB C M, MONDAL B, BIKAS R P. Tannase Production by Bacillus lieheniformis[J]. Biotech Letter, 2000, 767 – 774.

LIAO X P, SHI B. Selective removal of tannins from medicinal plant extracts using a collagen fiber adsorbent[J]. Sci. Food Agric, 2005, 85(8): 1285 – 1291.

MARSAL A, BAUTISTA E, RIBOSE I, et al. Adsorption of poly phenols in wasterwater by organic-bentonites[J]. Appl. Clay Sci, 2009, 44(6): 151 – 155.

RAJKUMAR D, PALANIVELU K. Electrochemical treatment of industrial wastewater[J]. Journal of Hazardous Materials, 2004, 113(1/2/3): 123 – 129.

SCHOLZ W, LUCAS M. Techno-economic evaluation of membrane filtration for the recovery an reuse of tannuing chemicals[J]. Water Res, 2003, 37(8): 1859 – 1867.

SVITELSKA G V, GALLIOS G P, ZOUBOULIS A I. Sono-chemical decomposition of natural poly phenolic compound[J]. Chemosphere, 2004, 56(4): 981 – 987.

第 **4** 章

林产化工废水的
资源化利用

随着人们对废水认识的深入和回收技术的提高，废水中有很多资源将被开发利用，林产化工废水的资源化利用已经取得了重要成就，从糠醛废水中回收醋酸和利用是最成功的典型案例。又如对松香生产废水通过隔油池回收废油和树脂，再用蒸馏方法对废油和树脂精制回收，既可产生良好的经济效益，又减少了污染排放，资源化利用是林产化工废水治理的重要发展方向。

4.1　糠醛废水的醋酸利用

我国现有糠醛生产企业 300 余家，年产量 30 万 t，年出口量为 3 万 t~6 万 t。我国既是糠醛生产大国，也是糠醛出口大国。糠醛是由植物纤维水解生成的呋喃族杂环化合物，可用于化学中间体、溶剂、添加剂等，在药物、塑料、尼龙等行业都有广泛应用。糠醛的衍生物可替代许多石油产品，作为重要的生物质平台化合物，可以通过氧化、氢化、缩合等反应制取多种衍生物，被广泛应用于合成橡胶、树脂、医药、农药等各个化工领域。近年来，它又被进一步开发利用，生产 1，5-戊二醇等高附加值精细化学品以及生物汽油、生物柴油、航空燃料等各类生物燃料。在人类担忧石化资源日益枯竭的今天，作为我国丰富的可再生资源的糠醛越发突显其特殊的价值，促使国内外许多研究人员致力于从林木、竹纤维、甘蔗渣等更多种类的农林剩余物中提取糠醛。

我国糠醛生产企业每生产 1 t 糠醛产生 20m³~30m³ 废水，废水呈浊状土黄色，温度高达 95℃~99℃，pH 为 1.5~3，含糠醛 0.03%~0.05%，含其他有机物约 0.05%，含石油类约 40 mg/L，COD 10 000 mg/L~20 000 mg/L，BOD 2500 mg/L~3000 mg/L，BOD/COD = 0.20~0.25，属于高浓度难处理的有机废水。糠醛生产废水的一大特点是含大量重要的化工原料醋酸，如辽宁铁岭糠醛厂废水含醋酸 1.65%（wt）、河北无极糠醛厂废水含醋酸 2.84%、河北宣化糠醛厂废水含醋酸 1.43%、河南新乡糠醛厂废水含醋酸 2.00%。由此可看出，糠醛废水酸性强、浓度高，且 BOD/COD 低，生物处理困难，长期以来废水污染问题严重困扰着我国糠醛行业的健康发展。近年来，人们对糠醛废水进行了大量研究，糠醛生产废水资源化利用取得了重要进展，为糠醛行业可持续发展提供了积极的技术支撑。

4.1.1　从糠醛废水中回收醋酸

早在 1992 年，仇楚辉利用糠醛生产废液进行了精制醋酸钠试验，流程如图 4-1 所示。先将糠醛废液用强碱中和，过滤去除树脂状物质，蒸发浓缩至 18°Bé′~20°Bé′，用稀醋酸调 pH 至 6.0~6.5 后，加脱色剂搅拌 20 min，过滤去除杂质，再浓缩至 28°Bé′~30°Bé′，结晶、离心分离、干燥，母液返回脱色反应釜，精制的醋酸钠达到化学试剂标准 GB693—1977。

21 世纪初，有人采用萃取法对糠醛废水中含有的醋酸进行回收，萃取剂用有机胺、调节剂和稀释剂混配而成，用六级逆流萃取糠醛废水。在 116℃~119℃下蒸馏出的含量为 99% 的醋酸，为一级工业醋酸，废水中剩余醋酸体积分数小于 0.02%，萃取后的糠

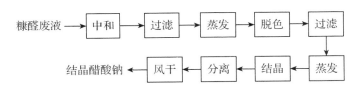

图 4-1　糠醛生产废液精制醋酸钠

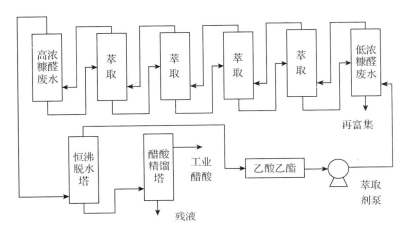

图 4-2　萃取醋酸工艺流程

醛废水达到国家综合废水三级排放标准。

朱慎林用含磷溶剂和烷烃化合物组成的混合溶剂五级逆流萃取糠醛废水（图 4-2），精馏萃取液可得到 90% 的醋酸。糠醛废液的 COD 则从 19 920 mg/L 降至 2940 mg/L，COD 去除率高达 85%，且 BOD/COD 升高至 0.52，再用常规的生物处理方法可较容易地使废水达标排放（表 4-1）。

表 4-1　糠醛废水处理前后的性质

	颜色	pH	醋酸浓度（mg/L）	COD（mg/L）	BOD（mg/L）	BOD/COD
处理前	浅黄	<2.0	19 920	12 242	—	—
处理后	无色	~4.0	2940	2370	1226	0.52

李晓萍利用乙酸乙酯萃取水相：采用六级逆流萃取方法进行萃取，醋酸精馏塔得 99% 工业一级醋酸，醋酸的回收率大于 90%。利用萃取—精馏工艺富集糠醛废水中的醋酸具有低耗、高效、无二次污染等特点，大部分废水实现循环使用，少部分排放废水达到国家综合废水排放标准，既消除了环境污染，又变废为宝，增加了经济效益。

张晓辉使用自制络合萃取剂，采用脉冲填料塔通过络合萃取回收糠醛废水中的醋酸，萃取效率可达 97%~99%。利用减压精馏蒸出和共沸精馏脱水，萃取液中醋酸蒸出率接近 100%，脱水效果良好。利用自制络合萃取剂，络合萃取采用脉冲填料塔，萃取条件为：糠醛废水的流量 0.7L/h~0.9 L/h，萃取剂流量 0.5 L/h~0.6 L/h，操作温度 25℃，空气脉冲（频率）为 1/5 s，空气脉冲（压力）为 147.1 kPa，出料频率为 1:30~1:60。萃取效率可以达到 97%~99%，得到合格的工业级醋酸。

李加波对不同浓度糠醛废水，使用自配萃取剂，适宜的相比下脉冲时间 3s、脉冲压力 0.04MPa 时可以使萃取效率达到 99%。在萃取剂回收过程中，为了使蒸馏温度降低(避免萃取剂高温下发生反应，以延长萃取剂使用寿命)，采用了减压精馏方式，塔顶得到了浓度 60% 左右的醋酸水溶液。

彭朝华开发了一种糠醛废水回收综合处理的新工艺，包括糠醛废水预处理、预萃取、络合萃取精馏和废水后处理几个过程。含醋酸 1%~2% 的糠醛废水经过处理后，可回收 90% 以上的醋酸，回收后的废水醋酸含量低于 0.015%，有机溶剂的含量低于 100 μL/L，达到回收利用和安全排放的目的。

4.1.2 糠醛生产废水蒸发浓缩

糠醛生产废水温度接近 100℃，热焓很高，高温蒸发处理时可省去大量热能。蒸发浓缩后的糠醛生产废水有用资源浓度提高，有利于资源的回收利用。

4.1.2.1 蒸发浓缩处理流程

蒸发式糠醛废水处理设备的工艺流程是：利用锅炉产生的蒸汽作为热源，蒸汽进入蒸发式糠醛废水处理设备管程，对管程废水进行加热，使管程废水由液态转化为气态，蒸发器产出的气水混合物进入气液分离器，气相(水蒸气和低沸物)用于糠醛生产的水解工艺，液相再返回蒸发器进行循环蒸发，作为热源的蒸汽经冷凝后送回锅炉循环使用，产生的醛泥和废渣可作为锅炉燃料。蒸发式糠醛污水处理设备工艺流程如图 4-3。

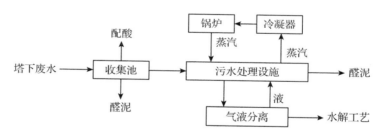

图 4-3　蒸发式糠醛污水处理设备工艺流程

4.1.2.2 双效蒸发处理

双效蒸发污水处理设备的工艺流程是：首先将塔下废水与石灰乳进行中和，使 pH 值调至 8 左右，中和后的废水进入一效蒸发器，以水解釜产生的醛汽为热源，废水经一效蒸发器上部通过布水器使其均匀地沿蒸发管内壁下流，形成液膜，迅速蒸发，未被汽化的废水在一效蒸发器内部进行循环蒸发，从一效蒸发器产出的汽水混合物进入一效气液分离器，气相(水蒸气和低沸物)作为二效蒸发器热源，液相再返回一效蒸发器，作为热源的醛汽经冷凝后送入原液储罐用于生产糠醛；从一效蒸发器产出的部分废水由泵打入二效蒸发器，产出的气水混合物进入二效气液分离器，气相(水蒸气)经冷凝后进入清水收集池，用于糠醛生产，液相再返回二效蒸发器循环蒸发，最终将剩

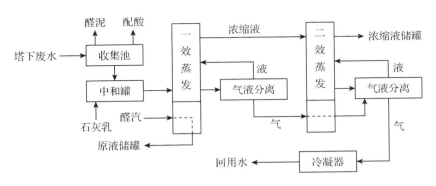

图 4-4　双效蒸发式糠醛污水处理设备工艺流程

余的塔下废水浓缩液回收进入专用罐储存，作为环保型融雪剂醋酸钙镁的原料，或者将浓缩液烘干后作为锅炉燃料。双效蒸发污水处理设备工艺流程如图 4-4。

4.1.2.3　循环冷却水池

糠醛制造业在生产过程中水解工段、蒸馏工段和精制工段都需要冷凝工序，循环冷凝水的蒸发损耗量极大，约为 8 m³/t 糠醛。经实地调查，设计生产能力为 5000t/a 的企业，满负荷生产时每天产出糠醛 15 t，需补充 120 m³ 的新鲜水才能满足生产需要。老企业建厂时大多对循环冷却水池的容量设计考虑不足，加之夏季室外温度较高，导致冷凝水水温居高不下，为满足生产工艺需要，只能排热水，补冷水。

4.1.2.4　对塔下废水收集池的要求

糠醛生产企业塔下废水具有腐蚀性，且化学需氧量 COD 和生化需氧量 BOD 的浓度极高，COD 通常在 15 000 mg/L ~ 25 000 mg/L 之间，BOD 通常在 4000 mg/L~ 10 000 mg/L 之间。目前使用的蒸发式废水处理设备能够使糠醛塔下废水回收利用率接近 100%，但废水在处理前都必须经过收集池收集，收集池的防腐性和密闭性直接关系到环境风险。基于上述原因，塔下废水收集池应采用高强度耐腐材料作防渗处理，防止因塔下废水出现跑、冒、漏现象而发生环境污染事故。

4.1.2.5　对循环冷却水水池的要求

合理设计循环冷却水水池的容量大小是提高糠醛工业水资源利用率的重要手段，同时水池的密闭性与环境污染防治也息息相关，所以冷凝水循环水池应采取有效方式作防渗处理。经调查确认，设计生产能力为 5000 t/a 的企业，循环冷却水水池设计容量应大于 2000 m³ 才能满足生产需要。

4.1.3　利用糠醛废水生产环保融雪剂

20 世纪 80 年代，美国等国家为了替代传统公路融雪剂氯化钠而开发使用了一种新型环保融雪剂——醋酸钙镁盐（CMA）。其水溶性好、冰点低、冻胀系数小、可生物降解，与传统氯盐融雪剂相比，清除了氯离子对道路混凝土和金属栏杆的腐蚀问题，显著减少对道路两旁植被、土壤和地下水等环境的污染。由于醋酸钙镁是由石灰石、白云石与醋酸反应制得，醋酸价格较高，醋酸钙镁价格是氯化钠的 5 倍~8 倍，制约了 CMA 应用于公路融雪。

如果利用含大量醋酸的糠醛废水制备醋酸钙镁，就可能大大降低醋酸钙镁的生产成本。在糠醛废水加入石灰石、白云石与醋酸反应，使之转化为醋酸盐。糠醛在强碱性及高温的条件下发生 cannicord 反应——歧化及聚合后，低沸点有机物转化为高沸点有机物，采用蒸发技术就较容易分离出水分。双效蒸发技术提高了蒸发效率，蒸出的洁净水分全部回用于锅炉，实现污水零排放。

该工艺的特点是：①充分利用高温度糠醛废水的热能，采用现代双效蒸发技术，蒸出的洁净水回用于锅炉补充水及锅炉烟气降尘脱硫，实现了废水资源化再利用的目的。②蒸发后得到的醋酸钙镁精制后取代食盐作为环保型融雪剂。一个年产 3000t 的糠醛厂使用此项技术治理糠醛废水，年节约用水 50 000 m³，年产环保型融雪剂醋酸钙镁 300 t，每吨售价 10 000 元，每年可创造直接经济效益 300 万元。③一次性投资后，糠醛废水全部得到资源化利用，不产生二次污染，彻底解决了糠醛废水排放对环境的严重污染难题，改善了厂区周围生态环境，企业从环保中受益，积极性高。该技术被中国环境保护产业协会评为 2007 年国家重点环境保护实用技术。

徐泽敏将糠醛废水经过活性炭过滤吸附，较大程度地去除 CMA 浓缩液中的有机大分子杂质，有利于进一步提高醋酸钙镁的纯度。活性炭吸附的最优化工艺条件为：活性炭使用量为液体质量的 10%，温度为 60℃，充分混合 30 min，反复过滤 6 次，醋酸铝镁含量可达 29.19%。糠醛废水直接用石灰石中和生产 CMA，既能对废水进行综合治理，又能降低 CMA 的生产成本。

代秀兰以辽宁省某糠醛厂废水为试验水样，投加白云石后，其 pH 升至 6.5 后，再经过二级蒸发、活性炭吸附以回收利用糠醛。结果表明：在试验条件为 90℃，白云石投药量为 30 g/L、活性炭投加量为 40 g/L 的最佳条件下，COD 浓度从 1630 mg/L 降到 9 mg/L~15 mg/L，可回用于生产工艺，液体经过蒸发、结晶、干燥，得到醋酸钙镁盐环保型融雪剂，实现了糠醛废水和酸物回收利用，工艺简单，成本低，具有推广应用价值。

赵国明采用白云石或石灰石直接中和糠醛废水中的醋酸，然后再提取 CMA，是一种经济的醋酸钙镁制取方法。确定醋酸钙镁浓缩液的排出浓度为 30%，选取活性炭吸附时溶液温度为 60℃，活性炭的使用量占液体质量的 10%，吸附时间为 30min，吸附次数为 6 次。此时 CMA 的产量最高，纯度可达 92% 以上。实现了糠醛废水的资源化高效利用，又使醋酸钙镁的生产成本大幅度降低，糠醛废水处理由完全投入变为赢利。

花修艺在前人工作基础上，设计了图 4-5 工艺流程，建立了日产 5t CMA 的生产线，日处理糠醛废水约 200 t。除少部分在蒸发、干燥等环节损失外，绝大部分水被回收，基本实现零排放。对照北京市地方标准《融雪剂》（DB11/T161—2002），由某权威机构检验结果可知，所生产的 CMA 的 pH 值适中，对金属碳钢腐蚀率仅为氯化钠的 21%~25%，远优于传统融雪剂氯化钠的腐蚀率，产品的各项指标均符合标准要求，其低腐蚀、低污染及融雪能力强的特征明显，可以作为融雪剂使用。应用结果表明，每吨 CMA 的生产成本在 1700 元~ 1800 元之间，同时每生产 1t CMA 处理了 40t 糠醛废水。若直接采用冰醋酸来生产 CMA，生产成本在 4800 元/t 左右。

由国家科技部资金支持、吉林省某环保设备公司总结了现有研究成果，开发了糠醛废水资源化利用技术，通过了由吉林省环保局组织的专家验收。这项技术的技术核心是采用中和—双效蒸发—精馏工艺，使废水达到锅炉用水标准，作为锅炉补充水，从而实现废水内部循环使用，彻底零排放。其有机污染物经处理后，可进一步深加工成环保型融雪剂醋酸钙镁或醋酸、丙酮等化工产品。一家年生产糠醛 3000t 的企业，使用这种先进技术进行废水治理，

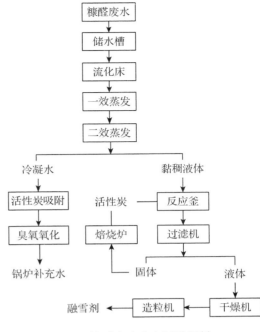

图 4-5　糠醛生产废水制融雪剂

每年可减少 COD 排放超过 900t。如进行大面积推广，可有效减少糠醛废水中有机污染物对环境的污染，而且可变废为宝产生良好的经济效益。这两项国内外首创的治理技术已被国家发展和改革委员会列入全国第一批资源节约和环境保护项目。

4.1.4　糠醛废渣的资源化利用

统计大量糠醛厂生产数据，每生产 1t 糠醛排放 12t~15t 废渣，全国每年就有数百万吨糠醛生产废渣排出。有些企业曾将这些废渣回用于锅炉燃烧，但由于酸度大，对锅炉腐蚀严重。所以大部分直接露天堆放，不仅占有了大量土地，还带来了一系列的环境问题，一度成为行业发展的瓶颈。如果能对其进行合理的开发和利用，变废为宝，将促进该行业的发展。

4.1.4.1　制备 Cu^{2+} 络合剂

腐殖酸与糠醛废渣生成的复合物络合沉淀含 Cu^{2+} 废水，该复合物对重金属 Cu^{2+} 有较好的络合沉淀作用，形成的沉淀物含水量较低，有利于分离，进一步的研究有望成为具有实用价值的 Cu^{2+} 离子络合剂。

4.1.4.2　制环保有机肥

通过大规模地进行微生物菌群的自然培育和人工诱导、富集，可以使酸性极强的糠醛废渣高温发酵，发酵后的废渣在不添加任何化学品条件下，pH 由 1.8~2.0 提高到 7.3 左右，转化成中性"环保有机肥料"。该"有机肥料"经中国农业科学院土壤肥料研

究所、北京市农林科学院植物营养与资源研究所、湖南省农业科学院和湖南稀土农用研究中心等单位连续两年在玉米、小麦、水稻、红薯、花生、南瓜、西瓜、西红柿、油菜、大蒜、芹菜、茼蒿、棉花、辣椒、黄瓜、烤烟、大葱、甘蓝等农作物上栽培试验，无论是盆栽、小区试验，还是大面积大田示范种植试验，都表现出良好的肥效性，可以与农家肥、畜禽粪肥、化肥、生物有机肥、玉米专用肥、复合肥等媲美。

4.1.4.3　制备活性炭

以水蒸气为活化剂，热解糠醛废渣可制备活性炭。用所制备的活性炭对糠醛废水进行脱色，结果表明：该活性炭对糠醛废水脱色的最佳温度为50℃，该活性炭与糠醛废水混合搅拌15 min后，脱色率达最大值。糠醛废渣制备的活性炭的成本低，可以适当增加活性炭的投加量。当该活性炭投加量为10 g/L时，50℃条件下搅拌10 min，糠醛废水脱色率可达到86.65%，脱色后的糠醛废水无色、透明，其吸光度与自来水相当。

4.1.4.4　Cr^{3+}吸附剂

糠醛渣对Cr^{3+}有良好的吸附性能。通过低温N_2吸附—脱附等温线和红外光谱分析了糠醛渣的结构。室温下，考察了吸附时间、溶液pH、Cr^{3+}的初始质量浓度和糠醛渣的粒径对吸附Cr^{3+}的影响。结果表明，糠醛渣为介孔吸附材料且表面含氧官能团很丰富，当加入1.0 g糠醛渣（粒径1000μm），吸附时间为25 min，溶液pH值4，Cr^{3+}的初始质量浓度4.9 mg/L时，50 mL废水中Cr^{3+}的去除率为84.2%，实现了以废治废的目的。

4.1.4.5　吸附亚甲基蓝

通过研究糠醛渣对亚甲基蓝的吸附性能和机理，探讨吸附时间、溶液初始质量浓度、吸附剂用量、吸附剂粒度及溶液初始pH值对亚甲基蓝去除率的影响，表明在25℃、pH值为8的条件下，糠醛渣投加量为1 g，反应时间为90min时，糠醛渣对亚甲基蓝的去除率为97.96%。

4.1.4.6　生产树脂

以氢氧化钠为催化剂，糠醛残液与苯酚合成制得XD8306树脂。在常温下将16kg碱液（浓度50%）先加入反应釜中，然后在升温和搅拌的过程中加入200kg苯酚。当物料温度达到90℃~95℃时，将480kg糠醛残液加入反应釜中，并维持此温度反应5h~6h，第一反应阶段可告结束。继续升温，要求在1h左右将温度升至120℃，然后停止加热。当温度下降至80℃~90℃时，保持反应30min~60min，冷却到常温后产品即可放出。生产实践表明，该工艺简单、配方合理、容易操作。该树脂制成的胶合板能耐短期冷水浸渍，适宜于室内常态下使用。

4.1.4.7　联产木质素和纤维乙醇

以植物材料为原料可制备糠醛并联产木质素和纤维乙醇。其工艺为：将原料水解脱水制得糠醛后，将剩余的糠醛渣用碱液洗脱木质素，得到脱木质素渣和木质素溶液，中和木质素溶液，得到木质素，脱木质素渣通过纤维素酶酶解制备纤维素乙醇。利用该方法，以玉米芯为原料，糠醛收率为 62%，戊糖利用率达到 96%。

近年美国 Chang Geun Yoo，Monlin Kuo 等也对联产进行了研究，他们以玉米秆为原料，首先用酸化的 $ZnCl_2$ 溶液对原料进行预处理，将半纤维素从原料中提取出来，然后将半纤维素、纤维素分别制成糠醛及纤维乙醇，最后回收剩余的木质素（图 4-6）。使用该方法糠醛的产率可达 58%，纤维发酵制取的乙醇达理论值的 69%~98%，木质素回收率达 74.9%。这样每生产 1t 糠醛，消耗 9.8t 原料、0.05t HCl，同时产出 1.7t 乙醇、1.25t 木质素。糠醛产率高，废渣排放量几乎为零。

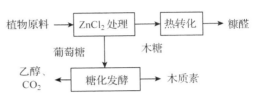

图 4-6　和糠醛联产木质素和纤维乙醇

4.1.5　小结

糠醛是只能从农林生物质中提取转化的重要化工商品，糠醛生产废水温度达 95℃~99℃、醋酸含量高达 1.43%~2.84%、COD 10 000 mg/L~20 000 mg/L，BOD 2500 mg/L~3000 mg/L，BOD/COD = 0.20~0.25，生物处理困难，长期以来严重困扰着糠醛生产行业的可持续发展。近年我国已开发出多种萃取剂，回收了糠醛废水中 90% 以上的醋酸，开发的多级逆流萃取技术，萃取效率高达 97%~99%。从糠醛废水中既回收了有用资源，又显著降低了废水的污染负荷。新开发的废水中和—双效蒸发—精馏工艺技术制取的环保型醋酸钙镁融雪剂，中和了废水的酸度，废水中大量醋酸得到有效利用，大大降低了传统醋酸钙镁融雪剂生产成本，解决了数十年来氯化钠融雪剂腐蚀公路设施的难题，废水基本做到零排放。糠醛生产废水的资源化利用取得的重要突破，为林产化工废水的治理提供了宝贵经验。在当前举国关注环保形势下，松香、活性炭、栲胶等林产品行业面临挑战与机遇，将会像糠醛行业走过的成功之道，积极开展清洁生产，和环保科技工作者紧密合作，针对本行业生产废水特点，采用近年发展起来的环保新技术、新产品、新设备，夺取行业废水治理全面胜利，促进我国林产化工可持续发展。

4.2　从污泥中回收氯化锌

对活性炭生产废水治理与回用工艺的研究，就是为了寻找一种符合清洁生产要求的废水治理技术。研究的目的主要是在活性炭生产废水能够达标排放，不污染周围环境的基础上，通过回收废水中的活性炭物料，提高水资源的综合利用能力，减少废料、污染物的生成和排放，从而达到低废或少废排放、节约原料、合理利用水资源的目的。活性炭废水污泥回收氯化锌研究，使活性炭工厂在获得环境效益的同时，还获得一定的社会效益和经济效益。

4.2.1 从污泥中回收氯化锌案例 I

废水与净化过的石灰乳充分混合反应，使 pH 值控制在 9~10，经凝聚沉淀或气浮分离，可确保排放水中锌浓度低于 5 mg/L，pH 值符合排放标准，悬浮炭同时与氢氧化锌絮凝体一起被分离除去。氯化锌法木质活性炭生产废水经中和凝聚处理后，99% 以上的锌离子从废水中沉淀分离出来，分离出来的污泥含锌量高达 48%，此外还含有 8%~10% 的钙、5% 的铁、2% 左右的漂失炭和 20 余种微量元素。要回收利用污泥中有用物质，可先对污泥进行盐酸处理，然后从滤液中去除钙、铁等杂质，得到较为纯净的氯化锌回收液，供浸渍木屑之用。

用图 4-7 所示的程序从废水沉淀污泥中回收氯化锌，浓度为 29.5°Be′，浓缩至 50° Be′ 循环回用，或直接作配液用。回收的氯化锌溶液纯度较高，经光谱分析，钙为 0.093%，铁为 0.01%，镁为 0.38%，铬、铜、钴、锰等重金属含量都较低。用回收液浸泡木屑，并与新配制的氯化锌溶液进行对比，在完全相同条件下活化、漂洗，所得的活性炭测定其亚甲蓝、糖色和灰分，结果发现，用 100% 废水沉淀污泥回收液循环回用作活化剂，可获得优质产品，其指标与新配制的相当，且更适宜作糖用脱色炭。

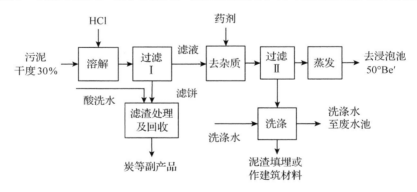

图 4-7 从污泥中回收氯化锌流程

4.2.2 从污泥中回收氯化锌案例 II

氯化锌法木质活性炭生产废水经中和絮凝处理，在锌离子沉淀去除的同时，废水中以及中和絮凝剂所带入的铁、钙、镁、铝等无机杂质也进入沉淀污泥。光谱分析表明，污泥中有近 20 种无机元素。由于废水中的 Fe^{2+} 及 Fe^{3+} 在中和絮凝时几乎全部被沉淀，污泥中铁含量高达 5% 左右。此外，废水中夹带大量细炭粉，污泥中炭含量在 2% 以上。由中和絮凝剂及木屑带入的镁、铝等盐类也较高，污泥中镁含量为 3%，铝含量为 2%。其余 10 余种元素含量见表 4-2 的分析数据。

表 4-2　活性炭废水絮凝沉淀污泥的光谱分析

分析项目	含量（%）	分析项目	含量（%）	分析项目	含量（%）
Zn	48.4	Mn	0.07	Cr	0.001
Ca	10	Sr	0.03	Cu	0.001
Fe	5	Ni	0.001	Zr	0.001
Mg	3	Ba	0.01	Pb	0.002
Al	2	As	<0.01	Ti	0.03
C	2.02	V	0.005	Be	0.0001

注：Zn、Ca、Fe、C 由常规法测定。

从表 4-2 所列数据可以看出，要回收利用污泥中大量的锌，使之成为木屑活化所要求的氯化锌循环回用，必须去除其中钙、铁、镁、碳、铝等杂质。氯化锌法木质活性炭生产废水中和絮凝处理的绝干污泥量，随废水污染负荷量（主要是废水 pH 值、Zn^{2+} 含量）、处理的工艺技术条件（控制的 pH 值范围、中和絮凝剂的种类、添加量）以及操作管理等而异。对于 pH 值为 2～3，Zn^{2+} 为 600 mg/L 左右的废水，用 800 mg/L 石灰处理，每立方米废水大约可产生 0.75kg 绝干污泥。一个年产 2000t 活性炭的车间，每日绝干污泥量为 500kg 左右。

对污泥资源化利用，采用图 4-8 所示的程序进行操作。即，将污泥的水分控制在 70% 左右，在耐酸反应器内加浓盐酸，反应时间为 4h～8h，在室温下充分反应，反应完成后过滤，所得滤液浓度为 30°Be′左右，$ZnCl_2$ 含量为 30% 左右，将此滤液进行去杂质反应，再过滤，所得滤液即为回收液，浓度为 30°Be′，经蒸发将浓度提高至 50°Be′左右，直接送木屑浸泡工序循环回用。过滤（I）后的滤饼经洗涤去锌，洗涤水含锌量约为污泥含锌量的 8%～10%，由于洗涤水量大，锌浓度低，该洗涤水宜于回流至废水调节池循环处理。洗涤后加浓盐酸处理，以回收无机混合絮凝剂（$FeCl_3$、$AlCl_3$），剩余部分即为细炭粉，可供空气净化用炭。过滤（II）所得滤饼用废水反复洗涤，可回收污泥

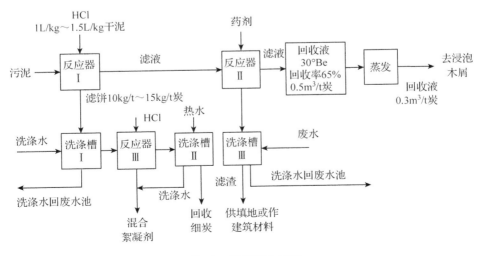

图 4-8　污泥回收过程

总锌量10%左右的稀氯化锌溶液,回至废水调节池循环处理。按本流程进行污泥利用,可供直接循环回用的 $ZnCl_2$ 的回收率为65%左右(对污泥总含锌量计),细炭回收量为15kg/t 产品,无机混合絮凝剂主要由 $FeCl_3$ 及 $AlCl_3$ 组成,每生产 1t 产品,可回收大约10kg 副产品,无机混合絮凝剂可供其他废水处理。

4.2.3　从污泥中回收氯化锌案例Ⅲ

浙江鹿山林场活性炭厂生产废水采用净化后的石灰乳及高分子絮凝剂进行中和絮凝沉淀,在适当的工艺技术条件(石灰添加量、时间及 pH 值)下,废水中残存的盐酸、氯化锌均被充分去除,污泥沉降速率及过滤速率得到改善。该厂生产废水采用图 4-9 所示的工艺流程进行连续处理及污泥回收,处理后的排放水符合规定的排放标准。其中 Zn < 5 mg/L,Fe 0.01 mg/L ~ 0.07 mg/L,Ni 0.33 mg/L ~ 0.36 mg/ L,Na 5 mg/L ~ 7 mg/L,Mg 2.45 mg/L ~ 8.50 mg/L,Cd、Mn、Pb、Cu 等重金属未检出,仅 Ca 含量较高,为 581 mg/L ~ 1059 mg/L。沉淀污泥经脱水、干燥,用光谱分析,结果见表 4-3。污泥经浓盐酸处理、过滤,去除铁、镁、钙、锰等杂质,可得到氯化锌回收液。总回收率约为85%。回收液循环回用浸渍木屑所得活性炭的质量与用新配制的氯化锌浸渍液可比或更优,氯化锌回收液的组成见表 4-4。

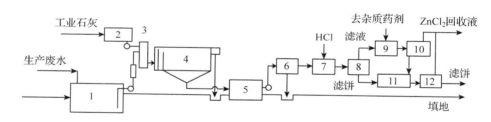

图 4-9　处理及回收流程
1. 调节池;2. 石灰净化系统;3. 反应器;4. 斜板沉淀槽;5. 稀污泥槽;
6、8、10、12. 过滤器;7、9. 反应器;11. 搅拌槽

表 4-3　活性炭废水絮凝污泥组分及含量　　　　　　　　　　%

项目	分析值	项目	分析值	项目	分析值	项目	分析值	项目	分析值
Al	2	Sr	0.03	V	0.005	C	2.02	Ti	0.03
Ca	10	Ba	0.01	Cu	0.001	Fe	5	Zr	0.001
Mg	3	Cr	0.001	Pb	0.002	As	< 0.01		
Mn	0.07	Ni	0.001	Zn	48.40	Be	0.0001		

表 4-4　回收液组成　　　　　　　　　　mg/L

项目	分析值	项目	分析值	项目	分析值	项目	分析值	项目	分析值
Zn	136 410	Co	2.9	La	0.47	K_2O	14	CaO	1300
Ba	4.3	Cr	3.9	Li	0.69	Na_2O	82		
Be	0.048	Cu	2.1	Mn	93.1	Al_2O_3	65		
Ce	0.95	Ca	0.93	Yb	0.031	Fe_2O_3	160		

4.2.4　从污泥中回收氯化锌案例Ⅳ

从污泥中回收的氯化锌溶液(29.5°Be′)，经光谱分析，所得结果见表4-5。从表4-5数据可以看出，回收液是较纯净的氯化锌溶液。其中$ZnCl_2$含量高达22.6%(29.5°Be′)。其他杂质含量甚微，钙0.093%，铁0.0102%和镁0.38%；铬、铜、钴、锰等重金属含量更微，不影响回收液的质量。从总的情况来看，回收液的质量优于从活化料回收的回收液及浸泡木屑后的回收液(俗称老水)。为了对比这种回收液对活性炭质量的影响，将回收液浓度由29.5°Be′浓缩至50°Be′，用它来浸泡木屑，并与新配制的浓度为50°Be′的$ZnCl_2$溶液进行对比。即在相同的浸泡工艺、活化工艺及回收漂洗工艺下，对比两者所得的活性炭的质量。具体操作条件如下：锯屑一份(水分为20%)，加50°Be′$ZnCl_2$配制液及回收液四份(重量计)，在60℃下均匀搅拌，放置2h，将此混合物置于瓷坩埚中在马弗炉内加热活化，温度维持在500℃±10℃，保温0.5h，冷却，加5%盐酸煮沸5min，过滤，将炭洗涤至pH值4以上，烘干，按标准方法测定产品亚甲蓝、脱色力、灰分，所得结果列入表4-6。

表4-5　污泥回收液的组成(用光谱法测定)

分析项目	含量(mg/L)	分析项目	含量(mg/L)
Zn	136 400	La	0.47
Mn	93.1	Yb	0.031
Ba	4.3	Cu	2.1
Cr	3.9	Li	0.69
Co	2.9		

注：Zn 是用 ZD—2 型自动电位滴定计测定。

表4-6　不同浸泡所得产品质量对比　　　　　　　　%

分析项目	新配制 $ZnCl_2$	回收液	分析项目	新配制 $ZnCl_2$	回收液
亚甲蓝(mL)	14	11	B 糖色	>100	>100
A 糖色	<90	>100	灰　分	1.05	1.18

从表4-6对比数据可以看出，用100%的污泥回收液作活化药剂，可获得优质的产品，其质量指标与完全用新配制的$ZnCl_2$溶液所得产品可比，且更适宜作糖用炭。这可能是由于在回收液中，存在着回收过程中所引入的某些微量物质，促进了木屑活化过程中的扩孔作用，因而，使产品对大分子色素物质的吸附呈现出较强的亲和力。为了使中和絮凝处理后的排放水循环回用，用PE—2380型原子吸收光谱仪测定排放水中各种元素组成，结果见表4-7。

从表4-7结果可以看出，石灰中和絮凝处理后的活性炭漂洗废水，是较纯净的废水，除含较高的钙外，铜、镍、镉、锰、铝等重金属污染物质含量极微或未检出。显然，欲循环回用这种废水，必须去除废水中过量的钙。探索了各种物理的及化学的去钙方法(包括曝气、通二氧化碳、添加各种可溶性碳酸盐以及用 H 型磺化煤进行离子交换)，对处理后排放水进行再处理，取得了较好的结果。表4-8列出了经磺化煤处理后的结果。

表 4-7 废水处理前后的 pH 和元素组成   mg/L

项　目	处理前废水		处理后废水	
	I	II	III	IV
pH（无量纲）	1.8	3.2	7.97	8.50
Zn	456.2	500	0.67	0.75
Cu	—	—	未检出	未检出
Ni	—	—	0.33	0.36
Cd	—	—	未检出	未检出
Mn	—	—	未检出	未检出
Fe	17.5	17.0	0.10	0.12
Na	—	—	5.53	7.01
Mg	—	—	2.45	8.50
Ca	—	—	1059	581
Pb	—	—	未检出	未检出

表 4-8 排放水经离子交换所得的结果

pH	Cu	Zn	Ni	Cd	Mn	Fe	Pb	Na	Mg	Ca
	mg/L									
2.1	未检出	0.18	未检出	未检出	未检出	0.41	未检出	5.23	0.14	1.80

从表 4-8 数据可以看出，这样的处理水无机微量元素含量甚微，宜于作活性炭漂洗之用，唯处理成本还需继续降低，以适应工业生产要求。综上研究，对于氯化锌法木质活性炭生产废水，开发了合适的处理技术，废水处理及回收过程循环系统如图 4-10。如此，整个生产过程只排放少量（大约为原来生产过程的 1/4）的废水和废渣。

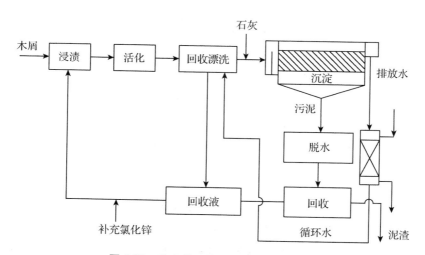

图 4-10　废水处理及回收过程循环系统

4.2.5　小结

氯化锌法木质活性炭生产废水，经石灰中和絮凝沉淀，浓缩、脱水处理，可得 0.75kg/m^3 左右化学污泥。化学污泥含锌量极高，约为 48.4%。此外，还含有一些无机成分：钙含量为 8%~10% 左右，铁含量约为 5%，镁含量为 3%，铝含量 2%，炭含量在 2% 以上，其他无机元素含量甚微。含水 70% 的污泥经加盐酸反应、过滤、滤液去杂质、再过滤、蒸发等程序处理，可得浓度为 50°Be′ 的氯化锌回收液。氯化锌回收率为 65% 左右（对污泥含锌量计）。用这种回收液浸泡处理木屑，在常规条件下进行活化，与用 100% 新配制的氯化锌溶液所得产品相比，有相同甚至更优的质量。由于污泥中大量锌得到了回收，不仅消除了固体废料对环境造成的污染，也降低了产品生产成本，获得了显著的经济效益。

4.3　中水回用

我国有 11 个省、区、市的人均水资源量低于联合国可持续发展委员会设定的 1750 $\text{m}^3\text{/a}$ 用水紧张线。其中，低于 500 $\text{m}^3\text{/a}$ 严重缺水线的有北京、天津、河北、山西、山东、河南、宁夏等地区。据统计，全国 663 个城市中，有 49 个城市水资源严重短缺，其中分布在黄河、海河流域的有天津、青岛、邯郸等 16 个城市。水资源短缺已成为制约我国经济和社会发展的重要因素。据有关研究报告，到 21 世纪中叶我国人口达到 16 亿高峰时，全国总取水量可能达到 $7 \times 10^{11} \text{m}^3\text{/a} \sim 8 \times 10^{11} \text{m}^3\text{/a}$，接近可用水资源量的极限。为保证经济社会的可持续发展，21 世纪前半叶工业取水量应控制在 $2 \times 10^{11} \text{m}^3\text{/a}$ 以内，年均增长率不能超过 1.1%。实施可持续发展战略要求全面加强工业节水，根据我国工业取水量和万元工业增加值取水量的变化趋势，预测未来几十年内工业取水量增长率达 3% 左右，远高于 1.1% 的增长率。我国必须全面加强工业节水，大幅度提高用水效率，降低工业取水量的增长速率。利用中水替代淡水水源应用于工业，不仅能节约工业用水，还能显著降低成本，节省费用。

中水又称再生水，是指废水经适当处理后，达到一定的水质指标，满足某种使用要求，可在生活、市政、环境等范围内杂用的非饮用水。中水回用，是指将中水回用于农、林、牧、渔业、工业等的用水方式。在全球范围内，大约 2/3 的中水用来冷却。在电厂和炼油厂，利用中水的比例可达 90%。如采矿业将中水用作冷却水和输送用水，冷却塔将中水用作补充水。在制造业、商业洗衣、纸浆和造纸、炼钢、纺织以及锅炉等行业，中水被用作工艺水、清洗用水等。

4.3.1　中水回用的意义

我国水资源十分紧缺，水资源费也在逐年提高，中水回用不仅是企业的职责，同时还能带来明显的经济效益。

（1）提高供水可靠性

随着城市的进一步发展和用水量的不断增加，对供水可靠性的要求越来越高，单一水源和单一管线将成为供水安全的隐患。开发利用中水回用为拓宽供水来源提供了新的思路，也是提高供水可靠性的一条途径。

（2）降低用水成本

由于中水对水质要求低，只需对废水处理厂出厂水经适当深度处理便可供使用，其取水、制水价格成本都较自来水低。按国内外通行惯例，中水价格一般为自来水价格的50%~70%。比较而言，中水更具有价格优势，将吸引大量的中水用户，颇具市场前景。

（3）减轻水环境污染

我国七大水系中，63.1%的河段水质为Ⅳ类、Ⅴ类或劣Ⅴ类，多失去作为饮用水源的功能。造成水环境严重污染的最直接原因是由于20世纪80年代以来，我国城市污水排放量成倍增长，相比之下，污水处理率却增长缓慢。中水回用的广泛应用可以有效减少排污量，减轻水环境的污染。

（4）为城市分质供水创造条件

目前我国大多数城市中，由于使用对象和用途的不同，用户对给水水质的要求各不相同，一般可分为生活杂用中水、普通生活用水和饮用水，因此对水质的处理深度也不同。随着城市建设的发展，为城市分质供水创造了必要的条件，也促进了我国逐步与发达国家供水标准接轨，提高城市生活用水的质量。

4.3.2 中水处理技术

中水处理流程一般含预处理、主处理和后处理三部分。预处理包括格栅、调节池、毛发过滤器；主处理分别为絮凝沉淀或气浮、生物处理、膜分离及土地处理等；后处理包括过滤、消毒等。中水处理是中水技术的核心。目前，在中水处理工艺中应用最多的是混凝与过滤工艺，随着水处理技术的发展，一些新的中水处理工艺不断涌现。

4.3.2.1 生物处理

在以生物处理为中心的流程中，苏格兰设计出家庭规模的SBR和旋转生物反应器RBC。德国Bavaria厂的SBR系统处理的生活污水回用可满足400人~2500人的需要。英国使用生物转盘对生活废水提供二级处理。德国寒冷地区广泛使用滴滤滤池，作用巨大。澳大利亚配备生物转盘反应器来提高脱氮除磷能力。法国的水处理厂一般采用活性污泥法和氧化塘技术，或采用活性污泥法——UV技术、生物滤池——地面滤池技术。科威特有一种好氧固定床反应器HASFF，为悬浮系统，对废水进行二级处理，BOD、COD、氨的去除率分别为94%、65%、75%。希腊有很多小型市政废水处理厂MWTP，一级处理包括机械预处理、沉淀和污泥的空气干燥脱水；二级处理主要包括机械预处理、好氧、沉淀、氯化。以生物处理为中心的流程具有适应能力强、产生污泥少、维护管理容易等优点。以生物处理为中心的流程中，美国的加利福尼亚州使用臭氧和颗粒状活性炭GAC工艺处理大量不同的生物处理出水。西班牙水处理厂用过量的臭氧剂量(大于 9 mg/L)对过滤后的生物处理出水消毒，再用于农业灌溉。

4.3.2.2　膜处理

以膜法为中心的流程中，美国的 Belgium 在微滤 MF 后再用反渗透 RO 得到高质量的处理水；加利福尼亚州的 Livermore 厂是一个容量 2840 m³/d 的水处理厂，采用 MF-RO 技术处理二级废水。我国有工厂使用一体式中空纤维生物反应器处理废水，得到优质而稳定的膜过滤出水，符合中水回用标准。膜生物反应器 MBR 的中水处理系统，出水水质明显好于生物接触氧化法。通过物理、化学和生物处理工艺及操作，以去除废水中的污染物。表 4-9 列出了废水再生与回用的主要技术。

表 4-9　废水再生处理工艺和作用

工　艺	原　理	应　用
固液分离		
沉　淀	颗粒物的重力沉淀	去除大于 30μm 的颗粒物，多用作初级处理
过　滤	通过砂粒或其他介质吸附去除颗粒物	去除大于 30μm 的颗粒物，多用在沉淀工艺之后
生物处理		
好氧生物处理	利用微生物对有机物代谢处理	去除溶解的、悬浮的有机物
营养盐的生物处理	将厌氧、好氧工艺相结合，去除氮、磷	降低再生水中的营养物含量
消毒	利用氧化性物质去除病原体	去除病原有机体，保护公众健康
深度处理		
活性炭	将污染物吸附到活性炭颗粒表面	去除水中的微量污染物
离子交换	利用流过式反应器，将离子在树脂和水之间交换	去除 Ca/Mg/Fe 和硝酸盐等离子

4.3.2.3　中水回用主要参数

(1)物理指标

主要包括浊度(悬浮物)、色度、味、电导率、含油量、溶解性固体、温度等。

(2)化学指标

主要包括 pH 值、硬度、金属与重金属离子(铁、铬、铜、锌、镉、镍、锑、汞)、挥发性酚、氯化物、硫化物、氰化物、阴阳离子合成洗涤剂盐等。

(3)生物化学指标

主要包括：

①生化需氧量 BOD。

②化学好氧量 COD。

③总有机碳 TOC 与总需氧量 TOD，通过专用仪器用燃烧法快速测定的水中有机碳与可氧化物质的含量，并可同 BOD、COD 建立对应的定量关系。

(4)毒理性指标

有些化学物质在水中含量达到一定的限度就会对人体或其他生物造成危害，称为水的毒理学指标。毒理学指标实际上是指有毒性的化学物质，包括氟化物、有毒重金属离子，各类致癌、致畸、致基因突变的有机污染物(如多氯联苯、多环芳烃、芳香胺类和以三卤甲烷为代表的有机卤化物等)，以及亚硝酸盐、部分农药、放射性物质。

（5）细菌学指标

细菌学指标是反映威胁人类健康的病原体污染指标，如大肠杆菌数、细菌总数、寄生虫卵、余氯等，余氯反映水的消毒效果和防止二次污染的储备能力。

（6）其他指标

包括在工农业生产或其他用水过程中对回用水有一定要求的水质指标。

4.3.2.4　回用中水的主要水质标准

根据不同的林产化工工艺用途，对回用中水有不同的水质要求。处理后的城市污水作为中水回用已有成熟的经验，我国已制订了中水回用相关国家标准，如《城市杂用水水质》《景观环境用水水质》《地下水回灌水质》《工业用水水质》《农田灌溉用水水质》《绿地灌溉水质》等。用于冷却水的水质指标(国标)见表 4-10。各林产化工企业须在中水回用的实践过程中，逐步积累经验，制订出适合企业特点的回用中水水质指标。

表 4-10　国内工业循环冷却水、再生水用作冷却水的标准

序号	项目	单位	使用条件	允许值
1	COD	mg/L	—	≤75
2	浊度	ntu	—	≤5
3	SS	mg/L	根据生产工艺确定 板式换热、螺旋板式	≤20 ≤10
4	油	mg/L	— 炼油企业	<5 <10
5	Cl^-	mg/L	碳钢换热设备 不锈钢换热设备	≤1000 ≤300
6	甲基橙碱度	mg/L	根据药剂配方及工况条件确定	≤500
7	总硬度	mg/L		≤450
8	Ca^{2+}	mg/L	根据药剂配方确定	20~200
9	Fe^{2+}	mg/L	—	<0.5
10	游离氯	mg/L	在会水总管处	0.5~1.0
11	pH	—	根据药剂配方确定	7~9.2
12	SO_4^{2-}	mg/L	$[SO_4^{2-}]$ 和 $[Cr^{2+}]$ 之和	≤1500
13	硅酸	mg/L	$[SiO_2]$ 与 $[Mn^+]$ 之积	<15 000
14	细菌总数	个/mL		5×10^5

4.3.3　中水回用作冷却水

中水与新鲜水相比，COD 高，引起腐蚀的离子种类及浓度均较高，一些企业尝试对达标外排废水再进行深度处理，以控制水回用于循环水系统后微生物生长和腐蚀，但设备投资较大，运行费用较高。而将达标外排废水直接作为中水回用于循环水系统，

设备投资和运行费用较低，经济上具有明显优势，但必须解决回用引起的结垢、腐蚀问题。采用以新型有机磷酸盐为主剂的 RP-12 缓蚀阻垢剂及相应的 RP-78、RP-79 杀菌剂在循环水系统处理达标外排废水，可以有效地抑制金属设备的腐蚀，控制循环水中的微生物生长和繁殖。

现以取自南方沿海某化工厂现场达标废水（主要水质指标见表 4-11）为例，介绍 RP-12 缓蚀阻垢剂及相应的 RP-78、RP-79 杀菌剂的实际应用效果。旋转挂片腐蚀试验按照《冷却水分析和试验方法》中的 404 条，挂片材质为 20#碳钢，I 型试片，表面积 28.0 cm^2。试管材质为 20#碳钢，$\phi10mm \times 1mm \times 520mm$。动态模拟试验按照《冷却水分析和试验方法》中的 407。异养菌、铁细菌、硫酸盐还原菌和真菌检测按照《冷却水分析和试验方法》中的 207、208、209 和 210 方法。

表 4-11　中水主要参数

项目	单位	结果	项目	单位	结果
P 碱度（以 CaCO$_3$ 计）	mg/L	0.0	真菌	个/mL	16 000
M 碱度（以 CaCO$_3$ 计）	mg/L	115.8	pH	—	7.56
钙碱度（以 CaCO$_3$ 计）	mg/L	37.6	Cl$^-$	mg/L	108.1
总碱度（以 CaCO$_3$ 计）	mg/L	74.0	SO$_4^{2-}$	mg/L	76.8
正磷（以 PO$_4^{3-}$ 计）	mg/L	2.24	总铁	mg/L	0.38
总磷（以 PO$_4^{3-}$ 计）	mg/L	2.47	COD		51
异养菌	个/mL	14 000	SS	mg/L	71
铁细菌	个/mL	1200	总溶固	mg/L	390
硫酸盐还原菌	个/mL	90	TS	mg/L	461

（1）杀菌

将 A、B 两种杀菌剂分别加入到达标外排废水中作用 1h 后，对不同菌属的杀灭效果见表 4-12。表 4-12 结果表明：A、B 两种杀菌剂均有良好的杀菌效果，对异养菌和铁细菌的杀菌率均大于 99.9%，对真菌的杀菌率大于 98%。当两种药剂配合使用时，对异养菌和硫酸盐还原的杀菌效果更好。

表 4-12　杀菌剂的杀菌效果　　　　　　　　　　　　　　　　　个/mL

序号	药剂	异养菌	铁细菌	真菌	硫酸盐还原菌
1	A + B	42	64	0	1.5
2	A	32	250	0.4	15
3	B	84	37	0	40
4	无	140 000	16 000	1200	90

（2）缓蚀

在现场水中加入 NaCl 将 Cl$^-$ 离子浓度补至 380 mg/L，加入 Na$_2$SO$_4$ 将 SO$_4^{2-}$ 离子补至 280 mg/L（相当于达标外排废水浓缩 3.5 倍时的 Cl$^-$、SO$_4^{2-}$ 离子浓度），以强化达标外排废水水质的腐蚀性；在预膜（指循环水系统在化学清洗后形成一层保护膜防止金属的氧化腐蚀）条件下，不同浓度的 RP-12 对旋转挂片的缓蚀效果见表 4-13。表 4-13 结果表明：在预膜条件下，50 mg/L 的 RP-12 对试片的缓蚀效果十分优良，试片的腐蚀速率仅为 0.0128 mm/a。当 RP-12 的浓度增加到 100 mg/L 时，试片的腐蚀速率降低到 0.0045 mm/a。

不预膜条件下不同浓度的 RP-12 对试片的缓蚀效果见表 4-13。从表 4-13 结果可以看出：当 RP-12 浓度增加到 100 mg/L 时，试片的腐蚀速率降低至 0.033 mm/a，缓蚀率达到 97.1%，缓蚀效果良好。

表 4-13　对试片的缓蚀效果

试验号	RP-12 浓度（mg/L）	不预膜腐蚀速率（mm/a）	预膜腐蚀速率（mm/a）
1	0	1.131	0.0128
2	75	0.417	0.0079
3	100	0.0329	0.0045
4	125	0.0190	0.0066

（3）动态模拟试验

动态模拟试验的补充水全部用中水，试管内循环水流速控制在 0.8 m/s，进水温度控制在 32℃，出水温度在 40℃~41℃，浓缩倍数 3.8~4.8，试管和试片分别经预膜处理和不预膜处理，进行两轮试验，各连续运行 15 天。主要水质指标分析结果：循环水以 K^+ 离子计的浓缩倍数最低为 3.73，最高为 4.91，浓缩倍数总体控制在较高水平，正磷浓度在 6 mg/L 左右。细菌总数最低为 102 个/mL，最高为 106 个/mL，这个结果说明加入一次杀菌剂，可以有效控制微生物的时间为 3 天~4 天。动态模拟试验结果见表 4-14。

表 4-14　动态模拟试验结果

试件	腐蚀速率（mm/a）		黏附速率（mcm）	
	预膜	不预膜	预膜	不预膜
试管	0.0168	0.0681	11.6	17.3
试片	0.0184	0.0726		

预膜条件下的试管的腐蚀速率为 0.0168 mm/a，黏附速率为 11.6mcm，试片腐蚀速率为 0.0184 mm/a，不预膜条件下的试管的腐蚀速率为 0.0681mm/a，黏附速率 17.3 mcm，说明 RP-12 在预膜的条件下处理效果优异，在不预膜条件下处理效果良好。

（4）缓蚀剂 RP-12 效果

预膜条件下，不同浓度的 RP-12 缓蚀效果见表 4-15。

从表 4-15 可以看出：将中水中的氯离子和硫酸根离子分别提高到 80 mg/L 和 280 mg/L，75mg/L 的 RP-12 的缓蚀效果依然优良，试片的腐蚀速率为 0.0041 mm/a。不同浓缩倍数下，100 mg/L 的 RP-12 缓蚀效果见表 4-16，表 4-16 结果表明：试片经预膜处理，浓缩倍数对 RP-12 的缓蚀效果影响不大。当浓缩倍数为 1 时，试片的腐蚀速率为 0.0037mm/a。浓缩倍数为 5 时，试片的腐蚀速率为 0.0033mm/a，说明 RP-12 的补膜性能很好，抗氯离子腐蚀强。试片不预膜处理，浓缩倍数对 RP-12 的缓蚀效果有一定的影响。如当浓缩倍数为 1 时，试片的腐蚀速率为 0.0220 mm/a，浓缩倍数为 5 时，试片的腐蚀速率为 0.0309 mm/a。

表 4-15　RP-12 预膜的缓蚀效果

RP-12 浓度（mg/L）	腐蚀速率（mm/a）
75	0.041
100	0.0037
125	0.0037

表 4-16　RP-12 浓缩倍数对腐蚀速率的影响

浓缩倍数	预膜（mm/a）	不预膜（mm/a）
1	0.0037	0.022
2	0.0045	0.017
3	0.0037	0.026
4	0.0012	0.026
5	0.0033	0.031

（5）现场应用

中水回用于冷却系统应用试验分 3 个阶段。第一阶段（8 月 15 日~9 月 15 日）：回用中水占冷却系统总水量的 40%，运行 30 天；第二阶段（9 月 16 日~10 月 30 日）：回用中水占冷却系统总水量的 60%，运行 45 天；第三阶段（11 月 1 日~12 月 10 日）：冷却系统全部回用中水，运行 40 天。

现场监测结果见表 4-17，腐蚀速率最大为 0.100mm/a，黏附速率最大为 14.12 mcm，均达到内部控制要求。在运行的大部分时间，微生物总数可控制在 1.0×10^5 以下。

表 4-17　达标外排废水回用于循环水系统监测结果

运行时间	运行天数（d）	腐蚀速率（mm/a）	黏附速率（mcm）
8.15—9.19	34	0.079	2.59
8.15—10.17	62	0.071	—
8.15—12.7	110	0.085	—
9.19—10.17	28	0.043	—
9.1—12.3	75	0.074	—
10.1—12.3	52	0.100	—
10.17—12.3	46	0.089	8.36
11.8—12.3	25	0.077	14.12

回用中水运行 115 天后，冷却系统停车检修，打开所有水冷器，除 2 台水流速较低的水冷器出口端有少量软垢外，总体情况良好。水冷器腐蚀和结垢轻微，优良率达到 95%；水冷器封头和塔池池底均无污泥沉积，效果与使用新鲜水的冷却处理效果相近。装置检修、污水处理系统正常后，冷却系统全部回用中水，处理效果良好。现场监测的平均腐蚀速率小于 0.075 mm/a，黏附速率小于 10 mcm，细菌总数小于 1.0×10^5。

中水全部替代清水回用于冷却系统，杀菌剂可以有效控制循环水中的微生物生长和繁殖，加入一次杀菌剂可以有效控制微生物 3 天~4 天，控制循环水中异氧菌总数在 105 个/mL 以内。采用合适的缓蚀剂，经预膜处理的试管腐蚀速率为 0.0168 mm/a，黏附速率 11.6 mcm。8 个月的现场运行效果良好，监测试片的平均腐蚀速率 < 0.10 mm/a，平均黏附速率为 < 15mcm，异养菌平均总数 < 1×10^5 个/mL，不但较好地保证了中水水质满足生产装置正常运行，而且节约了循环水系统 60% 以上的新鲜水，减少企业 80% 以上的达标污水外排，取得明显的社会效益和经济效益。

4.3.4 造纸废水再利用

制浆造纸废水的主要来源有三处：①制浆车间的废液：其中化学浆黑液为硫酸盐法制浆过程中洗涤蒸煮后的残液和后续洗涤液，红液为烧碱法制浆过程中洗涤蒸煮后的残液和后续洗涤液，褐色废液为化学机械法制浆过程洗涤液。②抄纸车间的白水：就是造纸车间排出的废水，可以部分循环使用。③中段废水：制浆洗涤、筛选、漂白废水、蒸煮和蒸发的污冷凝水、备料废水、各工段的清洗用水、跑冒滴漏废水。

近年来，制浆造纸工业用水的回用及零排放已取得重要进展。从节水的角度来看，造纸工业废水具有两重性，既是废水，又是某种意义上的水资源。造纸废水发生量排各行业之首，实现造纸工业废水处理再利用，对加快节水型社会建设，落实国家节能减排战略，促进社会经济又好又快地持续发展具有重要的现实意义和深远意义。

（1）实行清洁生产在生产过程中实现节水和回用

清洁生产着眼于污染防治，最大限度地减少资源和能源的消耗，提高资源利用率。近年来的研究和实践表明，清洁生产是减少工业污染、保护环境和资源可持续利用的根本措施。因此，在制浆造纸工艺生产过程的源头上实行清洁生产，从而实现节水和水资源的有效利用。为了实现水资源的可持续利用，造纸工业实行清洁生产在工艺生产过程中实现节水和回用时，首先应考虑和采取的技术措施包括：湿法备料洗涤水循环使用；蒸煮深度脱木素技术（低卡伯值蒸煮）；粗浆洗涤和筛选封闭系统；氧脱木素工艺；先进的漂白工艺，如采用无元素漂白（ECF），全无氯漂白（TCF）；漂白洗浆滤液逆流使用；中浓技术的应用。随着浆厂（包括二次纤维浆、机械浆）规模的扩大和采用中浓氧脱木素、中浓漂白等技术，采用中浓（质量分数 8%~15%）设备，如中浓浆泵、中浓混合器等；碱回收蒸发站冷凝水的回用；造纸车间水的循环使用，包括设备和真空泵等冷却水循环使用，网部脱出的浓白水供备浆、冲浆、浆料稀释等回用。

（2）清浊分流生产回用（白水回用）

将生产过程中产生的轻度污染废水同其他废水分流，对轻度污染废水进行处理，达到生产回用。制浆造纸生产一般由制浆、洗浆、漂白、抄纸等工序组成。造纸废水属于高有机物浓度、高悬浮物含量、难生物降解的有机污染废水。造纸废水的水质因制浆种类、造纸品种而异。若按不同的生产工序排出废水水质来看，一般制浆废水的污染最为严重，COD 浓度可达 4000 mg/L~10 000 mg/L；洗浆和漂白废水，即中段废水的污染程度次之，COD 浓度为 2000 mg/L~3000 mg/L，SS 1500 mg/L~2500 mg/L；抄纸废水即白水，为污染较轻的废水，主要含有细小悬浮性纤维、造纸填料和某些添加剂等，COD 浓度为 150 mg/L~600 mg/L，SS 为 500 mg/L~1500 mg/L。白水中的 SS 主要由纸浆纤维组成，可以作为资源加以回收利用。所以，根据造纸生产不同生产工序排出废水的污染特点，可以将污染较轻的白水同污染严重的制浆废水和污染比较严重的中段废水分流。一般白水经单独处理后出水 COD 浓度为 80 mg/L~120 mg/L，SS 为 100 mg/L 以下，可以重新回用到抄纸生产用于冲网、冲毯等，经白水处理分离的纤维回收利用。而制浆废水和中段废水进入废水处理系统，经处理后达标排放。

　　在我国造纸白水处理回用已有 20 余年历史，技术成熟、使用可靠。白水处理的技术措施主要是机械物理分离与物理化学处理。如在纸机车间设置压力筛、振动筛、盘片过滤等设备，兼具纤维回收和白水处理。在工程上通常采用溶气气浮和加药溶气气浮等。气浮装置一般采用传统的深槽溶气气浮或者高效浅层气浮。在采用清浊分流生产回用的技术路线时应进一步拓宽回用水的用途。例如，白水经处理后不仅用于纸机的冲网、冲毯等，同时还可以根据不同的情况，用于碎浆、调浆、制浆喷淋平衡水等，以实现最大限度的利用水资源。

　　（3）废水处理分质回用

　　将经过废水处理后达标排放的部分废水，回用到对水质要求不高的生产工序或其他用水，这是实现造纸废水处理再利用，降低造纸生产水耗的有效技术路线。现有的造纸企业一般采用二级生化处理，达到一级排放标准的污染物排放浓度为：COD ≤ 100mg/L，BOD ≤30 mg/L，SS ≤ 70 mg/L，pH 6 ~ 9。从 2011 年起，全面执行《造纸工业水污染物排放标准》（GB3544—2008），对造纸工业废水的污染物排放要求进一步提高，一级标准的排放浓度为：COD ≤ 80 mg/L，BOD ≤ 20 mg/L，SS ≤ 50 mg/L，这为造纸工业废水处理分质回用创造了条件。对于已经达到了造纸行业水污染物排放标准的造纸废水，可以按照造纸生产不同的用水要求分质回用。例如：①用作碎浆、调浆生产用水。碎浆、调浆用水对水质要求不高，尤其是废纸制浆造纸的碎浆、调浆用水，一般 COD ≤ 400 mg/L ~ 800 mg/L，SS ≤ 100 mg/L ~ 150 mg/L 即可满足要求，所以经一级混凝沉淀处理后的出水应可回用。②洗浆、冲网用水。洗浆、冲网用水对水质要求较高，一般要求 COD ≤ 100mg/L，BOD ≤ 30 mg/L，SS ≤ 30 mg/L。造纸废水二级生化处理出水再经过滤和消毒等处理以进一步去除 SS 和改善卫生学指标后可满足回用要求。③废水处理内部的药品制备、脱水机冲网、场地冲洗以及消防用水等，可以采用经过滤后的造纸废水二级生化处理出水。④用作工业杂用水。例如，冲洗地面、冲厕、水力除渣、绿化、建筑施工、景观用水等，一般这类用水的水质要求不高，造纸废水经过二级强化处理后可满足此类再生回用水的水质要求。从技术上考虑，只要对造纸生产用水根据不同的用途加以细分，设置相应的回用水管道系统，造纸工业废水处理分质回用技术路线是可行的。废水再生回用率因制浆种类和造纸品种而异，据测算，一般实行造纸废水处理分质回用后，废水再生回用率可达到 30% 左右。造纸工业废水处理分质回用既可节约水资源，实现水资源的有效利用，又可减少清水用量，降低生产成本。因此，实现造纸工业废水处理再利用时，有条件的情况下应充分考虑废水处理分质回用。

　　（4）废水深度处理生产回用

　　为了适应国家对造纸工业废水排放标准的提高，进一步降低纸产品的水耗，节能降耗节水是造纸工业生产发展必须要解决的课题。近几年来，国内将造纸工业废水深度处理，使处理出水水质完全达到生产用水水质标准，从而实现生产回用的试验研究和试验性工程应用已有初步开拓，取得一定成效。可以预计，为了保证产品质量，维护生产设备正常使用，造纸工业废水深度处理后回用将会被越来越多的企业认同。

　　造纸工业废水深度处理生产回用的技术措施，因回用水水质要求和技术经济条件而异。目前，国内有些企业在废水二级生化处理之后，进行化学混凝、过滤、活性炭吸附、加氯消毒等深度处理，使处理后出水浊度、色度、COD 等指标达到生产回用水水质要求。为了进一步改善回用水水质，确保造纸产品质量和纸机设备、管道系统的使用寿命，膜处理、臭氧氧化、Fenton 氧化等是热门的技术手段。

（5）造纸白水的循环利用案例

江苏省江阴市某纸业公司，投资 5.3 亿元，建成两条具有国际先进水平的涂布白板纸生产线，年生产高档涂布白板纸 20 万 t。为充分回收利用造纸白水，作者团队和该公司合作，对造纸工艺水循环系统进行了全面改造，将原来直排造纸工段冲洗毛毯水和圆网冲网水全部收集，回用到制浆和打浆工段上。增加的主要设备有 4 个 8 m³ 的不锈钢槽，4 台白水泵，4 个液位控制气动阀，3 个室外浆池，1 套白水流量计以及连接用管道件。

工程改造后，从 1 月开始正常运行，1 月～10 月白水回用量见表 4-18。

表 4-18　回用水连续 10 个月的统计

月份	平均日白水回用量（m³）	备注
1 月	3418	统计了 27d
2 月	3342	统计了 17d
3 月	3188	统计了 28d
4 月	3405	统计了 28d
5 月	3443	统计了 31d
6 月	3409	统计了 30d
7 月	3449	统计了 31d
8 月	3738	统计了 31d
9 月	3259	统计了 30d
10 月	3440	统计了 31d
平均日白水回用量	3409	统计了 10 个月
平均月白水回用量	102 270	以 30d 计
平均年白水回用量	1 124 970	以 330d 计

从表 4-18 可看出，采用工艺水回用工程，每年可节约用水 1 124 970t，按江阴市取水费 0.50 元计算，年节约取水费：

$$1\ 124\ 970t \times 0.50 \ 元/10\ 000 = 56.24 \ 万元$$

同时改造了废水处理工程管路，将废水处理工程物化沉淀后的次清水回用于污泥压滤机的冲网水，日回用水为 1100t，可年节约取水费：

$$1100t \times 330 \ 天 \times 0.50 \ 元/10\ 000 = 18.16 \ 万元$$

（6）小结

中国造纸中水回用已取得巨大成绩，吨产品耗水量已接近国际水平，但在中水回用、节能减排方面，中国造纸还有巨大的潜力可挖。

4.4　沼气利用

发展沼气是我国新农村建设的重要组成部分，也是建设生态型生活和生产的关键环节。发展沼气不但可用于做饭、照明、发电、烧锅炉等方面，还可直接用于农林业生产，如温室加热、加工和烘烤农林业产品、储备粮食、水果保鲜等。

4.4.1　沼气的特性

沼气来源于生物质的厌氧发酵。厌氧生物技术正在我国废水处理中发挥越来越重要的作用，厌氧生物技术处理林产化工高浓有机废水是目前成本最低、效果最好的方法。在处理过程中，绝大多数有机物在厌氧菌的作用下分解产生以甲烷为主要成分的沼气，沼气是一种极具使用价值的绿色、可再生能源。沼气的燃烧热值为 5500 kcal/Nm^3~6500 kcal/Nm^3，1Nm^3 沼气相当于 0.70kg 标煤~0.86kg 标煤，用国产发电机组 1Nm^3 沼气可发 1.5 kW·h~1.8 kW·h，用进口发电机组可发 2.0 kW·h~2.3 kW·h，同时产生 1 kW 的余热，余热可供厌氧反应器保温加热使用。沼气作为可再生、低污染的生物质能源，与煤炭、天然气等燃料相比有着巨大的优势。利用废水处理过程产生的沼气发电是国内外较为普遍的模式，该模式既充分利用沼气中的生物质能，又可减少沼气中硫化物等污染物的排放量，具有环境和经济双重效益。

4.4.1.1　沼气的概念

沼气是有机物质如秸秆、杂草、人畜粪便、垃圾、污泥、工业有机废水等在厌氧的环境下，经过厌氧微生物的分解代谢产生的一种气体，人们于 100 多年前在沼泽地中首先发现，因此称为沼气。在自然界，凡是有水和有机物质同时存在的地方几乎都有沼气产生，海洋、湖泊以及在日常生活中常见的水沟、粪坑、污泥塘等地方都会产生沼气。中国是研究开发沼气技术最早的国家，也是当今世界沼气技术比较先进的国家之一。19 世纪末广东沿海农村就出现了制取沼气的简易发酵池，20 世纪初台湾有人利用排水储气、水压输气原理建造人工沼气池。我国的现代沼气事业以废弃物厌氧发酵为手段、以能源生产为目标，最终实现沼气、沼液、沼渣综合利用的生态环保工程。

2000 年后，中国农林废弃物沼气工程建设步伐加快。据农业部统计，自 2003 年起，政府累计投入 190 亿元资金，支持建设 1406 万户农村沼气、1.3 万处养殖小区和联户沼气工程、1776 处大中型养殖场沼气工程和 6.36 万个服务网点。截至 2009 年年底，全国农村户用沼气达到 3050 万户，各类农业废弃物处理沼气工程 3.95 万处，年产沼气约 122 亿 m³，可替代 1850 万 t 标准煤，生产沼肥约 3.85 亿 t，每年可为农户增收节支 150 亿元。我国沼气池遍及全国各地，工程涉及有机化工、酒厂、酒精厂、纸厂、食品厂、垃圾场、污水处理厂、养殖场等领域。

近年来，我国厌氧消化的一些新工艺、新技术、新产品不断涌现，如多级发酵、干式发酵、动态发酵、混合发酵、秸秆沼气化处理、垃圾沼气化处理、干湿脱硫、沼渣沼液制肥、沼气净化灌装等新技术，复合发生器拼装板材、搪瓷板拼装板材、专用填料等新材料，柔性集气罩、柔性储气柜、小型发电机、切割泵、秸秆切揉机、沼气增压机、固液分离机、出渣泵、出渣车、湿式阻火器、湿式安全阀、智能控制柜等新装备。推动了沼气工程的技术进步和沼气工程的质量提高，缩短了沼气工程建设工期，提高了沼气工程运行的可靠性。

国际上沼气利用最主要方式是发电，沼气发电在发达国家受到广泛重视，如美国的能源农场、德国的可再生能源促进法、日本的阳光工程、荷兰的绿色能源计划等。以沼气为主的生物质能并网发电占西欧(德国、丹麦、奥地利、芬兰、法国、瑞典等)国家能源总量比例达10%。德国、丹麦、奥地利、美国的纯燃沼气发电机组处于世界领先地位，气耗率≤0.5m³/(kW·h)(沼气热值≥25MJ/m³)。国内沼气发电研发仅有20多年的历史，利用废水处理厂厌氧沼气发电为主，锅炉燃烧相辅，沼气发电或锅炉燃烧的余热用于污泥加热以保证厌氧消化的高效运行，但还缺少废水处理沼气利用成套设备的研究和制造。

4.4.1.2 沼气的理化性

沼气是一种多组分混合气体，它的主要成分是甲烷，占总体积的50%~70%。其次是二氧化碳，约占总体积的30%~40%，还有少量的一氧化碳、氢气、氧气、硫化氢、氮气等(表4-19)。沼气中的甲烷、一氧化碳、氢气、硫化氢是可燃气体，氧气是助燃气体，二氧化碳和氮气是惰性气体。未经燃烧的沼气是一种无色、有臭味、有毒、比空气轻、易扩散、难溶于水的可燃性混合气体。沼气经过充分燃烧后即变为一种低毒、无臭味、无烟尘的气体。沼气燃烧时最高温度可达1400℃，每立方米沼气热值为$2.13 \times 10^4 J \sim 2.51 \times 10^4 J$，是一种理想的优质气体燃料。沼气中的甲烷是大气层中产生"温室效应"的主要成分，其对全球气候变暖的影响率达20%~25%，仅次于二氧化碳气体。大气中甲烷气体的含量已达1.73 μL/L，平均年增长率达到0.9%，增长率是所有温室气体中最高的。甲烷气体在空气中存在的时间长达12年。当甲烷含量占空气的5%~15%时，遇火会发生爆炸，含60%甲烷的沼气爆炸下限是9%，上限是23%。当空气中甲烷含量达25%~30%时，对人畜会产生一定的麻醉作用。沼气与氧气燃烧的体积比为1:2，在空气中完全燃烧的体积比为1:10。沼气不完全燃烧产生的一氧化碳可使人中

表4-19 沼气成分测定　　　　　　　　　　　　　　　　V/V%

成分	CH_4	CO_2	CO	H_2	N_2	C_mH_n	O_2	H_2S
鞍山市污水处理厂	58.2	31.4	1.60	6.5	0.70	—	1.60	—
西安市污水处理厂	53.6	30.2	1.32	1.8	9.50	0.420	3.19	—
四川省化学研究所	61.9	35.8	—	—	1.88	0.186	0.23	0.034
四川省德阳园艺场	59.3	38.1	—	—	2.12	0.039	0.40	0.021
北京农展馆	67.4	30.2	—	—	1.97	—	0.40	—
北京沼气用具批发部	63.1	32.8	0.03	—	2.53	1.145	0.34	0.055
北京市通县苏庄	57.2	35.8	—	—	3.50	1.626	1.80	0.074

毒、昏迷，严重的会危及生命。因此，一定要正确使用沼气，避免事故发生。

4.4.1.3　沼气的生成条件

沼气的生成与发酵原料、发酵浓度、微生物菌、酸碱度、厌氧环境和温度 6 个因素有关。

（1）发酵原料

原料是产生沼气的物质基础，只有具备充足的发酵原料才能保证沼气发酵的持续运行。用于沼气发酵的原料十分丰富，主要是各种有机废弃物，如工业有机废水、生活垃圾、生活废水、农林加工剩余物、畜禽粪便、人粪尿、水浮莲、树叶、杂草等。用不同的原料发酵时须注意碳、氮元素的配比，一般碳氮比（C/N）在（20~30）∶1 时最合适。高于或低于这个比值，发酵就会受到影响。但不是所有的植物都可作为沼气发酵原料，如桃叶、百部、马钱子果、皮皂皮、元江金光菊、元江黄芩、大蒜等，它们含有对厌氧菌有害的生物碱，对发酵有较大的抑制作用，都不能进入沼气池。由于各种原料所含有机物成分不同，它们的产气率也不相同。根据原料中含碳和氮的不同比值（即 C/N），可把沼气发酵原料分为以下类型：①富氮原料：化工有机污水、生活污水、人、畜和家禽粪便等，一般碳氮比都小于 25∶1，这类原料特点是发酵周期短，分解和产气速度快，但单位总产气量较低。②富碳原料：酒糟、纸厂废液、生活垃圾、农作物秸秆等，这类原料一般碳氮比在 30∶1 以上，其特点是原料分解速度慢，发酵产气周期长，单位原料总产气量较高。测试显示，玉米秸的产气潜力最大，稻、麦草和人粪次之，牛马粪、鸡粪产气潜力较小。各种原料的分解有机物速度、产气速度各不相同，猪粪、马粪、青草常温发酵 20 天产气量可达理论量的 80% 以上，作物秸秆一般要 30 天~40 天产气量可达理论量的 80% 左右，60 天产气量达到理论量的 90% 以上，工业有机物一般在中高温条件下产气较快，滞留期较短。

（2）发酵浓度

原料的浓度对沼气发酵也有较大影响，原料浓度高低在一定程度上表示沼气微生物营养物质丰富与否。浓度越高表示营养越丰富，沼气微生物的生命活动也越旺盛，产气量也越高。在实际应用中，可以产生沼气的原料浓度范围很广，2%~30% 浓度都可以进行沼气发酵，常温下发酵料浓度以 6%~10% 为好。

（3）沼气微生物

沼气发酵必须有足够的微生物接种物，接种物来源于阴沟污泥或老沼气池沼渣、厌氧塔污泥等。也可人工制备接种物，方法是将老沼气池的发酵液添加一定数量的人、畜粪便。比如，要制备 500 kg 发酵接种物，一般添加 200 kg 的沼气发酵液和 300 kg 的人、畜粪便混合，堆沤在不渗水的坑里并用塑料薄膜密闭封口，1 周后即可作为接种物。如果没有沼气发酵液，可以用农村较为肥沃的阴沟污泥 250 kg，添加 250 kg/人、畜粪便混合堆沤 1 周左右即可。如果没有污泥，可直接用人、畜粪便 500kg 进行密闭堆沤用作沼气发酵接种物，一般接种物的用量应达到发酵原料的 20%~30%。工业厌氧反应塔多采购厌氧污泥作为微生物接种物，这样可缩短厌氧反应塔启动周期。

（4）酸碱度

发酵料的酸碱度是影响发酵的重要因素，沼气池适宜的酸碱度即 pH 6.5~7.5，过高、过低都会影响沼气池内微生物活性。在正常情况下，沼气发酵的 pH 有一个自然平衡过程，一般不需调节，但在配料不当或其他原因而出现池内挥发酸大量积累，导致 pH 下降，俗称酸化，这时便须采用以下措施进行调节：①如果是发酵料液浓度过高，可让其自然调节并停止向池内进料。②可以加一些草木灰或适量的氨水。氨水的浓度控制在5%（即 95 kg 水中，加 5 kg 氨水）左右，并注意发酵液充分搅拌均匀。③用石灰水调节。用此方法，尤其要注意逐渐加石灰水，先用2%的石灰水澄清液与发酵液充分搅拌均匀，测定 pH，如果 pH 还偏低，则适当增加石灰水澄清液，充分混匀，直到 pH 达到要求为止。

（5）严格的厌氧环境

沼气发酵一定要在密封的容器中进行，避免与空气中的氧气接触，要创造一个严格的厌氧环境。

（6）适宜的温度

发酵温度对产气率的影响较大，农村变温发酵方式沼气池的适宜发酵温度为15℃~25℃。为了提高产气率，农村沼气池在冬季应尽可能提高发酵温度，可覆盖秸秆、塑料大棚等保温、增温措施。厌氧的最佳温度 35℃~37℃，许多有机废水水温高于此温，则需用冷却塔降温，保持厌氧高效率。

4.4.1.4 沼气的生成过程

沼气是有机物在隔绝空气厌氧条件下，经过多种微生物（统称沼气细菌）的分解而产生的，沼气发酵是一个极其复杂的生理生化过程。沼气微生物种类繁多，目前已知的参与沼气发酵的微生物有 20 多个属、100 多个种，包括细菌、真菌、原生动物等类群，它们都是一些很小、肉眼看不见的微小生物。一般把沼气细菌分为两大类：一类细菌叫做分解菌，它的作用是将复杂的有机物，如碳水化合物、纤维素、蛋白质、脂肪等，分解成简单的有机物（如乙酸、丙酸、丁酸、脂类、醇类）和二氧化碳等；另一类细菌叫做甲烷菌，它的作用是把简单的有机物及二氧化碳氧化或还原成甲烷。沼气的产生需要经过液化、产酸、产甲烷 3 个阶段。

（1）液化阶段

在沼气发酵中首先是发酵性细菌群利用它所分泌的外酶，如纤维酶、淀粉酶、蛋白酶和脂肪酶等，对复杂的有机物进行体外酶解，也就是把畜禽粪便、作物秸秆、农副产品废液、林产化工有机废水大分子分解成溶于水的单糖、氨基酸、甘油和脂肪酸等小分子化合物。这些液化产物可以进入微生物细胞，参加微生物细胞内的生物化学反应。

（2）产酸阶段

上述液化产物进入微生物细胞后，在胞内酶的作用下，进一步转化成小分子化合物（如低级脂肪酸、醇等），主要是挥发酸，包括乙酸、丙酸和丁酸，其中乙酸最多，约占80%。液化阶段和产酸阶段是一个连续过程，统称不产甲烷阶段。在这个过程中，不产甲烷的细菌种类繁多，数量巨大，它们的主要作用是为甲烷提供营养物，为产甲烷菌创造适宜的厌氧条件，消除部分毒物。

（3）产甲烷阶段

在此阶段，将产酸阶段的产物进一步转化为甲烷和二氧化碳，产氨细菌大量活动而使氨态氮浓度增加，氧化还原势降低，为甲烷菌提供了适宜环境，甲烷菌的数量大大增加，开始大量产生甲烷。不产甲烷菌类群与产甲烷菌类群相互依赖、相互作用，不产甲烷菌为产甲烷菌提供了物质基础并排除毒素，产甲烷菌为不产甲烷菌消化了酸性物质，有利于更多地产生酸性物质，二者相互平衡。如果产甲烷菌量太小，则沼气内酸性物质积累造成发酵液酸化和中毒。如果不产甲烷菌量少，则不能为甲烷菌提供足够的养料，也不可能产生足量的沼气。人工制取沼气的关键是创造一个适合沼气微生物进行正常生命活动（包括生长、发育、繁殖、代谢等）所需要的基本条件。从沼气发酵的全过程看，液化阶段所进行的水解反应大多需要消耗能量，反应速率较慢，要想加快沼气发酵速率，必须设法加快液化阶段。对原料进行预处理和增加可溶性有机物含量较多的人类、猪粪以及嫩绿的水生植物都会加快液化速度，促进整个发酵的进展。产酸阶段能否控制得住（特别是沼气发酵启动过程）是决定沼气微生物群体能否形成、有机物转化为沼气的进程能否保持平衡、沼气发酵能否顺利进行的关键。沼气池第一次投料时适当控制秸秆用量，保证一定数量的人、畜粪便入池以及人工调节料液的酸碱度，是控制产酸阶段的有效手段。产甲烷阶段是决定沼气产量和质量的主要环节，首先要为甲烷菌创造适宜的生活环境，促进甲烷菌旺盛生长，防止毒害。

4.4.2　沼气净化

沼气净化与提纯工艺流程如图4-11。废水厌氧处理产生的沼气中含有二氧化碳、硫化氢、蒸汽及悬浮固体颗粒。二氧化碳和水的存在会降低热值，阻碍燃烧。硫化氢是有毒气体，易腐蚀管路和发电设备。固体颗粒的沉积会堵塞管路。沼气净化是发电前必不可少的步骤，净化设施主要包括过滤塔、脱水塔、脱硫塔，对各塔的技术要求见表4-20。

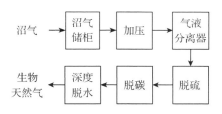

图4-11　沼气净化与提纯工艺流程

表4-20　净化设施

设施	结构形式	技术要求
过滤塔	筒式滤网过滤	固体颗粒浓度≤20mg/m³，固体粒径≤3μm
脱水塔	筒式复合脱水	除水率≥95%
脱硫塔	干式网形	H_2S进口浓度200 mg/m³，出口浓度20 mg/m³~50 mg/m³

4.4.2.1　沼气脱硫

（1）脱硫原理

沼气脱硫方法有生物氧化法和化学氧化法两种。我国的沼气池过去都是以农村户用小型池为主，这些小型池多以氧化铁为脱硫剂的干法脱硫。氧化铁脱硫的基本原理：在常温下沼气通过脱硫机床层，沼气中的硫化氢与活性氧化铁接触，生成三硫化铁，然后含有硫化物的脱硫剂与空气中的氧接触，当有水存在时，铁的硫化物又转化为氧化铁和单体硫。这种脱硫再生过程可循环进行多次，直至氧化铁脱硫剂表面的大部分孔隙被硫或其他杂质覆盖而失去活性为止。

脱硫反应为：$Fe_2O_3 \cdot H_2O + 3H_2S \longrightarrow Fe_2S_3 \cdot H_2O + 3H_2O + 63 \ kJ$

再生反应为：$Fe_2S_3 \cdot H_2O + 1.5O_2 \longrightarrow Fe_2O_3 \cdot H_2O + 3S - 609 \ kJ$

再生后的氧化铁可继续脱除沼气中的硫化氢，上述脱硫反应为放热反应，但是，再生反应比脱硫反应要缓慢。为了使硫化铁充分再生为氧化铁，往往将上述两个过程分开进行，需要准备两套脱硫剂系统或使脱硫沼气净化工艺间歇进行。随着大中型沼气工程的数量增加，相应对脱硫技术提出更高要求，生物氧化脱硫等新型技术应运而生。生物氧化是在有氧的条件下，通过硫细菌的代谢作用将硫化氢转化为单质硫。能将硫化物转化为单质硫的微生物有：光合细菌、反硝化细菌和无色硫细菌 3 种。光合细菌在转化过程中需要大量的辐射能，在经济技术上较难实现，因为废水中生成硫的微粒后，废水变混浊，透光率降低，影响脱硫效率。反硝化细菌在氧化硫化物的过程中需要硝酸盐，技术应用上受到一定限制。在无色硫细菌的微生物类群中，并非所有的硫细菌都能够用于硫化物氧化。有些硫细菌(beggiatoa，thiothrix 和 thiospira)将产生的硫积累于细胞内部，杂菌生长(thio-thrix)还会造成反应器中的污泥膨胀，给单质硫的分离带来麻烦，如果不能及时得到分离就存在进一步氧化的问题，从而影响脱硫效率。所以在脱硫单元运行过程中，必须严格控制反应条件以保证这类微生物的优势生长。近年来这个领域的研究有了很大的突破：硫细菌(thiobaillus)在代谢的过程中可将代谢产物硫颗粒释放到细胞外。在好氧且氧的浓度为生化反应限速因素或者硫化物负荷较高的状态下，可以达到脱硫目的，这种脱硫技术关键是如何根据硫化氢的浓度来控制反应中供给的溶解氧浓度。这种脱硫方法已在德国沼气脱硫中广泛使用，在国内某些工程中也有采用。其优点是：不需要催化剂、不需要处理化学污泥，仅产生很少生物污泥、耗能低、可回收单质硫、去除效率高。

（2）脱硫工艺

沼气净化工艺主要包含脱硫、脱水、脱二氧化碳工序，如图 4-12 所示。大中型沼气池多采用高中温发酵工艺，沼气中所含的硫化氢、饱和水汽较农村户用小型沼气池要高得多。硫化氢在潮湿环境下，对输送沼气管道、有关沼气设备等都有腐蚀危害，而且硫化氢的存在也影响到二氧化碳的脱除。因此脱硫应放在首位，再脱除饱和水分、进一步脱除二氧化碳。

图 4-12　脱硫、脱水、脱二氧化碳顺序

① 吸附与再生：用多孔性固体物质处理流体混合物时，流体中的某一组分或某些组分可被吸引到固体表面并在表面浓集，此现象称为吸附。吸附应用于大气污染控制工程，有害气体或蒸汽被附着到多孔固体表面上而被除去。选择合适的吸附剂，控制

废气与吸附剂的接触时间，可以达到很高的净化效率，此过程也有可能提供被吸附物质（吸附质）的资源化回收。气体吸附的工业应用有：恶臭控制、苯、乙醛、三氯乙烯、氟利昂等有机蒸汽的回收以及工艺过程气流的干燥。用于净化空气污染物的吸附剂主要有：活性炭、铝、矾土和硅胶等。

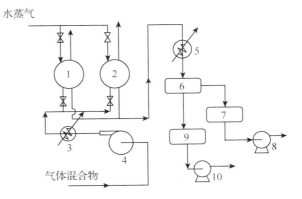

图4-13　固体床活性炭吸附系统

1、2. 吸附剂；3. 冷却器；4. 主风机；5. 冷凝器；
6. 容器；7. 有机物；8. 泵；9. 废水；10. 废水泵

　　被吸附物从吸附剂上分离出来，以使吸附剂重新获得吸附能力的过程称为再生。图 4-13 是典型的固体床活性炭吸附系统，该系统使用了两台水平安放的圆柱形吸附槽，槽内用筛网支撑着圆柱形的颗粒（活性）炭（吸附剂）床层，阀门将每个床层隔开。需处理的废气进入主风机，通过冷却器，冷却可增加单位质量的活性炭对有机物（VOC）的吸附量。冷却后的气流向上通过吸附床层，在吸附层中有机蒸汽被除去，净化后的气体被排出或重新回到工艺过程中去。通过出口烟道中的蒸汽监测器检测废气中的气体浓度，来检测床层的饱和度。当监测器表明最大允许的废气排放浓度已经超过（或穿透）时，废气流自动地切换到已被再生和冷却后的空床层去。饱和床层直接用通至床层顶部的低压水蒸气再生，使被吸附的有机蒸汽从活性炭里赶出，水蒸气和有机蒸汽混合物被冷凝，并在分离器中收集和初分离。若冷凝有机物在水中不溶解，简单的静止分层便可以了，否则需要附加的分离方法（如精馏）。

　　②活性炭法：沼气脱硫可以采用"吸附 + 再生"的工艺方法，活性炭是常选用的吸附剂。活性炭法适用于 H_2S 含量小于 0.3% 的气体和粪便臭气，脱硫率可达99%以上，净化后气体的 H_2S 含量小于 10^{-6} g/m³，其优点在于简单的操作可以得到很纯的硫。选择合适的活性炭，可以除去有机硫化物、H_2S。活性炭吸附反应快、接触时间短、处理气量大。用活性炭吸附 H_2S，吸附后的活性炭通氧气后被转化成单质硫和水，再用 15% 硫化铵水溶液洗去单质硫，生成多硫化铵，多硫化铵溶液用蒸汽加热后重新分解为硫化铵和硫黄，活性炭可继续使用，两个吸附器轮流吸附和再生（图 4-14）。

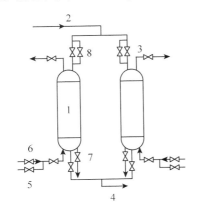

图 4-14　两个吸附器轮流吸附和再生

1. 活性炭吸附器；2. 待净化沼气进口；3. 放空管；
4. 进净口管；5. 氮气管；6. 再生蒸汽管；
7. 废水管；8. 冲压旁路管

4.4.2.2　脱水

　　厌氧消化装置中沼气经常处于水饱和状态，沼气中的水分有下列不良影响：①水分与沼气中的硫化氢（H_2S）产生硫酸，腐蚀管道和设备；②水分凝聚在检查阀、安全阀、流量计等设备的膜片上影响其准确性；③水分能增大管路的气流阻力；④水分会降低沼气燃烧的热值。因此沼气的输配系统中应采取脱水措施，根据沼气用途不同，可用两种方法将沼气去除：①为了满足氧化铁脱硫剂对湿度的要求，对高、中温的沼气温度应进行适当降温，沼气中水蒸气一般采用重力法排除，装置称为"沼气气水分离器"；②在输送管气管路的最低点设置凝水器可将管路中的冷凝水排除。

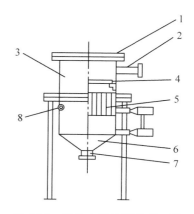

图 4-15　固体床活性炭吸附系统
1. 堵板；2. 出气管；3. 筒体；4. 平置；
5. 竖置；6. 封头；7. 排水管；8. 进气管

为了使沼气的气液两相达到工艺分离要求，常在塔内安装水平及竖直滤网，当沼气以一定的压力从装置上部由切线方向进入后，沼气在离心力作用下旋转，依次经过水平滤网及竖直滤网，水蒸气与沼气由于离心力的差异而分离，水蒸气凝成水滴，沿内壁向下流动，积存于装置底部，定期排除。沼气脱水装置如图 4-15，这种冷凝水分离器按排水方法，可分为人工手动和自动排水两种。

4.4.2.3　脱二氧化碳

石灰水溶液吸收法脱除沼气中的二氧化碳，主要利用氢氧化钙与二氧化碳水生成碳酸钙沉淀，从而去除沼气中的二氧化碳。这种工艺的特点是成本较低。净化产物是碳酸钙和水，不造成二次污染。有关沼气净化，目前主要集中在脱硫的研究，而对于沼气的脱二氧化碳净化研究则几乎是空白，有关的研究报道很少。

4.4.2.4　沼气净化流程

如图 4-16 所示，来自沼气池的沼气在鼓风机 C101 增压到大约 4kPa 后，进入水封器 X101，可以防止停气后倒流。然后从湿法脱硫塔 T101 的底部进入，在脱硫塔中与碱液进行逆流接触，碱液来自于再生槽，吸收完硫化氢和二氧化碳后从底部流出进入再生槽进行吸收剂的再生，在进入干法脱硫塔之前，用脱水器 X102 把沼气里面的水脱除，防止过多的水覆盖在干式脱硫剂的表面，造成脱硫效率下降。然后从干式脱硫塔 T102 的底部进入，穿过填充多孔氧化铁的填料层。从脱硫塔的顶部出去，通过检测其脱硫效率的变化来更换脱硫剂。经过湿法脱硫的粗脱硫和干法脱硫的精确脱硫后，出来的沼气中硫化氢含量已经很低，由于干法脱硫产生水，脱硫后的沼气可能湿度超标，所以必须用脱水器 X103 脱水后才能通过旋转式压缩机 C102 增压后送去用户。由于湿法脱硫产生的热量少，吸收剂本身就可以带走产生的热量，所以不需要进行专门的冷却。干法脱硫产生的热量也比较少，沼气本身可以带走反应热，不需要专门的冷却。

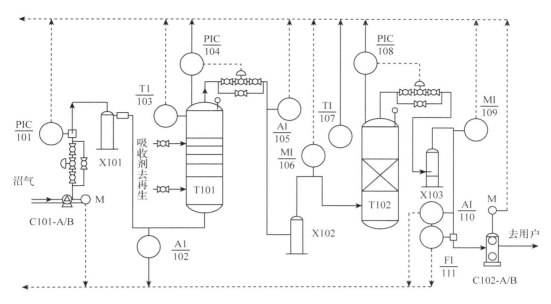

图 4-16　沼气净化带控制点流程图

4.4.2.5　设备选择

脱硫前，沼气中含有的硫化氢，溶入少量的水中生成氢硫酸具有强的腐蚀性。因此，综合考虑主管道采用 PE 管，下面是管径核算范例，实际中须根据处理量来确定主管径。沼气体积流量 Q = 5000/（3600 × 24）= 0.0579 Nm³/s。按照气体管道中气体流速选择标准，可以选择沼气的流速为 10m/s。所以主管径 $d = \sqrt{\dfrac{4Q}{3.14V}} = \sqrt{\dfrac{4 \times 0.0579}{3.14 \times 10}} =$ 0.086m，主管径圆整后取 90 mm。由于球阀的主要特点是本身结构紧凑，密封可靠，结构简单，维修方便，密封面与球面常在闭合状态，不易被介质冲蚀等优点，比较适合于低压沼气场合。进入的净化系统的沼气压力较低，必须增加一定压力后才能进入净化系统，使用一般的罗茨风机即可，数量上为一备一用。为了防止气体倒流入沼气池，在净化车间进口处加装水封器。由于水蒸气遇到冰冷的管壁容易冷凝，所以在管路的最低处设置凝水器是很有必要的，可以人工或自动排水。另外在干法脱硫塔的前后配置脱水器来保证沼气中水分的脱除，确保干法脱硫塔的正常工作和沼气产品的水分含量合格。市场上已经有标准的湿法脱硫塔和干法脱硫塔可供选择，根据实际处理量选择合适的脱硫塔。由于脱硫剂的种类很多，必须从成本和效果方面综合考虑采用哪种脱硫剂合适，建议湿法脱硫选用烧碱溶液，干法脱硫采用氧化铁，既能保证脱硫效果，又具有成本低的优势，另外还具有一定的脱碳和脱水的作用。

4.4.2.6　设备操作

（1）设备运行中要随时监控脱硫效果，如果干式脱硫塔出口硫化氢含量大于 20 mg/Nm³，应立刻停止运行，检修干式脱硫剂和湿法脱硫塔，在确定正常后再恢复运行。

（2）两个脱硫塔都安装有压力传感器，以便随时观察压力的情况。如压力大幅升高，则必须停机检查脱硫塔是否有堵塞，如压力大幅降低，则必须检查是否有管道或脱硫设备破裂、泄露等情况。

（3）在净化车间出口处安装有阻火器，防止管道中回火蔓延到净化车间和发酵池。在净化车间进口处安装水封系统，可以确保净化设备意外产生负压情况下气体倒流回发酵池。

（4）在沼气脱硫塔顶安装防爆阀。它可以防止在所有的压力调节装置失灵的情况下，能安全释放塔内的压力而确保脱硫塔不破裂，当释放完塔内高压气体时立即关闭释压孔，阻断空气的进入避免造成二次爆炸。

（5）加强特殊设备的维护，如确保防爆阀和防爆风机的正常运行，要求定期检查和定期更换。

4.4.3　沼气发电系统

沼气作为内燃机的燃料具有无烟、灰少、不产生污染等优点。由于沼气中含有二氧化碳，使其火焰的传播速度降低，在内燃机内有良好的抗爆性，这样，可允许发动机提高压缩比以获得较高的性能指标。因此，柴油机在使用沼气或双燃料时，可以获得不低于原机的功率。但是，若沼气中 CO_2 含量过高，则会导致发动机启动困难。所以一般来说，CO_2 的含量在 30% 左右是较为理想的。柴油发动机和汽油发动机是最经济的内燃机，这两种发动机在用沼气作为燃料之前必须进行改装，即在化油器前增加一个沼气—空气混合器，从而为燃烧室提供适合的混合气。沼气发动机一般分为压燃式和引燃式两种，压燃式发动机采用柴油—沼气双燃料，通过压燃少量的柴油以点燃沼气进行燃烧做功。这种发动机的特点是可调节柴油/沼气燃料比，当沼气不足甚至停气时，发动机仍能正常工作。引燃式沼气发动机也称全烧式沼气发动机，其特点是结构简单，操作方便，而且无需辅助燃料，适合在大中型沼气工程条件下工作，这种发动机已成为沼气发电技术实施中的主流机组。柴油机改装为引燃式的发动机，除了在化油器前增加沼气—空气混合器之外，还需加装电点火系统，同时增加火花塞。若使用天然气发动机改燃沼气，其混合器内空气阀的通径基本上可以不变，而燃气阀的通径则应增大，调节阀芯的结构形式也应有所改变。空燃比和点火提前角是调整沼气发动机达到最佳性能的关键参数。由于 CO_2 的存在，导致沼气的燃烧速度较低，使沼气作为发动机的燃料时会出现较严重的后燃现象，并使排气温度升高。因此需要使点火角提前或者降低发动机的转速，以获得较高的燃烧效率。

一般来说，对于在 4000 kW 以下的功率范围内，采用内燃机动力装置具有较高的利用效率，否则其经济性较差。对余热进行利用可提高能源利用的综合效率。所以，采用内燃机形式的发电机组并实现热电联产，是目前沼气发电技术应用的较经济和高效率的途径。由于沼气成分含量的不稳定，应对燃料的成分进行监测，并适时调整空燃比，以获得较高的效率。为了使调节准确，应确保进入发动机时的压力稳定，故需要在沼气进气管路上安装稳压装置。另外，为了防止进气管回火发生爆炸，应在沼气供应管路上安置防爆装置。

　　刚产生的沼气除了含有主要成分甲烷和二氧化碳之外，还有一定的水分和少量的硫化氢、氨气以及悬浮的颗粒杂质等。硫化氢具有较强的腐蚀性。若沼气中的硫化氢含量过高，则会影响机组的使用寿命，并导致输气管、调气阀等造成腐蚀、堵塞甚至破坏。燃烧后生成的硫化物的排放还会引起酸雨，导致环境污染。所以，新生成的沼气不能直接作发动机的燃料，必须经过脱硫，同时尽可能地去除水分和其他杂质。所以，沼气发电机组系统的设计和组成，一般要着重考虑以下几个方面：沼气脱硫装置、稳压及防爆装置、进气调节装置、发动机点火装置、控制及调速装置、余热利用系统和并网供电装置。从沼气的特性和发动机运行的经济性能出发，沼气发动机应多工作在中高负荷工况下。为了提高沼气的能源利用率，沼气发电系统一般应采用热电联合生产。电能通过气体发动机或柴油发动机驱动发电机而产生，而热能则从冷却水及所排出的废气中获得。对于小型的沼气发电系统，其产电效率在20%~35%之间，产热效率在50%~55%之间。产电效率除了跟发动机本身的设计和使用性能有关以外，还依赖于沼气中的甲烷含量。沼气发电系统对电能的最经济的使用方式是先满足其建设单位自身的用电需求，然后再将多余的电力并入公共电网；产生的热能也是先满足发酵池的所需，然后再考虑住所、农场的取暖或输送至公用供热网。沼气发电系统的设计应考虑三种运行模式：独立供电运行、并网运行和作为应急备用电源运行。沼气发电系统主要由燃气发动机、发电机和热回收装置组成。净化后的沼气供给燃气发动机，驱动发电机发电。沼气发电机组型号和基本性能参数见表4-21。热回收装置通过水气热量交换回收废气中的余热。

表 4-21　沼气发电机组主要性能

研制单位	产品型号	功率 (kW)	甲烷含量 (%)	比气耗 [m³/(kW·h)]	节油率 (%)	热效率 (%)
四川省农机所	0.8GFZ	1.357	73	0.868	100	23.45
四川省农机所	I95	12.97	89.4	0.37	100	30.7
泰安电机厂	12GFS32	12.85	78.45	0.492	81	31.99
泰安电机厂	10GFS13	11.18	86.5	0.248	62	37.89
南充农机所	195	13.53	70.9	0.322	81	38.8
武汉柴油机厂	195-Z	13.52	71.2	0.40	100	35.39
上海内燃机所	5GFZ	5.62	72.35	0.687	100	26.78
重庆电机厂	1.2kW	1.52	77.05	0.76	100	29

　　沼气发电在发达国家已受到广泛重视和积极推广，如美国的能源农场、德国的可再生能源促进法的颁布、日本的阳光工程、荷兰的绿色能源等。生物质能发电并网在西欧如德国、丹麦、奥地利、芬兰、法国、瑞典等一些国家的能源总量中所占的比例为10%左右，并一直在持续增加。近年来，我国已有许多厌氧反应塔配套安装了沼气发电工程系统，以推动企业实现节能减排和清洁生产。

4.4.4 沼气发电工程案例

浙江某纸业公司主要生产多种规格牛皮箱纸板、高强度瓦楞纸，原料为废纸和商品木浆，生产能力 14×10^4 t/a，废水排放量 3500m³/d，采用厌氧内循环（IC）/好氧联用工艺处理造纸废水，厌氧单元产生的沼气用于发电。

4.4.4.1 沼气发生反应器

发生装置为 IC 反应器，直径 6.5 m，高 24 m，容积 780 m³。设计 COD 负荷为 15 000 kg/d。设计产沼气量 3000 m³/d，产气率（以每千克 COD 计）0.42 m³/kg。在 IC 反应器运行期间，挥发性脂肪酸（VFA）稳定在 2 mol/L~6 mol/L，pH 为 6.5~7.5，温度恒定在 34℃~36℃。由此可知，作为沼气产生源，IC 反应器的稳定运行能为后续的发电系统提供稳定的沼气供应量。相对于 IC 反应器进水，COD 去除率随着 COD 负荷的增加而增加，当 COD 负荷大于 8000 kg/d 时，IC 反应器 COD 去除率大于 70%；当 COD 负荷大于 10 000 kg/d 时，IC 反应器 COD 去除率大于 75%。这说明 IC 反应器具有良好的稳定性能，抗 COD 负荷变化冲击能力强。正常生产时沼气量在 3000 m³/d 左右（测定点压强约为 2×10^5 Pa），平均产气率为 0.38m³/kg，基本达到产气率设计要求。沼气成分分析显示，甲烷体积分数为 60%~64%，二氧化碳体积分数为 32%~35%，平均含硫量为 230 mg/m³，平均含水率为 95%，平均固体颗粒物质量浓度为 250 mg/m³，沼气需经进一步净化处理。

4.4.4.2 净化单元运行

经处理后沼气中的硫化氢和固体颗粒物质量浓度如图 4-17 所示，发电机组对沼气进气的要求见表 4-22。在运行期间，硫化氢质量浓度始终处于 20 mg/m³~50 mg/m³，平均固体颗粒物质量浓度约为 15 mg/m³，平均湿度为 66%，经处理后的沼气已达到发电系统的要求。

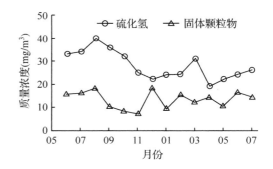

图 4-17 净化后沼气中硫化氢和固体颗粒浓度变化

表 4-22 净化后沼气品质

指标	单位	实测值	发电机要求
温度	℃	37~40	≤45
湿度	%	66	≤80
硫化氢浓度	mg/m³	28	20~50
固体颗粒粒径	μm	1~3	≤3
固体颗粒浓度	mg/m³	15	≤20

4.4.4.3　发电单元沼气发电系统

主要由燃气发动机、发电机和热回收装置组成。净化后的沼气供给燃气发动机，驱动发电机发电。沼气发电机组型号为 LWG500，基本性能参数见表4-23。热回收装置通过水气热量交换回收废气中的余热。

表4-23　沼气发电机主要参数

项目	单位	参数	项目	单位	参数
额定功率	kW	500	后冷器进水温度	℃	32
发动机压缩比	—	11:1	排气温度	℃	≤600
燃气消耗率	J/(kW·h)	9420	发动机启动方式	—	24 V 直流启动

直流电启动余热回收装置型号为 LSY500，包括烟气三通、烟气阀门、高/低温热交换器等。沼气稳压罐体积为 24 m³，有效容积 20 m³。沼气压缩机组型号为 VW4/3，包括前置过滤器、后冷却器等。

4.4.4.4　发电单元运行情况

运行期间的沼气用量和发电量如图4-18 所示。平均沼气用量为 3116 m³/d，平均日发电量为 8600 kW·h，平均月发电量可达 26 700 kW·h，平均排气温度约为 500℃，后冷器进水平均温度约为 32℃。余热大部分用来加热蒸汽，运行期间回用的蒸汽量平均约为 1.1 t/d。采用 BET-TOCCHI 模型对沼气发电系统的经济性分析。

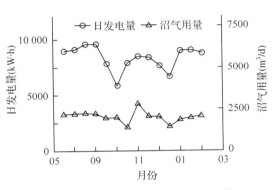

图4-18　发电系统沼气用量和日发电量

（1）支出

总支出费用（C，万元/a）包括固定资产折旧费用（C_{dep}，万元/a）、维修费用（C_{maint}，万元/a）和运行费用（C_{opt}，万元/a），可由下列公式计算：

$$C = C_{dep} + C_{maint} + C_{opt} \tag{4-1}$$
$$C_{dep} = A \times (1 - \psi)/n \tag{4-2}$$
$$C_{maint} = A \times \varphi \tag{4-3}$$
$$C_{opt} = C_{pers} + C_{med} + C_{el} \tag{4-4}$$

式中：A 为总固定资产值，万元；ψ 为残值率，%；n 为使用年限，a；φ 为年维修费率，%；C_{pers} 为人工费用，万元/a；C_{med} 为药剂费用，万元/a；C_{el} 为电费，万元/a。IC反应器、净化系统、发电系统造价分别为 300 万元、200 万元、200 万元。设定使用年限 20 年、残值率 5%，则固定资产折旧费用约为 33.3 万元/a。设定年维修费率为 5%，则维修费用为 35.0 万元/a。以雇用人数 5 人计，则人工费用为 10.0 万元/a。药剂主要是尿素和磷酸二氢盐，包括少部分损耗的脱硫剂（大部分可再生），药剂费用为 40.0

万元/a。以年运行 300 天计算，年用电量为 64.8 万 kW·h，用电单价（r_{Eel}）为 0.576 元/（kW·h），则电费约为 37.3 万元/a。因此，运行费用为 87.3 万元/a，总支出费用为 155.6 万元/a。

（2）收益

总收益（R，万元/a）包括沼气发电收益（R_{Eel}，万元/a）和回收余热收益（R_{Eth}，万元/a），可由下列公式计算：

$$R = R_{Eel} + R_{Eth} \tag{4-5}$$

$$R_{Eel} = r_{Eel} \times E_{el} \tag{4-6}$$

$$E_{th} = r_{Eth} \times E_{th} \tag{4-7}$$

式中：E_{el} 为发电量，万（kW·h）/a；r_{Eth} 为热单价，元/kJ；E_{th} 为余热回收量，MJ/a。

按照运行情况，平均日发电量为 8600 kW·h，以一年正常运行 300 天计算，年发电量为 258 万 kW·h，则沼气发电收益为 148.6 万元。按标煤单量换算，热单价为 18 元/kJ，余热回收量约为 7.2 MJ/a，则回收余热收益为 13.0 万元。因此，总收益为 161.6 万元。

（3）总收支

按式（4-8）计算，总收支（A，万元/a）为 6.0 万元/a，实现收支平衡且略有盈余。

$$A = R - C \tag{4-8}$$

（4）环境效益分析

沼气是典型的低碳生物质燃料，其温室气体排放因子远低于化石燃料。以单位质量燃料排放的二氧化碳量计，沼气约为煤炭的 1/3（质量分数），分别为 748 g/kg、2280 g/kg。根据国家发改委提供的火电厂供电煤耗平均为 360 g/（kW·h），以年发电 258 万 kW·h 计算，理论上沼气发电系统每年节省煤炭 928.8 t，减少 2118 t 二氧化碳排放，节能减排成效显著。

（5）小结

①IC 反应器运行稳定，产沼气量基本在 3000m³/d 左右（测定点压强约为 2×10^5 Pa），平均产气率为 0.38 m³/kg，基本达到产气率设计要求。

②经处理后沼气中硫化氢浓度 20 mg/m³~50 mg/m³，平均固体颗粒物浓度 15mg/m³，平均湿度为 66%，达到发电系统的要求。

③运行期间平均日发电量为 8600 kW·h，回用的蒸汽量平均约为 1.1 t/d。

④整个沼气发电系统总收支为 6.0 万元/a，实现收支平衡且略有盈余。

⑤假设以煤炭替换沼气发电，以年发电 258 万 kW·h 计算，理论上沼气发电系统每年节省煤炭 928.8 t，减少 2118 t 二氧化碳排放，节能减排成效显著。

4.5 污泥的处置和利用

林产化工废水含大量悬浮物和有机物，在沉淀、气浮过程中悬浮物被分离出来，形成污泥，污泥的含水量高达 99.5%~98%。在生物处理过程中，部分有机物被转化为厌氧污泥和好氧污泥；在深度处理过程中，废水中残存的悬浮物和有机物被转化为化学污泥。林产化工废水处理后产生的污泥含大量有机质和无机盐，有潜在的资源化利用价值，同时可能含大量重金属元素、病原菌、病毒微生物和有毒性的有机物。因此，其产生、储存、处理、处置及资源化利用过程中均可能危害环境，随着污泥填埋标准、农用标准的提高，污泥的处置和管理已成为世界性的环境问题。

污泥的危害主要表现在：污泥易腐变臭、易污染土壤和地下水、侵占土地，还可能污染河流、湖泊及海洋等地表水体，其中的重金属和毒性有机物易通过生态系统中的食物链迁移富集，对生态环境和人类健康具有长期潜在的危害性。很多林产化工废水处理工程在运行时，常常重视对废水的处理，却忽视了污泥的处理处置，日积月累，污泥随处堆放，造成污泥的"二次污染"。因此，对每一项林产化工废水处理工程，必须重视污泥处理处置工艺的设计、建造和设施的运行，对废水和污泥同时妥善处理，才可认为完成了林产化工废水的处理任务。

4.5.1　污泥特性

描述污泥特性的主要指标有：①含水率与含固率；②挥发性固体；③污泥中的有毒有害物质；④污泥比重；⑤污泥的脱水性能。污泥的脱水性能是衡量污泥处置难易的重要指标。

4.5.1.1　污泥种类

多年来，把废水处理产生的污泥分为两类：初沉污泥和生物污泥。随着我国政府对工业废水处理要求的提高，大多数林产化工废水都必须进行三级深度处理，随之产生了大量的化学污泥，该污泥被列为第三类污泥。

（1）初沉污泥

初沉污泥系指废水进入初沉池后，由于地球重力作用，废水中的悬浮物逐渐沉入池底形成的污泥。正常运行情况下的初沉污泥多为棕色和略带灰色，当污泥在池底储存较长时间后，颜色变深至灰色或黑色，并散发出霉腥气味。初沉污泥通常固含量1%~4%之间，固含量的高低决定于废水种类、特性和初沉池的排泥操作时间。

初沉污泥的水力特性即其流动性、混合性很复杂。当污泥的固含量小于1%时，其流动性与废水基本一致。当污泥的固含量大于1%时，如在管道内流速较低(1.0 m/s~1.5 m/s)，污泥呈层流状态，流动性受黏度影响较大，污泥流动阻力比废水大；如在管道内流速大于1.5m/s时，污泥为紊流，污泥的黏滞性可消除由管壁形成的涡流，污泥流动阻力比废水小。因此，污泥管道内流速应控制在1.5m/s以上，以降低阻力。但当污泥固含量大于6%时，污泥的混合性、泵送性能变差。

（2）活性污泥

活性污泥系指从好氧、兼氧和厌氧生物处理系统中排出的多余的污泥，又称剩余污泥。正常的好氧活性污泥外观呈黄褐色絮状，带土腥味。兼氧和厌氧活性污泥外观多呈灰黑色，霉腥气味较重，固含量多在0.5%~0.8%之间，好氧活性污泥固含量在下限，兼氧和厌氧活性污泥固含量在上限。活性污泥含有机物在70%左右，有机物含量的高低与废水初沉处理和污泥泥龄控制有关。由于活性污泥的固含量多小于1%，其流动性及混合性与废水性质基本一致。

对同一个水处理工程，运行产生的好氧污泥量较大，脱水困难，处理成本较高。而兼氧和厌氧污泥量较少，特别是呈颗粒状、沉降性良好的厌氧污泥，是市场上紧俏的商品，可产生一定的经济效益。

（3）化学污泥

化学污泥系指废水三级处理产生的污泥。传统的有混凝沉淀形成的污泥，近年出现的有深度氧化产生的污泥，如臭氧氧化、次氯酸盐氧化和芬顿氧化工艺。污泥的色泽呈多样性，如用铁盐作混凝剂时，污泥呈暗红色。化学污泥的特点是无机盐成分含量较高，气味小，浓缩脱水容易，有利于干化处理。近年我国废水处理进入三级处理阶段，三级处理产生的化学污泥量呈不断上升趋势，必须密切关注化学污泥金属盐对环境潜在的"二次污染"。

4.5.2 污泥水分

（1）污泥中水的形态

污泥中水有多种形态，一般分为4种（图4-19）。①空隙水。系指存在于污泥颗粒之间的游离水，占污泥中总含水量的65%～85%，它和污泥没有直接的结合，因而容易分离，污泥在浓缩池停留数小时就可将绝大部分空隙水从污泥中分离出来。②毛细水。系指在固体颗粒接触面上由毛细压力结合，或充满于固体本身裂隙中的水分，污泥颗粒之间的毛细管水，约占污泥中总含水量的15%～25%，去除毛细水须施以与毛细水表面张力

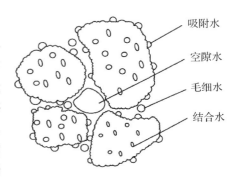

吸附水
空隙水
毛细水
结合水

图4-19 污泥中的水分形态

的合力相反方向的作用力，如离心机的离心力、真空过滤机的负压力、电渗力或热渗力等，方可达到去除的目的。③吸附水。系指吸附在污泥颗粒表面上的水分，由于污泥颗粒体积小，具有较强的表面吸附能力，浓缩和机械脱水均难以使吸附水分离。是比毛细水更难分离的水，此类水分分离须采用电解质作为混凝剂辅助进行。④结合水。系指污泥颗粒内部主要以氢键连接的化学结合水，只有改变颗粒的内部结构，才可能使结合水分离。吸附水和结合水一般占污泥总含水量的10%，只有通过高温加热和焚烧等方法，才能将这两部分水分分离出来。

（2）污泥的含水率

含水率系指单位质量污泥所含水分的质量分数。

$$P = \frac{m_w}{m_s + m_w} \times 100\%$$

即

$$P = m_w/(m_w + m_x) \times 100\% \tag{4-9}$$

式中：P 为污泥的含水率，%；m_w 为污泥中的水分质量；m_s 为污泥中的干固体质量。

污泥含水率一般都相当大，相对密度接近于 1。在污泥的浓缩过程中，可用下式来换算体积、质量和干固体含量之间的关系：

$$\frac{V_1}{V_2} = \frac{m_{s1}}{m_{s2}} = \frac{100 - P_2}{100 - P_1} = \frac{C_2}{C_1} \tag{4-10}$$

式中：V_1，m_{s1}，C_1 为含水率为 P_1 时的污泥固体体积、质量及干固体质量浓度；V_2，m_{s2}，C_2 为含水率为 P_2 时的污泥固体体积、质量及干固体质量浓度。

式（4-10）适用于含水率为 65% 以上的污泥，因为当 $P < 65\%$ 时，污泥的体积由于颗粒具有弹性，不再收缩。

当污泥的含水率低至污泥颗粒之间的空隙不再被水填满时，就形成泥饼，泥饼具有体积大体不变的特点，可用下列公式计算：

$$V = \frac{m_s}{(1 - \varepsilon)\rho_s\rho_w} \tag{4-11}$$

式中：V 为泥饼体积，L；m_s 为污泥中的干固体质量，kg；ρ_w 为水的密度，kg/L；ρ_s 为干固体的相对密度；ε 为污泥孔隙率，一般为 40%~50%。

（3）湿污泥密度

湿污泥的质量等于单位体积所含水分质量与固体物质之和。湿污泥的质量与同体积水的质量之比，称为湿污泥的密度。用公式表示为：

$$\rho = \frac{P + (100 - P)}{\rho_s + \dfrac{(100 - P)}{\rho_s}} = \frac{100\rho_s}{P\rho_s + (100 - P)} \tag{4-12}$$

式中：ρ 为湿污泥的相对密度；P 为污泥的含水率，%；ρ_s 为干固体的相对密度。

若固体中挥发性固体所占百分数为 P_v，挥发性固体密度为 ρ_v，固体密度为 ρ_i，则干污泥的平均密度 ρ_s 为：

$$\rho_s = \frac{100\rho_v\rho_i}{100\rho_v + P_v(\rho_v - \rho_i)} \tag{4-13}$$

湿污泥的平均密度为：

$$\rho = \frac{25\,000}{250P + (100 - P)(100 + 1.5\rho_v)} \tag{4-14}$$

污泥含水率很高，一般含水率达 99.0%~99.8%，体积很大，对处理、处置和运输都造成困难，故必须先进行浓缩，缩小污泥体积。浓缩后的污泥近似糊状，含水率为 95%~98%。浓缩脱去的主要是污泥中的间隙水，当污泥的含水率由 99% 降为 96% 时，体积可缩小至原来的 1/4，但仍保持其流动特性，可用泵输送方便运输，浓缩可大大降低运输费用和后续处理费用。污泥的浓缩主要有重力浓缩、气浮浓缩、离心浓缩等方法。

（4）挥发性固体和灰分

挥发性固体（VSS）代表污泥中有机物的含量，又称灼烧减重。灰分代表无机物的含量，又称固定固体。灰分可通过烘干、高温（550℃、600℃）焚烧称重测得。

（5）污泥的可消化程度

污泥中有一部分易于分解为甲烷（CH_4）、二氧化碳（CO_2）和水；另一部分不易或不能被分解，如纤维素、脂肪、聚乙烯、橡胶制品等。生物固体的可消化程度表示生物固体中挥发性成分被消化分解的百分数，它是生物固体消化的技术界限。

（6）污泥比阻

污泥比阻反映了污泥的脱水性能，可用于确定最佳的混凝剂种类及其投加量、最合理的过滤压力及计算过滤产率等。

污泥比阻的定义是指单位过滤面积上，固体滤饼单位质量所受的阻力：

$$\gamma = \frac{2pA^2b}{\mu\omega}$$

式中：γ 为污泥比阻，m/kg；p 为过滤压力，N/m^2；A 为过滤面积，m^2；b 为污泥性质系数，s/m^6；μ 为滤液动力黏度，$Pa \cdot s$；ω 为单位体积滤液产生的滤饼干重，kg/m^3。

污泥比阻是表示污泥过滤特性的综合性指标，它的物理意义是：单位质量的污泥在一定压力下过滤时在单位过滤面积上的阻力。求此值的作用是以此比较不同的污泥或同一污泥加入不同量的混凝剂后的过滤性能。污泥比阻越大，过滤性能越差。在污泥中加入混凝剂、助滤剂等化学药剂，可使比阻降低，脱水性能得到改善。

污泥滤水速度为：

$$\frac{dv}{dt} = \frac{PA^2}{\mu(rCV + RmA)}$$

式中：dv/dt 为过滤速度，m^3/s；v 为滤出液体积，m^3；t 为过滤时间，s；P 为过滤压力，N/m^2；A 为过滤面积，m^2；C 为单位体积滤出液所得滤饼干重，kg/m^3；r 为污泥过滤比阻抗，m/kg；Rm 为过滤开始时单位过滤面积上过滤介质的阻力，m/m^2；μ 为滤出液的动力黏滞度，$N \cdot s/m^2$。当过滤压力 P 为常数时，积分得：

$$\frac{t}{V} = \left(\frac{\mu rC}{2PA^2}\right)V + \frac{\mu R_m}{PA}$$

由该公式可看出，$t/V \sim V$ 呈直线关系，设 $\frac{\mu rC}{2PA^2}$ 为常数 b，该公式即为污泥比阻公式：

$$r = \frac{2bPA^2}{\mu C} \tag{4-15}$$

式中：A 为滤纸或滤布的面积，m^2；P 为真空产生的负压，N/m^2；μ 可近似取相应温度时水的黏度，$N \cdot s/m^2$；将 A、P、b 等值代入式（4-15）、式（4-16），即得该泥样的比阻。

污泥比阻的评价范围：①比阻测定过程与真空过滤脱水过程基本相近，因此比阻能非常准确地反映出污泥的真空过滤脱水性能；②比阻也能比较准确地反映出污泥的压滤脱水性能；③比阻不能准确地反映污泥的离心脱水性能，因为该过程与比阻测定过程相差甚远。

常见污泥的比阻值范围见表 4-24。显然，一般污泥的比阻值都要远高于机械脱水所要求的比阻值。因此，机械脱水前需要采取必要的调理预处理措施降低污泥比阻。

表 4-24　污泥的比阻值

污泥种类	比阻值（×10¹² m/kg）	污泥种类	比阻值（×10¹² m/kg）
初沉污泥	46~61	消化污泥	124~139
活性污泥	165~283	污泥机械脱水的要求	1~4
化学污泥	5~40		

有专用的装置测定比阻，如图 4-20 所示，主要包括布氏漏斗、过滤介质、抽滤器、量筒、真空表和真空泵等部分。主要测定程序如下：

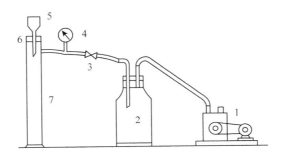

图 4-20　污泥比阻的测定装置

1. 真空泵；2. 吸滤瓶；3. 真空调节阀；4. 真空表；
5. 布氏漏斗；6. 吸滤垫；7. 量筒

①准备好待测泥样，泥样量一般为 50 mL~200 mL 之间。该泥样应已测得其含固量。

②对于真空过滤，则在布式漏斗的金属承托网上铺一层滤纸，并用少许蒸馏水润湿。对于带式压滤脱水，则在金属承托网上铺一层脱水用滤布，用蒸馏水润湿。

③将 50 mL~200 mL 污泥样均匀倒入漏斗内的滤纸或滤布上，静置一段时间，直至漏斗底部不再有滤液流出。该段时间一般约 2 min。

④开启真空泵，至额定真空度（一般为 380 mmHg）时，开始记录滤液体积，每隔 15s 记录一次，直至漏斗污泥层出现裂缝，真空被破坏为止。在该过程中，应不断调节控制阀，使真空度保持恒定。

⑤从滤纸上取出部分泥样，测其含固量 $C\mu$；从量筒内取部分滤液，测其含固量 Ce，并测其温度。将记录的过滤时间 t 除以对应的滤液体积 V，得 t/v 值，以 t/v 为纵坐标，以 V 为横坐标作图，该图曲线的直线段部分的斜率即为 b 值（s/m⁶）。

⑥ω 值可用下式计算：

$$\omega = C\mu(C_0 - Ce)/(C_0 - C\mu) \tag{4-16}$$

【实例计算】某处理厂初沉污泥经浓缩后，含固量为 5.1%，经比阻试验后，滤纸上污泥的含固量为 26.3%，滤液的含固量为 0.52%，温度为 20℃。比阻测定中的真空负压为 380 mmHg，滤纸的过滤面积为 78.5 cm²，t/v —— V 曲线上直线段斜率为 0.025s/cm⁶。

试计算该种污泥的比阻。

解：已有数据及单位换算为

$A = 78.5 \text{cm}^2 = 7.85 \times 10^{-3} \text{m}^2$

$P = 380 \text{mmHg} = 4.9 \times 10^4 \text{N/m}^2$

$b = 0.025 \text{s/cm}^6 = 2.5 \times 10^{10} \text{s/m}^6$

20℃时，取 $\mu = 1.029 \times 10^{-4} \text{kg} \cdot \text{s/m}^2 = 1.029 \times 10^{-3} \text{N} \cdot \text{s/m}^2$，$C_0 = 5.1\%$，$C\mu = 26.3\%$，$Ce = 0.52\%$。

将 C_0、$C\mu$、Ce 代入式(4-16)，得

$\omega = 26.3\% \times (5.1\% - 0.52\%)/(26.3\% - 5.1\%) = 5.68\% \approx 56.8 \text{ kg/m}^3$

将 A、P、b、μ、ω 值代入式(4-15)，得污泥过滤比阻：

$r = 2 \times 4.9 \times 10^4 \times 7.85 \times 10^{-3} \times 7.85 \times 10^{-3} \times 2.5 \times 10^{10}/(56.8 \times 1.029 \times 10^{-3}) = 2.58 \times 10^{12} \text{m/kg}$

即该污泥样品的比阻值为 2.58×10^{12} m/kg。污泥的毛细吸水时间系指污泥中的毛细水在滤纸上渗透 1cm 距离所需要的时间，常用 CST 表示。有专用的 CST 测定装置，主要包括泥样容器、吸水滤纸和计时器三部分。

r 和 CST 是衡量污泥脱水性能的两个不同的指标，各有优缺点。一般来说，比阻能非常准确地反映出污泥的真空过滤脱水性能，因为比阻测定过程与真空过滤脱水过程是基本相近的。比阻也能较准确地反映出污泥的压滤脱水性能，但不能准确地反映污泥的离心脱水性能，因为离心脱水过程与比阻测定过程相差甚远。CST 适用于所有的污泥脱水过程，但要求泥样与待脱水污泥的含水率完全一致，因 CST 测定结果受污泥含水率的影响非常大。例如，同一污水处理系统产生的污泥，不管排泥浓度高低，其脱水性能应是相同的，其 CST 值也应相等。但实测 CST 时，含水率越大，CST 也越大。另外，比阻 R 测定过程较复杂，受人为因素干扰较大，测定结果的重现性较差；CST 测定简便，测定速度快，测定结果也较稳定，因此在实际运行控制中一般都采用 CST 作为污泥脱水性能指标。

（7）污泥的热值和可燃性

污泥的主要成分是有机物，可以燃烧。污泥的热值可用弹式量热器测定。不同类型的污泥，其干基热值有所不同（表4-25）。

表 4-25　污泥的热值

污泥种类	干基热值（kJ/kg）	污泥种类	干基热值（kJ/kg）
初次沉淀池污泥		消化污泥	6730~8110
新鲜污泥	15 800~18 162	初沉污泥与活性污泥混合	
消化污泥	7190	新鲜污泥	16 929
初沉污泥与腐殖污泥混合		消化污泥	7440
新鲜污泥	14 880	新鲜活性污泥	14 880~15 190

污泥燃烧热值的经验公式有：

$$Q = 2.3224a\left(\frac{100 - P_v}{100 - G} - b\right)\left(\frac{100 - G}{100}\right)$$

式中：Q 为污染燃烧的干基热值，kJ/kg；P_v 为挥发性固体百分率，%；G 为在污泥脱水时投加的无机混凝剂量（占污泥干固体质量分数），但用有机聚会物时 $G = 0$；a、b 为经验系数，与污泥性质有关，见表 4-26、表 4-27。

表 4-26 污泥的 a、b 值

污泥种类	a	b
新鲜污泥和消化污泥	131	10
新鲜化学污泥	107	5

表 4-27 污泥的主要特性

特性	1	2	3	4
C(%)	63.4	65.6	55.0	51.8
H(%)	8.2	9.0	7.4	7.2
O(%)	21.0	20.9	33.4	38.0
N(%)	4.3	3.4	3.1	3.0
S(%)	2.2	1.1	1.1	—
挥发物(%)	47.9	72.5	51.4	82.0
干基热值(kJ/kg)	14 317	21 088	13 050	17 138

另有人提出线性方程式。

对新鲜活性污泥：$Q = 160.72 P_v^{1.085}$

对初次沉淀污泥：$Q = 197.42 P_v^{1.085} - 1626$

根据经验，污泥的干基热值与焚烧存在以下关系：

①$Q < 3340\text{kJ/kg}$，可燃烧但需辅助燃料；

②$Q \in [3340, 4180]\text{kJ/kg}$，可燃烧但废热利用价值不大；

③$Q \in [4180, 5000]\text{kJ/kg}$，焚烧供热、发电均可行；

④$Q \geq 6000\text{kJ/kg}$，可稳定燃烧供热或发电。

由表 4-25 可见，各类污泥的干基热值均大大超过 6000kJ/kg，所以干污泥具有良好的可焚烧性。但考虑到工程实际中，污泥脱水后含水率多在 70%~80%，且干污泥中有机物只占 70% 左右，可以对湿污泥的燃烧值估计如下：

取干基热值高的新鲜污泥，其热值平均约为 $Q_干 = 16\,000\text{kJ/kg}$。

当含水率为 80% 时，$Q_湿 = Q_干(1 - 80\%) = 3200\text{kJ/kg}$

当含水率为 70% 时，$Q_湿 = Q_干(1 - 70\%) = 4800\text{kJ/kg}$

因此，湿污泥的焚烧性不理想，一般需加辅助燃料方可稳定燃烧。新鲜污泥热值较高，消化污泥热值较低，一般需加辅助燃料方可稳定焚烧。

（8）污泥毒性与环境危害性

污泥的毒性和危害性主要因其含有毒有机物、致病微生物和重金属 3 类物质。美国环保局提出污泥农用处置规范中，特别提出需要监测的主要是难分解的有机氯杀虫剂，如艾氏剂/狄氏剂、苯并芘、氯丹、七氯、六氯代苯、多氯联苯等。由于这类优控污染物含量较高，农用后作物中含量可能比未施用时土壤的培养物高出 10 倍以上，因此对环境和人类具有长期的危害性。

污泥中含有比废水中数量高得多的病原物，主要有细菌类、病毒和虫卵等。常见的细菌有沙门氏菌、志贺氏菌、致病性大肠杆菌、埃希氏杆菌、耶尔森氏菌和梭状芽孢杆菌等。常见的病毒有肝炎病毒、呼肠病毒、脊髓灰质炎病毒、柯萨奇病毒、轮状病毒等，常见的虫卵有蛔虫卵、绦虫卵等。因此，污泥必须经过处理处置方可资源化利用。当污泥所含重金属、病原物或毒性有机物等超过农用标准时，它将对土壤产生污染甚至长期危害，并通过食物链影响动物和人类的身体健康，对生态系统产生重要影响。

研究表明，重金属及类金属对农作物、土壤微生物活动及土壤肥力均有影响。英格兰 WOBURN 田间实验得出结果：污泥施入土壤经 33 年后，土壤中的 Zn、Cd 的可提取性和生物有效性并无下降，即使土壤重金属浓度适中，重金属也会对微生物活动、豆类作物的根瘤菌群以及微生物有不良影响。另外，重金属在土壤中的迁移与转化等环境化学行为相当复杂，对植物也可能存在毒害作用，因此应当予以高度重视。对于林产化工废水污泥，重金属含量往往超过了农业回用标准，不宜用于农田。

4.5.3 污泥处理处置

污泥的处理和处置是两个不同的概念。污泥的处理方法主要包括：浓缩、消化、预处理(药剂处理、热处理)、脱水、干燥等。污泥的处置方法主要包括：填埋、肥料农用、焚烧及资源化利用等。污泥的处理在前，污泥的处置在后。

典型的污泥处理工艺如图 4-21 所示，有四个处理阶段。第一步污泥浓缩，主要目的是分离出大部分空隙水，使污泥初步减容，缩小后续处理构筑物容积和设备容量。第二步污泥消化，将使大部分有机污泥得到矿化。第三步污泥调理，使用化学药剂等将大部分污泥空隙水和部分毛细水得到分离。第四步污泥处置，干化的污泥采用某种途径予以消纳。对于大型市政污泥处理厂，上述四步是必备的。但对林产化工废水来说，由于废水性质的差异或从工艺设计考虑，往往省去了污泥消化这一步，这样就增加了第三步污泥脱水的技术要求和处理的费用。

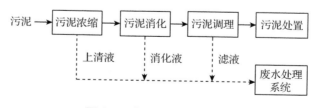

图 4-21　污泥处理工艺流程

污泥处理后，实现以下四化：

(1)减量化

污泥含水量高、体积大，呈沉淀性。经上述流程处理后，污泥体积减至原来的十几分之一，且有液态转化为固态，便于运输和消纳。

（2）稳定化

污泥中有机物含量高，极易腐败并产生恶臭，经消化处理后，易腐败的部分有机物被分解转化，不易再腐败，恶臭大大降低，方便运输及处置。

（3）无害化

污泥中常含有大量病原菌，寄生虫卵及病毒，经过上述消化流程，可杀灭大部分蛔虫、病原菌和病毒，大大提高污泥的卫生指标。

（4）资源化

污泥是一种资源，热值多在 10 000 ~ 15 000kJ 之间，高于煤和焦炭，因此干化后的污泥可作燃料。无机物含量高的污泥，干化后可作建筑材料。

4.5.3.1　污泥浓缩

污泥的浓缩可使污泥含水率从 99.5% 降至 98.0% 或更低，污泥体积缩小到原来的 1/3。污泥浓缩主要有重力法、气浮法和离心法等。

（1）重力浓缩法

重力浓缩法本质上是一种沉淀工艺，属于压缩沉淀。浓缩前由于污泥浓度很高，颗粒之间彼此接触支撑。浓缩开始后，在上层颗粒的重力作用下，下层颗粒间隙水被挤出界面，颗粒之间相互拥挤得更加紧密。通过这种拥挤和压缩过程，污泥浓度进一步提高，从而实现污泥浓缩。重力浓缩是污泥预处理最经济有效的方法，特别是对剩余污泥的处理，尤其不可缺少。

大型浓缩池采用辐流式结构（图 4-22），直径一般为 5m ~ 20m 的圆形钢筋混凝土构筑物。池底坡度一般为 1/100 ~ 1/12，污泥在水下的自然坡度角为 1/20。进泥口设在池的中心，池周围设溢流堰。自进泥口进入的污泥向池的周围缓慢流动的过程中，固体粒子得到沉降分离，分离液则从溢流堰流入满流槽。被浓缩的污泥经刮泥机刮集到池子中心，然后经排泥管排出，排泥口装有泥浆泵。

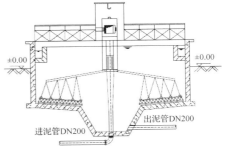

图 4-22　辐流式污泥浓缩池

在刮泥机上安装搅拌杆，随刮泥机缓慢旋转，线速度为 2cm/s ~ 20cm/s，搅拌杆可提高浓缩效果，缩短浓缩时间 4h ~ 5h。通常，进泥可用离心泵，排泥需用活塞式隔膜泵或柱塞泵等。

对小型废水处理工程，也用竖流式浓缩池，斗的锥角设计为 55° 以上，便于浓污泥滑入锥斗（图 4-23）。

重力浓缩法是利用自然的重力沉降作用，使间隙水从污泥中分离出来。在工程实际应用中，构造污泥浓缩池进行重力浓缩。重力浓缩池分为

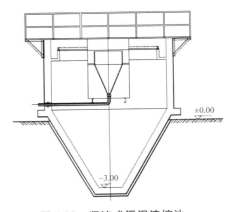

图 4-23　竖流式污泥浓缩池

间歇式和连续式两种，前者主要用于小型废水处理设施，后者用于大中型废水处理厂。重力浓缩法操作简便，维修管理和动力费用低，但占地面积较大。

污泥浓缩还有气浮法和离心法，这两种方法占地少、造价低、浓缩度高、处理时间短、污泥不易腐败发臭，但运行费用、维修费用高，经济性差，在我国应用较少。

（2）气浮浓缩法

气浮浓缩法与重力浓缩法相反，该法是依靠大量微小气泡附着于悬浮污泥颗粒上，以减小污泥颗粒的密度而强制上浮，使污泥颗粒与水分离。气浮浓缩适合于粒子易于上浮的疏水性污泥，或悬浮液很难沉淀且易于凝聚的情况。

与重力浓缩法相比，气浮浓缩法具有多方面的优点，主要表现为：①浓缩度高，污泥中的固体物可浓缩到 5%~7%；②固体物质回收率高达 99% 以上；③停留时间短，浓缩速度快。其处理时间为重力浓缩所需时间的 1/3 左右。设备紧凑，占地面积小；④操作弹性大，对于污泥负荷变化及四季气候变化均能稳定运行；⑤由于污泥混入空气，创造了好氧环境，污泥不易腐败发臭。

其主要缺点是基建费用、操作费用较高，管理要求高。

气浮法有多种形式，除普通溶气上浮外，还有真空气浮、加压气浮和生物气浮等。在美国广为使用的是加压上浮法，特别适合难浓缩的剩余活性污泥的处理。

（3）离心浓缩法

离心浓缩法的原理是利用污泥中水固不同的密度，造成不同的离心力进行浓缩。该法占地面积小，造价低，但运行费用与机械维修费用高，经济性较差，一般很少用于污泥浓缩，但对其他方法难以浓缩的某些剩余活性污泥，可以考虑试验采用此法。离心浓缩机主要有盘喷嘴式、转盘式、篮式和转筒式等。

4.5.3.2　污泥的消化处理

污泥的消化处理系指在人工控制条件下，通过微生物的代谢作用，使污泥中的有机质稳定化的过程。污泥的消化分为厌氧消化和好氧消化两种，通常说的污泥消化是指厌氧消化。厌氧消化是在微生物的作用下通过液化、酸性发酵和碱性发酵 3 个阶段后产生沼气的过程。污泥消化的主要控制因素：

（1）温度

温度适宜时，细菌发育正常，有机物分解完全，产气量高。根据操作温度的不同，可将厌氧消化分为：①低温消化，不控制消化温度（≤30℃）；②中温消化，消化温度为 30℃~37℃；③高温消化，消化温度为 50℃~56℃。实际上，在 35℃~37℃ 的温度范围内，是产甲烷菌大量生长繁殖的适宜条件。温度的稳定，有利于产甲烷菌对污泥有机物的分解。在厌氧消化操作中，应尽量保持温度恒定。

（2）污泥投配率

污泥投配率系指每日加入消化池的新鲜污泥体积与消化池有效体积的比率，以百分数计。根据经验，中温消化的新鲜污泥投配率以 6%~8% 为宜。在设计时，新鲜污泥投配率可在 5%~12% 之间选用。若要求产气量多，采用下限值；若以处理污泥为主，则可采用上限值。一般来说，投配率大，则有机物分解程度减少，产气量下降，所需消化池容积小；反之，则产气量增加，所需消化池容积大。

（3）营养盐

消化池的营养盐由投配污泥供给，营养配比中最重要的是 C/N 比。C/N 太高，细菌所需的氮量不足，消化液缓冲能力降低，pH 值容易下降；C/N 太低，含氮量过多，pH 值可能上升到 8 以上，脂肪酸的铵盐发生累积，使有机物的分解受到抑制。据研究，各种污泥的 C/N 比情况见表 4-28。对于污泥消化处理来说，C/N 比以（10~20）:1 较合适。因此，初沉池污泥的消化较好，剩余活性污泥的 C/N 比约为 5:1，不宜单独进行消化处理。

表 4-28　污泥的各基质含量及 C/N 比

基质名称	初沉池污泥	剩余活性污泥	混合污泥
碳水化合物(%)	32.0	16.5	26.3
脂肪、脂肪酸(%)	35.0	17.5	28.5
蛋白质(%)	39.0	66.0	45.2
C/N 比	(9.4~10.35):1	(4.6~5.04):1	(6.80~7.5):1

4.5.3.3　污泥的调理

调理可帮助提高污泥浓缩和脱水效率，由于有机污泥是以有机物微粒为主体的悬浮液，和水有很大亲和力，难以过滤脱水。为了提高厌氧消化、过滤和脱水处理的有效性，以及改善污泥的卫生性能，进行调理是十分必要的。污泥调理后，有利于后续堆肥、焚烧、运输、填埋以及土地利用。

调理的方法可分为化学法、物理法和生物法。化学调理运用一种或多种化学添加剂以改变污泥的特性，添加剂如臭氧、酸、碱和酶。物理调理是运用物理方法来改变污泥性质，主要有洗涤、热处理、冻融处理，或利用机械能、高压、超声波及辐射处理等。生物调理是指好氧或厌氧消化过程。

化学调理主要使用混凝剂、助凝剂。混凝剂主要有铝系、铁系两大类。铝系化合物有硫酸铝、明矾、三氯化铝等。铁系化合物有三氯化铁、氯化绿矾、绿矾、硫酸铁等。近年聚合氯化铝、聚合氯化铁应用最为广泛。助凝剂主要有石灰、硅藻土、酸性白土、珠光体、污泥焚烧灰、电厂粉尘、水泥窑灰等惰性物质，其本身不起混凝作用，而在于调节 pH，改变污泥的颗粒结构，破坏胶体的稳定性，提高混凝剂的混凝效果，增强絮体强度。

混凝剂和助凝剂的使用方法有两种：一种是直接加入污泥中，投加量 10 mg/L~100 mg/L；另一种是配制成 1%~6% 的糊状物。石灰、水泥窑灰等助凝剂是一类较好的污泥调理剂，较适合于生污泥的调理与稳定化。它可以使污泥的 pH 值提高到 11 以上，从而显著降低由沙门氏菌、绦虫、孢囊线虫和许多其他病原物所造成的潜在危害。

有机高分子絮凝剂分为合成高分子絮凝剂和天然高分子絮凝剂。高分子絮凝剂的主要种类见表 4-29。合成高分子絮凝剂的主要产品是聚丙烯酰胺（PAM），分为阴离子型、阳离子型和两性型。它是性能优良的合成高分子絮凝剂，其产品占整个絮凝剂产销量的80%，除了PAM系列外，有应用价值的还有聚乙烯亚胺、聚苯乙烯磺酸、聚乙烯吡啶等絮凝剂。

表4-29 高分子絮凝剂的主要种类

聚合度	分子量	离子型	名 称
低聚合度	1000至数十万	阴离子型	藻朊酸钠、羧甲基纤维素等
		阳离子型	水溶性苯胺树脂、聚硫脲、聚乙烯亚胺等
		非离子型	水溶性淀粉、水溶性尿素树脂等
		两性型	动物胶、蛋白质等
高聚合度	100万~2000万	阴离子型	水解聚丙烯酰胺、聚丙烯酸钠、聚苯乙烯磺酸等
		阳离子型	聚乙烯吡啶盐、聚乙烯亚胺等
		非离子型	聚丙烯酰胺、聚氧化乙烯等

天然高分子絮凝剂及其改性制品，主要有藻朊酸钠、羧甲基纤维素等纤维素衍生物，羧甲基淀粉等水溶性淀粉衍生物、改性植物胶等植物胶衍生物、壳聚糖衍生物等等，这类絮凝剂一般属于无毒性产品，适于作饮用水源水和食品行业等强化固液分离助剂。除了上述各种混凝剂外，生物絮凝剂开始受到重视，它是由某些微生物在适宜的生理条件(如营养物质、温度等)下，把糖类等转化为黏多糖—微生物胶(微生物分泌的高分子物质)。近年人们对微生物絮凝剂的基础研究做了大量工作，提出微生物絮凝剂性能主要由染色体上和染色体外的絮凝遗传基因决定，已从其絮凝性的酵母菌体细胞中分离出相对分子量为37 000的多肽和氨基酸类物质，将提高絮凝剂活性的研究引向深入。

4.5.3.4 浓缩污泥的脱水

污泥经浓缩后，含水率降低至95%~97%，浓稠但可用管道输送。必须进一步脱水，使之成为固态，便于后续运输、堆肥、焚烧、填埋或建筑材料利用。污泥脱水分为自然干化脱水和机械脱水两大类。自然干化系将污泥摊置到由级配砂石铺垫的干化场上，通过蒸发、渗透和清液溢流等方式，实现脱水。这种脱水方式比较适于小型林产化工企业的污泥处理，但维护管理工作量大，还须注意臭气对周边可能产生的影响。

（1）自然干化

浓缩污泥的自然干化是成本较低的脱水方式，分为晒砂场与干化场两种。前者用于沉砂池沉渣的脱水，后者用于初沉池污泥、腐殖污泥、消化污泥、化学污泥及混合污泥的脱水。干化后的泥饼含水率一般为75%~80%，体积缩小1/10~1/2。根据废水水质情况，有些废水处理工程设计有沉砂池，对沉砂需设计晒砂场。晒砂场一般为矩形，混凝土底板，四周有围堤或围墙。底板上设排水管及砾石滤水层，砾石滤水层一般厚800 mm，砾石粒径50 mm~60 mm为宜。沉砂经重力或提升排到晒砂场后，很容易晒干，渗出的水由排水管集中回流到沉砂池前与原废水合并处理。晒砂场面积根据每次排入晒砂场的沉渣厚度为100 mm~200 mm进行计算。

干化场是一种历史长、投资少、且广泛采用的污泥脱水方法。其原理是依靠渗透、蒸发、滗除三种方式脱去污泥中的水分，且以前两种方式为主。根据滤水层构造的不同，干化场可分为自然滤层干化场（无人工排水层）和人工滤层排水干化场两种。前者适用于自然土质渗透性能好、地下水位低、渗透下去的污泥水不会污染地下水的地区，例如我国西北、西南某些地区可选择采用此类干化场。后者的底板须设计成人工不透水层，上铺滤水层，渗下去的污泥水由埋设在人工不透水层上的排水管截留，回送至初沉池。

　　脱去水分的量与污泥性质和当地气候条件有关。渗透脱水一般在污泥进入干化场的最初 2 天~3 天内完成，此时的含水率可降至 85% 左右。接着依靠蒸发继续干化，根据气候条件和污泥性质的不同，一周至几周后含水率可降至 70% 左右。该法适用于含无机颗粒多的污泥，含油脂多的污泥则不易干化。干化场结构简单、管理方便，基建费用低，一般不需要化学调理。但占地面积大，能占到整个废水处理厂面积的 25% 左右。另外，敞开式的干化场卫生条件差，运行易受到天气变化的影响。

　　（2）机械脱水

机械脱水的主要方法有：

①采用加压或抽真空将滤层内液体用空气和蒸汽排除的通气脱水法，常采用真空过滤式；

②靠机械压缩作用的压榨法，对高浓污泥采用压滤式；

③利用离心力作为推动力除去料层内液体的离心脱水法。

日本广泛使用的脱水设备中，真空过滤式占总数的 75%，加压过滤式占 13%，离心式占 12%。几种主要过滤脱水方式的脱水效果（以滤饼中含水率计）、电耗、基建费与操作运行费比较见表 4-30。

表 4-30　几种主要过滤脱水方式的性能与能耗比较（日本）

脱水方式	真空式	离心式	过滤压榨式	皮带压榨式	螺旋压榨式
基建费（日元/t）	1200	2300	2600	1200	—
运转费（日元/t）	11 500	22 000	21 000	10 600	—
滤饼水分（%）	70~80	74~80	55~65	65~80	30~65
电耗[（kW·h）/kg 泥]	0.037	0.013	0.055	—	—

　　机械脱水系利用机械设备进行污泥脱水，因而占地少，与自然干化相比，恶臭影响也较小，但运行维护费用较高。机械脱水的种类很多，按脱水原理可分为真空过滤脱水、压滤脱水和离心脱水三大类，国外目前正在开发螺旋压榨脱水，但尚未大量推广。真空过滤脱水系将污泥置于多孔性过滤介质上，在介质另一侧造成真空，将污泥中的水分强行"吸入"，使之与污泥分离，从而实现脱水。常用的设备有各种形式的真空转鼓过滤脱水机。压滤脱水系将污泥置于过滤介质上，在污泥一侧对污泥施加压力，强行使水分通过介质，使之与污泥分离，从而实现脱水，常用的设备有各种形式的带式压滤脱水机（图 4-24）和板框压滤机（图 4-25）。离心脱水系通过水分与污泥颗粒的离心力之差使之相互分离从而实现脱水，常用的设备有各种形式的离心脱水机。

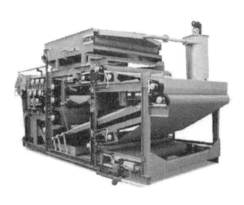

图 4-24 带式压滤机

图 4-25 板框压滤机

以上几种脱水设备都有几十年的使用历史，但具体使用情况存在很大差别。20 世纪六七十年代建设的处理厂，大多采用真空过滤脱水机，但由于其泥饼含水率较高、噪声大、占地也大，而其构造及性能本身又无较大的改进，20 世纪 80 年代以来，已很少采用。目前国内新建的处理厂，都采用带式压滤脱水机，带式压滤脱水机适用连续运行，出泥含水率较低且稳定、能耗少、管理控制不复杂等特点。板框压滤脱水机泥饼含水率最低，但这种脱水机为间断运行，效率不如带式压滤脱水机高，操作麻烦，维护量大，早几年似乎没有带式压滤脱水机应用广泛。但随着人们对污泥处置要求的提高，板框压滤脱水机可使污泥压到较高干度的优势突现，且板框压滤脱水机自动化程度也有较大提升，板框压滤脱水机又重新受到人们的青睐。离心脱水机噪音大、能耗高、处理能力低，因此以前使用较少。但 80 年代中期以来，离心脱水技术有了长足的发展，尤其是有机高分子絮凝剂的普遍应用，使离心脱水机处理能力大大提高，加之全封闭无恶臭的特点，离心脱水机采用的越来越多。

4.5.3.5 泥饼的干燥

浓缩污泥经过脱水后成为半干的固体形态，常称作滤饼。滤饼仍含水 55%～85%，我国很多地方很难找到合适的填埋处，特别是人口稠密或经济发达地区，已经禁止这样的泥饼填埋。对林产化工行业产生的泥饼，大多不适于农田回用。

为了对泥饼进一步处置，就需要继续降低其含水量至 40%～60%，这样就可用作燃料焚烧或其他资源化利用。泥饼的干燥，主要是通过传热与传质扩散过程的操作，使物料内的水分以液态形式在物料内边移动边扩散至物料表面气化，或在物料内部直接汽化而向表面移动与扩散，从而使泥饼得到干化。提高干燥速度的措施有：破碎物料以增大蒸发面积，增加蒸发速度；利用高温热载体，或通过增加泥饼与热载体温度差以提高传热推动力；通过搅拌增大传热系数，强化传热传质过程。

泥饼干燥的装置可分为 6 类：通风干燥器、喷雾干燥器、气流干燥器、旋转干燥器、转鼓干燥器、真空干燥器。

（1）通风干燥器

通风干燥器分为间歇式箱形干燥器和连续式带形干燥器两种。由于占地面积大，动力消耗也大，成品价格高，这类干燥器主要用于需要严格干燥的泥饼。如将带式干燥器接近出口处设计成可使物料流态化，即带式流化床干燥器，热容量系数比普通干燥器大得多 [814 W/(m^3·K)~2326W/(m^3·K)] 时，还是可以考虑运用的。

（2）喷雾干燥器

喷雾干燥器可分为并流、逆流及错流 3 种形式。喷雾干燥器可省去过滤脱水等操作，将液态污泥直接喷雾与热风接触，使水分蒸发而干燥，时间仅需 5 s～30 s，但热容量系数小 [35W/(m^3·K)~116W/(m^3·K)]，故需大型装置。对于废水污泥，存在难以雾化或即使雾化，也会使喷嘴磨损严重等问题。但可在特定场合采用，如造纸制浆黑液的喷雾干燥制取商品木质素。

（3）气流干燥器

气流干燥器也称急骤干燥器，本装置将潮湿的粉粒状、泥状或块状物料先经分解破碎，或将容易分散的物料不经分解破碎直接加到流速为 10m/s～30m/s 的热风中使其分散成粉粒状，以并流形式随热风（400℃～700℃）输送而得到干燥。气流干燥器在污泥处理中早有成功的应用，最初美国芝加哥用于污泥干燥。在美国休斯敦，采用污泥脱臭装置的气流干燥工艺，经 Oliver 旋转真空过滤器过滤，在双浆混炼机内和干燥污泥混合后进入磨碎机（或破碎机），同时送入从加热炉来的高温气体。送入干燥管内干燥的污泥，在旋风分离器中与气体分离，一部分加入成品传送带上，另一部分为了帮助进料湿污泥干燥而送回双浆混炼机。从旋风分离器出来的气体返回加热炉，经预热区预热的 650℃，到旋风分离器处降低至 100℃，污泥干燥后水分约 5.5%。

（4）旋转干燥器

旋转干燥器有多种结构形式，用于污泥处理的实例不多。其中装有蒸汽管的旋转干燥器可以间接方式传热干燥，比较适用于易产生粉尘或易被破坏变质的物料，传热系数为 116 W/(m^3·K)。

（5）转鼓干燥器

转鼓干燥器适用于液态、膏状或泥状物料的干燥。其原理是转鼓内部通入水蒸气加热，使泥状物料黏附于转鼓外表面，形成厚度为 0.3mm～5mm 的薄膜，在转动过程中（周/分）进行蒸发干燥，表面已干燥的物料用固定的刮刀从圆筒表面刮落。其特点是干燥时间短，可在常压或减压下操作，适用于对热敏感、受热易变质的物料干燥。转鼓干燥器有单转鼓、双转鼓、平行转鼓等多种形式。

（6）真空干燥器

真空干燥器是在真空（减压）条件下进行干燥的装置。采用减压干燥是因为：①可降低液体的沸点，加快蒸发速度，缩短干燥时间；②可在较低温度下干燥，适用于热敏性物料的干燥；③可得到含水率低的干燥成品；④会尽可能除去有机物或溶剂物质。真空干燥器的加热方式可用热传导或辐射传热。该方法在生物固体处理中有应用实例：日本静冈鼎磐田市采用该工艺对厌氧与好氧混合污泥进行处理，处理能力为 360 kg/d，污泥水分 98.8%，处理时间为 20h/d，干燥用水蒸气压力为 1.9×10^5 Pa，成品含水率为30%~40%，可用做土壤改良剂。

干燥器的种类很多，除上述6种外，还有移动床式干燥器、流化床干燥器、造粒干燥器、立式多段炉式干燥器等，随着污泥资源化利用的发展，干燥技术的应用会有新的发展。

实际上，真正利用干燥法处理泥饼的情况较少，其原因是：①干燥过程产生恶臭废气，影响周边环境；②燃料费用大；③林产化工污泥含重金属，不适于农业利用；④可燃性粉尘存在安全技术问题及火灾隐患。

4.5.4　污泥的资源化利用

投海曾经是污泥综合利用后的另一种最终处置方法。污泥投海有两种方法，一种是驳船装运；另一种是用管道把污泥输送到深海区域，利用海洋的潮流作用将其迅速扩散、稀释。污泥投海后控制的主要卫生指标是投海区的大肠菌群值、浑浊度、油脂及悬浮物浓度。但在污泥的海洋排口处或倾倒点，难以掌握和控制的有3个因素，即污泥的腐烂、初期稀释程度和扩散程度。因此，海域的潮汐与流动状态、深海生态与自净能力、污泥的性质决定了投海后的环境影响行为。沿海地区将污泥投海处置有过多年的历史，最终造成海洋生态污染，值得引以为戒。近年来，人们已认识到，深海生态是非常脆弱的。我国不少近海海域富营养化现场日益严重，"赤潮"频繁。同时，我国污泥产生量逐年递增，污泥含毒性有机物、重金属种类在增多，将污泥倾入海洋势必造成严重的甚至是灾难性的后果。随着社会的发展，污泥投海已被我国禁止。

4.5.4.1　污泥制砖

污泥制砖有两种方式，一种是用干化污泥加入水泥或黏土直接制砖；另一种是使用污泥焚烧加黏土调配制砖。

（1）直接制砖

在干化污泥中可渗入煤渣、石粉、粉煤灰黏土或水泥等进行调配。张杰等采用制革脱水污泥（含水60%~70%），渗入煤渣、石粉、粉煤灰、水泥等，参照砖厂水泥、煤渣空心砖块生产工艺进行了批量试验，污泥/水泥配比见表4-31。将物料粉碎、混合、成型，每批样制砌块60块。将压制成型的砌块先保养1个月，再码堆存放1个月，然后再进行各项物理性能检测，对砌块中铬的洗出液检测。检测结果见表4-31。

表4-31　砌块性能检测结果

项目	1	2	3	4	5	6	7	8
污泥／水泥	5/13	10/13	15/13	20/13	5/13	10/13	5/23	10/23
外观尺寸偏差	合格	基本合格	不合格	不合格	合格	合格	合格	合格
标号（5块平均值≥3.5MPa）	3.7	0.9	0.4	1	2.04	2.53	2.99	2.8/
抗冻性（5块平均值≥3.5MPa）	2.9	0.7	0.3	1	2.51	2.40	2.69	2.67
抗渗性（mm）	Q级	—	—	—	Q级	Q级	Q级	Q级
砖浸出液铬的质量浓度（mg/L）	未检出	0.018	0.074	0.088	0.04	0.170	未检出	0.110

试验表明，对砖块强度影响的主要因素有：污泥含量、污泥成分、水泥用量等。当污泥含量比例高于10%时，砖块强度呈显著下降趋势。由于油脂能直接影响水泥的结合力，故污泥中含油脂和有机物多，将导致成型砌块整体强度下降。水泥用量在20%~25%时，砖块强度较高，铬的固定也较为理想。湖南岳阳化工总厂污水处理厂用石灰中和酸性废水产生大量具有恶臭、黑色、糨糊状的污泥，其含水率为90%~91%，烘干后密度为1.94 kg/L~1.97kg/L，其化学组成见表4-32。

将上述干污泥粉碎，掺入黏土和水混合搅拌均匀，制坯成型并进行焙烧。试验表明，污泥比例太高时，砖块难以烧成，最适宜的污泥与黏土配比为1:10，表4-33所列为污泥砖块的物理性能情况。

可见，当污泥与黏土质量比为1:10时，污泥砖强度可与普通红砖相当。

（2）焚烧制砖

有的污泥含有机质或油类物质较多，易对砖块造成不利影响，故将其焚烧后，将其焚烧灰掺黏土制砖。焚烧灰与制砖黏土的化学组成比较见表4-34。

表4-32 化学污泥组分成分

成分	质量分数（%）	成分	质量分数（%）
挥发分	60~70	Pb	0.5
SiO_2	10	Cu	0.5
Fe	≥10	As	0.1
Al	2	Sn	0.005
Mg	2	Mo	0.0007
Bi	0.007	Ag	0.001
Ti	0.015	Ca	0.001
Ni	0.001	Ba	0.03
Co	0.0005	Be	0.0005
Ca	1	B	0.0015
Zn	1	Cr	0.002
Mn	0.05		

表4-33 污泥砖块的物理性能

污泥:黏土（质量比）	平均抗压强度（MPa）	抗折强度（MPa）	成品率（%）	鉴定标号
0.5:10	8.036	2.058	83	75
1:10	10.388	4.410	90	75

表4-34 焚烧灰与制砖黏土的化学组成比较（%）

	AlO_2	Al_2O_3	Fe_2O_3	CaO	MgO	灼烧减量	其他
焚烧灰1	13	13.7	9.6	38.0	1.5	15.1	—
焚烧灰2	50.6	12.0	16.5	4.6	—	10.9	—
焚烧灰3	58.0	15.0	4.8	10.6	1.6	1.6	4.8
黏土	56.8~88.7	4~20.6	2~6.6	0.3~13.1	0.1~0.6	—	0~6.0

由表 4-34 可见，污泥的性质不同，焚烧灰的成分差别很大。污泥脱水时若加入石灰作为助凝剂，会引起焚烧灰 CaO 含量升高（见表 4-34 焚烧灰 1）。一般情况下，焚烧灰的成分与制砖黏土的成分接近（见表 4-34 焚烧灰 2、焚烧灰 3）。为了保证砖的质量，用污泥焚烧灰制砖时，应加入适量的黏土与硅砂，使其成分达到制砖黏土的成分标准。最适宜的配料比为：焚烧灰∶黏土∶硅砂 = 100∶50∶(15 ~ 20)（质量比）。

图 4-26　利用污泥制砖

试验表明，生石灰含量过高的焚烧灰，即使加入黏土与硅砂，烧成的砖块强度较低，不符合标准。砖坯的烧结温度以 1080℃~1100℃为宜。如果温度升至 1180℃，砖块表面将出现熔融现象。利用污泥制成的砖如图 4-26。

4.5.4.2　污泥制生化纤维板

活性污泥中含大量有机成分，其中粗蛋白占 30%~40%，与酶等属于球蛋白，能溶于水及稀酸、稀碱、中性盐溶液。利用蛋白质的变性作用，在碱性条件下将其加热、干燥、加压后，会发生一系列物理、化学变化，能将活性污泥制成污泥树脂（蛋白胶），使纤维胶合起来，压制成板。

活性污泥的变性反应过程如下：

（1）碱处理

在活性污泥中加入氢氧化钠，蛋白质可在其稀溶液中生存水溶液蛋白质钠盐，其反应式：

$$H_2N—R—COOH + NaOH \longrightarrow H_2N—R—COONa + H_2O$$

这样，可以延长活性污泥树脂的活性期，破坏细胞壁，使胞腔内的核酸溶于水，以便去除由核酸所引起的臭味，并洗脱污泥中的油脂。因此，反应完成后的黏液不会凝胶，只有在水中蒸发后才能固化。

活性污泥碱处理也可以投加氢氧化钙，使蛋白质生存不溶性易凝胶的蛋白质钙盐，以提高活性污泥树脂的耐水性、胶着力和脱水性能。氢氧化钙投加量越多，凝胶越快，其反应式为：

$$2H_2N—R—COOH + Ca(OH)_2 \longrightarrow Ca(H_2N—R—COO)_2 + 2H_2O$$

如果碱液浓度高，则蛋白质不仅溶解，且很快按肽键水解：

$$—R—CO—NH—R \longrightarrow R—COOH + R—NH_2$$

（2）脱臭处理

活性污泥含大量有机物，在堆放过程中，由于微生物的作用，常常散发出恶臭。为了消除恶臭，也为了进一步提高活性污泥树脂的耐水性与固化速度，可加入少量甲醛，甲醛与蛋白质反应生成氨次甲基化合物：

$$H_2N-R-COOH + HCHO \longrightarrow COOH-R-N=CH_2 + H_2O$$

活性污泥中蛋白质的变性与凝胶过程是蛋白质分子逐渐交联增大的过程，在空间结果上形成网络结构。活性污泥中的一些多糖类物质也能起到一定的胶合作用。活性污泥蛋白质凝胶体系的流变特性随网络结构的发展而发生变化，可由牛顿型流体变为非牛顿型流体。

据测定，20%的活性污泥树脂溶液等电点为10.55（所谓等电点是指蛋白质正负电荷相等时的pH值），该参数的控制对生化纤维板的制作有重要作用。另外，活性污泥在碱性条件下制成的树脂，有"盐析"现象产生，容易脱水，不易腐化，且在高温条件下稳定性较好，但当树脂溶液增稠后，"盐析"现象减弱。

（3）纤维板制造工艺

生化纤维板的制造工艺可分为脱水、树脂调制、填料处理、搅拌、预压成型、热压、裁边等7道工序。

①脱水：活性污泥的含水率要求降至85%～90%。

②树脂调制：活性污泥树脂调制的方法是：将活性污泥与药品混合，装入反应器搅拌均匀，然后通入蒸汽加热至90℃。反应20min，再加入石灰保持90℃条件下反应40min，即成。其技术指标为：干物质质量分数为22%左右，蛋白质质量分数为19%～24%，pH=11。各种药品配方见表4-35。

表4-35　活性污泥树脂配方（质量比）

配方号	污泥干重	碳酸钠	混凝剂			水玻璃（%）	甲醛（40%）	石灰（CaO 70%～80%）
			二氯化铁	聚合氯化铝	硫酸亚铁			
1	100	8	15	—	4	30	5.2	26
2	100	8	—	43	4	30	5.2	26
3	100	8	—	—	23	30	5.2	26

表4-35中甲醛、混凝剂、碱液的作用是改善凝胶树脂的性能，去臭，使其经久耐用并易于脱水，水玻璃的作用是增加树脂的黏度和耐水性。

③填料处理：填料可采用麻纺厂、印染厂、纺织厂的废纤维（下脚料），为了提高产品质量，一般应对上述废纤维进行预处理。预处理的方法是将废纤维加碱蒸煮去油、去色，使之柔软，蒸煮时间为4h，然后粉碎以使纤维长短一致。预处理的投料质量比为：麻:石灰:碳酸钠=1:0.15:0.05。一般而言，印染厂、纺织厂的纤维下脚料因长短一致，比较清洁，可以不作预处理。

④搅拌：将活性污泥树脂（干重）与纤维按质量比2.2:1混合，搅拌均匀，其含水率为75%～80%。

⑤预压成型：搅拌料不应停放过久，应及时预压成型，以免停放时间过久造成脱水性能降低。预压成型的装置见图4-27、图4-28。预压时，要求在1min内，压力自1.372MPa提高至2.058MPa，并稳定4min后预压成型，湿板坯的厚度为85mm～90mm，含水率为60%～65%。

图 4-27 污泥制板机

图 4-28 污泥制作的纤维生化板

⑥热压：热压的方法是采用电热升温，使上、下板温度升至 160℃，压力为 3.43MPa～3.92MPa，稳定时间为 3min～4min，然后逐渐降至 0.49MPa，让蒸汽逸出，并反复 2 次～3 次。湿板坯经热压后，水分被蒸发，致使密度增加，机械强度提高，吸水率下降，颜色变浅。如果湿板坯直接自然风干，可制成软质生化纤维板。

⑦裁边：对制成后的生化纤维板实施裁边整理，即可得成品。

⑧生化纤维板的性能：生化纤维板物理力学性能与硬质纤维板的比较见表 4-36，其放射性强度见表 4-37。

表 4-36　生化纤维板与硬质纤维板性能的比较

种类	密度（kg/m³）	抗折强度（MPa）	吸水率（%）
三级硬质纤维板	≥800	≥196	≤35
生化纤维板	1250	17.64～21.56	30
软质纤维板	<350	>1.96	50
软质生化纤维板	600	3.92	70

注：在水中浸泡 24h。

由表 4-36 数据可知，生化纤维板性能可达到国际标准。由表 4-37 数据可知，活性污泥树脂的放射性强度低于水泥，符合卫生标准。由上面论述可得出，利用活性污泥制生化纤维板在技术上是可行的。近年国内造纸行业已有许多企业采用该技术应用于污泥处置，污泥得到资源化利用。但在实践中也遇到一些问题：气味，在制造加工过程中易产生臭味，板材成品也带有气味，需要采取防范措施；重金属污染与危害须做深入研究；工艺适用性，对污泥种类、工艺条件、配料、成品强度及性能须做进一步的研究。

表 4-37　活性污泥、活性污泥树脂、水泥的放射性

材料名称	β 放射性强度（Bq/kg）
活性污泥	111
活性污泥树脂	52.91
水泥	57.35

4.5.4.3　污泥制生化纤维板

陶粒密度小，内部多孔，形态、成分较均一，且具一定强度和坚固性，因而具有质轻、耐腐蚀、抗冻、抗震和良好的隔绝性等多功能特点。陶粒这些性能，使它广泛

应用于建材、园艺、食品饮料、耐火保温材料、化工、石油等行业，在农业上用于改良重质泥土和作为无土栽培基料，在环保行业用作滤料和生物载体等，应用领域越来越广。

陶粒是由黏土、泥质岩石（页岩、板岩等）、工业废料（粉煤灰、煤矸石）等作为主要原料，经加工、熔烧而成的颗粒陶质物。其特点是：具有浑圆状外形、外壳坚硬且有一层隔水保气的栗红釉层包裹（图4-29），内部多孔，呈灰黑色蜂窝状（图4-30）。其松散密度为 200 kg/m³~1000kg/m³，具有一定的强度。通常将粒径大于5mm的称为"陶粒"，小于5mm的称为"陶砂"。

陶粒按不同分类方法可以分成多种类型。

①按原料不同可分为：页岩陶粒、黏土陶粒、粉煤灰陶粒、煤矸石陶粒及其他陶粒等5类。

②按松散密度可分为：一般密度陶粒（>400kg/m³）、超轻密度陶粒（200 kg/m³~400 kg/m³），特轻密度陶粒（<200 kg/m³）等3类。

③按加工方法不同可分为：普通形陶粒和圆球形陶粒。

④按焙烧工艺不同可分为：烧结型陶粒和烧胀型陶粒。

20世纪末，我国有陶粒生产厂近40家，总生产能力近 $2 \times 10^6 m^3$，其中80%属于700级~800级，密度较大，缺少400级以下的轻质陶粒，强度方面只有配置CL300以下的混凝土。由于陶粒特别是轻质陶粒优点多、需求量大，因此开辟新的陶粒原料，开发新的轻质陶粒有重要意义。

图4-29 由污泥制取的栗红色陶粒

图4-30 陶粒内部呈灰黑色蜂窝状

参考文献

陈小刚，覃树林，等．植物材料制备的方法[P]．中国专利，CN103193737A，2003-07-10．

陈小燕，孙媛，王东，等．糠醛渣对废水中 Cr^{3+} 的吸附研究[J]．宁夏大学学报，2011，32（3）：262－265．

仇楚辉．糠醛生产废液精制醋酸钠的研究试验[J]．宁夏化工，1992（1）：31－32．

代秀兰．糠醛废水回用及生产醋酸钙镁盐试验研究[J]．黑龙江农业科学，2011（3）：97－100．

房桂干，邓拥军，叶利培，等．基于生物质精炼的桉木制浆技术[J]．桉树科技，2012，29（4）：1－8．

傅其军，傅其福．制浆废水厌氧处理产沼气的综合利用[J]．轻工科技，2013（11）．

高静思．中水处理与回用技术[M]．北京：化学工业出版社，2014，2．

管军伟．重庆市生物质能沼气化有效利用技术研究[D]．西南大学，硕士学位论文，2011，05．

胡松涛．甲醇工业污水深度处理及回用的研究[D]．黑龙江大学，硕士学位论文，20060610．

花修艺，于广军，郭志勇，等．利用糠醛废水制备醋酸钙镁融雪剂的工艺及产品性能研究[J]．世界科技研究与发展，2011，33(4)：546 – 548．

糠醛工业废水回用和综合利用技术[J]．中国环保产业，2008(10)：63 – 63．

冷一欣，武玉真，黄春香，等．利用农林废弃物杉木屑制备糠醛的工艺[J]．江苏农业科学，2013，41(7)：261 – 263．

黎良新．大中型沼气工程的沼气净化技术研究[D]．广西大学，20070501．

黎艳，祝铭池，陈金芳．大中型沼气工程净化系统的工艺方案[D]．云南师范大学学报，2011，31．

李加波．糠醛废水中醋酸的回收及木糖母液制备糠醛的研究[D]．天津：天津大学，2007．

李强．畜牧养殖厂中沼气工程设计及应用研究[D]．山东大学，硕士学位论文，2012，10．

李晓萍，金向军，林海波．利用糠醛废水生产一级乙酸的研究[J]．吉林师范大学学报(自然科学版)，2005(2)：37 – 38．

李志松．糠醛生产工艺研究综述[J]．广东化工，2010，37(3)：40 – 41．

刘光良，杨殿隆，王静霞，等．林产化学工业的污染控制[J]．林产化学与工业，1984，4(4)．

刘光良，杨殿隆，王静霞，等．氯化锌法生产活性炭废水处理和回收利用的研究[J]．林产化学与工业，1985，5(1)．

刘光良，杨殿隆，王静霞，等．木质活性炭生产废水的处理及氯化锌的回收[J]．环境科学，1985，6(5)．

吕增安．沼气发电技术的发展[C]．生态家园富民计划国际研讨会论文集，2005．

彭朝华，秦英杰，杨广仁，等．糠醛废水回收综合处理技术[J]．科技博览，2002．

王东旭，李爱民，毛燎原，等．糠醛废渣制备活性炭对糠醛废水的脱色研究[J]．环境科学研究，2010，23(7)：908 – 911．

王怀亮，王青蕾，张艳艳．腐殖酸与糠醛废渣复合制备 Cu^{2+} 络合剂的研究[J]．腐殖酸，2002(1)：26 – 28．

王克慧，陈立平．糠醛厂废渣、废水同步治理并生产优质环保有机肥[J]．中国环保产业，2003(2)：46 – 47．

王素芬，周凌云，苏东海．糠醛渣对亚甲基蓝的吸附性能和机理[J]．湖北农业科学，2010，49(10)：2422 – 2424．

吴方．城市污水处理厂沼气利用系统的运行管理研究[D]．南开大学，硕士学位论文，2007，5．

吴兆流．沼气工程技术的现状与发展趋势[C]．沼气发展战略和对策研讨会文集，2010，10．

徐泽敏，于广军，王春红．糠醛废水制备醋酸钙镁工艺中活性炭最佳吸附条件的试验研究[J]．安全与环境，2009，16(4)：52 – 54．

薛福连．利用糠醛残液生产树脂[J]．石家庄化工，2000(4)：14 – 16．

杨晓秋，蒋健翔，万先凯．次新波造纸废水厌氧处理产沼气发电研究[J]．环境污染与防治，2010，32(9)．

殷艳飞，房桂干，邓拥军，等．两步法稀酸水解竹黄(慈竹)生产糠醛的研究[J]．林产化学与工业，2011，31(6)：95 – 99．

喻新平．利用醋酸废水制取醋酸钙镁盐[J]．化工环保，2002，22(4)：224 – 227．

张安龙，潘洪艳，王秀坤，等. 造纸废水再利用研究进展[J]. 江苏造纸，2011(3).

张晓辉，刘家祺，贾彦雷. 糠醛废水中的醋酸回收工艺[J]. 化学工业与工程，2006，23(2)：142 – 146.

张云峰，陈丽敏，李兴奇，等. 从糠醛废水中回收醋酸工艺研究[J]. 东北师范大学学报(自然科学版)，2001，33(4)：66 – 71.

赵国明，于广军. 利用糠醛废水生产环保融雪剂的工艺研究[J]. 价值工程，2012，31(5)：317 – 319.

赵肯延，秦炜，戴猷元. 利用醋酸稀溶液生产绿色化学品——醋酸钙镁盐的研究[J]. 化学工程，2003，31(1)：63 – 66.

周少奇. 城市污泥处理处置与资源化[M]. 广州：华南理工大学出版社，2008.

周彤. 污废水的工业再利用——工业节水的发展趋势[C]. 中国水污染防治与废水资源化技术交流研讨会，2002.

朱慎林，朴香兰. 萃取—蒸馏法处理与回收糠醛废水中醋酸的研究[J]. 水处理技术，2002，28(4)：200 – 202.

ALI E A. Damage to plants due to industrial pollution and their use as bioindicators in Egypt[J]. Environmental Pollution，1991，81(3)：251 – 255.

ARIRREZABAL-TELLERIA I，LARREATEGUI A，REQUIES F，et al. Furfupral production from xylose using sulfonic ion-exchange resins(Amberlyst) and simultaneous stripping with nitrogen[J]. Bioreseurce Teehnology，2011，102(16)：7478 – 7585.

BRIDGWATER AV. Pyrolysis and gasification of bionmss and waste[J]. CPL Scintific Ltd. ，2003，107 – 110.

CHANG GEUN YOO，MONLIN KU，et al. Ethanol and furfural production from corn stover using a hybrid fractionation process with zinc chloride and simultaneous accharification and fermentation(SSF)[J]. Process Biochemistry，2012，47：319 – 326.

FLAVIN C. Building a low-carbon ecomomy[M]. Washington D. C. ，Worldwatch Institute，2008.

HRONEE M，FULAJTAROVA K. Selective transformation of furfural to cyclopentanone[J]. Catalysis Communications，2012，24(5)：100 – 104.

JEAN-PAUL LANGE，EEVERT VAN DER HHIDE，JEROEN VAN BUIJTENEN，et al. Fufural——a promising platform for lignocellulosic biofuels[J]. ChemSusChem，2012，5(1)：150 – 166.

RIANSA-NGAWONG W，PRASERTSAN P. Optimization of furfural production from hemicellulose extracted from delignified palm pressed fiber using a two-stage process[J]. Carbohy drate Research，2011，346(1)：103 – 110.

ROMAN-LESHKOV Y，BARRETT C J，LIU Z Y，et al. Production of dimethylfuran for liquid fuels from biomass-derived carbohydmtes[J]. Nature，2007，7147(447)：982 – 985.

SJAAK VAN LOO，HAAP KOPJAN J. Handbook of biosass combustion and co firing netherlands[M]. Twente University Press，2000，44 – 47.

WENJIE XU，QINENG XIA，YUG ZHANG，et al. Effective production of octane from biomass derivatives under mild conditions[J]. ChemSusChem，2011，4(12)：1758 – 1761.

XING R，SUBRAHMANYAM A V，OLCAY H，et al. Production of jet and diesel fuel range alkanes from waste hemicelluloses-derived aqueous solutions[J]. Green Chemistry，2010，12：1933 – 1946.

第 5 章

林产化工废水
处理单元

根据林产化工废水污染特点，本章重点介绍预处理过程中，隔油、除油、混凝气浮技术，这类技术可有效去除林产化工废水中大部分油污，有助于后续进一步处理。此外近年流行我国环保市场的新型 Fenton 催化氧化工程技术有助于林产化工废水得到深度净化。同时根据林产化工企业大多地处林区山区特点，应因地制宜积极发展低成本的氧化塘生物处理技术。

5.1 隔油

林产化工废水特别是松香、松节油生产废水含大量油污。含油废水排入水体，会在水面形成油膜，隔绝空气，降低水中的溶解氧，使水体处于缺氧的状态，造成水生生物体的大量死亡。溶解于水中的松节油类，鱼类摄入后不但会中毒，影响其生长，而且会导致鱼体带有异味，不能食用；被沉积于水底的污泥吸附的松节油，经厌氧水解会产生硫化氢气体等有毒气体；黏附在泥沙上的重质油，影响水生生物的栖息繁殖环境；含油废水排入市政排水管道系统，会对排水系统和城市污水处理厂造成影响。处理含油废水时，首先须把废水中的油污分离出来，这样既回收了油资源，又有利于废水后续处理。

5.1.1 油污在水中的状态

通常油类在水中以 5 种分布状态存在，不同状态的油具有不同的物理性质，由此选择相应的处理方式。含油废水中的油滴在水中往往以几种状态同时并存。因此，含油废水的处理一般以多级处理为主，方能达到净化标准。

（1）浮油

油滴粒径一般大于 $100\mu m$，由于油滴粒径较大，所以含油废水静置一段时间后浮油能较快地浮到水面上，并且形成一层稳定的油膜漂浮在水面上。

（2）分散油

油滴粒径一般为 $10\mu m \sim 100\mu m$，粒径较小，多悬浮在水中。一般情况下含油废水静置几分钟后，分散油很容易上浮，形成浮油漂浮到水面。

（3）乳化油

油珠粒径一般为 $10^{-3}\mu m$，乳化油的稳定性与废水的性质和自身的分散度有关。一般情况下，油滴在水中越分散，相互之间碰撞聚结的几率就越小，乳化油就越稳定。

（4）溶解油

粒径一般小于 $10^{-3}\mu m$，水中的油滴一般以分子状态的形式存在，形成稳定的均相体系。

（5）固体附着油

固体附着油是指废水中固体颗粒表面吸附着的油滴。

5.1.2　含油废水处理方法

含油废水根据废水的来源以及油滴的状态而采用相应的处理方法。根据其处理原理可以分为物理法、物理化学法、化学法、生物化学法。其中，物理法包括沉降、离心、粗粒化、过滤、膜分离等；物理化学法包括浮选法、离子交换、电解等；化学法包括凝聚、酸化、盐析等；生物化学法包括活性污泥法等。各种类型的处理方法及其特点比较见表 5-1。

表 5-1　林产化工含油废水处理方法及其特点

含油废水处理	物理法	化学法	物理化学法	生物法
水的回用	可回用	很少回用	很少回用	很少回用
对环境影响	无二次污染	有二次污染	有二次污染	有二次污染
处理速度	快	较快	较快	慢
经济效益	较大	较小	较小	较小

（1）重力分离法

重力分离法利用两相密度差以及油和水的不相溶性进行分离。常见的沉降分离设备有平流式（API）、平行板式（PPI）、波纹板式（CPI）等。最初的平流式除油设备的设计原理是基于斯托克斯公式，由公式可以求出具有一定表面积的设备可以去除的油滴的粒径。平流式除油设备对水流状态是有要求的，最好的水流状态是处于层流状态下，这有利于油珠的上浮和固体颗粒的沉降，根据以上理论，后来又设计出了 PPI 式、CPI 式等除油效果更好的除油设备。PPI、CPI 等与 API 相比较，具有占地面积小、除油能力高等特点，因此被广泛推广应用。重力分离法虽然结构简单、容易操作、除油效果稳定，但是对溶解油、乳化油的去除基本无效。

（2）聚结法

聚结法又称作粗粒化法，是利用两相（油和水）对聚结材料的不同亲和力来进行分离，主要用来处理分散油。粗粒化法的优势在于整个处理过程不需要添加任何化学试剂，因此没有二次污染。用于粗粒化处理的基建费用比较低，而且设备的占地面积小，可以完全分离 5μm 粒径以上的油珠。但如果含油污水中悬浮物浓度过高，容易造成对聚结材料的阻塞。粗粒化材料的选择是聚结法的关键技术。

（3）气浮法

加压溶气浮选法是通常采用的方法，用来去除乳化油。气泡由非极性分子组成，可以与疏水性的油结合在一起，带着油滴一起上升，上浮速度可以得到大幅度提高。通常在含油废水中加入絮凝剂，能进一步提高油水的分离效果，但是动力消耗较大，构造比较复杂，维修保养十分困难。

（4）生物法

生物处理法近几年来得到了不少改进，其中活性污泥法和生物滤池法属于生物法中的二级处理方法。由于含油废水经过隔油、浮选等处理后，出水含油量仍然很高，一般高达 20mg/L~30mg/L，达不到国家规定的排放标准；废水中存在大量溶解性有机物，COD 和 BOD 比较高，因此还需要采用二级处理。

（5）膜分离法

膜分离法是在 50 年以来迅速发展起来的分离技术，整个技术的核心部分在于对膜组件的选择。一般在实际的实验过程中，由于浓差极化等原因，使得膜通量大大降低，造成对膜的污染，所以采用膜分离法处理含油污水，对原水的水质要求比较严格，并且实验过程中要经常清洗、更换膜组件。膜的使用寿命短，清洗困难，操作费用比较高。

（6）磁分离法

目前已经研制出了高梯度磁分离器和磁过滤器等装置，主要是针对钢铁企业废水含有大量的氧化铁磁性颗粒等，不但可以防止结垢现象，而且可以去除废水中黏附在悬浮物上的油。磁分离法就是首先将磁性颗粒与含油废水混合后，磁性粒子大量吸附油珠，然后含油磁粒被磁分离装置分离出来，从而使废水得到净化。

5.1.3　油水分离器

（1）波纹板聚结油水分离器

波纹板处理含油污水的原理主要是利用油、水两相的密度差，使油珠上浮到板的波峰处而分离得以去除。波纹板油水分离器中水流以扩散、收缩状态不断交替流动，整个过水断面是不断发生变化的，由此产生了脉动（正弦）水流，整个水流流线呈现变水流、变间距状态，油珠之间的碰撞概率得到增加，从而使小油珠变为大油珠，油珠粒径的增大使油珠以更快的速度向水面上浮，达到油水分离的目的。

（2）聚集型油水分离器

CPS 一体化的波纹板式重力加速聚集型油水分离器是由奥地利费雷公司率先开发出来的。波纹板组由很多块波纹板叠加而成，间距一般为毫米级，当水中悬浮物含量比较高时，可将间距设计得适当大一些。该波纹板具有抗老化、亲油但是不粘油等一系列特点，属于费雷公司的专利产品。产品以聚丙烯为基础材料，内含多种添加剂。

（3）新型高效除油器

当今世界普遍认为的高效除油技术主要包括旋流除油、粗粒化除油以及斜板除油技术。高效除油器是利用多种高效除油技术于一体的除油器，其总体结构设计成为卧式，由旋流（涡流段）粗粒化段及斜板除油段两部分组成。它不仅可提高除油效率，而且具有操作方便、占地面积小的特点。

（4）EPS 油水分离器

EPS 油水分离器是立式除油罐、斜板除油装置等的更新替代产品，融合了当今先进的板式除油和粗粒化聚结技术于一体，是一种除油效率高、设备先进的油水分离装置。含油污水流经整个 EPS 油水分离器时，首先进行预处理，使油和水得到初步的分离，然后进行一级处理，进行油水的分离，为了提高除油效果，还要进行二次沉淀，最后使原油进入原油回收室。由于 EPS 油水分离器的分离效果比较好、比较容易操作和维修，目前已经在许多国家有了实际的推广应用，应用证实废水处理效果良好。

5.1.4　隔油池

隔油池处理是典型的物理处理方法，如图 5-1 所示，其优点是无二次污染，分离获得的油可回用，经济效益明显，是目前林产化工行业普遍采用的技术。其基本原理是利用自然上浮法分离、去除含油废水中可浮性油类物质，隔油池能去除废水中处于漂浮和粗分散状态的密度小于 1.0 kg/m³ 的石油类物质，但对乳化、溶解及分散状态的油类几乎不起作用。板式、管式隔油池结构如图 5-1、图 5-2。含油废水通过水槽进入平面为矩形的隔油池，沿水平方向缓慢流动，在流动中油品上浮水面，由集油管流入集油池，经泵输送回原料罐；在隔油池中沉淀下来的废水，通过隔油池底部开口流入隔油池另外一侧，经溢流排出池外进入污水处理系统。

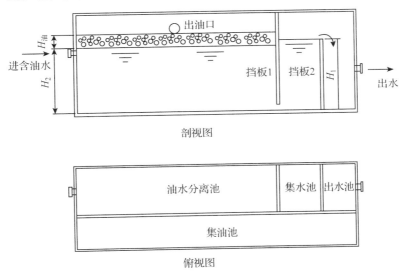

图 5-1　板式隔油池结构

（1）隔油池相关参数计算

保证隔油池有效的基本条件就是确定出油口高度与挡板高度。下面就几个相关参数进行确认。

①出油口的确定：按最大排油量计，出油口的孔径不小于隔油池的入口孔径。

②挡板 1 底部流通高度计算：按最大排水量计，流通面积（流通高度×隔油池宽度）不小于隔油池的入口孔径。

③液面高度及挡板 2 高度计算：$H_油$ 为隔油池油层高度，H_1 为隔油池挡板 2 高度，H_2 为隔油池水层高度，根据压力平衡原理，有以下关系：

$$H_油 \cdot \rho_油 g + H_2 \cdot \rho_水 g = H_1 \cdot \rho_水 g \tag{5-1}$$

一般情况，出油口高度取隔油池总高的 80%，即：

$$H_油 + H_2 = 0.8 H_总 \tag{5-2}$$

根据含油污水处理量的大小可以确定隔油池的大小，即可以确定隔油池总高 $H_总$。

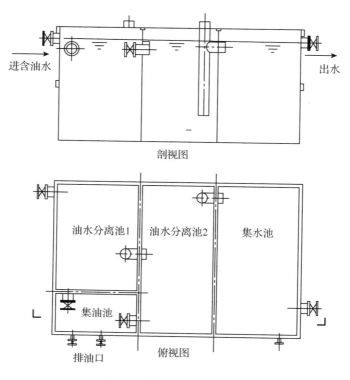

进含油水　出水

剖视图

油水分离池1　油水分离池2　集水池

集油池

排油口　俯视图

图 5-2　管式隔油池结构

根据式(5-1)、式(5-2)可以确定 H_1 与 H_2 之间的关系，在确定其中一个之后，另外一个也就确定了。要求挡板2高度不能高于出油口高度。

④隔油池计算实例：根据含油废水处理量设计隔油池入口口径为 150 mm；设计隔油池总高 $H_总$ 为 1500 mm；隔油池油层高度 $H_油$ 取 100 mm；油密度 $\rho_油$ 为 840 kg/m³；水密度 $\rho_水$ 为 998.2 kg/m³；由式(5-2)得 $H_2 = 0.8H_总 - H_油 = 0.8 \times 1500 - 100 = 1100$ mm；由式(5-1)得 $100 \cdot \rho_油 + 1100 \cdot \rho_水 = H_1 \cdot \rho_水$。

$$H_1 = (100 \cdot \rho_油 + 1100 \cdot \rho_水)/\rho_水$$
$$= (100 \times 840 + 1100 \times 998.2)/998.2$$
$$= 1184 \text{ mm}$$

H_1 圆整为 1180 mm

$H_1 = 1180$ mm $< H_油 + H_2 = 1200$ mm

满足隔油池有效的基本条件。

隔油池可以至少分离出浮油、分散油 60% 以上，同时去除 COD 25%~30%。少量的乳化油和溶解油由生化处理完成。隔油池结构简单、造价低廉、工作可靠。从经济性、资金投入、技术成熟可靠性角度考虑，隔油池作为含油林产化工废水的预处理设施是很合适的。

隔油池要求污水停留时间 1.5 h~2h，罐区隔油池要严格保证有效容积。隔油池的进水水平流速、单格池长宽比、有效水深严格执行规范要求。隔油池集油管设置要求：

管径 200 mm～300mm，中心线在水位下 60 mm，距池顶大于 500 mm。这一装置是为了收集污油。污油收集池与隔油池分离段接触处开设溢油口，并通过堰门来调节溢油口开度大小，这就解决了集油管因管内污油凝结失效，避免安装刮油机。对于油面的油膜厚度要时时监测，油层厚度控制在 30 mm 以内。

隔油池可分为进水段、分离段、出水段。进水段入口要浸没入池，保持有效水深（2m）之下 1m，降低水流对液面油层的搅动。另外罐区排水间断，隔油池进出管设置水封井。在分离段设置污油收集池，收集分离池水面浮油。溢油口开口高度不能高于隔板的高度，这与采用集油管收集浮油的设置有不同。

计算公式为：$\rho_1 g h_B = \rho_2 g h_2 + \rho_1 g h_3$

其中 ρ_1 为水的密度；ρ_2 为油层密度；h_B 为隔板 B 的高度；h_2 为隔板 A 侧水高度；h_3 为油层厚度。隔堰高度一般取隔油池总高的 80%，即 $h_B = 0.8 H_总$。

鉴于浮油密度是不断变化的，虽然变化不大但计算上无法明确给出溢油口高度定值，因此可将隔板 B 高度确定为（按照油层厚度不超 30mm 计）高于溢油口 50 mm～300 mm。溢油口可设置几个，并安装调节堰门，根据实际情况进行高度调节或隔绝。

（2）油层厚度监测

隔油池分离段内油层要保持较薄的状态，可减少油品凝结挂壁等情况，减少加热设施使用频率，利于安全运行。油层厚度测量目前有多种技术，其中 GE 公司利用微波原理测量油膜厚度的监测设施极为精确，且具有防油品凝结功能。

（3）小结

①隔油池内不设刮油刮泥机，不设集泥设施，视池底淤积情况不定期清理隔油池，解决泥沙沉积。

②隔油池油面油层厚度保持在 30 mm 以内，超出及时溢油，减少油层凝结。油层厚度可用油膜监测系统随时监视，实时上传。

③溢油口设置闸板进行一定高度的调节。

④储运罐区操作为间断操作，废水也是间断排放，故隔油池可采用单间形式运行。

5.1.5　国内外最新研究进展

经过半个多世纪的发展，波纹板聚结油水分离技术被应用得越来越广泛，因为波纹板油水分离器具备其他分离器所没有的优点。国内外研究人员通过大量调查研究直接影响设备分离效果和油水流动特性的内部构件，通过实验对比进液分布器的不同形式和倾角，结果表明：只有当设备的内部空间得到充分利用，安装倾角比较平稳且液流的流动状态比较稳定时，除油效率能达到比较高的水平。波纹板填料有好几种，包括平行波纹板填料、峰谷搭片式波纹填料和自支撑式波纹板填料。为了防止波纹板组被泥沙阻塞，可以将波纹板组倾斜放置，将波纹板组的上面设计为平面，下面设计为波纹面，所以当油滴浮升到波峰处发生聚结后，沿着板面滑动直至脱落，当泥沙沉降到平板板面后，也会滑落，这样就避免了波纹板被沉积的悬浮颗粒阻塞的问题。在高效复合板油水分离器中，可以将亲油性材料聚丙烯进行改性，从而得到一种新型的聚结材料。具体做法是：保留聚丙烯的一面材质不变，而氧化处理另一面，氧化处理的目的是使其由亲油性变为亲水性。因为改性聚丙烯的两个表面分别具有亲水性、亲油性，所以当油和水聚结在材料的两个表面时，互相不干扰，即使流体流动比较剧烈，也不会发生水和油的互相夹带现象，并且能形成连续的水膜、油膜，而且复合聚结板式油水分离器比普通聚结板式分离器的处理能力和分离效率提高了很多。当采用聚结法除油时，应重点考虑聚结填料之间的空间组合形式；如果聚结材料表面能同时实现润湿聚结和碰撞聚结，则对聚结除油效果更有利。

5.2   气浮法

气浮法是在一定压力下，使大量空气溶解于水中，然后把加压溶气水减压，释放产生大量的微细气泡，微细气泡与水中的悬浮絮体、胶体或油脂充分接触，水中悬浮絮体或油脂黏附在气泡上，随气泡一起浮到水面，形成的浮渣被刮渣板刮走，从而达到净化废水的目的。投加混凝剂会促进悬浮絮体或油脂凝聚，使其更易黏附在气泡而上浮。加入浮选剂使亲水性颗粒表面转化为疏水性物质而黏附在气泡上，随气泡上浮。气浮法的关键是微小气泡的产生和气浮池的布气，气浮法的特点是气浮时间短，一般只需数分钟至数十分钟，对水中悬浮絮体或油脂去除率高，气浮装置占地少（图5-3）。气浮法的缺点是动力消

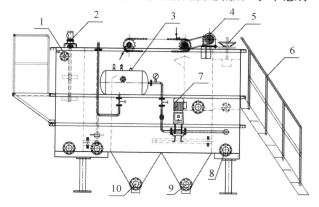

图5-3   平流式气浮机

1. 进水口；2. 混凝搅拌；3. 溶气罐；4. 刮渣器；
5. 液位控制；6. 楼梯；7. 压力泵；8～10. 排渣孔

耗大。气浮过程大体上有下列4个步骤：①在废水中加气浮剂或凝聚剂使细小的悬浮颗粒变成疏水颗粒或絮凝体；②尽可能多地产生微细气泡；③形成良好的气泡-絮粒结合体或气泡-絮凝体颗粒结合体；④使结合体与废水分离。实现气浮法分离的必要条件有2个：第一，必须向水中提供足够数量的微细气泡；第二，必须使分离物质呈悬浮状态或具有疏水性质，从而附着于气泡上浮。

5.2.1   气浮基本原理

现代气浮理论认为：溶气水中释出的微气泡，在其外层包着一层透明的弹性水膜，除排列疏松的外层泡膜在上浮过程中受浮力和阻力的影响而流动外，其内层泡膜与空气一起构成稳定的微气泡而上浮，经过絮凝剂脱稳凝聚、絮凝形成的柔性网络结构絮粒具有一定的过剩自由能和憎水基团。微气泡和絮粒的黏附作用的形成机理主要是由以下3种因素综合作用的结果：①微气泡与絮粒间的共聚并大；②絮粒的网捕、包卷

和架桥作用；③气泡与絮粒碰撞黏附。

　　压力溶气水通过溶气释放器释放出的微气泡外层的透明弹性水膜，结构紧密稳定，可以保证空气分子不逸出气泡膜。在范德华引力和氢键作用下，它们做定向有序排列（图 5-4），从而使气泡膜具有一定的韧性。除排列疏松的外层（称流动层）泡膜在上浮过程中受浮力和阻力的影响而流动外，其内层（称附着层）泡膜与空气一起构成稳定的微气泡而上浮。

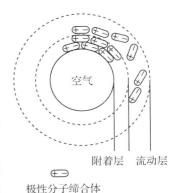

图 5-4　微气泡构造示意

　　气泡受水流紊动撞击时，会使泡膜局部流失，可能四周受力不均，引起外压强失去平衡，气泡变形、破裂和并大。若在水中投加长链的高分子物质，则可提高泡膜的韧性和强度。

　　气浮法去除水中颗粒的机理可分为两步：絮粒转移到气泡表面和絮粒黏附到气泡上。气泡和絮粒的黏附，主要是由以下几种因素综合作用的结果。

5.2.1.1　气泡与絮粒的碰撞黏附作用

　　由于絮粒与微气泡带有一定的憎水性，它们的比表面又很大，并且有剩余的自由界面能，因此，它们都有相互吸引而降低各自表面能的倾向。在一定的水力条件下，具有足够动能的微气泡和絮粒相互靠近时，彼此挤开对方结合力较弱的外层水膜而靠近，当排列有序的气泡内层水膜碰到絮粒的剩余憎水基团（包括活性较大的脱稳胶粒）时，相互通过分子间的范德华引力而黏附。视碰撞动能的大小，气泡可以黏附在絮粒外围，也可挤开絮粒中的自由水而黏附在内部。絮粒与气泡的黏附点越多，黏附得越牢。碰撞机理主要包括布朗运动、相互介入和重力沉淀作用。

5.2.1.2　絮粒的网捕、包卷和架桥作用

　　在以下 3 种情况下，絮粒可将微气泡包围在中间：①动能较大的微气泡撞进大絮粒网络结构的凹槽内，被游动的絮粒所包卷。②两絮粒互撞结大时，将游离在中间的自由气泡网捕进去。③已黏附有气泡的絮粒之间互撞时，通过絮粒、气泡或两者的吸附架桥而结大，成为夹泡性带气絮粒。

5.2.1.3　表面活性剂的共聚作用

　　为了提高处理效果，常常在废水中首先加入表面活性剂或凝聚剂，使亲水物质变为疏水物质，使细小的油珠或其他微细颗粒凝聚成较大的絮凝体颗粒，然后形成气泡-絮凝体颗粒结合体而加速上浮。表面活性物质是指能够减小液体表面张力的物质。其分子同时具有极性的亲水基及非极性的憎水基两个基团，其非极性端附在油粒内，而极性端则伸向水中。水中存在表面活性剂时，往往会影响絮粒的憎水性能以及微气泡的大小、数量和牢度。以十二烷磺酸钠为例其结构如图 5-5 所示。表面活性剂形成胶束所需的最低浓度称为临界胶束浓度（C. M. C.）。在浮选分离中表面活性剂的浓度应在

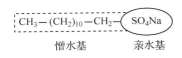

图 5-5 十二烷基磺酸钠结构图

其临界胶束浓度（C. M. C.）以下。当表面活性剂的剂量适中时，其亲水基团的一头与絮粒的亲水基团结合后，将使絮粒的附加憎水基团增加，憎水性能得以加强，从而能提高气泡的黏附牢度及黏附数量，使原先黏附不牢的带气絮粒的上浮性质得到改善，从而提高气浮净水的效果。但如果表面活性剂过量，其所起的作用恰恰相反，因为过量的表面活性剂会在水中形成大量的胶束。它能稳定地存在于水中，这些强憎水性的胶束能优先与气泡黏附，使黏附絮粒的气泡减少，另外会降低被浮选物在捕收气—液界面上的吸引力，起到相反的作用。

如果这些胶束黏附在絮粒的憎水基团上，将使絮粒的亲水性能增强，同时，大量游离的表面活性剂黏附到絮粒的憎水基团上，亦使絮粒的附加亲水性大为增加；另外，由于气泡周围黏附了大量的表面活性剂，而使气泡变为亲水性，在它的外围，还有可能被表面活性剂形成的胶束所包围。这样，气泡就无法与絮粒黏附上浮，而只能径直带着表面活性剂上浮，致使气浮净水的效果显著降低，这时应向废水中投加电解质等方法脱稳和破乳。

5.2.2 气浮法的特点

（1）气浮池的表面负荷可高达 12 $m^3/(m^2 \cdot h)$，水在池中停留时间只需 10 min ~ 20 min，且池深只需 2 m 左右，故占地较少，节省基建投资。

（2）气浮池具有预曝气作用，出水和浮渣都含有一定量的氧，有利于后续处理或再利用，泥渣不易腐化。

（3）对于那些很难用沉淀法去除的低浊藻水，气浮法处理效果好，甚至还可以去除原水中的浮游生物，出水水质好。

（4）浮渣含水率低，一般在 96% 以下，是沉淀池污泥体积的 1/10 ~ 1/2，这对污泥的后续处理有利，而且表面刮渣比池底排泥方便。

（5）可以回收利用有用物质。

（6）气浮法所需药剂量比沉淀法省。

气浮法处理有效果好、周期短、机械设备装置体积小、可以由可拆卸的单元组成等优点。能适应单井、井组、联合水处理站的工作条件，日处理水的能力为几百至几千吨，处理后的油、固体机械杂质进入管汇系统，无须像沉淀技术那样定期清池排除污泥而占用土地。但是，气浮法电耗较大，处理每吨废水比沉淀法多耗电约 0.02kW·h ~ 0.04 kW·h；溶气水释放器易堵塞；浮渣怕较大的风雨袭击。

5.2.3 影响气浮效率的因素

气浮法除油效率为接触效率和附着效率的乘积。许多研究表明，油珠直径增大，气泡直径减小，气体浓度提高，接触效率显著提高。根据流体动力学的观点，气泡平均直径越小，与油珠和固体颗粒的接触角就越大，附着能就越大。延长气泡在水中的停留时间，可以提高气泡与油珠和悬浮物的吸附率，可以提高气体利用率，进而提高除油效率。影响除油效率的因素很多，主要有以下几种：

（1）气泡大小

一般情况下，溶气压力越高，空气在水中的溶解度也越大，形成的气泡更小、更均匀，气泡的分散度也越高、越均匀，它们与污染物黏附的机会也越多，有利于气浮效果的提高。由于大小不同的气泡受到的浮力不同，它们黏附油滴的能力也不相同，小气泡浮升速度慢，容易捕捉油滴（特别是小油滴），而大气泡浮升速度快，大油滴容易被它捕捉。但气泡太大，过快的浮升速度使之不容易黏附油滴，而且容易破裂，除油效果不好。当进口介质含油在 10 mg/L～200 mg/L 时，溶气气浮的除油率最大。当废水含油大于 200 mg/L 时，使用叶轮式气浮和喷射式气浮比较合适。

（2）气水比

气水比是气浮（浮选）机的重要技术参数。气水比越大，处理效果越好。气泡数量越多，与油珠接触的机会越多。油珠附着在气泡上的机会随之增加，处理效果就会提高。但并不是气水比越大越好，就溶气气浮而言，溶于水中的气体量受温度、压力等条件限制，一般情况下，水温高于 40℃ 时气体在水中的溶解度降低较多。另外，溶气量与气体压强成正比，提高气体压力，可以提高气水比，但过高的压力就会大大增加运行费用，经济上不划算。当然，增加停留时间也可提高气水比，但这种方法降低了设备的使用效率。

（3）投加浮选剂

气浮法作为一种物化法，不仅要提高气泡质量，而且还要重视絮粒的性能。如果能得到憎水性、吸附性强的絮粒，则将大大有助于提高气浮效果。气浮法处理含油污水的效果在很大程度上受投加药剂的影响，且有时起决定性作用。进口药剂，尤其是气浮助剂多是复配的聚合物，具有混凝、破乳、发泡和助浮多种作用，因此气浮用的浮选剂筛选是一个很关键的问题。

（4）油污水的表面张力

废水表面张力低，加压溶气后容易形成稳定的气泡，所得气泡直径越小，越有利于气浮除油。

5.2.4　气浮技术

根据微气泡产生的方式，气浮净水技术可分为电解法、分散空气法、溶气气浮法和静电喷涂空气法。

电解法是向废水中加入一定电流，废水被电解出 H_2、O_2 和 CO_2 等微小气泡，这些微小气泡浮载能力大，它将吸附废水中微小悬浮物上浮加以去除，以达到净水的目的。

分散空气法采用微孔、扩散板或微孔管直接向气浮池通入压缩空气或采用水泵吸水管吸气、水力喷射器、高速叶轮等向水中充气，可分为扩散板曝气气浮、水泵吸水管吸气气浮、射流气浮、叶轮气浮。

溶气气浮法使空气在一定压力下溶于水中并达到饱和状态，然后再使废水压力突然降低，这时溶解于水中的空气便以微气泡的形式从水中放出，以进行气浮废水处理，可分为加压溶气气浮和真空溶气气浮，部分回流式压力溶气气浮是水处理中常用的工艺。

静电喷涂空气法是一种比较新的气浮方法，气体通过毛细管在毛细管顶端的液体介质中产生气泡，毛细管带电作为系统高压诱导电场装置的电极，毛细管顶端上的静电应力使气泡进入溶液，分解产生 $10\mu m \sim 100\mu m$ 大小的微气泡。

常见的气浮方法有：加压溶气气浮法、叶轮式气浮法和喷射式气浮法，其分类及特点见表 5-2。

表 5-2　气浮法的分类及特点

分类	方法	原理	优点	缺点
溶气气浮法	加压溶气气浮	加压使气体溶于废水中，在常压下释放气体产生微小气泡	气泡尺寸小、均匀、操作稳定、除油率高	流程复杂、停留时间长、设备庞大
	真空气浮	减压使溶解于水中的气体释放产生微小气泡	能耗小、浮选室结构简单	溶气量小、结构复杂
诱导气浮法	机械鼓气气浮法	气体通过无数微小的空隙产生微小气泡	能耗小、浮选室结构简单	微孔易堵
	叶轮气浮法	叶轮转动吸入气体，依靠剪切力产生微小气泡	快速、高效、经济、耐冲击负荷	需浮选助剂、气泡大小不均、制造维修麻烦
	射流气浮法	依靠水射流器使废水中产生微小气泡	高效、快速、噪声小、工艺简单、能耗低、产生气泡小	水射器要求高、水流紊动程度大
电解气浮法	电解气浮法	选用惰性电极，使废水电解产生气泡	气泡小、除油率高	极板损耗大、运行费用高
	电絮凝气浮法	选用可溶性电极在阳极产生气泡，阴极上有混凝作用的离子	气泡小、除油率高	极板损耗大、运行费用高
化学气浮法	化学气浮法	依靠物质间的化学反应产生微小气泡	设备投资低、气泡量可控，适用高 SS 废水	污泥量增加、劳动强度大
其他	充气旋流式浮选机	压缩空气经多孔器壁挤入旋流层，被反向的高速旋转流体的强剪切作用分割成细小气泡	气泡尺寸小、处理快速、除油率高、占地面积小	加压进气、进水能耗大、操作复杂
	浮选柱	气液两相在柱体中逆流接触，废水从顶部进入，空气从柱底部进入，经气体分布器分散为细微气泡，上升与液相充分接触携带浮渣从顶部排除	工艺简单、能耗低、耐冲击负荷	需加入表面活性剂、气体分布器易堵、操作复杂

（1）加压溶气气浮装置

加压溶气气浮装置因其技术成熟，净化效率高，在水处理领域应用最为广泛。从设备的结构形式看，主要分传统气浮装置、组合式气浮装置、超效浅层气浮装置。传统气浮装置因溶气设备、释放器形式、分离室结构不同而有所区别，如 Sepa 公司的加压溶气气浮装置采用 L 形高效饱和气体导管进行溶气；华孚—爱德摩斜板气浮装置在浮选机腔内设置斜板。组合式气浮装置是将混凝设备、溶气罐、溶气水泵、空压机和气浮池组合成机电仪一体控制，其结构紧凑，占地面积少，操作管理方便。超效浅层气浮装置的出现，是气浮净水技术的一个重要突破，该装置是由美国 KROFTA 公司经过几十年研究开发的，它改传统气浮的静态进水动态出水，为动态进水静态出水，应用"零速原理"使上浮路程减至最小，使浮选体在相对静止的环境中垂直浮上水面，实现固液分离。随着布水装置的旋转，事先与废水均匀混合的气泡能十分均匀地充满整个净化池，几乎不存在气浮死区和气泡不均。废水从池中心的旋转进水器进入配水器，配水器的移动速度和进水流速相同，方向相反，使原水进入水池内时产生零速度，从而进水不会对池内水流产生扰动，池内颗粒的沉浮在一种静态下进行，大大提高了气浮池的效率。螺旋状的刮渣装置对水体的扰动小，且刮起的仅为已充分分离的浮渣，含固率高。"零速原理"使上浮路程减至最小，且不受出水流速的影响，上浮速度达到或接近理论最大值，废水在净化池中停留的时间由传统气浮的 30 min～40 min 减至 3 min～5 min，极大地提高了处理效率，设备体积随之大幅减小，可架空、叠装、设置于建筑物上，少占地或不占地。该设备最初随成套造纸生产线引进我国，近年此技术设备已成功地应用到国内许多行业的水处理。

（2）涡凹（散气）气浮装置

CAF 涡凹气浮装置因其具有投资少、占地小、能耗低、操作和维修简便等优点，在水处理工程中也得到了很好的应用。如麦王国际公司的 CAF 涡凹气浮机（由美国 Hydrocal 环保工程公司发明），它利用电机带动周边有微孔的散气盘高速旋转，在水中形成 1 个负压区，液面上的空气被吸入水中去填补真空，空气进入水中时，可被转盘切割成直径 10 μm～100 μm 的气泡，提高了涡凹气浮法的效率，扩大了适用范围。该设备已应用到油漆、制革、炼油、印染、化学、乳品加工、纤维生产、造纸、食品饮料、屠宰、纺织、机械加工、市政污水等污水处理工程。

（3）电解气浮装置

EAF 电解气浮装置因其电能消耗高、极板损耗快、运行费用高，应用受到一定的限制。但该方法具有以下特点：①电解产生的气泡微小，与废水中杂质的接触面积大，气泡与絮粒的吸附能力强；②阳极表面会产生中间产物如羟基自由基，原生态氧，对有机污染物有一定的氧化作用，如废水中含有氯离子，电解产生的氯气对有机污染物也产生氧化作用；③EAF 装置紧凑，占地面积小。该技术主要应用于含有各种金属离子、油脂、乳酪、有机工业废水处理。

（4）溶气泵溶气气浮装置

溶气泵溶气气浮装置不需另设循环泵、空压机、溶气罐，直接采用多相流体泵实现吸气、溶气过程。通过多相流混合泵所具有的特殊结构叶轮的高速旋转剪切作用，将吸入的空气剪切为直径微小的气泡，随后在泵的高压下溶于水，在随后的减压阶段，溶解的气体以微气泡的形式释放出来。该装置设备简单，运行稳定，管理方便，一般适用于小规模净水工程。

5.2.5　气浮工艺参数

（1）絮凝体颗粒大小

长期以来，人们一直认为和沉淀工艺一样，气浮工艺需要数百微米或更大的絮体颗粒，如有学者认为絮体颗粒粒径为 400 μm～1000 μm 时气浮效果最佳。但近期的研究发现，气浮工艺不需要如此大的絮体颗粒也能取得满意的出水效果。根据 Han 等人的研究结果，当絮体颗粒尺寸与微气泡接近时二者的黏附效率最大。考虑到气浮工艺中微气泡直径一般在 10 μm～100μm 范围内，故絮体颗粒只需数 10μm～100μm 就足够了。

（2）微气泡大小

Kium 的研究结果表明：气浮工艺中微气泡大小应适当，过大或过小都会影响气浮效果，在表面负荷 10 m³/（m²·h）时，控制微气泡直径在 10 μm～100 μm 范围内（平均16）就能够取得满意的净水效果。

（3）搅拌强度

由于气浮工艺不需要大尺寸絮体颗粒，因此可适当提高反应搅拌强度（提高 G 值），这一观点已得到许多学者的试验证实。Janssens 通过研究发现，气浮工艺的最佳 G 值依赖混凝剂类型：铝盐 G 值为 70 s～80 s，FeCl₃ G 值为 70 s，PAC G 值大于 30 s。而 Vlaski 等人则发现，当 G 值在 10 s～50 s 范围时，气浮对颗粒的去除效果都很好，高能量输入可以去除更多小颗粒，因而更能保证气浮的净水效果。

（4）絮凝时间

对于气浮前絮凝时间的选择是一个不断认识与发展的过程。从早期给水处理的絮凝时间 45 min、12 min～20 min、4 min～15 min 到目前的 5 min～10 min，美国学者则认为溶气气浮工艺的絮凝时间应低于 5 min。

5.2.6　常用气浮工艺

由于气浮法除油效率高，停留时间短，所以在含油废水领域得到广泛应用，应用较多的是加压溶气浮选法、叶轮浮选法和射流浮选法。

（1）加压溶气气浮除油系统

加压溶气法是将废水（或清水）和压缩空气导入溶气罐，在压力为 196 kPa～392 kPa 的条件下，使空气溶解于水成为溶气水，并达到饱和状态。然后将溶气水减压引至气浮池，在常压下，溶解的空气便从水中逸出，形成水—气—粒三相混合体系，细小气泡的直径为 10 μm～100 μm。微小气泡成为载体，气泡黏附水中的污染物，形成气—粒体浮出水面成为浮渣，空气密度仅为水密度的 1/755，黏附了一定数量污染物的气泡体系整体密度远比水的密度小，则气—粒体快速上浮。浮渣由刮沫机刮去，净化水排出。加压溶气气浮工艺由溶气系统、释气系统、分离系统三部分组成。常用的基本工艺流程有全溶气加压、部分溶气加压和回流溶气加压三种。

（2）全溶气加压气浮

全部废水由泵加压至 0.3MPa ~ 0.4MPa，在压力罐通入一定量的压缩空气后，水气混合进入溶气罐，在压力条件下停留一段时间进行气水混合和溶解，然后通过减压阀进入常压气浮池进行气浮。当处理的废水中含油和悬浮物的量较高时，多采用此流程。由于受动力消耗的限制（加压设备和溶气罐较大），溶气压力

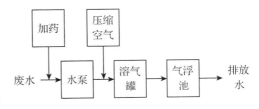

图 5-6　全溶气加压流程图

不能提得很高，故有气泡不均匀和饱和度偏低的缺点；废水中杂质多，经常堵塞释放器的释放孔，废水经射流器、释放器时憋压、阻流，引发浮选系统运行不正常。若在气浮之前已经混凝处理，则已形成的絮凝体在压缩和溶气过程中遭破碎。因此，其应用范围有限。其工艺流程如图 5-6。

（3）部分溶气加压气浮

该流程只将需要处理的一部分废水加压溶气，然后同未加压的污水在气浮池混合，产生的气泡分离全部污水中的污染物质。用于加压溶气的水量通常只占总水量的 30% ~ 50%，这样，在与部分回流水加压电耗相同的情况下，溶气压力可大大提高。因而，形成的气泡分散度更高、更均匀。采用这种方法可缩小加压系统的体积，降低动力费用，但当投加絮凝剂时，絮凝体容易打碎，从而影响净化效果。当处理的废水油和悬浮物较少时，可以采用此流程，如图 5-7。

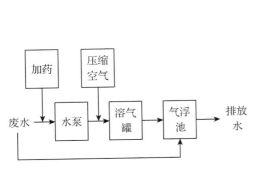

图 5-7　部分溶气加压流程图

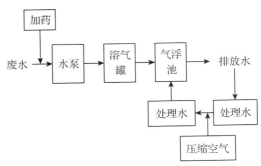

图 5-8　回流溶气加压气浮

（4）回流溶气加压气浮

与全流加压式溶气气浮法类似，回流溶气加压气浮法比较适合处理含油量低的油田污水，但比全部污水加压节约能耗 50% 左右，且污水系统不憋压、不阻流、设备运行平稳；因释放器内部为清水，释放器的堵塞现象得到根除；部分回流还能使混凝剂得到充分利用，减少 20% ~ 30% 投药量，并使絮凝体免遭破坏。当废水中乳化油含量高时，可以考虑该流程，如图 5-8。在这种系统中，用于加压回流的水量通常只是处理水量的 30%，这样可以减少电耗，使水中的微细气泡得到充分利用；同时，控制比较灵活，可以视水质情况来调节运行工况。一般认为这种流程效果较好，不会打碎絮凝体，出水水质较好，加压泵及溶气罐容量和能耗也较小，但气浮池的体积增大。目前，国

内较多采用这种流程。但是部分回流溶气气浮系统所需设备较多，控制较麻烦，国内现已开发了泵前插管式气浮系统。

加压溶气气浮法的应用范围较广，采用的企业最多，且大、中、小规模给水与废水处理均能适应。人们对其基本原理及技术性能的研究也较深入和有系统性。但气浮技术也还有不完善待改进的地方，如释放器堵塞问题。尽管现有的释放器设计了许多防堵措施，但仍不理想。又如刮渣机的设计不能很好地解决浮渣上升堆积的问题。

（5）组合工艺（表 5-3）

采用隔油＋加药破乳＋气浮＋过滤工艺，对污水中的含油量加以去除，同时，通过絮凝产生的絮凝体对污水中的溶胶性物质进行吸附，利用气浮装置去除大部分 COD；最后再进行过滤，去除剩余的微量油和 COD，从而达到出水要求。浮选剂筛选及复配含油污水中通入气泡后，并非任何悬浮物都能与之黏附，随气泡顺利地上浮到水面，这与乳化油的润湿性、油粒的大小、气泡的粒径息息相关。因此，我们就需要在废水中加入合适的浮选剂，使废水及废水中的悬浮物的物理化学性质得到一定的改观，从而提高气浮法的除油效率（图 5-9）。

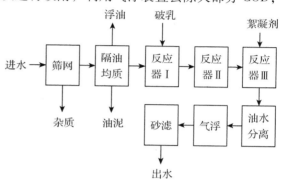

图 5-9　粘油废水处理工艺

表 5-3　常用粘油污水处理工艺比较

技术特点	隔油＋加药破乳＋气浮＋过滤	隔油＋气浮＋生物处理	隔油＋微滤＋陶瓷膜
优点	技术成熟，除油效率高，同时去除 COD，占地少，运行灵活，可间断运行，运行费用低，设备投资少	老三套工艺，技术成熟，同时去除 COD、色度、除臭、SS，常压操作，废水提升少，运行费低，可全自动控制	技术先进，操作简单，占地少，出水水质好，去油 99%，可全自动控制，抗冲击
缺点	无法实现全自控，需人工配药，污泥量大，处理污泥复杂，流程长，加药时需调 pH，需两次加压	需处理大量污泥，不能间断运行，需培养驯化菌种，抗冲击弱，占地大，运行管理复杂	运行费高，设备投资大，膜清理工艺复杂

5.2.7　浅层气浮设备结构及工作原理

近十几年来，浅层气浮净化法技术已在国内迅速发展，据不完全统计，全国已拥有千余座各类气浮净水装置，其中有应用于饮用水净化的大型气浮净水装置，也有应用于炼油、造纸、电力、化工、食品、制革、印染等行业的污水处理的气浮装置。

5.2.7.1　结构

国内某生活用纸分厂白水采用的是浅层气浮系统来处理的，该浅层气浮装置核心

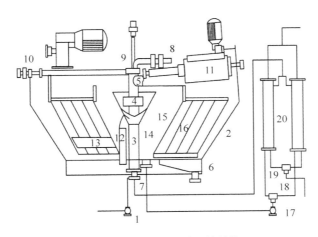

图 5-10 浅层气浮装置的结构

1. 水泵；2. 气浮装置；3. 中心管；4. 水力接头；5. 分配管；6. 泥斗；7. 管；
8. 可旋转分配管；9. 水力接头；10. 旋转装置；11. 螺旋撇渣装置；
12. 排渣管；13. 旋转集水管；14. 中央旋转部分；15. 锥形板装置；
16. 倾斜气浮区；17. 进水泵；18、19. 三通阀；20. 溶气管

技术是由美国克拉福达(Krofta)公司经过几十年研究开发的，其结构如图 5-10。废水在气浮池体中的滞留时间只需要 3min～5min，所以气浮池的深度相对于传统气浮池能够大幅度减小。

原水通过泵 1 进入气浮装置 2 的中心管 3，通过可旋转的水力接头 4 和可旋转的分配管 5 均匀地配入气浮池底部，溶气水经过中心管 7 进入可旋转的分配管 8，与原水同步进入气浮池底部。9 亦为一个可旋转的水力接头。饱含微气泡的溶气水与原水在气浮装置的底部充分碰撞、黏附，使原水中的微粒形成比重 <1 的浮渣上升到水面而被除去。原水的分配管 5 和溶气水的分配管 8 被固定在同一旋转装置 10 上，其旋转方向与原水进入气浮池底部的水流方向相反，但速度相等。本装置的关键部分是成功地利用了"零速度"原理，使进水对原水不产生扰动，固液分离在一种静态下进行。表面形成的浮渣层由螺旋撇渣装置 11 收集，然后经过排渣管 12 将其排到池外；澄清后的水由旋转集水管 13 收集后排到池外，集水管 13 与中央旋转部分 14 连在一起，这样原水在气浮池中的停留时间就是中央旋转部分的回转周期。

同传统气浮法分散空气气浮法、电解气浮法、压力溶气气浮法等相比，本装置另外一项重要的改进就是固定在旋转行走架 10 上相互之间有一定间距的一组同心锥形板装置 15，与配水部分一起沿气浮池同步旋转。每相邻两块锥形板组成一个倾斜的环行气浮区域 16，该区域内水时刻处于层流状态，加速了颗粒杂质随微气泡的上升速度。本浅层气浮装置还包括一对并联运行的溶气管 20(简称 ADD，进水泵 17 的压力较低，只需 202.6 kPa。进水首先通过与两个 ADT 连接的三通阀 18，ADT 的另一端布置溶气出水口。压缩空气也经过一个三通阀 19 与压力水在同一端进入 ADT，压缩空气的压力一般为 707.8 kPa。所有的三通阀靠一只调节器联动，正常运行时，一只 ADT 的进、出水口均被打开释放溶气水，而进气口被关闭；同时另一只 ADT 的进水口和出水口被关

闭，压缩空气通过 $20\mu m \sim 40 \mu m$ 的微孔不锈钢板进入 ADT，靠压缩空气的压力将空气溶于水中，而不是靠水的压力。水沿着切线方向高速进入 ADT 中，流速可达 $10 m/s$，压力水在 ADT 中呈螺旋状前进，达 $995 r/min$，进水流量可以调节，以便控制流量和流速。

5.2.7.2 运行参数

气浮工段是整个白水回收系统的核心。作为主体设备——浅层气浮设备，是合理应用浅池理论和零速度原理的一种先进的快速气浮设备。废水流量 $500m^3/h$ 时，浅层气浮设备的直径为 11 m，驱动功率为 1.5 kW，规定的工作气压为 $4.5MPa \sim 6.5MPa$。

（1）工艺流程

生活用纸生产车间的稀白水经水沟自流至白水池，在水沟进入白水池入口处装有格栅，以防止超大的杂质进入，影响处理效果；白水池的白水通过提升泵抽往管道混合器，与由 PAC 溶解系统泵来的 PAC 药液混合均匀，然后在进入气浮池之前再加入 PAM 药液；加完药液的白水进入气浮池，与 ADT 溶气管来的溶气水混合。溶气水经减压阀减压释放，使溶解在水中的气体释放出来形成大量微气泡，无数微气泡附着在絮凝颗粒上，使颗粒整体相对密度小于 $1 g/cm^3$，根据浮力原理迅速浮至水面，从而达到固液分离的目的；浮渣由不停回转的螺旋状刮渣器舀起，靠刮渣器的斜度利用重力自流至纸浆池，再由泵送至压滤机脱水后外运、降级使用造纸或外卖，清水由气浮中自流至清水池，清水回用。

（2）高效浅层气浮系统操作调整要点

气浮系统在正常操作下皆不须调整，当处理效果不佳而须修正操作参数时，要依下述步骤顺序检查：

① 取样检查：由空气溶解管（ADT）取样阀取样，倒入玻璃量杯中，检视量杯中的气浮除渣情况，以液体呈现牛乳状。如有足够的空气溶入，则气泡将以 $5 mm/min$ 或更慢的上升速度浮出水面，而与澄清水分离，则空气溶解系统操作正常无误。如果样品中出现粗泡而气浮除渣情况不佳时，应对 ADT 的空气流量计进行调整。如有足量空气溶解，且气泡粒径细密，但絮聚物形成不佳，水未清澈，则须检查化学加药系统。

② 化学药品添加：首先检查加药泵是否运转正常，再检查化学药品通过注入加药点的情况。如加药泵正常运转，则检查管中是否有堵塞物，增加药量通常可改善气浮效果，化学药品微量增加并等待 5min～10min 以观察效果再调整系统状况。当气浮处理系统负荷增加时，会有更多的颗粒固体物进入气浮池，此时就必须增加化学药品药量。

③ 空气溶解管排空阀：由排空阀检视空气溶解管（ADT）操作是否得当，这点很重要。排空阀之排出物应为空气和水的混合体，如仅有水排出，则表示空气量不足，首先应确定系统的压力与流量是否正常，然后连续微量增加空气流量，此时在排空阀处将听到撕裂声。如排空阀仅有空气排出时，即表示进入系统中的空气量太多，过量的空气有时会扰动气浮池并产生气泡，在此情况下应减小空气流量。

④ 系统的压力与流量调整：

● 空气溶解管压力须保持在 0.5 MPa。

- 空气溶解管进口端压力(即高压水泵的出口压力)≥0.6 MPa。
- 空气溶解管进口端与管体之压差须≥0.05 MPa。
- 注意调节好进水分配阀流量,使布水均匀。
- 定期清理整流板,以免纤维等堵塞导致布水不均,影响浮除效果。
- 注意控制好 PAC、PAM 的加药量,以保证浮除效果。
- PAM 按 0.1%浓度配置,必须保证溶解搅拌时间在 2 h 以上再使用,以发挥 PAM 的最佳效果。
- 控制液位使螺旋刮斗刚好可刮除浮泥为止,液位依浮渣厚度而定,低液位造成浮渣的高浓度,高液位产生低浓度的浮泥,经过数小时运转后,刮除的浮泥厚度可得到一个平衡点。
- 注意调整好刮泥勺驱动马达的转速,使刮泥量适宜。了解水中含有溶解空气的程度。在标准状况下,气泡应极细密而无粗泡掺杂在内。
- 注意调整好周边驱动马达的转速,最快不能大于 1/3 r/min,具体可由实际观察气浮池中水流状况而设定,澄清水层必须是静止不动的。

5.3　厌氧生物处理技术

厌氧生物处理是指在无氧条件下,利用兼性厌氧菌和专性厌氧菌的生物化学作用,对废水中的有机物进行生物化学降解过程。厌氧处理技术是一种有效去除有机污染物的技术,能将有机化合物转化为甲烷和 CO_2。厌氧生物处理技术是对普遍存在于自然界的微生物过程的人为控制与强化,是处理有机废水的有效手段。其发展过程大致经历了三个阶段。

第一阶段:简单的沉淀与厌氧发酵合池并行的初期发展阶段。技术特征为:①把废水沉淀和污泥发酵集中在一个腐化池(septictank,俗称化粪池)中进行,即以简易沉淀池为基础,适当扩大其污泥贮存容积,作为挥发性悬浮生物固体液化的场所。②处理对象为废水、污泥。③精确设计和建造的化粪池至今仍在无排水管网地区以及某些大型居住或公用建筑的排水管网上使用着。

第二阶段:污水沉淀与厌氧发酵分层进行的发展阶段。技术特征为:①在处理构筑物中,用横向隔板把废水沉淀和污泥发酵两种作用分隔在上下两室分别进行,由此形成了所谓的双层沉淀池(two story tank)。②当时的污染指标仍以悬浮固体为主,但生物气的能源功能已为人所认识,并开始开发利用。

第三阶段:独立式营建的高级发展阶段。技术特征为:①把沉淀池中的厌氧发酵室分离出来,建成独立工作的厌氧消化反应器。在此阶段中开发的主要处理设施有普通厌氧消化池和 UASB、厌氧接触工艺、两相厌氧消化工艺、AF、AFB 等。②把有机废水和有机污泥的处理和生物气的利用结合起来,即把环保和能源开发结合起来。沼渣的综合利用也被当做重要任务提到了议事日程。③处理对象除 VSS 外,还着眼于 BOD 和 COD 的降低以及某些有机毒物的降解。

5.3.1 厌氧反应器种类

由于厌氧微生物生长缓慢,世代时间长,故在反应器内保持大量的活性微生物(污泥)和足够长的污泥龄是提高反应效率和反应器成败的关键。因此人们采用生物膜固定化技术和培养易沉淀颗粒污泥的方式开发出了第二代厌氧反应器,如 AF(图 5-11)、UASB(图 5-12)、AFB(图 5-13)、ABR(图 5-14)等。但是一个新型高效的厌氧反应器,除了应满足上述原则外,还应满足生物污泥能够与进水基质充分混合接触,以保证微生物能够充分利用其活性降解水中的基质。同时,反应器作为提供微生物生长繁殖的微型生态系统,各类微生物的平稳生长,物质和能量流动的高效顺畅,是保持系统持续稳定的必要条件。就目前而言,工业上常用的厌氧处理工艺有上流式厌氧污泥床(upflow anaerobic sludge bed,UASB)、膨胀颗粒污泥床(expanded granular sludge bed,EGSB)、内循环厌氧反应器(internal circulation,IC)等(表 5-4)。

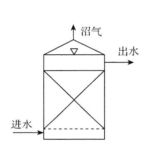

图 5-11　AF 厌氧滤池

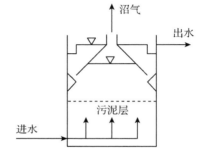

图 5-12　UASB 升流式厌氧反应器

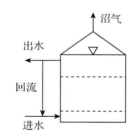

图 5-13　AFB 厌氧膨胀床和流化床

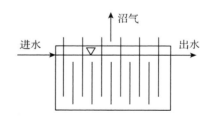

图 5-14　ABR 厌氧折流板反应器

表 5-4　IC 反应器与 UASB 反应器的比较

参数		IC 啤酒废水	IC 土豆加工废水	UASB 啤酒废水	UASB 土豆加工废水
反应器体积	m³	6×162	100	1400	2×1700
反应器高度	m	20	15	6.4	5.5
水力停留时间	h	2.1	4.0	6	30
容积负荷	m³/d	24	48	6.8	10
进水 COD	mg/L	2000	6000~8000	1700	12 000
COD 去除率	%	80	85	80	95

5.3.2　厌氧颗粒污泥

厌氧颗粒污泥实际上是厌氧活性微生物的集合体，将厌氧颗粒污泥作为菌种接种至高效厌氧反应器后，颗粒污泥上的微生物以高浓度废水中的有机物为养料大量增殖，在将大分子有机物分解为小分子无机物的同时，厌氧颗粒污泥得到增长，多余的颗粒污泥可以通过厌氧反应器的排泥系统排出，作为厌氧菌种出售。在厌氧净化废水的同时，可以得到具有经济价值的厌氧菌种。在厌氧反应器中接种新鲜的颗粒污泥，可以使厌氧反应器直接高负荷[3 kgCOD/$(m^3 \cdot d)$~4 kgCOD/$(m^3 \cdot d)$以上]启动，较大幅度地缩短调试启动时间。根据大量工程经验，只要条件具备，可在 30 天以内达到 15 kgCOD/$(m^3 \cdot d)$以上的运行效果。

颗粒污泥的形成过程可分为五个阶段，即细菌增殖阶段、小颗粒污泥形成阶段、小颗粒污泥聚合阶段、初生颗粒污泥阶段和成熟颗粒污泥阶段。细菌增殖阶段，细菌在适宜环境条件下大量生长、增殖，菌体分散、呈絮状，沉降性能差、处理负荷低。小颗粒污泥形成阶段，部分絮状污泥出现缠绕黏连，聚集成小颗粒。小颗粒污泥聚合阶段，污泥中小颗粒大量出现，能观察到小颗粒表面的黏状分泌物，并相互黏连，形成较大颗粒，反应器内污泥开始膨胀，可看到污泥聚集体上有气泡附着，气泡聚集，污泥聚集体在反应器中慢慢上升，脱气后又下沉。初生颗粒污泥阶段，反应器有机负荷增加，粒径明显增大（约 1.2 mm~1.4 mm），颗粒污泥沉降性能提高。成熟颗粒污泥阶段，颗粒污泥呈团块状，粒径近似一致，微生物类群趋于稳定，反应器沉降好，处理废水能力提高，对环境的抗逆性增强。

厌氧颗粒污泥体型规则呈球形，VSS/TSS≥0.7，沉降速度 50 m/h~150 m/h，粒径 0.5 mm~2 mm，颗粒度大于 90%，最大比产甲烷速率≥400 mL CH_4/$(gVSS \cdot d)$。颗粒污泥表面比较粗糙，表面和内部均以甲烷丝菌属为主；随着反应器的启动，颗粒污泥表面逐渐光滑，结构松散，其表面附有一层白色絮状物，通过电镜观察其表面和内部微生物相分布情况，表面以甲烷杆菌为优势菌群，内部以甲烷杆菌、球菌和丝状菌为主。反应器运行稳定时，颗粒污泥表面凹凸不平，有起伏错落的峰峦和低谷，这种山峦状的表面，使微生物更有利于同基质接触、吸附、降解和进行物质交换。

厌氧颗粒污泥的电镜照片如图 5-15 ~ 图 5-18。

图 5-15　厌氧颗粒污泥的照片

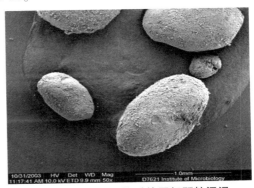

图 5-16　放大 50 倍时的厌氧颗粒污泥

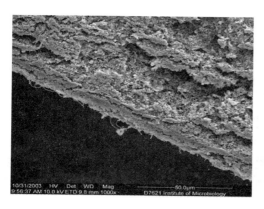

图 5-17 放大 1000 倍时的厌氧颗粒污泥

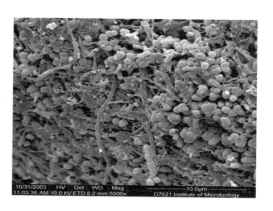

图 5-18 放大 5000 倍时的厌氧颗粒污泥

5.3.3 上流式厌氧污泥床 UASB

UASB 反应器对许多高浓度工业有机废水有良好的净化效果，根据不同类型的有机废水，UASB 反应器需采用不同的设计、运行参数。对某化学工业公司的乙二醇高浓有机废水，COD 浓度高达数万毫克每升，采用 UASB 反应器可获得良好的净化效果。

5.3.3.1 实验室处理乙二醇废水的 UASB 装置

某化学工业公司乙二醇废水，主要含乙二醇，还含二乙二醇、1,4-丁二醇、辛醇、邻苯二甲酸等。该废水除邻苯二甲酸外，都是低链醇类有机物，BOD/COD>0.6，有利于生物处理。

经过数次取样分析，废水水质主要指标见表5-5。

表 5-5 乙二醇废水水质

指标	单位	数值
COD	mg/L	30 000~60 000
pH		3~5
NH$_3$-N	mg/L	150~200
TP	mg/L	2~8

实验室用 UASB 反应器由玻璃加工而成，内径 90 mm，总高 700 mm，三相分离器高度为 80 mm，总有效容积为 3L。接种 1.5L 厌氧颗粒污泥，控制反应器内温度在 37℃ ±2℃，开始每天进水 3L。

用啤酒人工配置 COD 约为 1000 mg/L 的废水，控制 HRT 为 24h，间歇地向反应器中进水。启动 2 天~3 天后，观察到 UASB 反应器冒出连续均匀的气泡，说明反应器内微生物的活性已经初步激活。运行至第 5 天测得颗粒污泥反应器和消化污泥反应器 COD 去除率分别为 83% 和 89%，出水 VFA 为 4.7 mmol/L。第 6 天开始进稀释后的乙二醇废水(原水 COD 50 000 mg/L，用自来水稀释成不同 COD 浓度的乙二醇废水)，每隔 3 天~5 天增加反应器的容积负荷，增加量不大于前次容积负荷的 30%。每次配水加入一定量的小苏打和微量元素，控制进水 pH 在 7.4~8.0，按 COD:N:P=250:5:1 加入 N、P。图 5-19 显示了不同容积负荷时，反应器处理乙二醇废水的运行情况。

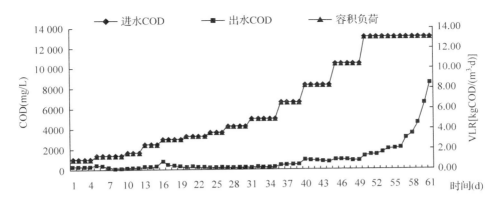

图 5-19　容积负荷对 UASB 反应器处理效果的影响

5.3.3.2　VLR 对处理效果的影响

反应器在运行过程中，其高效性和稳定性在很大程度上取决于反应器内污泥的微生物量及其生物活性，而微生物的增殖与活性又取决于运行的主要控制参数。容积负荷 VLR(volume loading rate)表示单位反应器容积每日接受的废水中有机污染物的量，其单位为 kgCOD/(m^3·d)，直接反应底物与厌氧微生物之间的平衡状态，是生物处理过程中最主要的控制参数。

由图 5-19 可以看出，UASB 反应器进水 COD 浓度由 1050 mg/L 提高至 13 100 mg/L，相应的 VLR 由 1.05kgCOD/(m^3·d)增加至 13.1 kgCOD/(m^3·d)。在 VLR 12 kgCOD/(m^3·d)以下时，UASB 反应器出水 COD 都低于 2000 mg/L，但 VLR 达 12 kgCOD/(m^3·d)时，UASB 反应器出水 COD 持续上升。

图 5-20 所示，UASB 反应器进水 pH 控制在 7.4~8.0，反应器前 50 天运行正常，出水 pH 基本保持在 6.8~7.4。到第 51 天，当 VLR 增加至 13.1 kgCOD/(m^3·d)时，运行出现波动，出水 VFA 持续升高。运行至第 61 天，VFA 达到 20.5 mmol/L，pH 降至 5.5，反应器出现严重酸化，微生物活性受到抑制。

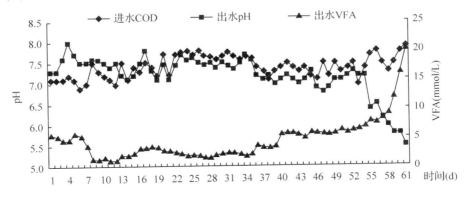

图 5-20　UASB 反应器进出水 pH 及 VFA 变化

图 5-21 显示了 UASB 对乙二醇废水 COD 的去除率变化情况，运行开始数天 UASB 内微生物活性处于激活期，COD 去除率较低。中间运行稳定期间，COD 去除率多在 80% 以上，偶然有明显下降，可能是进水负荷高的冲击。运行 51 天后，当 VLR 增加至 13.1 kgCOD/(m^3·d)时，负荷过大，产甲烷菌无法将低分子有机物有效转化为 CH_4，COD 去除率急剧下降。

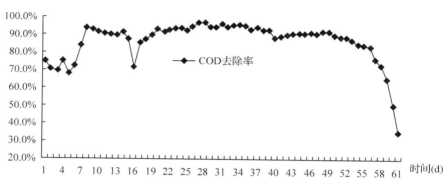

图 5-21　UASB 反应器对 COD 去除率

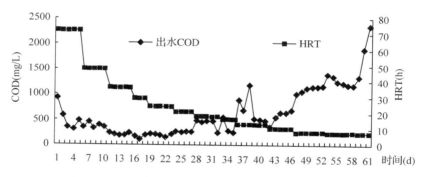

图 5-22　不同 HRT 时 UASB 反应器出水 COD 情况

5.3.3.3　HRT 对处理效果的影响

为了探讨 UASB 不同 HRT 对处理乙二醇废水的影响，固定进水 COD 浓度为 3000 mg/L，控制进水 pH 在 7.4～8.0，按照 COD:N:P = 250:5:1 比加入 N、P 营养盐。每隔 3 天～5 天增加一次进水量(增加水量不大于前次水量的 30%)，以此缩短 HRT。图 5-22 显示了不同 HRT 条件下，处理乙二醇废水的运行情况。

由图 5-22 看出，随着 HRT 的缩短，UASB 出水 COD 缓慢增加，当 HRT 在 13h 以上时，其出水 COD 浓度基本在 600 mg/L 以下。当 HRT 由 10 h 缩短至 8 h，出水 COD 浓度升至 1000 mg/L 以上。当 HRT 为 7h 时(运行至第 61 天)，出水 COD 浓度快速升高至 2358 mg/L。从处理 COD 效率与容积负荷考虑，UASB 处理乙二醇废水 HRT 保持在 30 h～50h 较合适。

如图 5-23 所示，当 HRT 为 72h 时，去除率在 85% 左右，运行至第 61 天(HRT = 7h)时，COD 去除率降至 21.4%。出现上述现象，主要是由于停留时间过短，有机物与微生物的接触时间相应缩短，厌氧微生物没有充足的时间来降解有机物，从而降低了反应器的去除效率。而且水力停留时间过短时反应器的上升流速过大导致部分污泥的流失，从而降低反应器内的微生物量，导致反应器的效率降低。颗粒污泥反应器在运行至第 36 天~38 天 (HRT = 13h) 时，COD 去除率由 90.8% 骤降至 70.7%、76.9% 和 60.7%，其主要原因是运行至第 35 天水浴箱故障，水温由 37℃ 下降至 29℃，微生物的活性下降，经过 2 天水温逐步升至 37℃，至第 39 天，COD 去除率又回升至 82.8%。可见温度对厌氧微生物活性影响甚大。UASB 反应器中逐渐形成了大量的颗粒污泥，沉降性能良好，即使 HRT 为 7h 时，出水清澈透明。

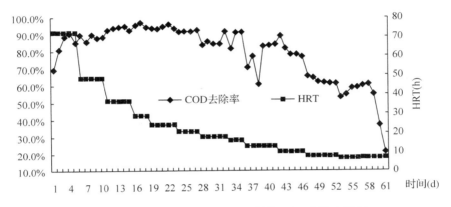

图 5-23　不同 HRT 时 UASB 反应器 COD 去除率情况

大量 UASB 运行文献数据表明，出水 VFA 在 3 mmol/L~8 mmol/L 时，反应器处于正常运行状态。当 VFA 小于 3 mmol/L 时，表明有足够的产甲烷菌将 VFAs 转化为 CH_4，此时可以适当增加反应器的容积负荷。当 VFA 大于 8 mmol/L 时，产甲烷菌活性将受到抑制，VFA 不能及时转化为 CH_4 气而积累过多，此时反应器处于酸化状态。当 HRT 为 8h 时，出水 VFA 已大于 8 mmol/L。当 HRT 为 7 h 时，出水 VFA 高至 24.9 mmol/L，反应器已处于严重酸化状态 (图 5-24)。

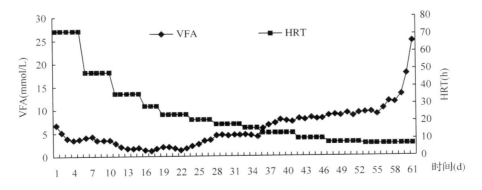

图 5-24　不同 HRT 时 UASB 反应器出水 VFA 情况

5.3.3.4 工程应用

该化学工业公司乙二醇废水量 Q 为 $15m^3/d$，COD 30 000 mg/L~45000 mg/L，pH 为 3~5。根据上述实验室系列研究结果，确定 VLR 为 6 kg/（$m^3 \cdot d$），反应温度 35℃~39℃，安全系数 1.3，设计的 UASB 反应器总容积为 $160m^3$。工程运行时取循环比为 6:1，控制进水碳酸氢盐碱度为 1400mg/L 左右，COD:N:P 为 300:5:1~400:5:1。经过一个多月的调试运行，整套 UASB 处理系统运行稳定，其出水 COD 浓度在 1000 mg/L~2500 mg/L，COD 去除率高至 94% 以上，表明先经实验室系统研究，再进行工程设计，UASB 技术对乙二醇废水有很高的净化效率。

5.3.4 EGSB 反应器

EGSB 反应器是 20 世纪 90 年代初荷兰 Wageningen 农业大学 Lettinga 等在上流式厌氧污泥床反应器（upflow anaerobic sludge bed，简称 UASB）的基础上开发的第三代高效反应器。EGSB 反应器增加了出水回流，这样就提高了液体表面上升流速（>4 m/h）使得颗粒污泥床层处于膨胀状态，提高了颗粒污泥的传质效果。EGSB 反应器实际上是改进的 UASB 反应器，其仅仅是在运行方式上与 UASB 不同，即其运行在高的上升流速下使颗粒污泥处于悬浮状态，从而保持了进水与污泥颗粒的充分接触。

EGSB 反应器的基本结构如图 5-25 所示。EGSB 反应器运行过程中，待处理废水与被回流的出水混合经反应器底部的布水系统均匀进入反应器的反应区。反应区内的泥水混合液及厌氧消化产生的沼气向上流动，部分沉降性能较好的污泥经过膨胀区后自然回落到污泥床上，沼气及其余的泥水混合液继续向上流动，经三相分离器后，沼气进入集气室，部分污泥经沉淀后返回反应区，液相夹带部分沉降性极差的污泥排出反应器。EGSB 反应器作为一种高效的新型厌氧反应器近年被广泛应用于各类高浓度、难降解工业废水的处理。但是，由于厌氧微生物的生长繁殖速度缓慢，厌氧反应器往往需要较长的启动时间。另外，从反应器的运行稳定性角度看，受到产甲烷菌的环境敏感性影响，进水 pH、COD 浓度、温度和水力负荷等条件都容易导致反应器的酸化甚至崩溃。因此，如何快速、有效的启动厌氧反应器和合理控制各项参数显得十分关键。本节通过 EGSB 反应器处理竹制品废水的启动，研究进水 pH 和水力负荷对 EGSB 反应器的运行稳定性和有机物去除的影响，考察反应器内厌氧污泥的性状和微生物的种群特征。

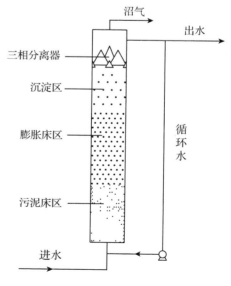

图 5-25 EGSB 反应器示意

5.3.4.1　EGSB 结构

EGSB 反应器容积为 600 m³（高 16 m，直径 7.2 m），以镀锌钢板为材料采用"利普"技术制成，底部为倒伞型布水器，9.5 m 处设置回流管，顶端设有 3 层三相分离器，产生的沼气收集于干膜双层储气包内，沼气主要用于厌氧反应器的启动和冬季增温，EGSB 反应器和储气包的结构如图 5-26 所示。处理对象是竹制品废水。

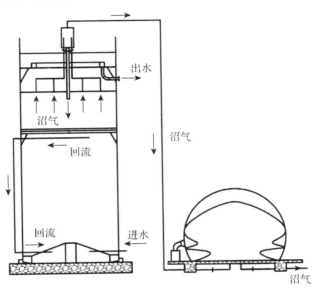

图 5-26　EGSB 反应器和储气包结构

5.3.4.2　启动阶段

由于竹制品废水 pH 值较低（2.5~5），而厌氧反应器最佳 pH 在 6.8~7.2 之间，因此在反应器启动阶段投加片碱，将进水 pH 控制在 7~7.5 之间进行微生物培养驯化。该阶段控制进水 COD 浓度在 5000 mg/L~10 000 mg/L，逐步增加进水量和增大进水 COD 浓度，使 OLR 从 0.48 增大到 3.75 kg COD/（m³·d）。每天检测 COD、pH 值、挥发性有机酸和总碱度（TA），当 COD 去除效率大于 85%，其余各指标正常、稳定时，表明反应器启动成功。

进水 pH 影响：反应启动成功并稳定运行一段时间后，逐渐减少片碱的投加量，通过反应器自身的碱度来提高原水的进水 pH 值。每天检测 COD、pH 值、VFA、TA，当 COD 去除效率小于 75%，其余各指标不正常、不稳定时，表明反应器出现不稳定现象，此时应适当提高进水 pH，防止反应器酸化。

OLR 影响：在最佳进水 pH 值下，让反应器稳定运行一段时间，随后通过增加进水量和增大进水 COD 的方式研究 OLR 对反应器运行和有机物去除的影响。每天检测 COD、pH 值、VFA 和 TA，当 COD 去除效率小于 75%，其余各指标不正常、不稳定时，表明反应器出现不稳定现象，此时应适当降低 OLR，防止反应器酸化。

污泥性状：在上述研究完成后，反应器稳定运行一段时间后，从反应器底部放空口取厌氧污泥，通过环境电镜扫描研究污泥结构性状。

图 5-27 S1 阶段为 EGSB 反应器启动阶段 COD 和各指标的变化情况；在该阶段反应器启动和污泥驯化同时进行。启动阶段进水 pH 严格控制在 7~7.5 之间，由于反应器启动阶段室外温度较低，因此，通过烧锅炉供暖使 EGSB 反应器温度保持在 30℃~35℃。

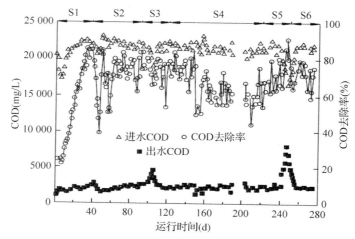

图 5-27　EGSB 对 COD 去除情况

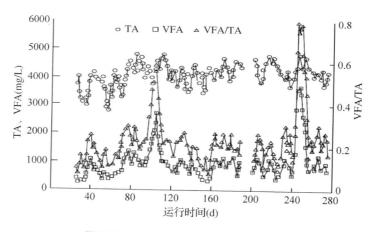

图 5-28　EGSB 对 TA、VFA 去除情况

由图 5-28 可知，在 S1 阶段 OLR 逐渐由 0.48 增大到 3.75 kg COD/(m³·d)的过程中，COD 的去除率呈现先减后增的趋势。启动初期，反应器出水 COD 小于 1200mg/L，去除率大于 80%，但并没有明显的产甲烷现象。这可能是因为此时 COD 的去除作用主要为接种污泥的吸附作用而并非生物发酵。

启动后的第 3 天，反应器出水 COD 突然升高到 1500 mg/L，COD 去除率下降到 70%~75% 之间这种状况一直持续到第 8 天。表观观察发现出水中带有大量的发黑污泥，可以推测，可能是由于部分微生物在驯化阶段死亡分解的产物使得出水 COD 升高。但是，该阶段出水的 pH 值并没有出现异常，仍然稳定在 7.0~7.2 之间（图 5-29），

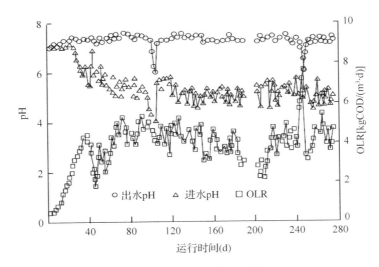

图 5-29　EGSB 进、出水 pH 和 OLR

储气包中的沼气也明显增加，因此继续提高 OLR，进行微生物的驯化。

此后，随着 OLR 的提高，反应器对 COD 的去除率也逐渐增大，产甲烷量也大大提高。由于现场条件的限制，VFA 和 TN 直到第 26 天才测定。到第 40 天，进水 COD 达到 20 000 mg/L 左右，出水 COD 稳定在 2000 mg/L 左右，COD 的去除率保持在 90%（图 5-27），此时产生的沼气量已经远远超过维持反应器温度所需的量。由图 5-28、图 5-29 可知，第 40 天左右，反应器的运行指标：出水 pH 稳定在 7 ~ 7.4 之间，VFA 稳定在 650 mg HAc/L ~ 1000 mg HAc/L，TA 稳定在 3800 mgCaCO$_3$/L ~ 4200 mgCaCO$_3$/L，VFA/TA 稳定在 0.2 ~ 0.25 之间。VFA/TA 被认为是判断厌氧反应是否稳定的重要指标，研究表明，该比值在 0.3 ~ 0.4 时，厌氧反应器运行良好且没有酸化的危险。

5.3.4.3　EGSB 的运行

从上述 COD 去除效果和厌氧反应器运行情况可知，EGSB 反应器可有效去除竹制品废水中有机物，且产气和运行均稳定，进水负荷基本达到设计负荷 5 kgCOD/（m^3·d）。表明经过 40 天的启动阶段后，逐渐进入稳定运行期。

（1）进水 pH 的影响

由启动阶段的经验可知，要使 170 m^3 的竹制品废水 pH 从 3.8 增加到 6.0，大概需要纯度为 96% 的片碱 300 kg（片碱价格约 3.4 元/kg）。因此，一直通过投加片碱的方法来提高进水 pH 是不经济的。而且，片碱的投加会使得反应器内积累一定浓度的钠离子，而钠离子达到一定浓度范围会对产甲烷菌产生抑制作用。De Baere 等得出结论当钠离子浓度在 3.5 g/L ~ 5.5 g/L 范围时会对厌氧微生物产生一定的抑制作用。

EGSB 反应器具有自循环系统，能够通过回流液的碱度中和进水的酸度，从而有效处理 pH 低的废水。在反应器成功启动后，反应进入稳定（S2）运行阶段。S2 阶段片碱的投加量逐渐减少，进水 pH 由启动阶段的 6.0 ~ 7.2 减低到 5.0 ~ 6.0。由图 5-27 可知，在保持 OLR 在 3.5kgCOD/（m^3·d）~ 5.5 kgCOD/（m^3·d）的情况下，虽然降低了进水

pH，但是出水的 COD 仍然可以稳定在 2000 mg/L~2500 mg/L，EGSB 反应器对 COD 的去除率保持在 85% 以上。图 5-28、图 5-29 也表明，S2 阶段反应器出水 pH 维持在 7.0 以上，VFA 和 TA 值均在厌氧反应器理想值范围内，VFA/TA 值远小于出现酸化现象的 0.3/0.4。

经过第 40 天到第 92 天的稳定运行后，进一步减少片碱投加量，降低进水 pH，进入 S3 阶段。图 5-27 显示，进水 pH 从第 93 天的 5.43 降低到第 105 天的 4.05 的过程中，出水的 COD 迅速从 2350 mg/L 增大到 4590 mg/L，COD 去除率也降低到 72%；图 5-29 显示，VFA 迅速增大到 2360 mg HAc/L，虽然 TA 变化不大仍维持在 4000 mg CaCO$_3$/L，但是 VFA/TA 值已达到 0.58。图 5-28 进一步表明，此时出水 pH 只有 6.01。此类信号均表明反应器开始出现酸化现象。因此，立刻增加片碱投加量，使进水 pH 维持在 5.5~5.8 范围内，同时适当降低 OLR 值。经过 3 天的缓和后，反应器出水 COD 下降到 2500 mg/L，COD 去除率也上升到 87%，出水 pH、VFA、TA 和 VFA/TA 值均恢复到原来的稳定状态。

因此，以后的运行中进水 pH 控制在 4.5~5.5 的范围内。由图 5-27 的 S4 阶段可知，在该进水 pH 条件下，EGSB 反应器出水水质和各项运行指标均能保持稳定。

(2) OLR 的影响

EGSB 反应器在 S4 阶段有 13 天没有进料（第 188 天到第 201 天）。随后控制 OLR 在 2.5kgCOD/(m^3·d)~3.5 kgCOD/(m^3·d)，进水 pH 在 4.5~5.5，再次启动 EGSB 反应器。由图 5-27 可见，再次启动后 COD 的去除率仍可大于 80%，出水 pH、VFA、TA 和 VFA/TA 值与停止进料前几乎没有太大差异，这表明反应器内微生物具有很高的生物活性。

S1 到 S4 阶段，EGSB 反应器 OLR 基本维持在 3.6 kgCOD/(m^3·d)~4.6 kg COD/(m^3·d) 之间，偶尔有接近或者大于设计负荷 5 kg COD/(m^3·d) 的时候。为了更好地提高反应器的效率，从第 230 天~237 天，即 S5 阶段，开始尝试增加反应器的 OLR。图 5-27~图 5-29 显示，当 OLR 从 3.8kgCOD/(m^3·d) 迅速增大到 5.7 kgCOD/(m^3·d)，出水 COD 也快速从 2330 mg/L 上升到 4240 mg/L，COD 的去除率则从 85.6% 下降到 80%。此时，图 5-28、图 5-29 表明，出水 pH、VFA、TN 和 VFA/TA 值均仍在正常范围内，观测产气量也保持正常。继续增大 OLR，直到第 237 天 OLR 增大到 7.6kg COD/(m^3·d)，该过程中出水伴有大量污泥，出水 COD 也随着增大到 7890 mg/L，去除率则降低到只有 65%。出水的 pH 值降低到 6.05，VFA 和 TA 值分别上升到 3590 mgHAc/L 和 4680 mgCaCO$_3$/L，VFA/TA 值也达到 0.8。这些信号都表明，EGSB 反应器有酸化甚至崩溃的危机，立刻提高进水 pH，减少 OLR 到 3.3 kgCOD/(m^3·d)。到了第 245 天，反应器出水 COD 终于下降到 2870 mg/L，COD 去除率也恢复到 85%，出水 pH、VFA、TN 和 VFA/TA 值也开始回到安全的范围。由上可知，OLR 对 EGSB 反应器的影响较 pH 影响大。为了保持反应器的稳定，以后保持 OLR 在 3.5 kgCOD/(m^3·d)~5.0 kgCOD/(m^3·d)。

图 5-27~图 5-29 所示的 S6 阶段，即为进水 pH 为 4.5~5.5，OLR 在 3.5kgCOD/

$(m^3 \cdot d) \sim 5.0 kgCOD/(m^3 \cdot d)$ 参数下，EGSB 反应器的运行情况。表明该阶段出水 COD 在 2200 mg/L~2600 mg/L，COD 去除率在 85%~90%，出水 pH、VFA、TN 和 VFA/TA 值分别为 7.0~7.4，650 mgHAc/L~1200 mgHAc/L，3700 mgCaCO$_3$/L~4200 mgCaCO$_3$/L 和 0.15~0.3。因此可以得出，EGSB 反应器在上述参数下（S6 阶段）可以稳定运行。

（3）EGSB 反应器内污泥性状

取 EGSB 反应器内厌氧污泥进行环境电子电镜（ESEM）扫描。观察发现，污泥外观呈圆球形细小颗粒，表面光滑，颜色呈黑亮色，取出后污泥堆时不时有细小汽包冒出。将取出的污泥放入清水的量筒中，污泥能够迅速沉降至量筒底部。与接种污泥相比，处理竹制品废水的 EGSB 反应器中的污泥，表面明显变得光亮，污泥形态也由原本的絮状出现颗粒化趋势，沉降性能大大提高。驯化前污泥内部主要以球状和杆状菌群为主，其菌群密度比较稀疏；而驯化后污泥内部的主要菌群变为球状菌，杆状菌基本消失了，且菌群的密度也大大增加了。

5.3.4.4　EGSB 处理高浓度有机废水

COD 的生物降解效率主要取决于反应器内的水力混合条件，EGSB 反应器内颗粒污泥床处于"膨胀状态"，而且在高的上流速度和产气的搅拌作用下，废水与颗粒污泥间的接触更充分，水力停留时间更短，从而可大大提高反应器的有机负荷和处理效率。EGSB 反应器的有机负荷可高达 30 kgCOD/($m^3 \cdot d$)，远高于 UASB 的 10 kgCOD/($m^3 \cdot d$) 左右。实践证明，对于高浓度废水，EGSB 反应器能获得良好的效果。Jeison 等对 EGSB 反应器和 UASB 反应器处理高浓度有机废水进行了对比实验。当以人工配制的乙醇废水为进水时（COD 浓度约为 10 000 mg/L），EGSB 反应器和 UASB 反应器的去除率均在 80% 左右；当处理速溶咖啡废水时（COD 浓度为 6000 mg/L~10 000 mg/L），EGSB 反应器的 COD 去除率为 60%，略高于 UASB 反应器的 55%；当处理稀释后的啤酒废水（COD 约为 30 000 mg/L）时，EGSB 反应器的优越性进一步得到体现。Zhang 等采用 EGSB 反应器在中温条件下（35℃）对高浓度棕榈油废水的处理进行了研究，结果表明，在 HRT 为 2d，有机负荷（OLR）为 17.5 kgCOD/($m^3 \cdot d$) 的条件下，COD 去除率为 91%，远高于 UASB 反应器的 10.6 kgCOD/($m^3 \cdot d$)。

厌氧法处理高浓度有机废水时，可生物降解的有机物少部分用于生长繁殖，因此产污泥量少，大部分生物降解的有机物转化成生物能。但是，传统的厌氧池由于效率低，水力停留时间长，在处理高浓度有机废水时占地面积大、投资高。EGSB 反应器的高有机负荷使其能够在较短时间内完成高浓度废水的净化，从而克服传统厌氧池的不足。目前，EGSB 反应器已被广泛应用于处理高浓度废水的实际工程中。

当废水中含有对微生物有毒害作用或某些难降解的物质时，采用传统的厌氧反应器包括 UASB 反应器都很难获得良好的处理效果。EGSB 反应器由于具有较高的出水循环比，可以将原水中毒性物质进行稀释，降低其对微生物的抑制和毒性，从而保证反应器中的微生物具有良好的生长环境；同时，由于反应器内水力上升流速大，废水与微生物之间能够充分接触，可以促进微生物降解基质。因此，与传统的厌氧反应器相比，采用 EGSB 反应器处理毒性废水能够获得良好的效果。

Colm Scully 等对 EGSB 反应器在低温（10℃~15℃）条件下处理苯酚废水进行了试验。反应器成功启动后，在反应温度为 15℃，进水 COD 浓度为 5 g/L，苯酚浓度为 1 g/L［负荷为 2kg 苯酚/（m³·d）］。HRT 为 12 h 的条件下，苯酚的去除率为 83%~99%，COD 的去除率为 60%~96%；当反应温度降到 9.5℃，进水苯酚浓度变为 0.5 g/L 时，反应器对苯酚的去除率为 88%~94%，COD 的去除率为 40%~91%，此时甲烷产率为 3.31 gCH$_4$/ gCOD，表明低温下 EGSB 反应器处理苯酚废水在经济上和技术上都是可行的。Cavaleiro 等对如何提高 EGSB 反应器处理含有长链脂肪酸（LCFA）废水的产气量进行了研究，通过提高进水中 LCFA 含量，将反应器分 3 个阶段对实际含 LCFA 废水进行处理，结果发现厌氧污泥在第一阶段对 LCFA 的去除主要是通过吸附作用，其甲烷产量仅 0.45 gCH$_4$/gCOD，较第二和第三阶段的 0.88 gCH$_4$/gCOD 和 1.29 gCH$_4$/gCOD 明显要小。

在实际的具体废水处理过程中，往往要经过污泥培养和驯化阶段，理论上讲，只要反应器中生物可降解有机物的浓度远低于废水原液中的浓度，厌氧微生物对许多高分子、高浓度和有毒化合物的适应驯化是可以实现的。EGSB 反应器负荷高、占地面积小及其自身产生沼气创造价值的优点非常适合未来中国市场的需要。

5.3.5 厌氧内循环反应器（IC）

IC 反应器由两个 UASB 反应器上下叠加串联构成，高度可达 16m~25m，高径比一般为 4~8，由 5 个基本部分组成：混合区、颗粒污泥膨胀床区、精处理区、内循环系统和出水区。其中内循环系统是 IC 工艺的核心部分，由一级三相分离器、沼气提升管、气液分离器和泥水下降管等组成，如图 5-30 所示。

5.3.5.1 工作原理

利用反应器底部的配水系统，保证污水混合均匀上升并与反应器内的厌氧颗粒污泥充分混合在反应器下部主反应区，在这个区域内绝大部分有机物质被转化为甲烷和二氧化碳。这些混合气体（或者叫做沼气）由下部的三相分离器收集，产生的气体在上升过程中带动水流快速上升，形成"气提"，气体通过上升管，进入反应器顶部的气液分离器，沼气从这个分离器中溢出反应器，水流经过下降管回到反应器的底部。另在上部的精处理区，废水被进一步处理。在精处理阶段产生的少量气体从液相中脱离出来，接着被上部的三相分离器收集，从反应器顶部排出。产品特点：这种自动调节的内循环技术在系统的运行上具有很多的优势，主要表现为节省运行成本，提高处理能力和增强稳定性。IC 反应器是继厌氧消化池、UASB 后开发的第三代厌氧反应器，是目前世界最先进的厌氧处理技术。从外观上看，IC 反应器是由第一厌氧反应室和第二厌氧反应室叠加而成，每个厌氧反应室的顶部各设一个气—固—液三相分离器，如同两个 UASB 反应器的上下重叠串联。

IC 反应器的进水由反应器底部的配水系统分配进入膨胀床室，与厌氧颗粒污泥均匀混合；大部分有机物在这里被转化成沼气，所产生的沼气被第一级三相分离器收集。沼气将沿着上升管上升，沼气上升的同时把颗粒污泥膨胀床反应室的混合液提升至反

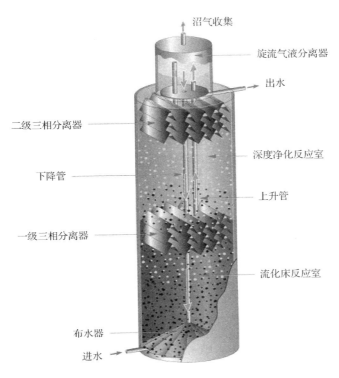

图 5-30 IC 厌氧反应器结构

应器顶部的气液分离器。被分离出的沼气从气液分离器的顶部的导管排走，分离出的泥水混合液将沿着下降管返回到膨胀床室的底部，并与底部的颗粒污泥和进水充分混合，实现了混合液的内部循环，内循环的结果使膨胀床室不仅有很高的生物量，很长的污泥龄，并具有很大的升流速度，使该室内的颗粒污泥完全达到流化状态，有很高的传质速率，使生化反应速率提高，从而大大提高去除有机物能力。

　　IC 反应器是由六个不同的功能部分组合而成，即混合区、膨胀床区、精处理区、循环系统、布水系统、监控系统。

　　混合区：在反应器的底部进入的污水与颗粒污泥和内部气体循环所带回的出水有效混合，造成了进水有效的稀释和混合作用。

　　膨胀床区：这一区域是由包含高浓度的颗粒污泥膨胀床所构成。床体的膨胀或流化是由于进水回流和产生的沼气的上升流速所造成。废水和污水之间有效的接触使得污泥具有高的活性，可以获得高的有机负荷和转化效率。

　　精处理区：在这一区域内，由于低的污泥负荷率，相对长的水力停留时间和推流的流态特性，产生了有效的后处理。另外由于沼气产生的扰动在精处理区较低，使得生物可降解 COD 几乎全部的去除。虽然与 UASB 反应器条件相比，反应器总的负荷率较高，但因为内部循环体不经过这一区域，因此在精处理区的上升流速也较低，这两个特点也提供了最佳的固体停留。

　　循环系统：分外回流和内回流。内部的回流是利用气提原理，因为在上层与下层的气室间存在着压力差。回流的比例是由产气量(进水 COD 浓度)所决定的,因此是自调节的。外回流是通过外回流泵控制回流水量在反应器的底部进入系统内,从而在膨胀床部分产生附加扰动,这使得系统的启动过程加快。在调试初期或发生冲击时,可启动外回流。

布水系统:是厌氧反应器的关键配置,它对于形成污泥与进水间充分的接触、最大限度地利用反应器的污泥是十分重要的。布水系统兼有配水和水力搅动作用,为了保证这两个作用的实现,需要满足:进水装置的设计使分配到各点的流量相同;进水管不易堵塞;尽可能满足污泥床水力搅拌的需要,保证进水有机物与污泥迅速混合,防止局部产生酸化现象。

监控系统:监控系统也是 IC 厌氧反应器的重要环节,通过对进水量、循环量、进水温度及 pH 的监控(PLC 控制系统),可保证系统高效稳定运行,避免反应器因水质的波动受到冲击,使整个运行管理简单、操作方便。

5.3.5.2 IC 反应器的特点

(1)容积负荷率高

水力停留时间短,生物量大(可达到 60 g/L~80g/L),污泥龄长。由于存在内、外循环,传质效果好。处理高浓度有机废水,容积负荷率可达 20 kgCOD/(m³·d)~25kgCOD/(m³·d)。

(2)抗冲击负荷强

当 COD 负荷增加时,沼气的产生量随之增加,因此内循环的气提增大。处理高浓度废水时,循环流量可达进水流量的 10 倍~20 倍。废水中高浓度和有害物质得到充分稀释,大大降低有害程度,从而提高了反应器的耐冲击负荷能力;当 COD 负荷较低时,沼气产量也低,从而形成较低的内循环流。因此,内循环实际为反应器起到了自动平衡 COD 冲击负荷的作用。避免了固形物沉积,有一些废水中含有大量的悬浮物质,会在 UASB 等流速较慢的反应器内容易发生累积,将厌氧污泥逐渐置换,最终使厌氧反应器的运行效果恶化乃至失效。而在 IC 反应器中,高的液体和气体上升流速,将悬浮物冲击出反应器。

(3)基建投资省和占地面积小

IC 反应器的容积负荷率比 UASB 反应器要高 3 倍以上,前者体积为后者的1/4~1/3左右。而且有很大的高径比,所以,占地面积省,适合用地紧张的厂家采用。

(4)运行费用低

EGSB 的回流是通过加压出水泵实现,必须消耗一部分动力。而 IC 反应器是以自身产生的沼气作为提升的动力,实现混合液内循环,不必开水泵实现强制循环,从而减少能耗。减少药剂投量,降低运行费用,内外循环的液体量相当于第一级厌氧出水的回流,对 pH 起缓冲作用,使反应器内的 pH 保持稳定。可减少进水的投碱量,从而节约药剂用量,减少运行费用。

可以在一定程度上减少结垢问题,对于一些含盐量较高的废水,如淀粉废水,由于废水中含有超量的钙盐,同时还具有氨氮和磷酸盐,所以在厌氧出水管路上容易形成钙盐沉积和磷酸铵镁(鸟粪石)沉淀，严重的会堵塞管路。由于 IC 反应器采用的是内循环，沼气中的 CO_2 不像外循环一样可以从水中逸出，从而可以避免结垢问题。

（5）出水的稳定性好

因为 IC 反应器相当于有上、下两个 UASB 反应器串联运行，下面一个 UASB 反应器具有很高的有机负荷率，起"粗"处理作用，上面一个 UASB 反应器的负荷较低，起"精"处理作用。多级处理工艺比单级处理的稳定性好，出水水质稳定。菌种更成熟稳定，颗粒污泥生长速度快，污泥粒度分布均匀，活性更高，而且颗粒污泥的适应温度在 33℃~37℃，适应范围更广，抗冲击能力更强。IC 反应器采用两层三相分离器，泥、水、气能更好地分离，将颗粒污泥截留在反应器内，防止厌氧处理系统跑泥现象的产生，保证较长的固体停留时间，使反应器在较高的生物浓度状态下高效运行。厌氧调试时间短，可以短时间内达到设计负荷。IC 厌氧反应器设备、管道安装完成，具备调试条件后，30 天可使 IC 厌氧反应器出水达到设计负荷。

5.3.5.3 工程案例

一个处理造纸废水 IC 厌氧处理流程如图 5-31，废水通过格栅、混凝去除了废水中大部分 SS，经过 pH 调节和预酸化，再进入 IC 反应器，从而使 IC 反应器发挥最大效能（表5-6）。对 IC 反应器产生的沼气，通过图 5-32 所示的工艺流程对沼气进行处理和利用。

（1）厌氧配水池

图 5-31 中厌氧配水池的作用是均匀厌氧进水的水质水量，补充碱度，补充氮、磷，为塔内厌氧菌生长创造最佳条件。厌氧配水池的设计参数见表5-7。

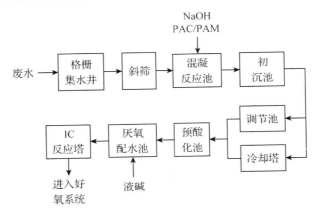

图 5-31 IC 厌氧处理废水流程

图 5-32 沼气处理工艺流程

表 5-6 IC 厌氧处理废水的效果

处理单元		斜筛	初沉池	预酸化池	IC 厌氧反应器	厌氧出水
设计处理水量	m³/h	250	250	250	250	250
TCOD	进水(mg/L)	13 000	12 200	9640	9640	
	去除率(%)	6	21	0	60	≤4000
	出水(mg/L)	12 200	9640	9640	3856	
TBOD	进水(mg/L)	5000	2750	2200	2200	
	去除率(%)	5	20	0	70	≤700
	出水(mg/L)	2750	2200	2200	660	
TSS	进水(mg/L)	3000	2400	480	480	
	去除率(%)	20	80	0	0	≤500
	出水(mg/L)	2400	480	480	480	

表 5-7 厌氧配水池

参数	规格	参数	规格
厌氧配水池	**建议与预酸化池合建**	**氮磷补加(补营养)**	
总停留时间	0.5h	**营养盐溶解罐**	
数 量	1 座	材 质	FRP
配套设备		尺 寸	φ2.5m×2.5m
厌氧提升泵(配变频器)		容 积	12m³
型 号		搅拌功率	1.5kW
流 量	350m³/h	数 量	2 套
扬 程	30m	碳酸钠补加(补碱度)	
功 率	75kW	材 质	FRP
数 量	3 台,2 用 1 备	尺 寸	φ2.5m×2.5m
pH 在线监测仪	1 套	容 积	12m³
		搅拌功率	1.5kW
		数 量	1 套

（2）主要设备

在厌氧反应器中专性厌氧菌降解废水中的大部分 COD，设计水量 Q 为 6000m³/d。设计进水 TCOD 为 9640mg/L。

IC 厌氧反应器主要设备及参数见表 5-8。

表 5-8 IC 厌氧反应器设备主要参数

参数	规格	参数	规格
TYIC 厌氧反应器	**高温厌氧 55℃左右**	三相分离器、旋流布水系统	
尺寸(φ×H)	φ11×24m	数 量	1 套
设计负荷	25.3kgCOD/(m³·d)	出水堰、温度计、顶盖板	
反应器上升流速	6m/h~7m/h(采用外循环方式)	数 量	1 套
结 构	钢结构,内防腐,顶部密封	进水电磁流量计	
总容积	2280m³	规 格	DN350
数 量	1 座	数 量	1 台

（3）沼气处理系统

该废水经厌氧反应器处理之后，产生的沼气量约为 15 000m³/d。对沼气必须进行

表 5-9　沼气处理系统设备主要参数

名称	规格	数量
水封罐	φ1200mm×1400mm	1 套
气水分离器		1 台
碱洗塔	φ1500mm×9000mm，350m³/h	1 台
双模贮气柜	PVDF，有效容积300m³	1 座
沼气风机	750m³/h，5.5kW，7800Pa	1 台
沼气燃烧器	φ1500mm×5000mm	1 台

净化，保证燃烧后烟气达标排放（表 5-9）。

（4）运行成本分析

①蒸汽费：造纸废水温度多到达中温厌氧温度，不需要补充热量。

②动力费：进水泵和外循环泵合二为一，运行功率 150kW。

③加碱费：根据进水水质情况，厌氧前一般需要补充碱度，投加量和水质相关。

④营养元素费：测现有废水中氮、磷元素的含量后再确定。

5.4　好氧生物处理技术

活性污泥法是目前污水处理工艺中应用最为广泛的一种生物技术。自 1914 年在英国曼彻斯特建成活性污泥污水处理试验厂以来，在近一个世纪的时间里，这一技术在保护生态环境及人类健康等方面发挥了巨大作用。活性污泥法是利用人工培养和驯化的微生物群体来分解转化污水中可生物降解的物质，从而使污水得到净化的方法。活性污泥即微生物群体及它们所吸附的有机物和无机物质的总称，它能从污水中去除溶解状态的和胶体状态的可生物降解的有机物以及能被活性污泥吸附的悬浮固体和其他一些物质，无机盐类（磷和氮的化合物）也能部分被去除。

在活性污泥法出现初期，其基本流程由初沉池、曝气池、二次沉淀池、污泥回流系统和剩余污泥排出系统组成，通常称为传统的活性污泥法，其核心设施为曝气池。需处理的污水与从二沉池底部回流的活性污泥同时进入曝气池成为混合液，往曝气池中注入压缩空气进行曝气，供给混合液以足够的溶解氧，在好氧状态下，污水中各种污染物被活性污泥吸附，并被微生物群体所分解，使废水得到净化分解。在二沉池内，活性污泥与已被净化的废水分离，澄清水溢流排放，活性污泥在污泥区内进行浓缩，并以较高浓度回流到曝气池。由于活性污泥不断增长，部分污泥作为剩余污泥从系统中排出。

传统活性污泥法的曝气池呈长方形，水流形态为推流式，进口处有机物浓度高，沿池长逐渐降低，需氧量也是沿池长逐渐降低，对有机物和悬浮物去除率高，适用于处理要求高而水质比较稳定的废水。它的主要缺点是：运行管理比较复杂，抗冲击负荷的能力较差；所供应的氧气不能充分利用，造成浪费；曝气池占地面积大，剩余污泥产量大且处理费用高；由于工艺本身的限制，出水不能满足直接回用的水质要求，必须增加三级处理，这使得占地面积和处理费用进一步增加。

5.4.1　活性污泥法系统曝气池废水参数变化探讨

活性污泥法实验装置如图 5-33，主要由曝气槽、沉淀池、曝气泵、进水泵、污泥回流泵组成，以此建立数学模型如图 5-34。

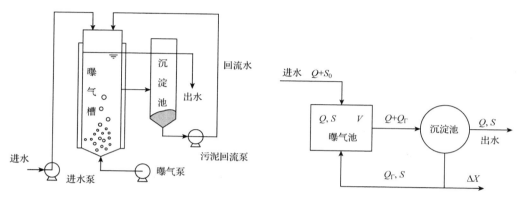

图 5-33　活性污泥法实验装置　　　　　图 5-34　活性污泥法数学模型

处理对象是泡桐生物机械浆废水，其特征：COD = 1073 mg/L，BOD = 567 mg/L。混合液浓度：COD = 250 mg/L，BOD = 11.5mg/L。流量 Q = 133 mL/h，水力停留时间 HRT = 3 h，污泥浓度 MLSS = 2g/L，回流比 γ = 0.25，pH = 7，T = 22℃。在理想状态下，即当曝气充分、混合液混合均匀，曝气槽处于全混流状态，其中：S_0 为进水基质浓度（COD、BOD），mg/L；S 为 t 时的混合液基质浓度（COD、BOD），mg/L；S' 为 t = 0 时混合液基质浓度（COD、BOD），mg/L；Q 为进、出水流量，L/h；Q_r 为从沉淀池水返回曝气池流量，L/h；V 为曝气池有效容积，L。

建立混合液参数方程：混合液参数变化一般分两部分，即由物理作用和生物作用所引起的两部分变化。

先忽略单位时间内瞬时生物作用的变化，不考虑混合液微生物的降解作用，仅研究进水基质浓度突然升高时混合液基质的增浓变化。由图 5-34 模型，根据物料平衡原理，瞬时流进曝气槽的基质量为 $QS_0\mathrm{d}t$ 与 $Q_r S\mathrm{d}t$ 之和，流出曝气槽的基质量为 $(Q + Q_r)(S - \mathrm{d}s)\mathrm{d}t$。那么，曝气槽基质量的瞬时增量 $V\mathrm{d}s$ 为：

$$V\mathrm{d}s = Q\,S_0\mathrm{d}t + Q_r S\mathrm{d}t - (Q + Q_r)(S + \mathrm{d}s)\mathrm{d}t \tag{5-3}$$

根据无穷小定理的推论，有限个无限小的乘积也是无穷小，则式（5-3）中的 $\mathrm{d}s\mathrm{d}t = 0$。式（5-3）化简为：

$$\frac{\mathrm{d}s}{\mathrm{d}t} + \frac{QS}{V} = \frac{QS_0}{V} \tag{5-4}$$

解微分方程式（5-4）可得：

$$S = \mathrm{e}^{-\int \frac{Q\mathrm{d}t}{V}}\left(\int \frac{Q\mathrm{d}t}{V}\mathrm{e}^{\int \frac{Q\mathrm{d}t}{V}} \cdot \mathrm{d}t + C\right)$$

或

$$S = S_0 + Ce^{-\frac{Qt}{V}} \tag{5-5}$$

当 $t = 0$ 时，$S = S'$，代入式(5-5)，去掉常数 C 得：

$$S = S_0 + (S' - S_0)e^{-\frac{Qt}{V}} \tag{5-6}$$

这就是曝气池混合液基质浓度物理变化方程式。

5.4.1.1　不同基质浓度进水对混合液的影响

利用方程式(5-6)，可研究各因子对混合液基质浓度变化的影响。

对于特定的曝气槽，体积 V 是常数，又当流量 Q 不变时，方程式(5-6)表达了进水浓度变动时，混合液基质浓度物理变化的规律。取一组不同浓度进水样，且使 $S_{01} < S_{02} < S_{03}$，代入方程式(5-6)，得到一组 S—t 曲线（图5-35），从图5-35看出，进水浓度越高，曲线起始斜率越大，表明进水对曝气槽混合液的冲击越大。图5-35还表明，经过一段时间 t 后，混合液浓度和进水浓度相等。

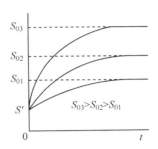

图5-35　不同浓度进水和时间的关系

5.4.1.2　进水对起始浓度混合液的影响

当 V、Q、S 不变时，取一组不同起始浓度混合液，且使 $S_1 < S_2 < S_3 < S_4$，其中 $S_1 = 0$，按方程式(5-6)作出坐标曲线（图5-36）。从图5-36看出，混合液起始浓度越小，曲线斜率越大，受到进水的冲击越大。当 t 足够大时，混合液浓度等于进水浓度，混合液起始浓度 $S' = 0$ 时，代入式(5-6)可得：

$$S = S_0 \left(1 - e^{-\frac{Qt}{V}} \right) \tag{5-7}$$

其图形就是图5-36的虚曲线，其起始斜率最大，受进水浓度锐变冲击也最大。

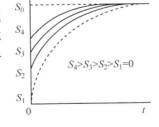

图5-36　不同浓度的混合液和时间的关系

水力停留时间对混合液浓度的影响，根据水力停留时间的定义，$HRT = \dfrac{V}{Q}$，代入方程式(5-6)、式(5-7)得：

$$S = S_0 + (S' - S_0)e^{-\frac{1}{HRT}} \tag{5-8}$$

$$S = S_0 \left(1 - e^{-\frac{1}{HRT}} \right) \tag{5-9}$$

取一组 HRT，且使 $HRT_1 > HRT_2 > HRT_3$，代入方程式(5-8)得图5-37。图5-37表明 HRT 越小，进水浓度锐变对混合液冲击越大。图5-37上的虚曲线表示混合液起始浓度 $S' = 0$ 时，$HRT = HRT_2$ 时浓度变化规律。

为了估计混合液浓度和进水浓度相近时所需时间，设此时混合液浓度已达到进水浓度的99.5%，即设 $S = 99.5\% \, S_0$，代入式(5-8)。

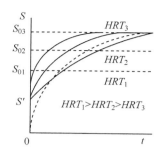

图 5-37　不同水力停留时间和时间关系

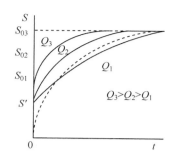

图 5-38　流量大小对混合液浓度影响

解得 $t = 5.3\ \mathrm{HRT}$。这表明曝气槽处于全混流状态时，当进水浓度锐变时，需 5.3 个水力停留时间混合液物理浓度才接近进水浓度。

由于流量 Q 和水力停留时间 HRT 是反比关系，流量大小对混合液浓度影响正好与水力停留时间大小相反，见图 5-38。虚曲线表示混合液浓度 $S' = 0$，$Q = Q_2$ 时混合液浓度变化规律。

5.4.1.3　低基质浓度进水对混合液影响

当进水基质浓度变得很低时，一般不会对活性污泥系统造成不良冲击，但有必要掌握混合液浓度的物理变化，才能对系统的基质去除率有正确的评估。如果进水 S_0 浓度变得很小，则 $S' \gg S_0$，$S' - S_0 \approx S'$，代入式(5-8)可得方程

$$S = S_0 + S'\mathrm{e}^{-\frac{1}{\mathrm{HRT}}} \tag{5-10}$$

其变化曲线如图 5-39。图 5-39 显示出混合液浓度开始时下降较快，最后趋于平稳。由于实际存在的微生物对基质的降解作用，混合液的实际浓度 S'' 总是低于物理浓度 S_0，而且在一定的时间 t 后，混合液浓度一定低于进水浓度 S_0。在图 5-39 中，曲线 S'' 与 $S = S_0$ 横线相交于 A 点，A 点的横坐标为 t'。如果按常法计算，曝气槽对基质的去除率为：

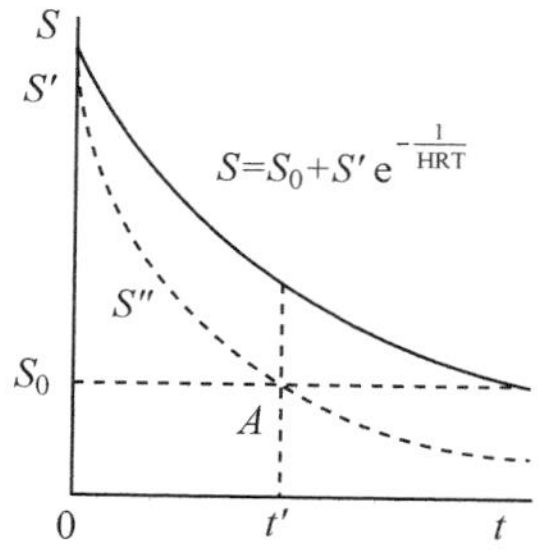

$$\text{去除率} = \frac{\text{进水浓度} - \text{出水浓度}}{\text{进水浓度}} \times 100\% = \frac{S_0 - S''}{S_0} \times 100\%$$

图 5-39　低浓度进水对混合液浓度的影响

当 $t \leqslant t'$ 时，由于 $S_0 \leqslant S'$，$S_0 - S' \leqslant 0$，因此去除率的计算结果将会出现负值或零，这显然与实际情况不符。从图 5-39 可以推出正确计算去除率的方法，应该是用混合液瞬时浓度 S 代替 S_0：

$$\text{去除率} = \frac{S - S''}{S} \times 100\%$$

5.4.1.4　混合液基质浓度物理变化方程的应用

根据方程式(5-8)可获得混合液 COD、BOD 浓度物理变化曲线 A 和 B（图 5-40）。实验开始后，每隔一段时间取样测定混合液的 COD、BOD 值，这样在图 5-40 上又可获

得实测的 COD、BOD 两条曲线 C 和 D。实测曲线在 $t =$ 9h 时出现了峰值，对应于物理增浓曲线可知，此时进水浓度达到 96.2%。由于混合液中微生物对基质的氧化降解作用，实测浓度始终低于物理浓度，实测曲线实质上是物理增浓和微生物降解两种相反作用加合的结果。不难理解，当进水浓度突然增加时，其物理增浓曲线和实测曲线的纵坐标之差才真实反映了曝气槽的净化能力。例如在图 5-40 中，$t = 9h$ 时：

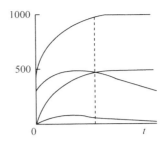

图 5-40　曝气槽混合液 COD、
BOD 随时间的变化

$$\mathrm{COD}_{去除水}\% = \frac{1032 - 545}{1032} \times 100\% = 47.2\%$$

$$\mathrm{BOD}_{去除水}\% = \frac{567 - 82.6}{567} \times 100\% = 85.4\%$$

5.4.1.5　小结

在实验基础上，利用微分方法，建立了活性污泥法全混流曝气槽混合液基质浓度物理变化的方程。即：

$$S = S_0 + (S' - S_0)\mathrm{e}^{-\frac{Qt}{V}}$$

或

$$S = S_0 + S'\mathrm{e}^{-\frac{1}{\mathrm{HRT}}}$$

当进水基质浓度变动较大时，必须利用混合液基质浓度物理变化曲线和实测曲线纵坐标之差，才能合理评价此时曝气槽对废水有机负荷的去除能力。

研究了活性污泥法曝气槽有效容积 V、流量 Q 和废水基质浓度 S 关系，获得三者关系为

$$S = \mathrm{e}^{-\int \frac{Q\mathrm{d}t}{V}}\left(\int \frac{Q\mathrm{d}t}{V}\mathrm{e}^{\int \frac{Q\mathrm{d}t}{V}} \cdot \mathrm{d}t + C\right)$$

当进水基质浓度变动较大时，可利用混合液基质浓度物理变化曲线和实测曲线纵坐标之差，能合理评价此时曝气槽对废水有机负荷的去除能力。

5.4.2　MBR 反应器的结构与特点

膜分离是指在某种推动力作用下，利用膜的选择透过性进行分离和压缩的方法。目前，膜分离的工艺主要包括反渗透（RO）、纳滤（NF）、超滤（UF）和微滤（MF）。基于对污水处理工艺的改进，将膜分离技术运用到废水处理技术并产生了膜生物反应器（简称 MBR）。MBR 是将膜技术与传统的活性污泥工艺相结合，利用膜具有泥水分离的特点截留微生物，在保持曝气池内污泥量的同时实现污泥停留时间和水利停留时间的完全分离，从而高效地去除废水中污染物的新型反应器。MBR 主要由生物反应器和膜组件两部分组成，根据二者的组合方式可分为外置式膜生物反应器和内置式膜生物反应器两类。

5.4.2.1 膜生物反应器的特点

MBR 采用膜组件代替了传统活性污泥工艺中的二沉池，可以进行高效的固液分离，克服了传统活性污泥工艺中出水水质不稳定、污泥膨胀引起出水质恶化等不足。MBR 作为一种新兴的高效水处理技术，与常规工艺相比，具有以下特点：

（1）污染物去除效率高

不仅能高效地进行固液分离，而且能有效地去除病原微生物，MBR 出水优良、稳定可靠，能达到生活杂用水标准，无需消毒可直接回用。

（2）高效截留

由于膜的高效截留和分离作用，系统不仅对 SS、有机物去除效率高，而且又由于膜表面形成了凝胶层，它可以截留粒径比膜孔径小得多的病毒和细菌，出水可直接回用。

（3）有效降解大分子

膜对高浓度活性污泥和难降解大分子的截留，使分解缓慢的大分子有机物在反应器中停留的时间变长，增加了难生物降解有机物的停留时间，有效地将难生物降解的微生物滞留在生物反应器内，使其分解率提高。

（4）在废水处理史上首次实现 SRT 和 HRT 的单独控制

使运行控制更加灵活和稳定，MBR 工艺的固体停留时间（SRT）很长，允许世代周期长的微生物充分生长，对某些难降解有机物的生物降解十分有利。

（5）剩余污染量少，污泥处理和处置费用低

由于 SRT 很长，污泥浓度高，生物反应器起到了污泥好氧消化池的作用，可取消污泥浓缩池和污泥消化池，也节省了污泥处理的基建投资和运行费用。

（6）硝化能力大大提高

分解 NH_3 的自养型硝化细菌世代期长，生长速度慢，易于流失。而在 MBR 工艺中，由于膜的截留作用和 SRT 的延长，创造了有利于硝化细菌的生长环境，因而可以提高硝化能力；同时，由于 MBR 中的污泥浓度高，所以污泥凝絮颗粒存在从外到内的 DO 梯度，相应形成好氧、缺氧和厌氧区，由此可实现反硝化和生物除磷。

膜生物反应器也存在不足之处，整个系统的处理水量由膜分离装置的出水流速决定，而膜的出水流速受膜通量影响会随时间变化，这就增加了系统运行管理的难度。另外，有些膜生物反应器工艺系统的动力费用较高、投资较大，而且膜污染及使用寿命等问题还未得到很好的解决。

5.4.2.2 MBR 脱氮除磷技术

常规的生物脱氮工艺中，为保持构筑物中有足够数量的硝化菌以完成生物硝化作用，在维持较长污泥龄的同时也相应增大了构筑物的容积；此外，絮凝性较差的硝化菌常会被二沉池的出水带出，硝化菌数量的减少影响硝化作用，进而降低了系统的脱氮效率。而膜的截留作用使膜生物反应器脱氮工艺走出上述困扰。膜生物反应器工艺

简单，处理效果稳定，管理方便，具有良好的应用前景。与传统脱氮工艺相比，膜生物反应器脱氮工艺发展较晚，最早的报道是 Yuiehi Suwa 等研究者进行的单级分置式膜生物反应器脱氮的小试研究。目前多数依旧是建立在传统的硝化反硝化机理之上的单级或多级脱氮工艺，同时，新的脱氮理念也深入到了 MBR 工艺中，形成了具备两种工艺优点的新型工艺形式。

单级脱氮 MBR 工艺是以序批式反应器(SBR)方式运行，通过限制和半限制曝气运行方式在时间序列上实现缺氧/好氧的组合，并控制适宜的时间比例，可以得到较好的脱氮除磷效果。将膜组件浸入生物反应器中，构成一体式装置无须回流，减少了设备需求，降低了运行费用。G. T. Seo 等人采用双反应器间歇曝气工艺，在第二反应器中装有膜组件，取得了 91.6% 的脱氮效果。随着对 MBR 脱氮研究的不断深入，有研究表明，由于 MBR 中可存在高浓度的活性污泥，限制了氧气向污泥絮体内部的扩散，因而在絮体内部可形成缺氧环境，在这种条件下，硝化反应可以在有氧的絮体表面进行，而反硝化则可以在缺氧的絮体内部进行，从而实现 MBR 同步硝化反硝化反应。齐唯等人通过在 MBR 中装填生物填料，取得对 NH_3-N 和 TN 很好的去除效果。

MBR 中的高浓度污泥有利于在污泥絮体中形成好氧区和厌氧区，而填料上生物膜从表面到内层所形成的好氧—缺氧—厌氧的溶解氧梯度层，客观上也为在同一个反应器中实现同步硝化反硝化创造了条件。另外，有研究者通过在 MBR 中投加粉末活性炭来增大污泥尺寸，从而在絮体内部形成缺氧区，更加有利于反硝化过程的发生，因而投加 PAC 后的 MBR 在脱氮方面有着较显著的优势。

由于除磷菌的世代时间较短，MBR 较长的污泥停留时间在一定程度上不利于磷的去除。在活性污泥处理传统工艺的生物处理单元前加设一个厌氧区并从好氧区回流无硝酸盐的污泥，可达到强化生物除磷的效果，同理这也可应用于 MBR 系统。对比了解有厌氧条件和无厌氧条件下 MBR 的除磷情况，发现无厌氧条件下，TP 的去除率只有22%，而在有厌氧的条件下 TP 的去除率可达到70%。

将 SBR 与膜法相结合形成的新型工艺，除了具有一般 MBR 的优点以外，膜组件本身和 SBR 工艺两种程序运行相得益彰。膜对反应器内污泥混合液的截留作用，能将污泥微生物完全截留在反应器内，所以反应器中的微生物能最大限度地增长，生物活性高，吸附和降解有机物的能力较强。而世代时间较长的硝化及亚硝化细菌也能很好地增长，从而提高硝化能力。间歇的运行方式有助于减缓膜污染，并且进水期的充满状态导致了反应器内氧浓度很快地降低下来，避免了传统的前置反硝化膜生物反应器中的氧可能进入反硝化区的弊端。脱氮与除磷均需要厌氧—缺氧—好氧交替的环境，间歇式的工作方式为除磷菌的生长创造了条件，同时也满足了脱氮的需要，使得单一反应器内同时实现除氮、磷及有机物的高效去除。此外，在传统 SBR 系统中，必要的沉淀阶段和排水阶段占据了整个循环周期的大部分时间，利用膜分离可以在反应阶段排水，同时可以完全省掉沉淀所需要的时间。因此，序批式膜生物反应器可以减少传统SBR 的循环时间。

肖景霓等人对比了厌氧—好氧及厌氧—缺氧—好氧(A^2O)两种运行模式序批式膜生物反应器(SBMBR)对模拟生活污水同时脱氮除磷的性能，结果表明，两种运行模式的 SBMBR 对有机物及氨氮的去除率分别可保持在 90% 和 95% 以上。化学絮凝除磷效果优于生物除磷，H. BuissonD 等人通过向膜生物反应器中投加化学药剂取得了稳定的除磷效果，当 Al(或 Fe)：P 的摩尔比为 1 时，磷的去除率达 80% 以上。Berthold Gunder 等利用膜分离取代二沉池的研究中，通过投加 FeCl₃ 絮凝剂用沉淀法来提高系统对磷的去除效果。

内置式膜生物反应器结构示意如图 5-41 所示，反应器有效容积为 720 L，有效水深为 2.5 m；采用 2 组束状膜，膜组件为聚偏氟乙烯(PVDF)中空纤维，膜孔径 0.1μm，有效长度 1.5 m，膜总面积为 5.0m²(2 束)。反应器由进水泵间歇进水，进水方式由反应器内浮球液位计控制；反应器底部有曝气管，连同鼓风机曝气，一部分用于为反应器提供必需氧气，同时，其余部分用于清除膜表面沉积的部分污染物，两部分气量的大小由阀门控制；出水由抽吸泵负压抽吸，采用间歇式出水(出水 3 min，停 1 min)，阀门控制出水流量，从而控制 HRT，抽吸管上装有压力表，用于读取跨膜压差(TMP)；MBR 系统运行由可编程控制器(PLC)控制。

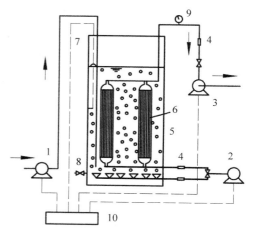

图 5-41　内置式膜生物反应器

1. 进水泵；2. 鼓风机；3. 出水抽吸泵；4. 转子流量计；5. MBR 主体；6. 中空纤维膜；7. 浮球液位计；8. 放空阀；9. 压力表；10. PLC 控制器

(1)试验方法

恒定抽停时间比为 3min：1min，通过控制出水阀门来控制出水流量，从而控制 HRT。MBR 反应器连续运行了 45 天，分为 4 个阶段分别记为 P1、P2、P3 和 P4，各阶段的运行参数见表 5-10。测定各阶段进水、出水和 MBR 反应器上清液的 COD 浓度，通过 COD 去除情况的变化考察 HRT 对 MBR 反应器的影响；通过压力表记录各阶段的 TMP 变化，研究不同 HRT 下的膜污染情况。

表 5-10　MBR 运行参数

参数	单位	P1	P2	P3	P4
		0~10d	11~20d	21~30d	31~45d
pH	—	6~9	6~9	6~9	6~9
DO	mg/L	3~4	3~4	3~4	3~4
流量	L/h	30	36	40	30
膜通量	L/(m²·h)	6	7.2	8	6
HRT	h	24	20	18	24

(2)HRT 对 COD 的去除效果的影响

MBR 反应器在 HRT 为 24、20 和 18 h 运行了 45 天，其 COD 变化情况如图 5-42 所示。由图 5-42 可知，在第 0~41 天，进水 COD 浓度为 2000mg/L~2500 mg/L 时，随着

HRT 从 24 h 下降到 20 h 再到 18 h，COD 的平均去除率由 75% 逐渐下降到 64.6% 再到 54%；随后在第 42 天，将 HRT 增大到 24 h，MBR 反应器对 COD 的平均去除率又回到 75% 左右。这说明长 HRT 可以有效地提高有机物的去除效率，因为增加 HRT 可以提高反应器内污泥的含量，从而使具有活性的微生物的数量增加。

有研究表明进水有机物的含量越大，HRT 的设计值也要越大，这样生物处理系统才有可能接近稳态。但是，HRT 增大一定程度后，有机物的去除率并不会再增加。彭小明等人在研究 HRT 对聚乙烯醇(PVA)膜生物反应器处理生活污水的影响时发现，随着 HRT 的增加，PVA 膜生物反应器的 COD 去除率有一定增加；但 HRT 在 6 h 去除率已基本稳定，继续提高 HRT，去除率不再提高，反而有所减少。此外，HRT 的增加还会导致膜污染现象加剧。从实际应用的角度出发，增加 HRT，反应器的池容也会增大，建造成本也越高。图 5-42 表明，MBR 反应器的出水 COD 要明显低于反应器上清液的 COD 值，两者相差的平均值为 280 mg/L，约占 MBR 反应器总 COD 去除量的 23%。这主要是由于 MBR 混合液中除含有尚未被生物降解的溶解性、胶体态的有机物之外，还有微生物在分解有机污染物的同时所释放出一些微生物代谢产物和微生物本身，其主要成分为胶体或溶解性大分子多糖及腐殖质类物质，在 MBR 中由于中空纤维膜的截留作用，这部分有机物被截留于反应器中。

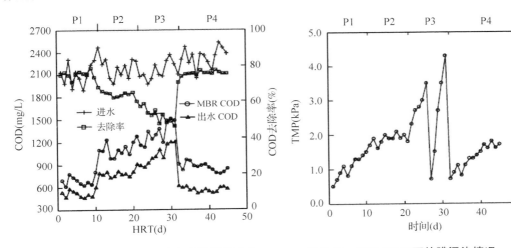

图 5-42　HRT 对 COD 的去除效果的影响　　　　图 5-43　不同 HRT 下的膜污染情况

(3) 不同 HRT 下的膜污染情况

由图 5-43 可知，在 HRT = 24 h (P1 段)时，跨膜压差(TMP)上升缓慢，基本稳定在 1.4 kPa～1.7 kPa，远小于允许值 3 kPa。到 P2 段，膜通量增大到 36 L/(m²·h)，HRT 下降到 20 h，TMP 上升速度明显增加，最后稳定在 2.5 kPa。当膜通量达到 40 L/(m²·h)(HRT = 18 h)时，TMP 迅速增加，到第 26 天(P3 段)，即在 HRT = 18 h 运行的第 4 天，TMP 增大到 3.5 kPa，超过允许值，此时膜已被严重污染。随后立即取出膜，人工清洗后再将膜放回反应器，继续在膜通量为 40 L/(m²·h)运行，4 天后 TMP 值再次达到 3.0 kPa 以上。这表明在通量为 40 L/(m²·h)，抽停时间比为 3 min:1 min 的参数下运行，单靠气体冲洗已经不能有效控制膜污染。随后，在第 30 天再次取出膜，进行人工清洗，并将 HRT 控制到 24h，一直到第 45 天 MBR 仍能稳定运行，TMP 稳定在 1.5kPa~2.0 kPa 之间，没有出现明显的膜污染情况。

（4）小结

①在进水 COD 浓度为 2000 mg/L~2500 mg/L，抽停时间比为 3 min:1 min 的条件下，控制膜通量为 30 L/(m² · h)，即 HRT = 24 h 时，MBR 反应器对厌氧出水的平均 COD 去除率最高为 75%，反应器运行也稳定，TMP 在 1.5kPa~2.0 kPa 之间。

② MBR 反应器对 COD 的平均去除率，随着 HRT 从 24 h 下降到 18 h，由 75% 逐渐下降到 54%；反应器上清液的 COD 要明显高于反应器的出水 COD，两者的平均值相差 280 mg/L，约占 MBR 反应器总 COD 去除量的 23%。

③在 HRT = 24 h 时，跨膜压差（TMP）上升缓慢，基本稳定在 1.4kPa~1.7 kPa，小于允许值 3 kPa；当膜通量达到 40 L/(m² · h)（HRT = 18 h）时，TMP 迅速增大到 3.5 kPa，超过允许值，此时膜已被严重污染，即使清洗后再运行，TMP 值也很快超过允许值。

5.4.3 近年发展较快的好氧技术

好氧技术由于其处理效率高，运行成本低而广受青睐，已发展出 10 余种好氧技术，下面归纳几种近年流行的新型技术。

（1）A/O(Anoxic/Oxie，A/O)缺氧/好氧工艺

主要由美国、南非等国家开发，能同时去除废水中有机物和氮，对磷亦有一定的去除效果。我国近年重视对废水氮、磷的去除，该工艺已在我国广泛应用。工艺流程如图 5-44，原废水先经缺氧池再进好氧池，并将好氧池的混合液和沉淀池的污泥同时回流至缺氧池，使缺氧池既从原废水中得到充足的有机物，又从回流的混合液中得到大量硝酸盐，回流污泥则保证池中的微生物量，从而保证了缺氧池内反硝化反应的顺利进行，废水再在好氧池中进行有机碳的进一步降解和硝化作用。这样废水依次经历了缺氧反硝化、好氧去碳和硝化阶段。

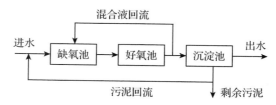

图 5-44 A/O 工艺流程图

A/O 系统的主要优点有：

①流程简单，运行管理方便，构筑物少，节省基建费用。

②以原废水为碳源，可保证充分的反硝化反应，不需要外加碳源。

③好氧池设在缺氧池之后，可使反硝化残留的有机污染物得到进一步去除，提高出水水质。

④缺氧池在好氧池之前，既可减轻好氧池的有机负荷，又有利于控制污泥膨胀，反硝化过程中产生的碱度还可补偿硝化过程对碱度的消耗。

（2）A^2/O（Anaerobic/Anoxic/Oxic，A^2/O）厌氧、缺氧/好氧工艺

是在 A/O 工艺的缺氧段之前增加一个厌氧池（工艺流程如图 5-45），增加厌氧酸化预处理，提高废水的可生化性，同时对有毒有机污染物也具有转化和降解作用。A/O、A^2/O 系统都是较简单的污水处理工艺，它们将缺氧段、厌氧段放在工艺的第一级，可以充分利用厌氧菌群和好氧菌群各自的优势，且系统产生的污泥量较一般的生物法少，污泥后处理方便，适用于含工业废水较多的城市污水处理。

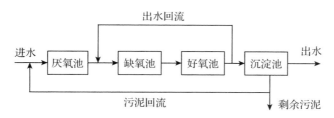

图 5-45　A^2/O 工艺流程图

对 A/O 或 A^2/O 工艺进行改进，又开发出很多新的水处理工艺：①倒置 A^2/O 工艺，是根据 A^2/O 工艺改进而来的，按缺氧区—厌氧区—好氧区形式布置，脱氮除磷效果优于常规 A^2/O 工艺；②增加缺氧、好氧反应池的级数，强化处理效果，如四级 Bardenpho（两级 A/O）、五级 Phoredox 工艺（在 Bardenpho 工艺前增加一个厌氧池）；③改变混合液的回流方式或系统的进水方式，如南非开普敦大学开发的 UCT（University of Capetown）工艺，增加由缺氧池至厌氧池的混合液回流，提高了除磷效果。

传统的活性污泥法可保证去除胶质和溶解性的含碳有机物，系统具有稳定的 DO（溶解氧）水平，如果要除氮，需要另外进行缺氧反硝化；而好氧—缺氧系统能有效地去除废水中的氮，它是通过开启/关闭曝气设备，在一个曝气池内同时发生硝化和反硝化过程达到除氮目的。传统的活性污泥系统是在有氧的状态下进行污水处理的，好氧—缺氧系统存在一个有氧到缺氧的周期性转变，两者之间主要的不同在于好氧—缺氧系统包含一个能发生反硝化作用的缺氧过程。活性污泥系统经过改进即可成为好氧—缺氧系统，以达到除氮的目的，而不需要额外的投资。

（3）氧化沟工艺

氧化沟又称循环曝气池，是活性污泥法的一种改进型。氧化沟不仅具有传统活性污泥法的优点，去除有机物的效率很高，而且具有推流反应的特征和完全混合反应的优势，在控制适宜的条件下，沟内同时具有好氧区和缺氧区，将硝化和反硝化两功能分开进行，不需混合液内回流，对氮具有良好的去除效果。如果在沟前增设厌氧池，还可同时除磷。

氧化沟污水处理技术作为活性污泥法的新工艺，与其他生物处理工艺相比，有以下一些特点：结构简单，机械投资省，管理方便，运行费用低；曝气设备和构造形式多样化，运行灵活；出水水质好，处理效果稳定；污泥产量少，污泥性质稳定；对高浓度工业废水有很强的稀释能力，能承受水量、水质的冲击负荷。

常见的氧化沟工艺有：Orbal 氧化沟、Carrousel 氧化沟、交替式氧化沟、一体化氧化沟等。经过几十年的使用、研究、开发和改进，氧化沟系统在池型、池式、曝气装置、处理规模、适用范围等方面都得到了长足的发展，同时也在世界各地得到了迅速的推广和应用。黄仲均采用 UASB—氧化沟组合工艺处理色度大、含有较多无机杂质和有机颗粒的酱油生产废水，进行了加药絮凝沉淀前处理，运行结果表明，在进水 COD、BOD、NH_3-N 的平均质量浓度分别为 1506mg/L、706mg/L、74.5 mg/L 条件下，出水 COD、BOD、NH_3-N 的平均质量浓度分别为 68mg/L、18mg/L、6.6 mg/L，系统对 COD、BOD、SS、NH_3-N 的平均去除率分别为 95%、97%、90% 和 91%，出水符合广东省地方标准《水污染物排放限值》（DB 44/26—2001）中一级标准的要求，表明该工艺是合理可行的。

（4）序批式间歇活性污泥系统

SBR（sequencing batch reactor）是一个序批式间歇活性污泥系统，其主要特征是在自动控制程序的操纵下，在一个设有曝气或搅拌装置的反应池内顺序完成进水、缺氧搅拌、厌氧搅拌、曝气、沉淀、排水、排泥等多个操作，采用间歇式运行方式，逐批处理废水。不仅省去了二沉池和污泥回流设备，而且通过 SBR 反应器中周期性交替实现好氧、缺氧和厌氧环境，一个反应器就能形成一个时间上的 A^2/O 系统，具有较好的脱氮除磷效果。SBR 系统以一代四（即厌氧区、缺氧区、好氧区和二沉池），简化了反应流程，推动了污水处理系统向简单化、一体化和自动化的发展，还具有耐冲击负荷、反应推动力大、能够有效地抑制污泥膨胀的发生、理想的静止沉淀、出水水质好等优点，在污水处理领域受到广泛的重视和研究，适合处理间歇排放和水量水质波动大的废水。

SBR 系统主要处理步骤如下：①进水，即图 5-46 中的第一阶段。污水被送到反应器中，与活性污泥混合，反应器曝气并混合，或者当需要反硝化时只进行混合。在此阶段，活性污泥大量负荷了污水，活性污泥吸附可生物降解的有机化合物。此阶段称为积聚阶段。此工艺条件可与传统活性污泥系统的选择区极为相似。②曝气，即图 5-46 中的第二阶段，活性污泥进行曝气（或者在反硝化阶段进行混合）。此时没有进水污水，污泥降解已经吸附的可生物降解的化合物。此阶段称为再生阶段。其条件与传统系统的生物反应器相似，进水和曝气（积聚，再生）交替进行是增加活性污泥数量的最佳方式，使得活性污泥结构稠密，沉降特性良好。第一、第二阶段可以交替。③沉淀，即图 5-46 中的第三阶段。在此阶段没有进水，而且曝气和混合停止，时间和环境都促使污泥"絮结"形成较大的污泥结构，污泥向下沉降。池中条件对污泥沉降极为理想：反应器中没有水流，不存在逆流阻碍污泥沉降。由于传统生物系统存在二级沉淀池，

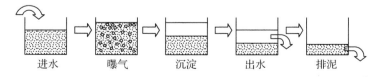

图 5-46　序列活性污泥法的一个运行程序

因此不会出现理想的条件。④出水，亦为图 5-46 中的第四阶段。在此阶段，反应器的上层被排放。污泥继续向下沉降。对污泥沉降极为理想的条件再次出现在反应器中：在整个污泥层中没有水流。必须强调的是，污泥沉降的条件比二级沉淀池更好。在此阶段，剩余污泥也可以被废弃。在此阶段废弃污泥的优点是污泥由于重力作用已经浓缩，因此只需要花费较短的污泥脱水时间和工作。⑤闲置和排泥，在处理水排放后，反应池处于停滞状态，等待下一个操作周期的开始，此阶段也用来排除多余污泥。

与传统污水处理工艺不同，SBR 技术采用时间分割的操作方式替代空间分割的操作方式，非稳定生化反应替代稳态生化反应，静置理想沉淀替代传统的动态沉淀。它的主要特征是在运行上的有序和间歇操作，SBR 技术的核心是 SBR 反应池，该池集均化、初沉、生物降解、二沉池等功能于一池，无污泥回流系统。SBR（序批式反应器）系统最重要的优点是不需要污泥再循环（使用较少设备：泵、管道等）、系统简单（所有工艺在一个池子中完成），特别是工艺灵活性高（以时间控制）。

传统的 SBR 工艺在应用中仍有一定的局限性：其进水方式为周期性进水，与城市污水来水方式相异，为保证其运行，必须设置多组循环操作，但会增大投资；而出水水质有特殊要求时，则须对 SBR 进行适当改进。在应用实践中，SBR 发展了各种形式，如改良式序列间歇反应器（modified sequencing batch reactor，简称 MSBR），采用单池多格方式，无须间断流量。系统的运行历经缺氧、厌氧、好氧、沉淀等阶段，实现了 SBR 工艺的连续运行，增大了处理量，处理效果更好，并减少了占地面积，降低了运行费用。Liang-Wei Deng 等人还研究了内部循环厌氧反应器（IC）和序批式间歇活性污泥法（SBR）组合系统对猪场废水的处理，效果令人满意。

5.4.4　UNITANK 工程案例

比利时 SEGHERS 公司提出的 UNITANK 工艺是对 SBR 工艺的变型和发展之一。该工艺一般由 3 个池子组成，采用 3 池共用池壁的一体化设计，集普通活性污泥法和 SBR 的优点于一身，具有处理单元紧凑，经济高效，易于实现自动化且运行操作灵活的特点，目前世界各地已有 600 多项工程成功地应用了此工艺，处理效果良好。鉴于 UNITANK 工艺具有的技术特点，设计采用此技术处理针叶木 BCTMP 制浆废水，这也是国内首家应用此技术处理针叶木 BCTMP 制浆废水。

（1）水量和水质

针叶木 BCTMP 制浆废水属高浓有机废水，含有大量可对微生物产生毒性的物质，如制浆过程中添加的化学药品：亚硫酸钠、DTPA、硅酸钠等，以及针叶木中含有的树脂酸、木质素等，会对微生物的活性产生一定抑制，尤其对厌氧菌影响更大。工程设计日处理水量 4800m³。该厂 BCTMP 制浆废水水质指标见表 5-11。由表 5-11 可见，BCTMP 废水的 BOD 与 COD 之比较低，可生化性差，废水中的 SS 较高且浓度波动较大，TS 含量较高，说明废水中的细小纤维、可溶性盐类等含量均较高，这些因素对生化处理极为不利，有必要进行针对性的预处理。本工程采用的技术处理路线如图 5-47 所示。

表5-11　BCTMP废水水质

指标 单位	COD （mg/L）	BOD （mg/L）	SS （mg/L）	TS （mg/L）	pH	色度 （倍）
数值	4300~5500	900~1500	1200~2500	4000~6500	6.0~7.5	600~1200

由图5-47可见，生化处理前对废水进行了相应的预处理，以减少废水中的SS，改善废水的可生化性，针对废水COD浓度较高的特点，设计采用厌氧和好氧组合处理工艺。混凝处理段作为补充处理段，可保证废水在生化处理运行不太正常时，进行后续处理，保证废水的稳

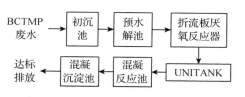

图5-47　BCTMP高浓废水处理工艺

定达标排放。UNITANK池的主要设计参数处理BCTMP废水工程的主要设计参数见表5-12。由于废水的可生化性不强，除了采用一定的预处理手段外，生化段采用较长的水力停留时间（HRT）和较短的污泥龄，以便取得较好的COD去除效果。

表5-12　UNITANK池主要设计参数

设计参数	水量	有效容积	废水温度	池容利用率	污泥负荷	污泥龄	容积负荷	HRT
单位	m^3/d	m^3	℃	%	kgBOD/kgMLSS	d	kg/（$m^3\cdot d$）	h
设计值	4800	3560	10~35	66.7	0.15	6	0.78	11.9

注：池容利用率和HRT为好氧处理设计参数。

（2）基本构造和运行方式

UNITANK工艺按时间序列运行，一个运行周期按进水和曝气的不同分为4个~6个阶段，周期长短取决于处理水的水量和水质。具体运行周期通过优化方式确定，以达到最佳的处理效果。根据工业运行情况采用不同的阶段停留时间，出水的处理效果存在一定差异，处理阶段及相应处理时间是经过实践优化确定的BCTMP废水最佳处理方案，如图5-48所示。

阶段1和阶段3废水连续进入A池2.0h，同时A池进行曝气。泥水混合液连续通过导流孔进入B池（中间池），B池一般连续曝气，废水中有机物进一步降解。处理后的混合液进入沉淀状态的C池，实现泥水分离，处理后的出水通过溢流堰排放。整个流动过程中，实现污泥在各池的重新分配。阶段3，废水进入C池，C池开始从沉淀池轮换为曝气池，开始曝气，其整个过程与阶段1相似，只是废水的流动方向与其相反。

阶段2和阶段4进水切换到B池，该池处于连续曝气状态，此时C（或A）池继续作为沉淀池，B池连续进水2.5h，A池继续曝气1.5h后停止曝气，在B池进水完成前1h，A（或C）池开始进入沉淀状态，为出水做准备，因此，可以认为阶段2和阶段4是为了2个边池实现曝气和沉淀状态转换的过渡阶段。

（3）UNITANK工艺处理效果

该工程调试运行近9个月，活性污泥沉降性良好，SVI（污泥容积指数）基本保持在

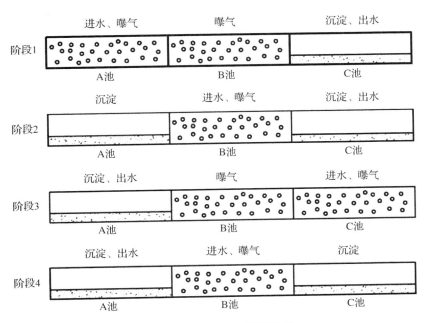

图 5-48 UNITANK 运行程序

60～80。进 UNITANK 池的平均水质及处理效果情况见表 5-13 和图 5-49，当 UNITANK 池进水 COD 在 1800 mg/L～2500 mg/L 时，出水 COD 基本保持在 600 m/L～800 mg/L，COD 去除率基本达到 65% 以上，SS 也能取得较好的效果，SS 去除率基本保持在 80% 以上，UNITANK 工艺取得较好的处理效果。4 月的进出水处理效果情况如图 5-50 所示，在 UNITANK 池进水水质波动的情况下，出水水质相对平稳，表现出系统较好的耐冲击性和良好的 COD、SS 去除效果。

表 5-13　UNITANK 对废水处理效果

参数 单位	COD			SS		
	进水 （mg/L）	出水 （mg/L）	去除率 （%）	进水 （mg/L）	出水 （mg/L）	去除率 （%）
3 月	1990	675	66.08	445	76	82.92
4 月	2528	756	70.10	347	64	81.56
5 月	1782	644	63.86	389	74	80.98

　　BCTMP 制浆废水经预水解和厌氧处理后，进行 UNITANK 工艺处理，UNITANK 池 COD 去除率平均达到 65% 以上，SS 去除率平均达到 80% 以上，处理效果良好。

　　经厌氧处理后，好氧处理的进水浓度仍然较高，并且好氧进水温度在气温较高季节达到 30℃～35℃，已经连续稳定运行了 9 个多月，出水较为稳定，SVI 基本保持在 60 mL/g～80 mL/g，活性污泥的沉降性好，说明 UNITANK 工艺具有较好的耐冲击负荷的特性，且能较好地避免产生污泥膨胀问题。

　　UNITANK 工艺可根据进水水质的情况及时调整处理运行参数，以取得较好的处理效果，并可实现自动化操作，特别适于水质经常波动的工业废水。

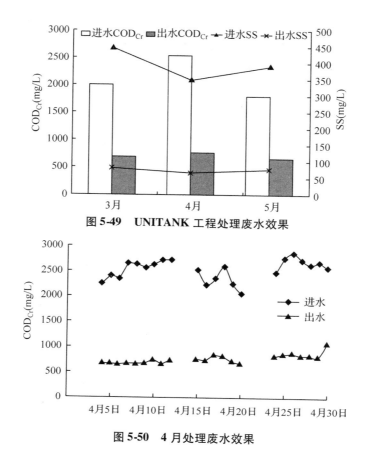

图 5-49 UNITANK 工程处理废水效果

图 5-50 4 月处理废水效果

5.5 膜处理废水

膜分离技术在 20 世纪初出现，随着我国环保事业的发展，近年我国膜研究技术和膜工程迅速崛起。膜分离过程作为一项高分离、浓缩、提纯及净化技术，广泛应用于各工业领域，年增长率达 14%~30%。膜技术具有处理装置简单，操作容易且易控制，处理效率高，容易实现自动化操作等优点，在水处理领域受到特别青睐。膜法水处理技术必将成为 21 世纪废水处理的关键技术。

5.5.1 膜分离的基本原理及分类

膜是具有选择性分离功能的材料，利用膜的选择性分离实现料液的不同组分的分离、纯化、浓缩的过程称作膜分离。它与传统过滤的差别在于，膜可以在分子范围内进行分离，并且这过程是一种物理过程，不发生相的变化，不添加助剂。膜的孔径一般为微米级，依据其孔径的不同或截留分子量不同，可将膜分为微滤（MF）、超滤（UF）、纳滤（NF）、反渗透（RO）、电渗析等。根据材料的不同，可分为无机膜和有机膜，无机膜主要是陶瓷膜和金属膜，其过滤精度较低，选择性较小。有机膜是由高分

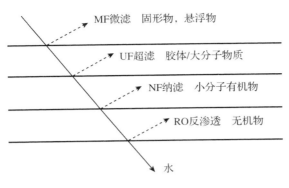

图 5-51　膜分离过程

（箭头反射表示该物质无法透过膜而被截留）

子材料做成的，如醋酸纤维素、芳香族聚酰胺、聚醚砜、聚氟聚合物等。错流膜工艺中各种膜的分离与截留性能以膜的孔径和截留分子量来加以区别，图 5-51 简单示意了四种不同的膜分离过程，各种膜分离技术的不同点见表 5-14。常用的膜分离方法有微滤、超滤、纳滤、反渗透和电渗析等。微滤（MF）又称微孔过滤，它属于精密过滤，其基本原理是筛孔分离过程。微滤膜的材质分为有机和无机两大类，有机聚合物有醋酸纤维素、聚丙烯、聚碳酸酯、聚砜、聚酰胺等，无机膜材料有陶瓷和金属等。鉴于微孔滤膜的分离特征，微孔滤膜的应用范围主要是从气相和液相中截留微粒、细菌以及其他污染物，以达到净化、分离、浓缩的目的。对于微滤而言，膜的截留特性是以膜的孔径来表征，通常孔径范围在 0.02 μm ~ 10 μm，故微滤膜能对大直径的菌体、悬浮固体等进行分离。可作为一般料液的澄清、保安过滤、空气除菌。

表 5-14　膜分离技术特点

项目	MF	UF	NF	RO
孔径（nm）	100 ~ 1000	10 ~ 100	1 ~ 10	< 1
传递机理	粒径大小形状	分子特性大小形状	分子大小及电荷	溶剂的扩散传递
截留粒径（nm）	>100	2.0 ~ 100	>1.0	>0.06
带电	否	否	负电	负电
运动压力（×10^{5}Pa）	0.1 ~ 4	0.2 ~ 10	3.0 ~ 20	10 ~ 100
截留物	悬浮物、颗粒纤维	胶体	多价离子、有机物	溶质和盐
透过物	水、溶剂、溶解物	水、溶剂、小分子	水、一价离子	水、溶剂
去除细菌	部分	较完全	完全	完全
去除病毒	不能	部分	完全	完全
膜类型	多孔膜	非对称性膜	复合膜	非对称性膜及复合膜

超滤（UF）是介于微滤和纳滤之间的一种膜过程，膜孔径在 0.001 μm ~ 0.02 μm 分子量之间。超滤是一种能够将溶液进行净化、分离、浓缩的膜分离技术，超滤过程通常可以理解成与膜孔径大小相关的筛分过程。以膜两侧的压力差为驱动力，以超滤膜为过滤介质，在一定的压力下，当水流过膜表面时，只允许水以及比膜孔径小的小分子物质通过，达到溶液的净化、分离、浓缩的目的。对于超滤而言，膜的截留特性是

以对标准有机物的截留分子量来表征，通常截留分子量范围在 100~300 000，故超滤膜能对大分子有机物(如蛋白质、细菌)、胶体、悬浮固体等进行分离，广泛应用于料液的澄清、大分子有机物的分离纯化。

纳滤(NF)是介于超滤与反渗透之间的一种膜分离技术，其截留分子量在 80~1000 的范围内，孔径为几纳米，因此称纳滤。基于纳滤分离技术的优越特性，其在制药、生物化工、食品工业等诸多领域显示出广阔的应用前景。对于纳滤而言，膜的截留特性是以对标准 NaCl、$MgSO_4$、$CaCl_2$ 溶液的截留率来表征，通常截留率范围在 60%~90%，相应截留分子量范围在 100~1000，故纳滤膜能对小分子有机物等与水、无机盐进行分离，实现脱盐与浓缩的同时进行。

反渗透(RO)是利用反渗透膜只能透过溶剂(通常是水)而截留离子物质或小分子物质的选择透过性，以膜两侧静压为推动力，实现对液体混合物分离的膜过程。反渗透是膜分离技术的一个重要组成部分，因具有产水水质高、运行成本低、无污染、操作方便、运行可靠等诸多优点，而成为海水和苦咸水淡化，以及纯水制备的最节能、最简便的技术。目前已广泛应用于医药、电子、化工、食品、海水淡化等诸多行业。反渗透技术已成为现代工业中首选的水处理技术。反渗透的截留对象是所有的离子，仅让水透过膜，对 NaCl 的截留率在 98% 以上，出水为无离子水。反渗透法能够去除可溶性的金属盐、有机物、细菌、胶体粒子、发热物质，也即能截留所有的离子，反渗透膜在生产纯净水、软化水、无离子水、产品浓缩、废水处理方面已经应用广泛。

除了上述的膜分离法外，还有膜分离技术与生物反应器相结合的生物化学反应系统即膜生物反应器，是以酶、微生物或动植物细胞为催化剂进行的化学反应或生物转化，同时凭借超滤分离膜不断分离出反应产物并截流催化剂而进行连续反应的装置。膜生物反应器目前已逐渐被引入到制浆造纸工业废水处理中。国内外应用膜分离技术处理造纸工业废水始于20世纪60年代，膜分离技术最先应用于蒸煮废水的处理，以分离木素、低聚糖等。随后迅速崛起，并发展成为一门重要的新型高效分离技术，其中超滤、反渗透技术在造纸工业废水处理中已实现工业化应用，并扩展到处理纸浆洗、选、漂废水和造纸白水。

和其他的废水处理技术相比，膜分离技术具有如下优势：①分离效率高，膜的孔径较小，以外界能量或化学水(渗透液)位差为推动力对双组分或多组分混合液体进行分离、分级和提纯等，可省去体积庞大的生物反应池，占地面积小。膜分离几乎是一种强制的机械拦截作用，优于传统二沉池的自由重力沉降，不会因为污泥膨胀现象而导致出水超标和恶化。可将滤后的净化水重复利用于生产，实现零排放。②膜分离过程不发生相变，能量转化效率高。③装置简单，操作容易，易维修、控制。④适用范围广。

膜一般分为生物膜和合成膜两大类。以高分子材料为代表的合成膜作为一种新型的液体分离操作单元技术，经过40多年的研究开发取得了世人瞩目的发展。合成膜是由多种不同材料制备的，分为无机膜材料和有机高分子膜材料。有机膜可细分为有烯烃的聚合物、尼龙、聚砜等；无机膜的种类较少，一般由陶瓷制成，也有采用微孔玻璃、金属和非金属硅制膜的例子。混合膜较少见，例如活性炭膜。无机膜比有机膜不易遭到污染，因为有机膜更容易成为微生物的食料而使微生物在其空隙内生长，但无机膜的制造成本要高于有机膜。对膜材料的要求是：具有良好的成膜性、热稳定性、化学稳定性，耐酸、碱、微生物侵蚀，耐氧化性能。超滤膜最好为亲水性，以获得高的通水量和抗污染能力。表 5-15 列出了不同聚合物 UF 膜适用的范围。

表 5-15　不同聚合物 UF 膜适用的范围

聚合物	pH	MWCO	MPa	℃
聚醚砜	2～12	$(4\sim9)\times10^3$	0.3	70
聚醚砜	2～12	25×10^3	0.15	70
聚砜	2～12	$(8\sim20)\times10^3$	0.15	70
聚丙烯腈	2～10	25×10^3	0.1	60
聚偏氟乙烯	2～10	$(100\sim200)\times10^3$	0.1	70
聚醋酸纤维素	3～6	2×10^3	0.25	30
聚醋酸纤维素	3～6	7×10^3	0.2	30

　　膜污染和浓差极化是两个不同的概念。在膜分离过程中，水连同小分子透过膜，而大分子溶质则被膜所阻拦并不断积累在膜表面上，使溶质在膜表面处的浓度高于溶质在主体溶液中的浓度，从而在膜附近边界层内形成浓度差，并促使溶质从膜表面向着主体溶液进行反向扩散，这种现象称为浓差极化。对微滤和超滤过程而言，浓差极化的影响非常严重，反渗透和纳滤过程中浓差极化的影响稍微小些，因为后者的渗透通量相对较小，而其小分子溶质的扩散系数也要大得多，所以反向传质系数较大。表 5-16 列出了几种膜过程的浓差极化的原因和影响程度。

表 5-16　浓差极化原因和影响程度

膜过程	浓差极化对膜过程的影响	影响因素
反渗透	中等	K 大
纳滤	中等	K 较大
超滤	严重	K 小，J 大
微滤	严重	K 小，J 大

注：K 为传质系数，J 为膜通量。

　　浓差极化严重到一定程度会在膜面形成凝胶层，凝胶层导致许多严重问题：①形成很高的膜面浓度，有效压差下降。凝胶层的存在又增加了流动的阻力，总的结果使得渗透速率大大降低，膜的效率下降。②在凝胶层或膜面共聚物的高浓区中，大分子之间的相互缠结使得分离过程与超滤膜的尺寸及分布无关。膜污染是指被处理物料中的胶体粒子、溶质大分子和微粒由于与膜存在物理化学作用或机械作用而引起的膜表面或膜孔内吸附、堵塞使膜产生透过通量减少的不可逆变化的现象。③物料中的组分在膜表面吸附沉积形成的污染层将产生额外的阻力，该阻力可能远大于膜本身的阻力而使过滤通量与膜本身的渗透性能无关；组分在膜孔中沉积，将造成膜孔减小甚至堵塞，同时也减小了膜的有效面积。

5.5.2 响应面法膜处理

　　膜分离的基本工艺原理是较为简单的(图 5-52)。在过滤过程中料液通过泵的加压，料液以一定流速沿着滤膜的表面流过，大于膜截留分子量的物质分子不透过膜流回料罐，小于膜截留分子量的物质或分子透过膜，形成透析液。故膜系统都有两个出口，一个是回流液(浓缩液)出口，另一个是透析液出口。在单位时间(h)单位膜面积(m^2)透析液流出的量(L)称为膜通量(LMH)，即过滤速度。影响膜通量的因素有：温度、压力、固含量(TDS)、离子浓度、黏度等。

　　膜分离过程是一种纯物理过程，具有无相变化，节能、体积小、可拆分等特点，使膜广泛应用在发酵、制药、植物提取、化工、水处理工艺过程及环保行业中。对不同组成的有机物，根据有机物的分子量，选择不同的膜，选择合适的膜工艺，从而达到最好的膜通量和截留率，进而提高生产收率、减少投资规模和运行成本。

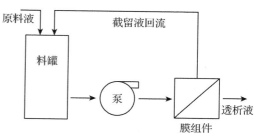

图 5-52　膜分离基本原理

　　在膜科学和技术领域，数学模型常用于膜分离过程的预测。响应面法(RSM)是非参数模拟模型即"黑箱"模型的发展，通过有限次试验，确定设计变量和响应或输出之间的关系。目前 RSM 已运用于膜技术的不同研究领域。LinE 和 Figueroa 均采用 RSM 评价不同的操作条件对去除率和超滤膜通量的影响，Calatayud 等采用响应面研究，发现通量下降越高，拟合模型的准确度越好。在纳滤膜研究方面，已有文献报道运用响应面(RSM)拟合温度、压力、进水浓度对膜通量和回收率的影响，拟合结果与实验结果吻合。此外有学者运用 RSM 和混合实验研究了离子组成对硝酸盐去除率的影响，并对操作条件进行了优化。在反渗透膜脱盐研究中，RSM 被分别用于低盐度(微咸水盐度)水和高盐度(海水盐度)水脱盐效果的研究，获得了两个拟合模型，并得到对反渗透膜分离效果影响大小的操作参数顺序：盐度＞操作压力＞温度。现有研究通常将 RSM 应用于膜技术回收目标物质或处理模拟废水和海水，而将 RSM 用于纳滤膜处理实际工业废水中分离过程的预测和优化并不多见。

　　现以响应面法构建纳滤膜深度处理维 C 废水的操作条件预测模型，通过方差分析获得影响膜通量和污染指数的显著因素；然后优化纳滤膜的操作条件，获得最优操作条件；最后对拟合得到的最优操作条件进行实验验证。研究结果可为有效控制深度处理维 C 废水中的膜污染提供理论依据和实践指导。

　　维 C 废水具有排放量大、色度高、有机物浓度高和盐含量高、成分复杂等特点，传统的二级生化处理工艺已难以满足新排放标准。纳滤工艺(NF)是一种新型高效的废水回用处理工艺，具有出水水质好、处理过程无相变、设备简单、操作管理方便等特点，近年来在制药废水处理中得到广泛应用，而膜污染是纳滤膜应用中的主要问题，直接影响处理效果和运行成本。

实验用水取自河北某维生素 C 生产企业废水处理站二沉池出水，该站处理工艺为厌氧—两级好氧。二沉池出水经电解预处理后进入厌氧生物滤池—好氧移动床生物膜 F-MBBR 一体化反应器进行深度处理，以降低有机物浓度，减轻后续膜处理负荷，纳滤膜进出水水质见表 5-17。

表 5-17　纳滤膜进水和出水水质

项目	单位	进水	出水
pH	—	8.5 ± 0.1	未检测
COD	mg/L	160	10 ± 4
色度	倍	30 ± 2	0
电导率	ms/cm	18.62 ± 1.07	11.53 ± 0.30
TOC	mg/L	18.21 ± 4.15	0.78 ± 0.31
UV_{254}	1/cm	0.96	0.007 ± 0.40
SUVA	L/(mg·m)	5.30	0.90
Ca^{2+}	mg/L	251.00	36.80
Mg^{2+}	mg/L	55.30	4.61
K^+	mg/L	45.80	15.80
Na^+	mg/L	3287	1182
TP	mg/L	5.16	<0.01
TN	mg/L	14.87	<0.01

注：①水质参数在 25℃测试，纳滤膜进水已经过超滤；②水质的平均值；③标准偏差。

（1）试验方法

膜污染实验在平板式纳滤膜装置上进行，设有 3 个膜槽，单槽有效膜面积 40 cm²，本研究采用三槽并联方式平行运行，进水槽中添加 10L 经预处理后的维 C 废水。膜分离装置流程简图如图 5-53 所示，所用的纳滤膜为星达膜科技有限公司的 NFW 型聚酰胺纳滤膜。膜污染实验前，以纯水清洗纳滤膜并浸泡 24 h 后，在 1.379 MPa 压力下预压（至少 1 h）直至纯水膜通量稳定。实验采用全回流模式，渗透液和浓缩液均回至进水槽，使用电子天平（PL2002，Mettler Tole）每隔 10min 称量一次渗透液，精准度为 ±0.1 g。

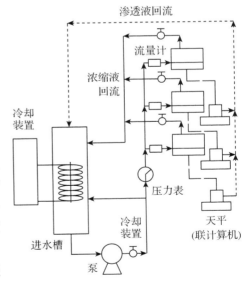

图 5-53　膜实验装置示意

本研究采用污染指数 I 评价维 C 废水经 NFW 纳滤膜处理前后水力渗透量变化，公式如下：

$$I = \left(1 - \frac{L_1}{L_0}\right) \times 100\% \tag{5-11}$$

式中：L_0 和 L_1 为 NFW 纳滤膜过滤维 C 废水前后的水力渗透量。

（2）Box-Behnken Design

采用单因素试验研究压力、温度、pH、进水流量对膜通量及脱盐率的影响，发现pH 的影响并不明显。结合 NFW 纳滤膜的性能，选定操作条件及其范围如下：压力 P 为 552 kPa～966 kPa，温度 T 为 20℃～30℃，进水流量 Q 为 228 L/h～456 L/h（表5-18）。

表5-18　响应面设计因素编码及水平

因素	编码	各水平实际值		
		+1	−1	0
P（kPa）	X_1	552	759	966
T（℃）	X_2	20	25	30
Q（L/h）	X_3	228	342	456

根据 Box-Behnken Design（BBD）中心组合设计原理，利用 Design-Expert（Version 8.0.5，Stat-Ease Inc，Minnessota，USA）软件设计三因素三水平共 15 组实验点的实验方案，实验设计方案见表5-19。根据方案所提供的操作条件，进行实验并测得膜通量以及污染指数，变量和响应值的相关性适用二次多项式：

$$Y_k = b_0 + \sum_{i=1}^{2} b_i X_i + \sum_{i=1}^{2} b_{ii} X_i^2 + \sum_{i=1}^{2} \sum_{j=1}^{2} b_{ij} X_i X_j + \varepsilon \tag{5-12}$$

式中：Y_k 为响应值（Y_1 为膜通量，Y_2 为污染指数），b_0、b_i、b_{ii}、b_{ij} 分别为常数，一次回归系数，二次回归系数及相互作用系数；X_i 代表第 i 个自变量的编码值。

表5-19　响应面法分析实验设计及结果

Rum 编码	P（kPa）X_1	T（℃）X_2	Q（L/h）X_3	膜通量[L/(m²·h)] Y_1	污染指数（%）Y_2
1	759	20	456	61.4	24.45
2	552	25	228	68.7	16.01
3	966	25	456	95.3	24.15
4	759	30	228	98.3	26.32
5	759	25	342	71.1	28.17
6	552	20	342	47.3	35.94
7	759	25	342	69.1	25.62
8	966	20	342	89.0	25.84
9	759	25	342	72.2	29.03
10	966	25	456	90.0	26.94
11	552	25	342	60.1	12.00
12	552	30	342	77.4	24.68
13	969	30	456	121.7	38.62
14	759	30	456	80.7	22.55
15	759	20	228	57.1	19.44

（3）纳滤进出水水质及膜特性

纳滤膜进出水水质见表 5-17，经预处理后的维 C 生产废水经生物处理后有机物浓度仍相对较高，水中无机盐以 NaCl 为主，对于纳滤膜分离而言属于高浓度有机物及高盐度废水。由图 5-54 的分子量分布可知，该水样中分子量小于 3 kDa 的有机物占总有机物量的 31.79%，且发色物质多集中在 <3 kDa，超滤膜过滤不能有效去除维 C 废水中的发色有机物。由表 5-17 可知，经 NFW 膜过滤后废水中 COD、色度、TOC 去除率分别为 93.75%、100% 和 95.67%，有机物基本被去除，但电导率仅降低 38.01%，这与进水中的离子多为一价离子（Na^+，K^+）有关。

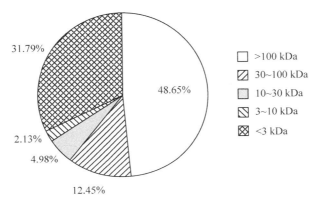

图 5-54　废水预处理后分子量分布

NFW 膜的特性（表 5-20）与其他纳滤膜类似，膜通量较大，脱盐效果良好，粗糙度值较低，表面平整。膜表面富集有许多颗粒物质，厚度分布很不均匀，颗粒大小和尺寸也不相同。一些形状较规则的物质多次出现，在膜面占的比例较高，可能是盐类物质，由于污染时间较短，膜面没有观察到微生物。

表 5-20　NFW 膜特性分析

因素	单位	NFW 膜
进水 pH		1~10.5
最大操作温度	℃	50
$MgSO_4$ 去除率	%	99.3
RMS 粗糙度		8.97 ± 1.34
接触角	°	14.25 ± 0.35
纯水通量*	L/(m² · h)	71.78
初始通量*	L/(m² · h)	64.48
Zeta	mV(pH = 8.5)	−80.5 ± 0.7
O/N 比		1.28

*操作条件：25℃，759kPa，456L/h。

（4）操作条件对膜通量的影响

对 3 个独立变量进行统计分析：压力 $P(X_1)$，温度 $T(X_2)$ 和进水流量 $Q(X_3)$，膜通量作为响应值，得到的拟合方程如下：

$$膜通量 = 70.70 + 17.82 \cdot X_1 + 15.48 \cdot X_2 - 2.16 \cdot X_3 + 0.65 \cdot X_1 \cdot X_2 +$$
$$3.49 \cdot X_1 \cdot X_3 - 5.59 \cdot X_2 \cdot X_3 + 8.58 \cdot X_1^2 + 4.58 \cdot X_2^2 -$$
$$0.79 \cdot X_3^2 (X_1 、X_2 、X_3 取编码水平值) \tag{5-13}$$

R^2 值表示膜通量拟合模型可以解释 97.53% 的变量，由表 5-21 知各变量及它们交互作用的平方和、自由度、均方、F 值和 P 值。若某因素的 P 值低于 0.05，表明这个因素对于响应变量即膜通量影响显著，而影响程度由标准化的效应决定。由此可见，压力的一次项是增加膜通量的最显著因素，其次是温度的一次项、压力的二次项以及温度与进水流量的交互项。其他因素的 P 值已远远大于 0.05，可认为是非显著因素。三维响应面图为其他因素不变的情况下（水平为 0）某两个因素的交互作用对响应值的影响，由方差分析可知温度和进水流量的交互作用对膜通量影响显著，因此展开进一步研究。由图 5-55 可知，随着进水流量的增加，通量随温度的增加趋于平缓，在温度为 20℃ 时，通量随进水流量的增加而增加；温度为 30℃ 时，通量随进水流量的增加而减小。

压力 P 为膜操作的驱动力，对于膜通量有积极影响。可知压力对膜通量的影响趋于线性关系，这可能是由于在膜污染的前期，没有形成明显的膜污染层来限制压力对膜通量的影响，温度 T 对膜通量的影响也是积极的。这是因为进水的黏度随着温度增加而减小，提高了各组分的质量传递，扩散系数也增加，膜的平均孔径随温度的增加也略有增加，进水流量对膜通量的影响不强，诸多研究表明在膜污染的第一阶段，进水流量对膜通量影响不大。

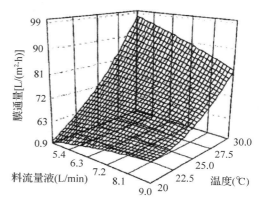

图 5-55　NFW 膜通量的三维响应面

（5）操作条件对污染指数的影响

压力 $P(X_1)$，温度 $T(X_2)$ 和进水流量 $Q(X_3)$ 对污染指数影响的回归方程如下：

$$污染指数 = 27.61 + 3.36 \cdot X_1 + 0.81 \cdot X_2 - 0.70 \cdot X_3 + 6.01 \cdot X_1 \cdot X_2 +$$
$$0.30 \cdot X_1 \cdot X_3 - 2.20 \cdot X_2 \cdot X_3 + 0.12 \cdot X_1^2 + 3.54 \cdot X_2^2 -$$
$$7.96 \cdot X_3^2 (X_1 、X_2 、X_3 取编码水平值) \tag{5-14}$$

R^2 值表示污染指数拟合模型可以解释 90.04% 的变量，由表 5-21 的方差分析可知，进水流量的二次项是影响膜污染指数的最显著因素，其次是压力和温度的交互项、压力的一次项和温度的二次项。其他因素的 P 值已经远远大于 0.05，可认为是非显著因素。由三维响应面（图 5-56）可知温度和压力的交互作用，在低温（20℃）下，污染指数随着压力的变化很平缓；但在高温（30℃）下，污染指数随着压力的增加而增加的幅度很大。这两个变量强烈交互作用的原因可能是由于压力增加后，有更多的物质被传递到膜表面形成污染层。所以，在高温下压力对膜通量的下降影响更明显，虽然在高压

表 5-21　回归方程方差分析

	DF	膜通量				污染指数			
		SS	MS	F	P	SS	MS	F-value	P
P	1	2540.06	2540.06	100.27	0.0002	90.61	90.61	7.29	0.0428
T	1	1917.35	1917.35	75.69	0.0003	5.27	5.27	0.42	0.5438
Q	1	37.41	37.41	1.48	0.2785	3.87	3.87	0.31	0.6011
$P \cdot T$	1	1.69	1.69	0.067	0.8065	144.49	144.49	11.62	0.0191
$P \cdot Q$	1	48.65	48.65	1.92	0.2244	0.37	0.37	0.03	0.8701
$T \cdot Q$	1	124.88	124.88	4.93	0.0771	19.24	19.24	1.55	0.2686
P^2	1	271.50	271.50	10.72	0.0221	0.059	0.059	0.0047	0.9479
T^2	1	77.28	77.28	3.05	0.1411	46.27	46.27	3.72	0.1116
Q^2	1	2.29	2.29	0.09	0.7758	233.62	233.62	18.79	0.0075
Model	9	5009.62	556.62	21.97	0.0017	562.22	62.47	5.02	0.0451
Residual	5	126.66	25.33			62.17	12.43		
Lack of fit	3	122.32	40.77	18.97	0.0510	55.86	18.62	5.91	0.1481
Puer error	2	4.34	2.17			6.30	3.15		
Cor total	14	5136.27				624.39			

注：DF 为自由度；SS 为平方和；MS 为均方。

下可以获得较高的膜通量，但为了减少膜通量的下降，压力应降低。因此，必然存在一个最优操作条件，在获得较大膜通量的同时膜通量下降较少，大量有机物和无机盐沉积于膜面后凝胶层加厚，膜通量下降，形成膜污染。

由本实验的研究结果可知，压力是影响膜通量下降的显著因素，压力越高，膜通量下降越剧烈，随着压力增加，凝胶层的厚度和压密程度增加，从而增加了液压阻力，中和了驱动力增加的影响。在绝大多数情况下污染指数随进水流量的增加而减小，这是由于进水流量增加，在膜面形成剧烈的湍流，大颗粒物质从膜

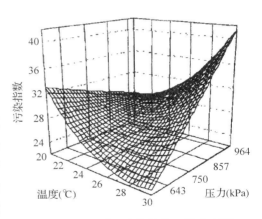

图 5-56　NEW 膜污染指数的三维响应面

面被去除。而某些情况下，污染指数随进水流量的增加而增加，可能是由于流量过大，造成膜面的沿程损失增大。温度是影响膜污染的一个重要参数，但温度对膜污染的影响研究较少。温度升高减少了进水的黏度，同时因为增加了污染物的扩散而增加了浓差极化，导致了污染指数的增加。更高的温度，可能导致蛋白质的触发变性并暴露其疏水部分，从而导致污染加剧。

（6）多目标响应面优化

采用响应面法获得拟合模型后，可以同时针对两个响应变量优化操作条件。因此，两个响应变量的等高线可以叠加。本研究中，多目标响应面优化的目标是膜通量的最

大化和污染指数的最小化。对于总评"归一值"为 0.638，膜通量为 95.31L/(m² · h)，膜污染指数为 21.82，得到最优操作条件：压力 P 为 966 kPa，温度 T 为 24℃，进水流量 Q 为 456 L/h。

　　而对于膜通量最小、污染指数最大，定义为最劣操作条件。对于总评"归一值"为 0.868，膜通量为 51.19L/(m² · h)，膜污染指数为 33.15，得到最劣操作条件：压力 P 为 552 kPa，温度 T 为 20℃，进水流量 Q 为 351 L/h。

　　对最优操作条件和最劣操作条件进行验证，并延长膜污染时间至 360 min（图 5-57），图 5-57 中在 120min 时最优操作条件下实际测得的膜通量为 84.07L/(m² · h)，污染指数为 15.2；最劣操作条件下测得膜通量为 55.12 L/(m² · h)，污染指数为 26.6。由实际运行结果可知拟合出的最优操作条件基本符合实际运行情况，结果可靠。与最劣操作条件相比，最优操作条件在长时间运行后仍具有其优越性。

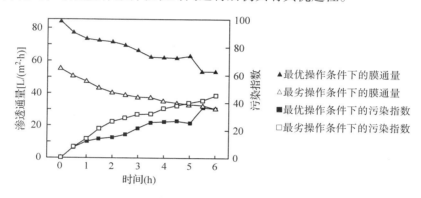

图 5-57　最优、最劣操作条件下膜通量和膜污染指数

（7）小结

①经过纳滤膜过滤后废水中 COD、色度、TOC、UV$_{254}$ 去除率分别是 93.75%、100%、95.67%、99.27%，有机物基本被去除，但电导率只降低 38.01%。

②采用响应面法，经拟合得到的关于膜通量和污染指数的二次模型，决定系数（R^2）分别是 97.53% 和 90.04%，拟合结果良好。由方差分析知压力的一次项对膜通量的影响最显著，进水流量的二次项对污染指数的影响最显著。

③本研究中采用的 NFW 型纳滤膜处理维 C 废水，最优操作条件是压力 P 为 966 kPa，温度 T 为 24℃ 和进水流量 Q 为 456 L/h，最劣操作条件是压力为 552 kPa，温度 T 为 20℃ 和进水流量 Q 为 351 L/h，实验验证结果表明该优化结果可靠。

5.5.3　膜技术在造纸废水处理中的应用

　　膜技术可对废水进行深度处理。采用膜分离技术处理，可极大地减轻环境污染，进一步扩大有限自然资源的利用。同时，膜分离技术处理废水的能耗低，仅为蒸发操作的 1/3；此外，它能够有效地脱除有色物质，降低了污染负荷。膜技术在大部分林产化工废水处理领域研究和应用较少，但在造纸行业已取得一定的成就，造纸废水膜分离技术的研究主要包括以下几个方面：回收副产品、木素综合利用、制浆废水的预浓缩、去除漂白废水中的有毒物质等。

由于 MF 不能全部过滤胶黏物，不太适用于制浆造纸业。全球最大的制浆造纸机械供应商美卓公司常用 UF，即用超滤代替微滤膜。UF 可以全部分离黏胶物和大分子，还可以分离细菌，这是其最重要的指标，其平均膜孔径为 0.05 μm。与超滤技术相比，纳米滤是一种更紧致、过滤效果更好、适用于小分子过滤的设备，因过滤压力差相当大，故该种过滤机单位面积的滤液产量相当低，美卓一般采用 CR 超滤作为纳米滤的预处理。芬兰某纸厂可年产 35×10^4 t 杂志纸，30×10^4 t 高档文化用纸，并有自己的机械浆生产线。当建设 30×10^4 t 高档文化用纸生产线时，因污水排放不能被政府接受，该厂决定用超滤技术来减少纸机的用水量，第一批超滤机超滤设置 16 组于 1994 年安装。每条杂志纸生产线，用三台超滤处理清滤液。每台超滤机膜通量为 30 m³/h ~ 40m³/h。经过长时间的生产运营，发现膜需要每 5 天清洗一次，膜的寿命约为一年半。固形物、细菌、黏胶物的去除率高。滤液应用在工艺中，与清水有同样的使用效果。经过良好的设计，使用超滤、纳滤，该厂达到清水单耗 6kWM 的水平，这在具有机械浆生产线的纸厂是相当低的。2001—2003 年平均滤液流量 647m³/d[335L/(m³·h)]，膜寿命 15 个月~26 个月，其操作成本为 0.2 欧元，比用新鲜水还低。

（1）超滤技术在高得率制浆废水处理中的应用

李友明等采用超滤处理高得率浆前段废水，在提高截留液浓度的基础上，对透过液进行上流式厌氧污泥床(UASB)处理研究，探讨和评价了在提高进水浓度的前提下，采用超滤—生物协同处理高浓高硫含量的高得率浆废水的可行性。研究表明，UASB 对高硫含量的高得率浆混合废水超滤透过液更具有适应性，配合超滤处理高浓高硫含量的高得率浆混合废水是一条可行的高得率浆废水处理新途径。

杨友强等采用 PES200 超滤膜处理 SCMP 废水，结果表明，PES200 膜适合于处理 SCMP 废水，清洗后膜的通过量可恢复 98%。经过超滤后，COD 的截留率为 61%，BOD 的截留率为 22%，滤过液的 BOD/COD 为 0.5，有很好的生物可处理性。超滤浓缩液的固形物含量为 18g/L，燃烧热值为 15.70 kJ/g 固形物，达到了碱回收对进入蒸发站稀废液浓度的要求，可进入碱回收蒸发工段与碱法化学浆黑液合并处理。

A. Luonsi 等采用陶瓷膜作微滤膜，对经活性污泥法处理后的 CTMP 废水进行了实验研究，利用平板膜和圆柱形膜两种不同类型的膜，在 23h 的实验中，改变横跨膜压力、错流流速、温度以及反冲洗率等参数，将实验室结果与工厂经活性污泥处理后的出水水质进行比较，得出结论：在最佳横跨膜压力 100kPa 和错流流速 6m/s 条件下，用平板膜(0.1mm)可以持续 23h 达到 140L/(m²·h) 的最大流速，提高温度和反冲洗率都可以增强处理能力。透过液的悬浮固体和混浊物的浓度比活性污泥法处理后的浓度要低，与制浆废水活性污泥法处理后的出水水质相比，悬浮固体、浊度、BOD、COD 的去除率分别高达 98%、80%、45% 和 35%。

（2）超滤技术在漂白及造纸废水处理中的应用

超滤(UF)是目前在造纸工业研究中应用较多的膜技术，其去除机理主要是筛滤作用，利用溶液的压力为推动力，使溶剂分子通过薄膜，溶质则阻滞在隔膜表面上。适于分离相对分子量在 50 ~ 15 000 之间，直径 200nm ~ 1000 nm 的大分子和胶体，如细菌、病毒、淀粉、树胶、蛋白质、黏土等。UF 处理漂白废水，特别是碱处理段（E 段）废水，选用透过 6000～8000 相对分子质量的膜，COD、AOX、色度去除都可达到满意的效果。陕西科技大学张方利用透过相对分子质量不同的膜已进行了草浆 CEH 漂白废水的 UF 处理研究，取得了较满意的效果。草浆 CEH 段漂白废水经超滤后 COD 浓度降到 137mg/L，去除率为 88%；BOD 浓度降到 92mg/L，去除率 60%；TOC 含量降到 0.141 mmol/L，去除率为 76.18%。在透过液中加入 0.11% EDAT 后还可用于膜的清洗，清洗后水通过量恢复率达 90% 以上。武书彬等用超滤技术对国内两种草浆 CEH 漂白废水的特性进行了分析研究，结果表明，两种草浆 CEH 漂白废水呈较强的酸性，BOD 与 COD 之比小于 0.2，氯离子含量高，不适合于传统的生物氧化法直接处理，废水中的高分子有机污染物是废水色度的主要来源，两种废水的色度和 pH 值密切相关。Nuortila-Jok 等人采用超滤膜过滤制浆和造纸厂废水，此方法在造纸厂内部冷水循环中是一个有效、经济的方法。在这个研究中，冲洗水、过滤水和纸浆水通过超滤膜纯化和改良的超滤膜纯化。

（3）超滤技术在脱墨废水处理中的应用

对脱墨浆废水传统的处理方法为浮选法，但浮选法难以有效去除柔版印刷的水基油墨，而用 UF 技术可达到较高的去除率，膜通过量可达 53.15 L/(m² · h) 以上；当油墨浓度高于 0.4% 时，通过率与油墨浓度呈对数关系，膜通过量稳定且污染少；低油墨浓度时，通过率与膜污染有关，而与油墨浓度无关。UF 处理柔版印刷水基油墨技术已在印钞废水处理中得到实际应用，废水回用率可达 80%～90%。

（4）超滤技术在黑液处理中的应用

利用超滤处理黑液可以回收有用的有机物，国外对硫酸盐法黑液的膜分离处理已经做了大量的研究工作，超滤可以从低相对分子质量的无机物中分离木质素，得到高相对分子质量的木质素并回收水，使木质素可用于燃料或生产木质素产品。潘学军和蔡邦肖对超滤技术处理造纸废水及黑液进行了影响因素和操作条件等方面的研究。王小文等人考察了 PES、PEK、SPES、SPK、PAN 等 5 种超滤膜处理碱法草浆黑液的超滤特性，结果表明，静态接触条件，荷负电性较高的磺化类膜及低截留分子量的超滤膜具有较好的黑液超滤特性；动态实验超滤膜的超滤特性优于静态实验。S. V. Satyanarayana 等研究了黑液的三种流动形态对超滤效果的影响，通过改变操作压力、雷诺准数和黑液入口浓度，对透过量和截留物的分析，得出带有搅拌的超滤优于径向流和垂直流的超滤过程。H. Barnier 对亚硫酸盐制浆废水中的木素磺酸盐进行了分离和浓缩；BYD Pepeper 等用超滤和反渗透在蒸发前浓缩和处理废水，降低了能耗。Ignacy Tanist 等用聚丙烯腈超滤膜，可以从黑液中提取纯度大于 80% 的硫酸木素；通过增大渗透流可使硫酸木素的浓度大于 90%。汪永辉等用聚砜膜从黑液中提取制备活性炭，是黑液综合治理的一条新途径，适合于中、小型纸厂。经超滤处理后的黑液，COD 去除率为 60%～65%，BOD 去除率达 80% 以上，黑液中木素提取率达 80%～85%，由木素制成的活性炭得率高，吸附容量大。其活性炭主要技术指标均优于沪 Q/HGll2224287 标准。中科院广州化学所应用超滤技术，将亚硫酸盐制浆废水中的木素和还原糖分开，经浓缩后的木素废液用做灌浆材料，固化快，可减少化学药品消耗。

电渗析适于离子选择性的透过，达到分离目的，可用于碱回收困难的中小型草浆厂，采用电渗析法可以从黑液中回收一部分碱，还可用于水的净化等。采用单阳膜电渗析从造纸废水中回收碱，陈长春等人做了相关研究，结果为回收碱的电耗在 3000(kW·h)/t~3500(kW·h)/t 碱(其中水电解消耗部分能量)，比氯碱厂生产烧碱和黑液燃烧回收碱的能耗都低，当回收终点黑液值是 7 时，Na^+ 回收率为 50%，阳极黑液含 Na^+ 5000mg/L~7000mg/L，可直接用于蒸煮。罗菊芬等采用中性膜和传统电渗析结合回收碱后，再将黑液酸析提取木素，避免了水的电解，回收碱的电耗在 1000(kW·h)/t 碱左右。

中科院冰川所与兰州造纸厂合作研究反渗透法处理草浆黑液，结果为膜与黑液接触 504h 未见水解现象，有机物去除率 93.4%，无机物透过率 82.5% 膜通过量 120 L/(m²·h)。D. Pepper 等人采用 12m² 的反渗透膜，施加压力为 4000 kPa~6000 kPa，可将 11% 的亚硫酸钠蒸煮液浓缩到 22%，能耗和生产成本均比多效蒸发要低。姜海龙等人采用 0.2μm、0.8μm 无机陶瓷膜对碱法草浆黑液进行微滤。结果表明这两种陶瓷膜透过液截留率达 60% 以上，木素截留率达 75% 以上，微滤后木素浓缩比为 2.7。薛建军等人研究用 MAE 单阳膜技术控制制浆黑液的污染，研究表明 MAE 单阳膜技术不但能回收有用的化学品，还将黑液中的 COD 从 112 000 mg/L 降到 2000mg/L 左右，去除率达 98% 左右。

(5) 膜技术存在的问题和展望

膜分离技术作为本世纪与光纤、纳米、超导等并列的四大新技术之一，在当前实际应用中还存在着许多弊端，如膜的劣化、浓差极化、膜污染及膜组件价格高等问题，限制了膜分离技术的发展。虽然超滤膜技术在很多领域得到了应用，但限制其发展的主要是膜的污染和污染物质在膜的表面积聚，减小了膜的通量。针对此种情况，很多学者都对超滤膜的污染机理进行阐述并提出了防治的对策和改进的措施。但往往只是定性分析了料液性质的不同和膜表面的化学作用对料液中污染物质的截留率，并没有做出定量分析。这也是今后研究的一个方向。膜污染是膜分离过程中不可避免的，但采用新型的抗污染膜或采取适宜的操作方法可以减少其影响。例如，用电场脉冲来实现膜分离过程的局部动态，使粒子运动有助于冲击凝胶层和清理膜孔道，可有效减小膜分离阻力，当脉冲周期为 120s 时，基本能维持初始高透过状态。膜的劣化则是膜过程中必须避免的，采用新型的耐酸、耐碱、耐溶剂的分离膜，遵守操作规程可以有效地延长膜的使用寿命。随着膜科学技术的进步，以及膜研究、开发及应用的不断发展，膜分离技术将为造纸工业的废水治理和综合利用做出重大的贡献。

膜技术和其他水处理技术连用的方法不成熟，在一定程度上限制了发展，只在少数水处理中得到应用。对新技术的开发和应用范围值得进一步的深入研究。超滤膜不论作为预处理或最终处理都是根据料液的状况和膜的运行条件决定的，改变料液的状况和膜的运行条件可以减轻膜的污染。因此，在不同的料液情况下，可以适当地调节料液的性质(如料液的 pH 值、浓度等)使膜污染减轻，增大膜通量，同时也可以改变膜的运行状态(如两侧的压差、反冲洗时间、增大紊乱度等)。这就要研究者寻求一个最佳的进料性质和运行的状态，使其效果最优。

由于林化废水往往含有酸、碱、有机大分子、重金属无机盐等物质，处理条件比较苛刻，因此，处理废水使用的膜必须具有较好的材料性能，从而能在苛刻的条件下保持良好的分离性能和较长的使用寿命，为此开发新材料与制膜新工艺，开发性能完备的集成膜分离技术以及开发膜分离与传统的分离技术相结合的新型膜分离过程，将是未来一段时期内的主要研究方向。

超滤技术在林产化学工业废水处理应用中存在的另一个主要问题是：由于超滤的水量较大，在膜表面极易产生浓差极化等现象，为了强化传质，势必要加大流量，因此超滤法的动力费用较大。与其他浓差方法相比，超滤法不能直接得到高浓度液体，通常只能浓缩到一定的程度，进一步浓缩需采用蒸发等措施。

超滤技术目前在我国的研究和开发中存在的问题主要有：膜孔径大小不一，均一性较差，平均孔径切割分子量大致为 2000~50 000，对不同分子量的物质，其截留率最多达95%。而一个合格的超滤膜，应有严格的孔径尺寸、狭小的孔径分布以及合适的孔隙率。另外目前在膜的生产上尚无统一的标准。确定一种超滤膜切割分子量，必须由一系列已知不同分子量的物质做截留实验，求得截留率随分子量变化的曲线，方可正确判断其切割分子量的范围，如果仅以对某种物质截留率达90%为依据很容易产生堵塞。另外膜在使用过程中具有时变性，即水解作用、膜的压缩及膜的污染，因此在使用过程中应注意操作压力、膜的堵塞等，更应注意膜的保养。近年国内已开始大量生产各种类型的膜材料和膜组件，价格比进口的大大降低，为膜组件在林产化工的应用创造了条件。

5.6　Fenton 技术

1894 年，H. J. Fenton 发现了采用 Fe^{2+}/H_2O_2 体系能氧化多种有机物。1964 年加拿大学者 H. R. Eisenhaner 将 Fenton 试剂法成功地应用到处理苯酚废水和烷基废水上。芬顿试剂具有很强的氧化性，而且其氧化性没有选择性，能够适应各种废水的处理。芬顿法已经在处理氰化物、酚类、染料废水、农药废水、制药废水、焦化废水和垃圾渗滤液等方面均取得良好的效果。其反应条件温和，装置简单，适合工业化应用。在大型的化工园区，可以采用芬顿法在处理系统的末端进行深度处理，再配合其他处理技术以达到达标排放或中水回用，可以实现循环利用的目标。现以芬顿法深度处理某化学工业园综合污水处理厂的二沉池出水为例，介绍该方法对废水中的 COD、氨氮和总磷的去除效果，以及不同运行参数对 COD 去除率的影响，以指导实际运行。

5.6.1　芬顿法氧化机理

芬顿试剂是过氧化氢与亚铁离子结合形成的一种具有极强氧化能力的氧化剂。过氧化氢在催化剂铁盐存在时，能够生成羟基自由基·OH。羟基自由基具有较高的氧化电极电位，可以氧化降解大多数的污染物。芬顿试剂反应过程如下：

$$H_2O_2 + Fe^{2+} \longrightarrow \cdot OH + Fe^{3+} + OH^-$$ ①

Fenton 试剂的氧化机理的自由基理论是目前认可度较大的理论，由 Harber Wreiss 于 1934 年提出，Fenton 试剂的氧化能力很强，在酸性条件下，H_2O_2 被 Fe^{2+} 的催化分解产生羟基自由基·OH，并引发链式反应生成了更多别的自由基，从而将有机物氧化成 CO_2、H_2O 和无机物质等，并且自由基的反应占主导地位。Femon 试剂的反应机理如下：

链的开始：

$$H_2O_2 + Fe^{2+} + H^+ \longrightarrow \cdot OH + Fe^{3+} + H_2O \qquad ②$$

链的传递：

$$Fe^{2+} + \cdot OH \longrightarrow Fe^{3+} + OH^- \qquad ③$$

$$H_2O_2 + \cdot OH \longrightarrow H_2O + \cdot O_2H \qquad ④$$

$$Fe^{3+} + H_2O_2 \longrightarrow Fe\text{-}OOH^{2+} + H^+ \qquad ⑤$$

$$Fe\text{-}OOH^{2+} \longrightarrow Fe^{2+} + \cdot O_2H \qquad ⑥$$

$$\cdot O_2H + Fe^{3+} \longrightarrow Fe^{2+} + H^+ + O_2 \qquad ⑦$$

$$\cdot O_2H \longrightarrow \cdot H + \cdot O_2 \qquad ⑧$$

$$\cdot OH + R\text{-}H \longrightarrow \cdot R + H_2O \qquad ⑨$$

$$\cdot OH + R\text{-}H \longrightarrow \cdot [R\text{-}H]^+ + HO^- \qquad ⑩$$

链的终止：

$$\cdot OH + \cdot O_2H \longrightarrow H_2O + O_2 \qquad ⑪$$

$$\cdot O_2H + \cdot O_2H \longrightarrow O_2 + H_2O_2 \qquad ⑫$$

$$\cdot O_2^- + Fe^{3+} \longrightarrow Fe^{2+} + O_2 \qquad ⑬$$

$$H_2O + \cdot O_2H + O_2^- \longrightarrow H_2O_2 + O_2 + OH^- \qquad ⑭$$

$$\cdot OH + \cdot O_2 \longrightarrow OH^- + O_2 \qquad ⑮$$

$$OH^- + OH^- \longrightarrow H_2O_2 \qquad ⑯$$

$$\cdot OH + R_1\text{—}CH = CH\text{—}R_2 \longrightarrow \cdot R_1 + HC(OH) = CH\text{—}R_2 \qquad ⑰$$

$$\cdot OH + \cdot R \longrightarrow ROH \qquad ⑱$$

由上述的机理反应可知：整个 Fenton 试剂的反应速率主要取决于链的开始式②；即通过 Fe^{2+} 在反应中催化 H_2O_2 生成·OH 进而激发和传递的作用，使链反应能持续进行。从上述反应式的反应速率常数可知，产生·OH 的反应式②是整个反应过程的起始步，反应式③是速度控制关键步，·OH 的产量与 Fe^{2+} 和 H_2O_2 的浓度有着直接的关系。H_2O_2 是·OH 的提供体，是从本质上决定了·OH 的产量，因此 H_2O_2 投加量影响非常大。Fe^{2+} 是很好的催化剂，使 Fe^{3+} 如何快速转化成 Fe^{2+}，也是反应速率的关键，同时 Fe^{2+} 和 H_2O_2 的浓度适当的增大会有利于提高有机污染物的降解效率，但当 H_2O_2/Fe^{2+} 比例（即摩尔比）降低后，则 Fe^{2+} 浓度过高时，反应中·OH 会被自由基捕捉剂的 Fe^{2+} 所竞争，如反应式③所示；若其比例提高后，则反应中的·OH 会被自由基捕捉剂的 H_2O_2 所竞争如反应式④所示，因此消耗了·OH，降低了 Fenton 试剂的反应效率。

5.6.2 提高传统 Fenton 技术的效率

Fenton 反应过程较复杂，影响因素很多，比如 H_2O_2 投加量、H_2O_2 与 Fe^{2+} 的摩尔比、初始 pH 值、反应时间以及反应温度等都会影响到 Fenton 试剂的反应效率。为了便于系统的、科学的实验研究，采用了正交实验和单因素轮换法。先用正交实验确定各影响因素的权重以及各因素最佳波动范围；再通过单因素轮换实验得到各影响因素与处理效果直接的关系曲线，进而确定各因素最佳取值。这样搭配操作顺序，既提高了实验结果的可靠性与精确度，同时也避免了单因素实验因实验次数的不确定性而带来的盲目性。

(1)正交实验

Fenton 试剂处理制浆废水好氧出水的体系中，H_2O_2 投加量、H_2O_2/Fe^{2+} 摩尔比、反应初始的 pH 以及反应时间对体系的影响各不相同，因此设计了四因素三水平的正交试验，探讨其对体系的影响显著程度，初步确定处理这类废水的工艺条件。$L_9(3^4)$ 正交实验设计的条件见表 5-22。以废水的 COD 去除率为考察指标，正交试验所得的数据及分析结果见表 5-23。

表 5-22 正交实验因素水平表

水平	A H_2O_2 mmol/L	B H_2O_2/Fe^{2+} mol 比	C pH	D 反应时间 min
1	3	1:1	3	30
2	6	5:1	4	60
3	9	10:1	5	90

表 5-23 正交实验结果表

序号	A H_2O_2 mmol/L	B H_2O_2/Fe^{2+} mol 比	C pH	D 反应时间 min	COD 去除率 %
1	3	1	2	30	43.1
2	3	5	4	60	52.3
3	3	10	6	90	43.2
4	6	1	4	90	62.4
5	6	5	6	30	55.1
6	6	10	2	60	69.1
7	9	1	6	60	61.9
8	9	5	2	90	73.2
9	9	10	4	30	71.6
K1	46.2	55.8	61.8	56.6	
K2	62.2	60.2	62.1	61.1	
K3	68.9	61.3	53.4	59.6	
R	22.7	5.5	8.7	4.5	

由表 5-23 可知，探讨的四个因素对体系的影响效果的先后顺序是：H_2O_2 投加量 > pH > H_2O_2/Fe^{2+} 的摩尔比 > 反应时间。同时初步得到各因素相对较优的条件：H_2O_2 投加量为 9 mmol/L，pH = 4，H_2O_2/Fe^{2+} = 10:1，反应时间为 60min，这可作为单因素实验的参考对象。

（2）H_2O_2 用量对芬顿反应的影响

H_2O_2 理论投加量 Qth（Theoretical Quantity，简写 Qth）的计算：按制浆好氧出水的 COD 为 220 mg/L 计算，则理论需氧量为 220 mg/L，按每 2mol H_2O_2 产生 1mol O_2，则所需 467.5mg/L，即理论 $n(H_2O_2)$ = 13.75 mmol/L。可选取了 H_2O_2 投加量为废水 COD 的 0.5 倍、1 倍、1.5 倍、2 倍和 2.5 倍，即分别投加了 3.2mmol/L、6.5mmol/L、9.7mmol/L、12.9mmol/L、16.2 mmol/L 进行研究，选定 $H_2O_2:Fe^{2+}$ 摩尔比为 10:1，初始 pH = 4，反应时间为 60min，实验结果如图 5-58 所示。

由图 5-58 可知（在图 5-58 ~ 图 5-61 上，Qc—COD 去除率、Qsd—色度去除率、Qh—H_2O_2 有效利用率），H_2O_2 投加量为 1 倍～2 倍 COD 时，COD 去除效果较好，此时 H_2O_2 利用率也达到了 80% 以上。图中，随着 H_2O_2 投加量增加，COD 去除率先增长后趋于平稳，在 2.0 倍左右时达到最大值，而 H_2O_2 的有效利用率却呈现减小的趋势。根据反应机理可知，芬顿技术处理有机物废水，去除 COD 的方式有两种：氧化作用和高价铁吸附混凝作用。在 H_2O_2 投加量较少的情况下，前者去除 COD 分量不是占主导位置，随着 H_2O_2 投加量上升，前者

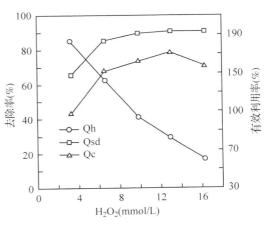

图 5-58　H_2O_2 投加量对 COD 去除率、色度去除率及 H_2O_2 有效利用率的影响

才成为主要的去除 COD 的方式。H_2O_2 投加量是影响芬顿试剂处理效果的重要因素，在其投加量过低时，无法产生足够的 ·OH，随着投加量的增加，产生的 ·OH 的数量也逐步增加，此时 COD 的去除率和色度的去除率也随之提高，但当 H_2O_2 投加量达到 2.0 倍的 COD，值为 12.9 mmol/L 时，再继续增加投加量，体系中 COD 的去除率有所下降，色度的去除率增幅不大，H_2O_2 有效利用率也随之减少。这主要是因为两个方面的干扰：一方面是体系中过量的 H_2O_2 会作为 ·OH 的捕捉剂发生离子式④和离子式⑪两个反应，表现为不但消耗了羟基自由基，也促进了 H_2O_2 无效分解；另一方面是在测量 COD 的过程中废水中残余的 H_2O_2 可以与重铬酸钾发生氧化还原反应，使得 COD 值升高。因此在实际操作过程中，从避免 H_2O_2 对体系的不利影响和降低处理费用角度出发，就要严格控制投加量在合适范围，这样才能有效提高 H_2O_2 利用率。当 H_2O_2 投加量从 1 倍增加到 2 倍时，COD 去除率上升幅度很小，从经济角度考虑，选取 H_2O_2 投加量与为 1 倍 COD 为宜，即投加量为 6.5 mmol/L。

（3）pH 值对芬顿反应的影响

本实验选择 pH 值 2、3、4、5、6 来探究其对芬顿试剂处理制浆难降解废水的影响

效果。取 H_2O_2 投加量为 1 倍 COD 即 6.5mmol/L，H_2O_2：Fe^{2+} 摩尔比为 10:1，反应时间为 60min，实验结果如图 5-58 所示。

在实验操作过程中，投加芬顿试剂时，pH 值为 6 的溶液立即变浑浊，其余仍透明，随着反应的进程逐渐变透明。这可能是由于 pH 值过高，投加的亚铁离子很快被氧化成铁离子，进而生成了氢氧化铁沉淀而增加浊度，随着反应的进程，溶液中的 pH 值会下降，有利于铁循环，从而减少浊度。pH 值为 3 和 4 的芬顿反应，产生的铁泥颗粒较大，易沉淀，上层水清澈。pH 值为 5 的芬顿反应产生的铁泥颗粒细腻，不易沉淀，长时间沉淀后，上层液才清澈。

由图 5-59 可知，pH 值在 3 左右时 COD 去除率和色度去除率都达到最高点，pH 高于 4 以后，芬顿试剂的处理效果显著降低。研究表明，Fenton 试剂在反应体系初始 pH 值为 3~5 之间时氧化催化效果最好，初始 pH 值过高，会导致铁离子 Fe^{3+} 形成氢氧化铁沉淀，阻碍了 Fe^{3+} 与 Fe^{2+} 之间的转换，从而抑制·OH 的产生，同时在高 pH 值下，H_2O_2 易分解成 O_2 和 H_2O，造成无效分解；初始 pH 值过低，H_2O_2 易于捕获 H^+ 形成 $H_3O_2^+$ 使其与 Fe^{2+} 相斥，阻碍了催化的顺利进程，降低了体系的处理效率。pH 为 3 时，废水的 COD 和色度去除率分别为 70.4% 和 88.2%，相比较 pH=4 条件下，废水的 COD 和色度去除率分别为 68.2% 和 86.2%，分别提高了 2 个百分点，同时所需要调节废水的酸的消耗量更大，进而增加成本。因此综合考虑，选 pH=4 为最佳值。

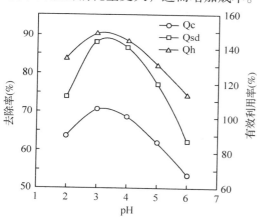

图 5-59　pH 对 COD、色度去除率以及
H_2O_2 有效利用率的影响

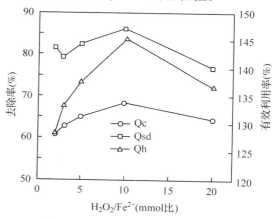

图 5-60　H_2O_2：Fe^{2+} 摩尔比对 COD、
色度去除率及 H_2O_2 有效利用率的影响

（4）H_2O_2：Fe^{2+} 摩尔比对芬顿反应的影响

取 H_2O_2 投加量为 6.5 mmol/L，分别选用 H_2O_2：Fe^{2+} 为 2:1、3:1、5:1、10:1、20:1 的摩尔比进行芬顿实验，调节废水 pH 为 4，常温下反应 60min，实验结果如图 5-60。由图 5-60 可知，H_2O_2：Fe^{2+} 摩尔比在 10:1 左右的 COD 去除率和色度去除率达到最高值。随着比例的增大，实质是亚铁离子的加入量减少了，根据前述反应机理中的离子式②可知，催化剂亚铁离子的减少，必然会导致 H_2O_2 产生的·OH 减少，表现为 COD 去除率和色度去除率均降低，与此同时，H_2O_2 浓度相对偏高，其也会充当自由基捕捉

剂而消耗一部分·OH，因此也会导致芬顿体系的处理效率降低。当 H_2O_2：Fe^{2+} 摩尔比较小时，芬顿体系的处理效果亦不佳，主要是因为此时亚铁离子的浓度偏高，催化 H_2O_2 快速地产生大量的·OH。这些自由基不能及时的与有机物反应便会被同为自由基捕捉剂的亚铁离子所消耗，因此降低了反应效率，同时过多的亚铁离子还会带来诸多不利的影响，如出水中铁离子含量高，带来色度的影响，也会增加反应后的芬顿铁泥的产量，难处理，带来二次污染。因此在实际操作过程中，需要严格控制好 H_2O_2：Fe^{2+} 摩尔比，从芬顿处理效率和控制成本出发，选取 H_2O_2：Fe^{2+} 摩尔比 10：1 为最佳工艺参数。

（5）反应时间对芬顿反应的影响

选取反应时间为 10 min、30 min、40 min、60 min、90min，探究其对 COD、色度去除率及 H_2O_2 有效利用率的影响，取 H_2O_2 投加量为 6.5 mmol/L，H_2O_2：Fe^{2+} = 10：1，调节废水 pH 为 4，室温下进行反应，实验结果如图 5-61。由图 5-61 可知，随着反应时间的增加，COD 去除率、色度去除率及 H_2O_2 有效利用率都呈现先增长后趋于平缓，随后缓慢降低的趋势，在 60 min 左右处达到了最佳值。若反应时间过短，则产生的·OH 不能有足够的时间进攻有机物，体系的反应不充分，而降低了反应效率；反应时间过长，会

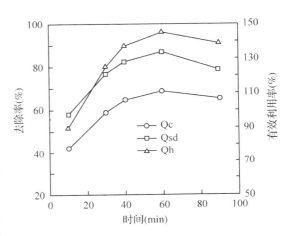

图 5-61　反应时间对 COD、色度去除率及 H_2O_2 有效利用率的影响

把絮体打碎，从而影响絮凝沉降的效果，同时在实际中会造成基建费用和运行费用的增加。综合考虑，此体系芬顿反应时间以 60min 为宜，此时废水的 COD 从 220 mg/L 降到 70.2 mg/L，废水的色度从 360 度降到 48.6 度，去除率分别为 68.1% 和 86.5%，出水的指标达到了国家废水排放新标准（GB 3544—2008）。

（6）分批次投加芬顿试剂

Fenton 反应主要是产生·OH 降解有机物，并使其最终氧化为 CO_2、H_2O 和无机物质的过程。在这一过程中，H_2O_2 在 Fe^{2+} 的催化下生成·OH，具有很大的反应速率常数 $[10^6 L/(mol \cdot s) \sim 10^9 L/(mol \cdot s)]$，能够与绝大部分的有机物质发生反应。反应过程中，芬顿试剂投加量过低，·OH 产生的数量相对较少，反应效率低。芬顿试剂投加量过高，产生大量的活性·OH，而使·OH 积聚，与芬顿体系中的 H_2O_2、Fe^{2+}、·O_2H 等发生反应被消耗，增加了 H_2O_2 无效分解。故在实际应用中应严格控制芬顿试剂的投加量，以控制·OH 的产生量。采用分批次投加芬顿试剂的方式，探讨能否提高芬顿试剂的反应效率，从而减少 H_2O_2 的用量。

实验条件在常温下，H_2O_2：Fe^{2+} = 10：1，pH 为 4，分别取 H_2O_2 = 0.6 COD、0.8 COD、1.0 COD，即投加量为 3.9 mmol/L、5.2 mmol/L、6.5 mmol/L，芬顿试剂总投加

量不变,投加方式采用:①一次性投加;②两次等量投加;③3:2两次投加;④2:3两次投加;⑤等量三次投加,时间间隔均为10min,总反应时间为60min。在增加亚铁离子催化剂后,试验两次等量投加处理效果最佳,COD去除率达71.6%,色度去除率为87.2%,相比于一次性投加试验,COD、色度去除率分别提高了7.9%和12.0%。试验两次等量投加还使得剩余H_2O_2残余浓度最低。综上所述,在$H_2O_2 = 0.8$ COD即5.2 mmol/L的过氧化氢溶液分两次等量投加;$H_2O_2 : Fe^{2+} = 6.7 : 1$,即$Fe^{2+}$投加量为0.78 mmol/L,分两次等量的投加,间隔时间为10 min的芬顿试剂分批投加方式处理废水的效果最好。

综上所述,催化氧化技术的最大特点是降解彻底,可将废水中绝大部分有机污染物分解为CO_2和H_2O,该技术易于和生物处理方法结合,应用范围广、处理效率高、反应迅速、易于控制。

5.6.3　Fenton技术处理化工园废水

以江苏省某化工园区集中式废水处理厂装置升级改造工程为例,简要介绍装置升级改造工艺路线的选择、小试工艺条件的优化以及工程运行情况。该集中式污水处理厂的设计指标为:污水处理能力20 000 m^3/d;进水COD≤500 mg/L,NH_3-N≤40 mg/L,TP≤8 mg/L,SS≤400 mg/L,pH=6~9;设计出水COD≤100 mg/L,NH_3-N≤15 mg/L,TP≤1 mg/L,SS≤70 mg/L,pH=6~9。采用混凝沉淀预处理—A/O生化处理工艺。正常情况下,出水NH_3-N、SS和pH可以实现达标排放,但COD和TP很难达到GB 8978—1996一级排放标准。2012年环保部下达"十二五"水污染物减排指标后,当地政府要求该集中式污水处理厂执行DB32/939—2006《江苏省化学工业主要水污染物排放标准》一级标准,要求出水COD≤80 mg/L,NH_3-N≤15 mg/L,TP≤0.5 mg/L,SS≤70 mg/L,pH=6~9。为此,该化工园拟对原污水处理装置进行升级改造。

（1）COD超标原因

经调查,该化工园内有数十家精细化工、医药中间体和化学合成类原料药生产企业。这些企业大都采用物化—生化组合工艺处理废水,废水中易生物降解的有机物在排放前已基本被降解,进入集中式污水处理厂的废水的可生化性较差。而集中式污水处理厂再采用混凝沉淀—生化的传统工艺处理此类废水,对COD去除效果不理想。该集中式污水处理厂二级生化出水BOD<10 mg/L,说明出水中残留的COD很难进一步被生物降解。

（2）升级改造工艺的选择

原生化处理单元出水中残留的有机物大都属于难降解有机物,对这类有机物最有效的处理方法是高级氧化。目前研究报道的高级氧化技术很多,如Fenton氧化、O_3-H_2O_2、O_3-OH^-、O_3-催化剂、H_2O_2-UV、O_3-UV、UV-TiO_2、O_3-H_2O_2-UV、电催化氧化、微波—超声波催化氧化等,但除了Fenton氧化和O_3氧化外,其他的高级氧化技术还没有在大型污水处理工程中应用的案例。为此,探讨了Fenton氧化和O_3氧化处理该化工园区集中式污水处理厂二级生化出水的可行性。系列试验表明,O_3氧化可使废水COD

降至 91mg/L，Fenton 氧化则可使废水 COD 降至 48 mg/ L，且药剂消耗费用远小于 O_3 氧化。

（3）中和 pH 对 COD 和 TP 去除率的影响

通常，Fenton 氧化反应一定时间后都要加碱中和反应液，一方面通过中和终止 Fenton 氧化反应，同时使催化剂从反应液中沉淀析出；另一方面使出水 pH 符合排放要求或便于进一步处理。该项目还涉及化学沉淀除磷的问题。在用 Fe^{3+} 除磷时，除磷效果受 pH 影响较大，文献报道的最适宜 pH 为 4.5 左右。如果实际工程中将 pH 控制在这一最佳值，除磷后还需要再次调节废水 pH 才能排放。这样不仅增加了设备投资和占地面积，还增加了运行管理的工作量。故直接向废水中加入 NaOH 溶液，考察中和 pH 对 COD 和 TP 去除率的影响，如图 5-62。

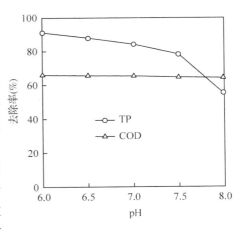

图 5-62 pH 对 TP、COD 去除率的影响

由图 5-62 可见，中和 pH 对 COD 去除率几乎没有影响，但对 TP 去除率影响较大；随中和 pH 的增大，TP 去除率逐渐降低；当中和 pH 为 7.0 时，TP 去除率约为 85.6%，相应的 TP 小于 0.5 mg/L 的排放限值。这是由于在碱性条件下 OH^- 与 Fe^{3+} 形成溶解度更小的 $Fe(OH)_3$，即 OH^- 与 PO_4^{3-} 竞争 Fe^{3+}，对除磷产生了不利影响。因此，Fenton 氧化后加 NaOH 溶液中和时，将 pH 控制在 7.0 左右为宜，这样既可以保证 TP 达标，也可以保证废水 pH 适宜。

（4）工程运行情况

根据小试结果，对该化工园区集中式污水处理厂装置进行升级改造。整个升级改造工程包括 2 套并联运行的 Fenton 氧化系统。其中集水池、pH 调节池、Fenton 氧化反应池、中和池、絮凝池和沉淀池等均为钢筋混凝土结构，玻璃钢防腐，总建筑容积 5120 m^3，设计处理能力 20 000m^3/d，总投资约 800 万元。工程调试初期单套 Fenton 氧化系统的运行参数为：进水流量 420 m^3/h，初始污水 pH 设定值 3.3 ±0.3，H_2O_2 加入量 300 L/h，$FeSO_4 \cdot 7H_2O$ 溶液（质量分数 30%）加入量 1200 L/h，中和池 pH 设定值 6.5 ±0.3，连续进出水。每天上下午分别取 Fenton 氧化系统的进出水样各一次，测定 COD 和 TP。升级改造工程运行初期出水 COD 为 36 mg/L，TP 为 0.21 mg/L，且出水 COD 和 TP 变化很小。

为了尽可能地降低运行成本，逐渐调低 H_2O_2 和 $FeSO_4 \cdot 7H_2O$ 的加入量，最终控制 H_2O_2 加入量为 150 L/h，$FeSO_4 \cdot 7H_2O$ 溶液加入量为 700 L/h，相应的出水 COD 和 TP 分别稳定在 60 mg/L 和 0.4 mg/L 以下。工程装置的出水 COD 优于小试，主要原因是该化工园区集中式废水处理厂二级生化出水的 COD 比小试废水 COD 低 30 mg/L 左右。此外，H_2O_2 的加入方式由小试时的一次性加入改为工程上的连续缓慢加入，有助于提高 H_2O_2 的有效利用率，进而提高 COD 去除率。经企业初步核算，处理每立方米废水所消耗的 H_2O_2、$FeSO_4 \cdot 7H_2O$、硫酸和 NaOH 等药剂的成本合计约为 0.90 元。

5.7　氧化塘

　　氧化塘(oxidation ponds)又称稳定塘(stabilization ponds)，是一种古老而又不断发展的、在自然条件下处理工业废水和城市污水的生物处理系统。污水在氧化塘内缓慢地流动、较长时间地贮留，通过废水中存活微生物的代谢活动和包括原生、后生动物等在内的多种生物的综合作用，使污染物降解，废水得到净化。

　　氧化塘由生物及非生物两部分构成，生物部分主要包括细菌、藻类、原生动物、后生动物、水生植物以及高等水生动物；非生物部分亦即环境因子，主要包括光照、风力、温度、pH值、溶解氧、二氧化碳、氮及磷等。与活性污泥法、生物膜法等生物处理技术相同，在氧化塘内对有机污染物降解起主要作用的是细菌，细菌在厌氧、兼氧和好氧等环境中将有机物降解；藻类和其他水生植物通过光合作用将二氧化碳和水中的营养物质吸收并增殖其有机体，同时放出氧，供好氧菌继续氧化降解有机物；增长的藻类和细菌等作为浮游动物的饵料而使其繁殖，它们又可以作为高等水生动物如鱼的饵料，在氧化塘内形成了多条食物链的物质迁移，使废水有机物降解、氮磷转化。在非生物部分中，光照是氧化塘的初始能源，影响藻类的生长及水中溶解氧的变化；温度直接影响细菌和藻类的生命活动及代谢活性；pH值、营养元素等其他因子也可能成为氧化塘处理效果的主要影响因素。氧化塘内典型的生态系统如图5-63。根据氧化塘内微生物优势群体类型和塘内水体中溶解氧工况，氧化塘可以分为好氧塘(aerobic ponds)、兼氧塘(facultative ponds)、厌氧塘(anaerobic ponds)和曝气塘(aerated ponds)四种类型，另外还有水生植物塘、人工介质塘、生态塘等。

　　由于氧化塘有基建投资省、运行管理费用低、操作简易、效果可靠、节约能源等显著优点，随着废水处理成本的增加和难生化降解有机物的增多，氧化塘处理技术日

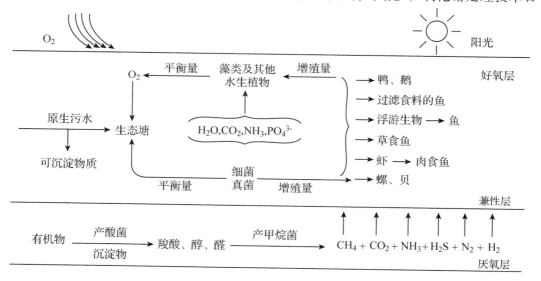

图 5-63　氧化塘的生态系统

益受到人们的重视而得到发展。在美国、德国和法国这些经济发达的国家，塘处理系统得到广泛的应用，美国建有 11 000 多座，德国 3000 多座，法国 2000 多座，加拿大 1000 多座；在俄罗斯，氧化塘已成为小城镇污水处理的主要方法；而印度、巴西、以色列、约旦、沙特阿拉伯、也门也有大量的塘系统在使用。委内瑞拉三个大型厌氧塘、兼氧塘和好氧塘组合的塘系统，分别为 22.5 万、75 万和 100 万人口服务，德国污水处理厂采用总体积 40 000m³ 的 3 个生物氧化塘，深度处理二级生化出水，氧化塘中种植植物，放养鱼、鸭等动物，出水水质 BOD 低于 10 mg/L，COD 低于 60 mg/L。氧化塘不但可以处理生活污水，而且广泛应用于石油、化工、纺织、皮革、食品、制糖、造纸等工业废水处理。

我国从 20 世纪 50 年代末开始氧化塘处理污水的试验研究，60 年代起，陆续建成一批氧化塘处理污水，80 年代 ~90 年代是我国污水处理氧化塘系统迅速发展的时期，1985 年我国有氧化塘 30 余座，1988 年发展到 80 余座，90 年代后发展到 120 座左右。氧化塘污水处理技术被列为国家"七五""八五"国家重点科技攻关项目，在此期间全国建立了多个氧化塘中试基地，为我国各地区氧化塘的设计、运行积累了第一手资料，研究结果表明氧化塘系统与二级生物处理系统相比，可以节省基建投资 1/3 ~ 1/2，运行维修费用仅为二级生物处理的 1/3。氧化塘有以下优点：①可以充分利用地形，结构简单，建设费用低；②能承受废水大范围的波动，适应能力和抗冲击负荷能力强，去除污染物效能较好且具有广谱性；③处理能耗低，运行维护方便，成本低；④污泥产量少，可以降低运行费用；⑤可实现废水资源化和废水再利用，节约水资源。但氧化塘存在一些缺点：水力负荷率和有机负荷率低，水力停留时间长，占地面积大，因此在可用土地缺少和地价昂贵的地方难以应用。由于藻类的增殖，往往使氧化塘出水中含有较高浓度的 SS 和 BOD，再采取除藻技术，加大了塘系统的运行费用。氧化塘在有机负荷过高或翻塘时会产生臭味，蚊蝇孳生，恶化周边环境。

5.7.1　氧化塘类型

（1）好氧塘

好氧塘深度较浅，一般阳光能透入池底，采用较低的有机负荷，塘内存在菌、藻及原生动物的共生系统，在阳光照射时间内，塘内生长的藻类在光合作用下释放出大量的氧，塘表面也由于风力的扰动而自然复氧，使塘水保持良好的好氧状态。在水中繁殖生长的好氧异养微生物通过其本身的代谢活动对有机物进行氧化分解，而其代谢产物 CO_2 则作为藻类的碳源。藻类摄取 CO_2 和 N、P 等无机盐类，利用太阳光能合成自身的细胞质，释放出 O_2。

（2）兼氧塘

兼氧塘是氧化塘废水处理中最为常见的一种塘型，塘水面层为好氧区，氧含量随着水深增加而逐渐递减，塘底层为厌氧状态。在塘的上层，阳光能够照射透入，处于好氧状态，其所产生的各项指标的变化和各项反应与好氧塘相同，由好氧异养微生物对有机污染物进行氧化分解；藻类的光合作用旺盛，释放出氧。在塘的底部，由沉淀的污泥和衰亡的藻类与微生物一起构成了污泥层，由于缺氧而进行由厌氧微生物起主导作用的厌氧发酵，为厌氧层，厌氧反应生成的有机酸可能扩散至好氧层或兼氧层，由好氧或兼氧微生物进一步加以分解；而在好氧层或兼氧层难降解物质可能沉于塘底，在厌氧微生物的作用下转化为可降解的物质而得以进一步去除。在好氧层与厌氧层之间存在兼氧层，其溶解氧较低，而且时有时无，在白天有溶解氧存在而夜间则呈厌氧或缺氧状态，这层主要的微生物为兼氧微生物，它既能够利用水中的氧，又能够在厌氧条件下从 NO_3^- 或 CO_3^{2-} 中摄取氧。兼氧塘的废水净化由好氧、兼氧和厌氧微生物协同完成。

（3）厌氧塘

厌氧塘通常表面积较小、深度较深，水力停留时间长，净化速率低，常作为高浓度有机废水的首级处理设施。废水在其中经历水解、产酸及产甲烷等厌氧反应全过程，系统中产酸菌、产氢产乙酸菌和产甲烷菌共存，前两者的代谢产物为后者的营养物质，依靠厌氧微生物的代谢功能使污染物得到降解。

（4）曝气塘

曝气塘是经人工强化的氧化塘，采用曝气装置向塘内充氧，并使塘水搅动混合。在曝气条件下，由于水混合紊动、水浑浊和光透射性差等原因，藻类生长受到抑制。曝气塘的主要优点是所需土地面积比较少，易于操作和维护，废水在塘中分布均匀。曝气塘不同于其他以自然净化过程为主的氧化塘，是介于延时曝气法与氧化塘之间的处理工艺。由于经过人工强化，曝气塘的净化功能、效果明显高于一般类型的氧化塘。

（5）水生植物塘

水生植物塘内种植水生维管束植物和其他高等水生植物，水生植物通过光合作用吸收氮，磷等营养物质用于自身的合成和增殖。水生植物进行光合作用后，将氧从上部输送至根部，在根区或根际形成好氧环境，好氧微生物在此环境下得以生存并通过代谢活动降解污染物质。水生植物的根具有富集重金属的功能，降低废水重金属浓度。适于水生植物塘的植物有 100 多种，选择水生植物须考虑下列因素：适应能力、生长速度、净化能力、是否易于收获、最后的处置以及综合利用的价值等。最常用的水生植物有 3 类：①浮水植物，主要有凤眼莲、浮萍和水花生等，其可以自由漂浮在水面，直接从大气中吸收二氧化碳，从塘水中吸收营养物；②挺水植物，根生于底泥中，茎叶则挺出水面，只能生长于浅水中，如芦苇、水葱、菖蒲等；③沉水植物，根生于氧化塘底泥中，茎叶全部没于水面以下，有马来眼子菜、金鱼藻、菹草、苦草等。

（6）人工介质塘

在氧化塘内悬挂比表面积大的人工介质，可以为微生物提供更有利的生存环境，在纵、横两个方向上构成了新的生态系统，纵向形成包括细菌、真菌、藻类、原生动物、后生动物等多个营养级在内的复杂生态系统，其中每个营养级的生物都受到环境和其他营养级的制约，最终达到动态平衡。横向上（水流到载体的方向）构成一个包括悬浮好氧型、附着好氧型、附着兼氧型和附着厌氧型在内的多种不同活动能力、呼吸类型和营养类型的微生物系统，从而提高了反应器的处理能力和稳定性。另外，人工介质中的后生动物、厌氧细菌对难降解有机物也有较好的去除效果。在氧化塘内设置人工介质能起到富集微生物，降低停留时间的作用，有效降低氧化塘的占地面积。长期运行研究表明，弹性介质可提高微生物浓度，强化厌氧塘对污染物去除效果。

（7）生态浮床

生态浮床是把高等水生植物或改良的陆生植物以浮床作为载体种植到水面，通过植物根部的吸收、吸附作用和物种竞争相克机理，削减水体中的有机物、氮和磷等，达到净化水质的效果，还可营造水上景观，目前"生态浮岛""生物浮床""人工浮岛"以及"浮床无土栽培"等技术都属于这一范畴。生态浮床净化水质的主要途径：①浮床植物直接或间接地吸收和代谢水体中部分氮、磷等无机物以及小分子有机物，植物还可以吸收、富集重金属等有毒有害元素；②浮床植物发达的根系为微生物（大量的细菌和原生动物）提供了附着生长表面，微生物分泌大量的酶，加速了大分子污染物的降解过程；③植物光合作用产生的氧气输送至根区，使植物根区形成了氧化态微环境，为根区的好氧、兼氧和厌氧微生物提供了有氧区域和缺氧区域生存环境，有助于有机物的降解和氮的去除，植物根系还能分泌克藻化学物质、抑制浮游藻类的过度生长。

（8）高效藻类塘

高效藻类塘（HRAP）是对传统氧化塘的一种改进，藻菌共生是其基本生物特点，通过强化利用藻类的增殖，产生有利于微生物生长和繁殖的环境，形成更紧密的藻、菌共生系统，达到对有机碳、病原体、尤其是氮和磷等污染物的有效去除。高效藻类塘特点：塘深较浅，一般为 0.2m~0.6m；分成几个狭长的廊道，利用一个连续搅拌装置推动水流做环状流动，促进塘内的污水与藻类完全混合，调节溶解氧的浓度，均衡水温，加快了生物反应，还避免了污泥在塘内的淤积，延长了塘的寿命；高效藻类塘的停留时间一般 4 天~10 天，是传统氧化塘停留时间 1/10~1/7，可大大节省系统的占地面积。20 世纪 60 年代初美国 Oswald 建造了第一座高效藻类塘，因其能承受较高的负荷、占地面积少，投资和运行成本比氧化塘并无明显增加，甚至藻类产物可创造一定的经济效益，如作为肥料、发酵、动物饲养等，高效藻类塘受到越来越多的关注，在德国、法国、新西兰、以色列、南非、新加坡、印度、玻利维亚、墨西哥和巴西等国家先后建造了高效藻类塘。

（9）多级串联曝气塘

多级串联曝气塘（DPMC）是美国 RICH 等人开发，由高功率曝气塘和低功率曝气塘串联组成，前者使 SS 都处于悬浮状态而后者则使 SS 固体沉淀，塘中的好氧菌，使水中厌氧分解的中间产物、剩余的溶解性有机物和塘底沉积的有机物进行好氧降解，多级串联曝气塘在低温下对污染物仍保持较高的处理效果。

（10）超深厌氧塘

超深厌氧塘是指深度达 3m~5m 的厌氧塘，与常规厌氧塘相比，具有容积负荷大，占地面积小，受温度影响小和底泥消化完全等优点。大塘深改善了塘内的还原环境，还有利于底泥的完全消化，对于提高出水水质及充分利用底泥消化所放出的热量也有好处。从保温角度看，可减少冬季塘表面的热量损失，减少季节温度变化对处理效率的影响。美国 Osmald 提出的"高级综合塘"（AIPS）中，在兼性塘内设置 6m 深的厌氧坑，污水从坑底进入塘内，坑内污水上升流速很小，厌氧分解中产生的 CO_2、H_2、CH_4

等气体在水中以小气泡形式析出，在上升过程中捕捉、黏附一些细小的悬浮颗粒，升至一定高度时，气泡可能破裂，所携带颗粒在重力作用下下沉，在下沉过程中如果黏附上气泡则又随着气泡上升，从而形成悬浮污泥层，此情况与升流式厌氧污泥床（UASB）相似；英国 Mara 等人研究的超深厌氧塘，深达 15m。

（11）生态塘

生态塘是以生态学的原理为指导，将生态系统结构与功能的理论应用于污水净化，通过在塘系统中种植水生植物和养殖水产、水禽，如养鱼、虾、蟹、贝和鸭、鹅等，在塘内形成废水处理和利用的人工生态系统，充分利用塘系统中植物与动物之间相互依存的关系，形成多条食物链，通过分解者（细菌和真菌）、生产者（藻类和其他水生植物）和消费者（原生动物、后生动物、水产、水禽等）三类生物的联合作用，使废水有机污染物和营养物在食物链中进行物质和能量的传递和转化，既净化了废水又以水生作物、水产和水禽作为资源回收。生态塘一般用于厌氧塘—兼氧塘等组合塘之后，进一步净化水质，稳定出水，回收资源。吴振斌采用生态塘处理城镇污水，将其划分为污水净化区、水质修复区和综合利用区，水生维管束植物呈带状分布于塘系统中，并在综合利用区内放养了大量的鱼和蚌等水产品，处理效果优于传统的氧化塘和一般的水生植物塘，在污水净化的同时收获大量的水生植物和水产品。

（12）生态混凝土

生态混凝土也称为多孔混凝土（porous concrete），而环境友好型混凝土（environment-friendly concrete）、绿色混凝土（green concrete）、植生型混凝土（plant growing concrete）也属于这一概念范畴。生态混凝土是采用特殊工艺制备的含有连续孔隙（孔隙率 20%~30%）的混凝土，既有一定的强度，又具有良好的透气性能和渗水性能，抗压强度一般大于 20MPa，透水系数达到 30mm/s 以上。生态混凝土可以与自然生态系统协调共生，能够适应动、植物生长，对调节生态平衡、美化环境景观、实现人类与自然的协调具有积极作用。生态混凝土的多孔结构和巨大的比表面积使得其表面适宜生长绿色植物并富集微生物，在生态混凝土间隙形成一个以微生物、原（后）生动物、水生动物和水生植物构成的健全的生态系统。国外尤其是日本从 20 世纪 90 年代开始研究能改善水质富营养化状况的混凝土材料，提出了"亲水"的概念。大成建设技术研究所进行了连续 4 年的探索性研究，1993 年提出了环境理念材料（environment conscious materials）的概念，1995 年日本工学协会提出了环境友好混凝土/生态混凝土（environmentally friendly concrete/coo-concrete）的概念。

我国从 20 世纪 90 年代中后期才开始这方面的研究，东南大学、清华大学、同济大学近年来一直在研究生态型透水性混凝土材料，吉林省水利科学研究所和吉林省水土保持科学研究所等单位开展"绿色混凝土在护坡中应用"项目，生态混凝土不但可以应用于护坡，增加堤岸的稳定性，还可以增强水体的自净功能，改善水体水质。生态混凝土护坡上种植的水生植物，既能从水中吸收无机盐类营养物，其水下茎、根系又是大量微生物附着的介质，有利于水体自净。生态混凝土多孔隙结构形成不同流速带和紊流区，有利于大气氧传入水中，帮助好氧微生物、鱼类等水生生物的生长，促进水体自净，改善河道水质。

5.7.2　工艺设计

某化工园废水最大流量 4100 m³/h，处理工艺为：格栅—中和—混凝气浮—匀质调节—生化—沉淀—过滤。生化处理采用 A/O/A/O（缺氧/好氧/缺氧/好氧）生物膜法，填料采用组合填料；生化剩余污泥采用浓缩—消化—机械脱水处理工艺。生化二沉池出水，其 BOD/COD 值为 0.06~0.12，可生化性差。

5.7.2.1　氧化塘技术参数

经典氧化塘的主要技术参数见表 5-24。

表 5-24　生态塘的主要技术参数

参数	厌氧塘	兼性塘	好气塘	曝气塘
负荷（BOD）	160~800 kg/(1000m³·d)	22~67 kg/(hm²·d)	85~170 kg/(hm²·d)	8~320 kg/(10 000m³·d)
停留时间（d）	20~50	25~180	10~40	7~20
池深（m）	2.5~5	1.2~2.5	0.30~0.45	2~6
应用	处理工业废水	处理城市污水、初级处理出水、生物滤池出水、曝气塘或厌氧塘出水	处理其他方法的出水，其出水 BOD 低而藻类固体含量高	处理工业废水，超负荷兼性塘，以及可用土地面积受限制的地方
说明	带臭味，须进一步处理出水	最常用的塘型，如负荷轻，整个深度可能是好气性的	可使营养去除率及藻类产量增至最大限度	利用光合作用，补充延伸到延时曝气活性污泥法

5.7.2.2　氧化塘设计

首先设置兼氧塘以改变废水中污染物分子结构、提高其可生化性。好氧塘内微生物及藻类的共同作用下使污染物进一步去除。水生植物塘不但可以去除水中的营养物质，抑制塘内藻类的过量生长，降低出水 SS 浓度，而且可以稳定出水水质，确保废水达标排放。采用兼氧塘、好氧塘和水生植物塘三级串联氧化塘深度处理石化废水，工艺流程如图 5-64 所示。

图 5-64　生态塘工艺流程图

将石化企业原有景观池塘进行改造，建成兼氧塘、好氧塘和水生植物塘三级串联氧化塘。兼氧塘有效水深 1.6m，有效容积 160m³。隔墙将塘体分为两部分，设置一台水流推进器，以提高水体的混合程度并起到微充氧的作用。由于废水可生化性差，为强化兼氧塘处理效果，在兼氧塘内放置 3 处共 24m³ 直径为 150mm 的弹性盘片介质。塘面放置 12m² 的空心菜浮床，使兼氧塘具有立体净化功能。好氧塘水深 1.2m，有效容积为 60 m³，采用坡度为 1:1 的生态混凝土护坡，并在护坡上种植水生植物，可以提高边坡的稳定性，满足水体与护坡土壤的能量交换，同时护坡植物可以增强系统对污染物的净化效果。

试验采用生态混凝土预制球直径为 250mm，其性能指标见表 5-25。

表 5-25　生态污泥土性能指标

项目	单位	指标	项目	单位	指标
单球直径	mm	250	抗折强度	MPa	>3.0
孔隙率	%	20~30	抗压强度	MPa	>7.5
球间孔隙率	%	45	表观密度	kg/m³	1800~2000
渗透系数	cm/s	1.5	90d 空隙水环境 pH 值	—	<10

为了确保生态混凝土护坡的整体性，防止生态混凝土预制球移动，生产混凝土球时在球内预留连接孔，连接孔孔径为 φ20。生态混凝土预制球及其组合施工时采用 φ18 的钢筋进行球与球之间的相互连接，即采用生态混凝土球单层连接技术。生态混凝土球之间用专用连接件来锚固，连接件经特殊处理以防锈。先整理好坡形，铺 10cm 砾石层，上铺土工布，加填土壤，最后进行生态混凝土预制球的铺设。生态混凝土球铺设完成后，在球间隙填入保水性好的土质，养护 3 天~4 天后直接移植植物。好氧塘内在进、出口分别设置 2m² 生态浮床，上层种植空心菜，下层悬挂 1m 长的盘片直径为 150mm 的弹性介质以富集塘内微生物，强化好氧塘处理效果。好氧塘内设置隔墙将塘体分隔，在隔墙一侧安装一台水力推流器，在入口处塘底安置一台潜水曝气机，塘内溶解氧浓度低时开启。塘内放置两处弹性介质，介质上设置浮床。

水生植物塘采用坡度为 1:2 的生态混凝土护坡，有效容积为 80m³。水生植物塘分为三段，有效水深分别为 1.2m、0.6m 和 1.2m。第一段为浮床区，表面放置 6m² 浮床，种植空心菜。第二段种植芦苇，第三段为沉水区，种植沉水植物金鱼藻，用以控制出水中的藻类。水生植物塘生态混凝土上皆覆土以诱导植物生长。护坡由上至下分别种植美人蕉、水葱、菖蒲等。为保证生态混凝土护坡稳定性，护坡上铺 10cm 砾石层，砾石上铺土工布。在水生植物床末端设置出水口，用 DN50 的 PVC 管道连接 20m 外的厂区污水井。

5.7.2.3　塘内植物选择

氧化塘系统中护坡和浮床植物品种选择必须具备：①生命力强，对环境适应性好，适宜石化二级生化出水水质条件；②根系发达、根茎分蘖繁殖能力强，即个体分株快；③植物生长快、生长量大；④植株优美，具有一定的观赏性。结合石化处理水的水质现状，通过植物品种、生长习性、气候变化、水质现状等调研分析，选择的植物品种有美人蕉、芦苇、菖蒲、水葱、空心菜、金鱼藻。冬季其他植物枯萎休眠后，塘内引种水芹菜和黑麦草。

（1）美人蕉（*Canna generalis*）

美人蕉是多年生草本植物，根茎肉质，地上茎直立且不分枝，叶大，互生，茎叶茂盛，花大色艳，花期长，自初夏至秋末陆续开放。美人蕉适应性强，株高约 60cm～150cm，根系分布一般都在 5cm～20 cm 之间。

（2）芦苇（*Phragmites communis*）

芦苇属禾本科，是多年生水生或湿生的高大禾草，秆高 100cm～300cm，夏秋开花，地下生长粗壮的匍匐根状茎，广布于全国温带地区，生长于池沼、河岸、河溪边多水地区，其根系入土深度较大，根系接触面广。

（3）菖蒲（*Acorus calamus*）

菖蒲是多年水生草本植物。根状茎横走，粗壮，稍扁，直径 0.5cm～2cm，有多数不定根（须根）。菖蒲最适宜生长的温度 20℃～25℃，10℃ 以下停止生长。冬季以地下茎潜入泥中越冬。

（4）水葱（*Scirpus validus* Vahl）

水葱是多年生宿根挺水草本植物，株高 100 cm～200 cm，茎秆高大通直呈圆柱状，中空；根状茎粗壮而匍匐，须根很多。基部有 3 个～4 个膜质管状叶鞘，鞘长可达 40cm，最上面的一个叶鞘具叶片。水葱和菖蒲都属于深根散生型，根系一般长 20cm～30cm。水葱喜欢生长在温暖潮湿的环境中，需阳光，较耐寒，北方大部分地区地下根状茎在水下可自然越冬。

（5）空心菜（*Swamp morningglory*）

空心菜属蔓生植物，根系分布浅，为须根系，再生能力强。茎蔓生，圆形而中空，柔软，绿色或淡紫色，茎粗 1cm～2cm。茎有节，每节除腋芽外，还可长出不定根，节间长为 3 cm～7 cm，空心菜以种子或嫩茎繁殖。

（6）金鱼藻（*Ceratophyllym demersum*）

金鱼藻是沉水性多年生水草，全株深绿色。茎细长，平滑，长 20cm～40cm，疏生短枝。花期 6 月～7 月，果期 8 月～9 月，群生于淡水池塘、水沟、小河、温泉流水及水库中。

（7）水芹菜（*Oenanthe javanica*）

水芹菜属伞形科多年生宿根草本水生植物，别名水芹，我国各地均有分布，多生于浅水沟旁或低洼地方，生长于冬春季节，植株高 15cm～80cm，直立或茎基部匍匐，叶呈三角形。

（8）黑麦草（*Perennial ryegrass*）

黑麦草为禾本科植物，在春、秋季生长繁茂，供草期为 10 月至翌年 5 月，夏天不能生长。黑麦草须根发达，丛生，分蘖很多，喜温暖湿润土壤，较耐湿，日照短、温度较低对分蘖有利，遮阳则对生长不利。

5.7.2.4　运行条件

试验在江苏某石化水厂内进行，试验时间为一年。试验进水为石化 A/O 二沉池出水，试验期间进水水质条件见表 5-26。

表 5-26　试验进水水质

项目 单位	COD （mg/L）	TP （mg/L）	TN （mg/L）	NH₃-N （mg/L）	DO （mg/L）	pH	水温 （℃）
测定值	42~113	0.29~1.29	10.3~16.1	1.2~4.1	1.2~4.9	7.3~8.1	17.0~38.5

由表 5-26 可得，试验进水水质波动较大，尤其是 COD 和 TP；进水中氨氮浓度低，pH 中性偏碱；进水水温较高，最低温度仍有 17.0℃。进水各指标月平均值变化如图 5-65~图 5-68 所示。

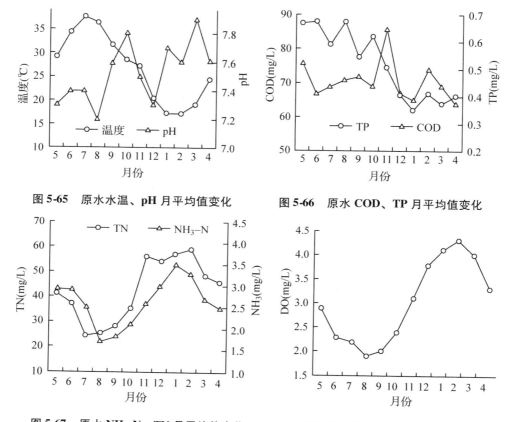

图 5-65　原水水温、pH 月平均值变化

图 5-66　原水 COD、TP 月平均值变化

图 5-67　原水 NH₃-N、TN 月平均值变化

图 5-68　原水 DO 月平均值变化

从水温变化来看，7 月水温最高，达到 38℃以上；12 月随着气温的降低，水温下降，至 2 月水温最低，但仍然有 17℃；翌年 3 月以后水温逐渐升高。全年水质呈弱碱性，10 月 pH 值最高。COD 的月平均浓度波动相对较小，但在 11 月，由于石化装置检修，使得二沉出水 COD 较高，该月平均达到了 86mg/L。

石化生化处理采用 A/O/A/O（缺氧/好氧/缺氧/好氧）工艺，具有较好的脱氮效果，进水中 NH₃-N 和 TN 浓度较低，NH₃-N 浓度逐月变化范围为 1.7mg/L~3.5mg/L，TN 浓度逐月变化范围为 11.4mg/L~14.9mg/L；在高温的 7 月~9 月，进水中 NH₃-N 和 TN 处于全年最低水平，低温季节由于生物脱氮效果下降，从 10 月开始进水 NH₃-N 和 TN 浓度明显升高，在冬季 12 月至翌年 2 月，进水 NH₃-N 和 TN 浓度达到最大值。

（1）水生植物的引种与养护

氧化塘建成后放置10天，使生态混凝土护坡上覆土自然沉降，分布于生态混凝土空隙中。3日~5日完成水生植物的引种，采用幼苗移植方式进行栽植，沿护坡由上至下，分别种植美人蕉、水葱、菖蒲和芦苇，种植间距为50cm，呈"W"形种植于生态混凝土球间空隙中，每个种植点种植1株~2株。芦苇区直接将芦苇栽种于塘底，沉水植物区种植沉水植物金鱼藻，为保证沉水植物的存活，水生植物塘先蓄水30cm左右。定期对护坡植物进行浇水，剪掉枯黄枝叶，视植物生长状况逐渐抬升塘内水位，直至达到设计水位，试验连续运行，所引种水生植物成活率大于90%。水生植物引种及生长状况见表5-27。

表5-27　养护期间植物生长特性

周期（天）	美人蕉	水葱	菖蒲	芦苇	金鱼藻
0	株高15cm~25cm	株高40cm~50cm	株高30cm~50cm	株高50cm~70cm	株高30cm~50cm
5	极少数叶子枯黄，根部长出新芽	植株持绿性较好，少量叶子枯黄	叶子枯黄较为严重，近80%的叶子枯黄	叶子部分枯黄	大部分植株漂浮于水面
10	生长旺盛，植株生长3cm~7cm	新苗冒出土层，植株生长5cm~10cm	新苗高度3cm~10cm，冒出土层	原有杆茎上长出新苗	大部分植株沉入水面以下，仍有少量漂浮水面
20	生长旺盛，植株生长25cm~45cm	植株高度50cm~70cm，新发幼苗较多	株高60cm~80cm，新苗生长较快	植株生长相对缓慢，根部蘖生新苗露出水面	植株全部沉入水面以下
30	结出花蕾，景观性较好，新发幼株高10cm~20cm	长势旺盛，株高70cm~90cm，新苗长至40cm~50cm	株高70cm~100cm，新苗长至30cm~50cm	植株高度100cm~130cm，根部蘖生新苗数量较少	在塘底正常生长

在水生植物引种15天后，氧化塘内加入水生植物浮床。浮床种植空心菜幼苗，植株高度10cm~20cm；空心菜根须发达，长度5cm~8cm。空心菜能够很好地适应水质，生长非常旺盛，在引种10天左右开始长出蔓生茎，茎间节上开始长出须根。

（2）人工介质挂膜

为强化氧化塘处理效果，在兼氧塘进、出水口及隔墙处分别放置了三处弹性介质（3×8m³），在好氧塘进出水处放置了两处弹性介质2×3m³）。用石化二沉池污泥为介质挂膜接种，常开兼氧塘与好氧塘内的推流器。为避免水位太高影响塘内植物的养护，在介质挂膜期间，好氧塘出水口用沙袋堵住。在水生植物引种20天后，打通好氧塘出水口，在水力停留时间为4天的条件下，连续进水，观察介质表面微生物相、微生物量，结合出水水质情况，判断介质挂膜情况。

由于氧化塘启动阶段为4月~5月，期间气温比较高，是植物萌发生长期。在适当养护以后，水生植物成活率大于90%，1个月左右，氧化塘完成启动。

（3）水温的季节变化

水温不仅会影响到氧化塘内微生物活性，影响生化反应速率，还会影响塘内水生植物的生长状况。水温较高，微生物及水生植物生长旺盛，净水效果明显。水温较低，微生物活性下降，水生植物枯萎，进入休眠，出水效果下降。有研究表明，水温还可以影响处理单元的水力条件，当进水温度高于水体温度时，进水密度小，进水可能仅在水体表面流动造成短流，降低废水 HRT，还会干扰水体内污染物的扩散和传递过程。

由图 5-69 可以看出，在夏季，进水水温最高可以达到 37℃ 左右，氧化塘各单元水温皆高于 30℃，且沿流程水温降低不明显。在冬季，进水水温仍然接近 20℃。水温随着兼氧塘、好氧塘、水生植物塘逐渐降低。2 月兼氧塘内水温只有 10℃ 左右，好氧塘水温下降至 6℃ 左右，整个氧化塘出水水温大于 4℃。

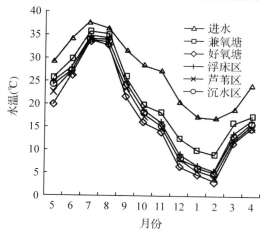

图 5-69　氧化塘水温在逐月变化

（4）HRT

HRT 是氧化塘污染物去除效果的重要影响因素，考察了 HRT 为 4 天、3 天、2.5 天和 2 天时，氧化塘对 COD、TN 和 TP 的去除效果。四种工况中，动态调整兼氧塘中推流器的开闭时间，以保证池中的水体的混合度和溶解氧浓度（0.2mg/L～2.0mg/L）；好氧塘中推流器的开闭时间为 20min/40min，当池中溶解氧浓度低于 2mg/L 时，适当开启曝气机进行曝气。

图 5-70（a）～（d）分别表征了 HRT 为 4 天、3 天、2.5 天和 2 天时氧化塘进出水 COD 的变化。系统进水 COD 的波动范围为 56mg/L～90mg/L，HRT 为 4 天时，氧化塘处理效果受进水浓度波动的影响较小，出水 31.5mg/L～42mg/L；HRT 为 3 天时，进水 COD 浓度变化较大，氧化塘系统出水受到影响，出水 38mg/L～45mg/L，较 HRT 为 4 天时出水 COD 浓度升高约 5mg/L；HRT 为 2.5 天时，由于此阶段进水浓度相对较低，出水 COD 变化范围为 38mg/L～53mg/L，平均浓度为 44mg/L；HRT 为 2 天时，进水浓度相对较高，由于 HRT 较短，出水受进水波动影响较为明显，基本接近 50mg/L。

不同 HRT 氧化塘系统平均进、出水 COD 浓度及去除率如图 5-70 所示。在 HRT 为 4 天、3 天、2.5 天和 1 天时，系统 COD 去除率分别为 53%、43%、36% 和 38%，COD 去除率随着 HRT 的缩短而下降。随着 HRT 的降低，系统出水 COD 的浓度逐渐升高，HRT 从 4 天降低到 2 天，出水 COD 浓度增加 12mg/L，但平均出水仍低于 50mg/L。

5.7.3　运行效果

系统、全面考察兼氧塘、好氧塘和水生植物塘在季节变化过程中被处理石化废水水质的变化，对林产化工废水的氧化塘工程设计和处理具有直接的借鉴、指导作用。

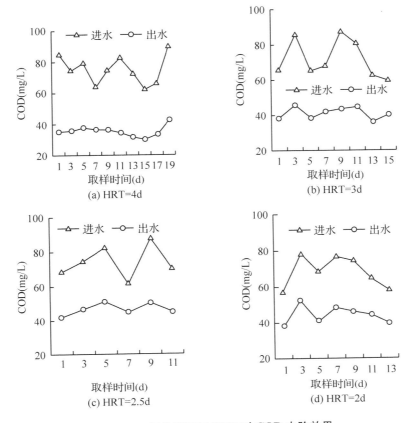

图 5-70 氧化塘不同 HRT 对 COD 去除效果

（1）BOD 的去除

在生态处理系统中，BOD 的去除通常由有机颗粒沉降、表面吸附、微生物降解等多种过程的共同作用完成，因此 BOD 的去除率受季节变化影响较为明显。氧化塘系统中 BOD 浓度变化规律如图 5-71 所示。

由于氧化塘进水为石化废水经生化处理后出水，BOD 浓度低，进水最大浓度为 8mg/L，最小值为 3mg/L，水生植物塘出水 BOD 的最大浓度为 5mg/L，最小值为 2mg/L。兼氧塘出水浓度较进水浓度有所降低，好氧塘和水生植物塘 BOD 变化显示出明显的无序性，并且当进水

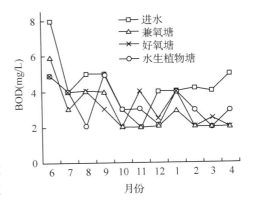

图 5-71 氧化塘各单元 BOD 变化

BOD 浓度低时，好氧塘出水浓度与进水相近且可能还会升高。在生态处理系统中 BOD 存在背景值，当 BOD 降低到 10mg/L 以下时，生态单元底泥和水生植物残渣中有机物的释放速率与 BOD 去除效率相近，整个过程表现为 BOD 值相对稳定。Maynard 指出，在其研究的三级生态处理塘中，进水 BOD 值较低，有机物分解速率慢，而系统内水生

植物在生长、衰老及腐败过程都会释放有机物，当释放速率大于去除速率将使 BOD 去除率呈负值。在生态处理系统中 BOD 的变化不仅受微生物降解、有机颗粒沉降等因素影响，还受底泥及水生植物有机残渣释放等作用机制影响，最终 BOD 的变化取决于两者之间的平衡。尤其 12 月至翌年 4 月低温季节此现象较为明显。

（2）COD 的去除

氧化塘各单元进、出水 COD 浓度随时间变化如图 5-72 所示。氧化塘进水月平均浓度变化为 64mg/L～87mg/L，11 月由于污水处理车间调整运行工况，造成氧化塘进水浓度升高，平均达到 86mg/L；其他月进水比较稳定，波动较小，低温季进水 COD 高于高温季节。兼氧塘出水 COD 受进水波动影响较大，废水流经好氧塘和水生植物塘后，出水水质稳定。除 5 月氧化塘处于运行初期外，其他月平均出水 COD 浓度均在 50mg/L 以下，10 月出水浓度最低，为 39mg/L，冬季出水浓度较高，2 月平均达 49mg/L。

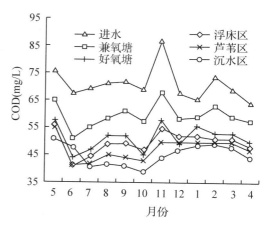

图 5-72　氧化塘各单元 COD 变化

图 5-73 为整个氧化塘系统对 COD 月平均去除率变化。由图 5-73 可以看出，氧化塘 COD 去除率范围为 25%～50%，在高温季节氧化塘 COD 去除率较高，低温季节氧化塘去除率较低。6 月进水浓度低，虽然出水 COD 浓度低于 50mg/L，但其去除率只有29%；11 月进水 COD 浓度最高，氧化塘表现出最高去除率；1 月气温在 0℃ 左右，进水 COD 浓度低，氧化塘去除率也低。7 月～9 月温度较高，进水 COD 浓度波动较小，氧化塘出水稳定，保持较高的去除率在 40%～50% 之间，这与 Ghrabi 和 Mandi 等利用氧化塘处理城市污水测定的 45%～58% 较为相近。图 5-74 为氧化塘不同处理单元全年平均COD 去除情况，兼氧塘对 COD 的去除率最高，达到 16% 左右；其次是好氧塘，去除率为 13%；水生植物塘对 COD 去除率相对较差，为 7% 左右，其浮床区和芦苇区对 COD去除率相当，略高于沉水区。全年氧化塘平均出水 COD 为 46mg/L，去除率为 36%。各单元对 COD 的去除差异主要受有机物组成类型和去除机制变化的影响。兼氧塘去除COD 的主要机制是微生物降解和悬浮有机物的沉降。由于进水为石化二级出水，兼氧塘内 DO 梯度的变化有利于降解有机物的有效去除；好氧塘 COD 进水浓度较低，停留时间相对较短，其去除率低于兼氧塘；水生植物塘对 COD 去除效果较差，水生植物的代谢产物及残渣的存在也导致水生植物塘 COD 去除效率低。研究发现，在进水 COD 浓度变化出现波动，氧化塘系统出水 COD 浓度始终在 40mg/L～45mg/L 范围内，保持相对稳定。

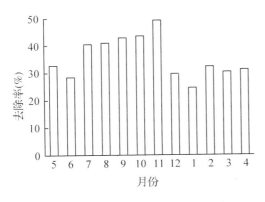

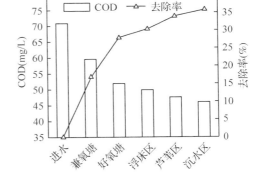

图 5-73　氧化塘各单元 COD 去除率　　　　图 5-74　氧化塘各单元 COD 全年去除效果

（3）TOC 的去除

TOC 是水中总有机碳多少的量度，是反映水中有机物量的重要指标。如图 5-75 所示，氧化塘进水 TOC 浓度较为稳定，在 25mg/L ~ 28mg/L 范围内，且波动较小。春、夏、秋、冬四季，氧化塘系统对 TOC 的去除率分别为 25%、32%、29% 和 19%。从各单元处理效果看，兼氧塘对 TOC 的去除效果最好，好氧塘略低，而水生植物塘的去除率最低。由于进水温度高，即使在冬季寒冷季节水温也接近 20℃，因此季节变化对兼氧塘去除效果影响较小，夏季去除率最高，冬季低，相差小于 5%。好氧塘对 TOC 也具有相对较高的去除率，但去除效果受季节影响较大，夏季去除率最高，冬季最低，去除率相差接近 10%。水生植物塘对 TOC 处理效果较低，夏季去除率在 6% 左右，而冬季由于水生植物休眠，且塘内水温较低，水生植物塘对 TOC 的去除率只有 2% 左右。氧化塘对 TOC 的去除效果与 COD 的去除效果较为一致。

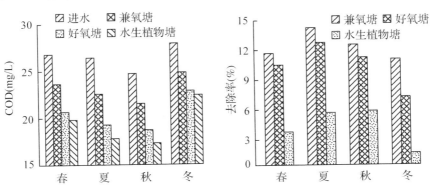

图 5-75　氧化塘各单元 TOC 去除效果

该石化废水先经过了 A/O/A/O（缺氧/好氧/缺氧/好氧）工艺处理，NH$_3$-N 和 TN 的浓度逐月变化如图 5-76 所示。进水 NH$_3$-N 月平均浓度均低于 4mg/L，1 月~2 月浓度最高，3.5mg/L 左右；8 月~9 月浓度最低，1.7mg/L 左右。经兼氧塘后氨氮浓度下降较快，再经好氧塘和水生植物塘后，出水氨氮浓度已很低，6 月~11 月，出水氨氮浓度稳定在 0.2 mg/L 左右；在冬季，出水氨氮浓度升高，最高达到 1.5mg/L。进水 TN 月平均浓度范围为 11.4 mg/L~14.7 mg/L，7 月浓度最低，1 月浓度最高。兼氧塘出水 TN 浓度在 9.0 mg/L~13.0mg/L 波动，经好氧塘和水生植物塘后 TN 浓度依次降低。整个氧化塘出水 TN 浓度为 6.5 mg/L~11.5 mg/L，氧化塘进出水 TN 浓度变化与氨氮变化趋势一致。图 5-77 显示氧化塘 NH_3-N、TN 的去除效果。5 月 NH_3-N 的去除率为 88%。6 月~11 月，NH_3-N 去除率皆保持在 90% 以上；进入 12 月后，由于气温降低，植物进入休眠期，塘内微生物活性下降，NH_3-N 去除率下降至 80%，2 月去除率降至 60%。夏季 TN 最高去除率 45%，冬季 TN 最低去除率 20%，与 NH_3-N 去除率变化规律一致。氧化塘各单元对进水 NH_3-N、TN 均有较好的去除。如图 5-76 所示，氧化塘进水 NH_3-N、TN 的全年平均浓度为 2.65 mg/L 和 13.25mg/L，出水全年平均浓度则为 0.43mg/L 和 8.41mg/L，对应的去除率则分别为 84% 和 37%。由于 HRT 较长，在塘内水生植物浮床和微生物的作用下，兼氧塘对 NH_3-N、TN 的去除率达到 31% 和 18%。好氧塘 HRT 较短，塘内微生物及水生植物较少，但其对 NH_3-N 的去除率最高，而 TN 的去除率最低，分别为 35% 和 8%。水生植物塘对 NH_3-N、TN 的去除率介于兼氧塘和好氧塘之间，分别为 18% 和 11%。

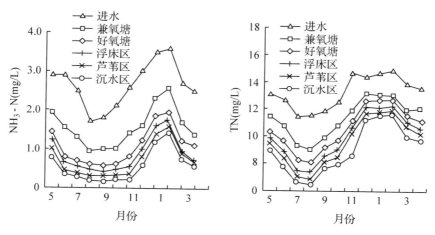

图 5-76　氧化塘各单元 NH_3-N 和 TN 变化

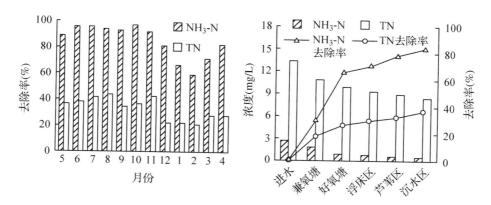

图 5-77　氧化塘各单元 NH_3-N 和 TN 去除效果

（4）油的去除

氧化塘对油的去除效果如图 5-78 所示，氧化塘进水油浓度为 1.3mg/L～1.9mg/L。兼氧塘是去除油的主要单元，油在塘内被人工介质吸附，在附着微生物的作用下缓慢降解。浮床植物根系的截留作用也可以去除部分油类物质，兼氧塘平均出水油浓度为 1.0mg/L～1.6mg/L。去除率为 23%。好氧塘 HRT 较短，对油类的去除作用相对较小，出水油浓度为 0.9 mg/L～1.4 mg/L，去除率为 8% 左右。水生植物塘对油的去除作用与好氧塘相当，月平均出水浓度 0.8 mg/L～1.2 mg/L，年平均去除率接近 8%。氧化塘系统去油受温度的影响比较明显，在夏季微生物活性高，水生植物生长旺盛，出水油浓度低于 1mg/L。冬季微生物活性下降，水生植物枯萎休眠，使得水生植物对油的去除率明显下降，只有夏季去除率的 50% 左右。氧化塘系统全年平均进水油浓度为 1.6 mg/L，出水平均为 1.1 mg/L，去除率平均为 32%。如图 5-79，随着 HRT 的缩短，系统出水油浓度逐渐升高，去除率下降。HRT 为 2 天时，油的去除率下降至 45%，出水油的平均浓度为 1.1mg/L。

（5）SS

图 5-80 为不同 HRT 氧化塘对 SS 的去除效果。进水 SS 较高，范围 25mg/L～33mg/L，系统出水受 HRT 的影响较小。HRT 由 4 天至 2 天，出水 SS 未见明显升高，去除率

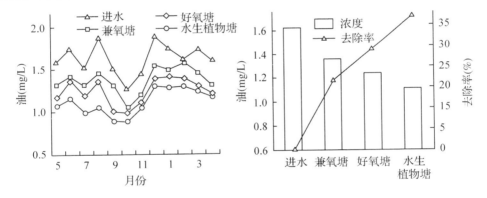

图 5-78　氧化塘油污去除效果

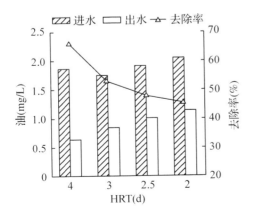

图 5-79　不同 HRT 对油污去除效果

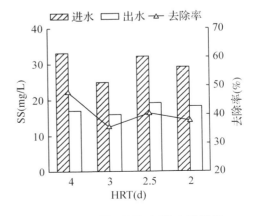

图 5-80　不同 HRT 对 SS 去除效果

皆大于30%。进水SS较高时，SS去除率也较高。由于整个氧化塘HRT较长，SS可以较好地去除，尽管氧化塘内动力设备的搅动会影响SS的沉降，但通过沉淀、水生植物截留过滤等作用，出水SS浓度低于20mg/L。

（6）NH₃-N

图5-81表征了不同水力停留时间氧化塘系统进出水氨氮的浓度变化。石化二级生化处理有较好的脱氮功能，其尾水氨氮浓度在1.5mg/L~4mg/L范围波动。由于微生物和水生植物的作用，氧化塘可进一步去除氨氮。HRT由4天下降至2天，氧化塘出水氨氮的浓度未见升高，在0.1mg/L~0.2mg/L间波动。

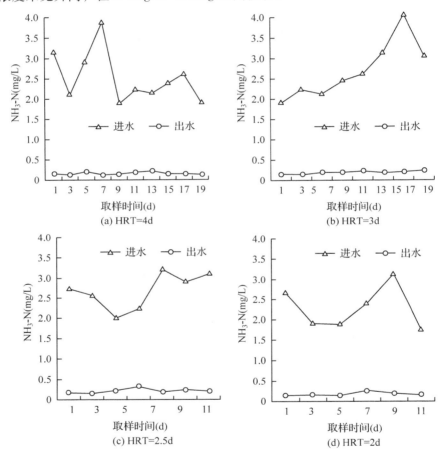

图5-81　氧化塘不同HRT对NH₃-N去除效果

图5-81还显示了氧化塘在不同HRT时氨氮的去除率情况。HRT=4天，出水氨氮浓度小于0.2mg/L，氨氮的去除率达95%。HRT在3天~2天，氨氮去除率变化不大，为93%左右。由于进水氨氮浓度较低，在HRT 4天~2天时，氧化塘对氨氮有高的去除特性，出水氨氮低于0.2mg/L，说明氧化塘内微生物和水生植物可很好地被利用氨氮。

（7）对持久性污染物的去除效果

氯苯属持久性污染物，可作为有机溶剂、杀虫剂、消毒剂、染料、农药、有机合成中间体等被广泛应用，也因此广泛存在于工业废水中，由于其化学性质较为稳定，又具有生物毒性，难以被微生物自然降解，容易对环境造成持久性污染，邻、间、对-二氯苯和 1，2，4-三氯苯被许多国家列为优先控制污染物。氧化塘对氯苯、二氯苯和三氯苯的去除效果，结果如图 5-82、图 5-83 所示。

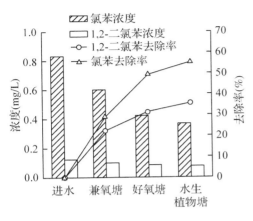

图 5-82　氧化塘对氯苯、二氯苯去除效果　　　图 5-83　氧化塘对二氯苯、三氯苯胺去除效果

　　进水中氯苯、1，2-二氯苯、1，4-二氯苯和 1，2，4-三氯苯的浓度分别为 0.83μg/L、0.12μg/L、11.27μg/L 和 72.94μg/L。流过兼氧塘后，这四种氯苯浓度分别降为 0.59μg/L、0.10μg/L、9.79μg/L 和 63.10μg/L，对应的去除率为 28.4%、22.3%、13.1% 和 13.5%，可见兼氧塘对氯苯去除率最高，对 1，4-二氯苯去除率最低。好氧塘对氯苯去除率最高，达 11% 左右，而对三氯苯的去除率最低，为 5% 左右。水生植物塘对四种氯苯类物质的去除率近 5%。整个氧化塘对氯苯、1，2-二氯苯、1，4-二氯苯和 1，2，4-三氯苯的去除率分别为 55.4%、35.4%、24.5% 和 23.5%，兼氧塘是主要去除单元，氧化塘对氯苯类有机污染物具有较高的去除率。

参考文献

成霞．聚结气浮法处理含油污水[D]．中国石油大学，硕士研究生论文，2011.

程莉萍．提高制浆废水 Fenton 深度处理效率的研究[D]．广西大学，硕士学位论文，20110629.

程琳，李亚峰，班福忱．电 Fenton 法处理难降解有机物的研究现状及趋势[J]．辽宁化工，2008，37(8)：543 - 545.

丁来保，施英乔，孙玉，等．UNITANK 工艺处理 BCTMP 制浆废水[J]．中国造纸，2008，27(5).

丁巍，董晓丽，张秀芳，等．高级芬顿反应处理染料废水的影响因素及工艺条件优化[J]．大连轻工业学院学报，2005，24(3)：178 - 181.

房桂干，施英乔．膜分离技术——造纸工业减污节水的法宝[J]．江苏造纸，2007(2).

纪海红．超滤膜处理高得率制浆废水的研究[D]．硕士学位论文，天津科技大学，2010.

季林海．气浮法处理含油污水的工艺优化研究[D]．中国石油大学(华东)，硕士学位论文，20090401.

姜成春，张佳发，李继．电化学原位产生 H_2O_2 的影响因素分析及数学建模[J]．环境科学学报，2006，26(9)：1504-1509.

李海凤．UASB——生物接触氧化处理链霉素废水试验研究[D]．河北科技大学，硕士学位论文，20121222.

李小云，黄晓菊．废水厌氧生物处理技术发展综述与研究进展[J]．北方环境，2011，23(12).

刘晓静，文一波．Fenton 试剂法深度处理造纸废水的实验研究[J]．中国资源综合利用，2007，25(4)：11-13.

陆杰，徐高田．UNITANK 系统处理制皂废水[J]．工业用水与废水，2001，32(2)：26.

潘忠贤．高效浅层气浮系统处理卫生纸抄造白水的研究及应用[D]．广西大学，硕士学位论文，20090311.

屈晓禾，刘亚贤，屈威．储罐区的污水预处理[J]．化工技术与开发，2015，44(1).

施英乔．化学机械浆废水深度处理技术[J]．中华纸业，2011，32(16)：16-17.

史永刚，贾盼．炼油厂隔油池的设计[J]．科技风，2012(1).

万丽娟．活性污泥——人工湿地组合系统处理农村生活污水的试验研究[D]．西南大学，硕士学位论文，20070401.

王新刚．人工强化氧化塘深度处理石化废水的研究[D]．东南大学，博士学位论文，2009.

徐恒，汪翠萍，王凯军．废水厌氧处理反应器功能拓展研究进展[J]．农业工程学报，2014，30(18).

徐会颖，周国伟，孟庆海，等．光催化降解造纸废水的影响因素及反应机理[J]．工业水处理，2008，28(6)：12-15.

徐美娟，王启山，胡长兴．废纸制浆废水光催化降解条件的优化[J]．中国造纸，2008，27(9)：31-34.

杨海亮．UASB 反应器处理乙二醇废水效能研究[D]．苏州科技大学，2011，10.

杨治中．EGSB-MBR-臭氧工艺处理竹制品废水研究[D]．浙江大学，硕士学位论文，2012.

姚明炫．智能型复合膜中水处理工艺技术的实验研究[D]．青岛理工大学，硕士学位论文，2010.

喻学敏，姜伟立，邹敏．UNITANK 废水处理工艺及其应用[J]．污染防治技术，2001，14(4)：14.

张博，郭新超，王小林，等．厌氧生物水处理技术的研究进展[J]．西部皮革，2013，35(08).

张婷婷，许柯，任洪强，等．纳滤膜深度处理维 C 制药废水的响应面法优化[J]．膜科学与技术，2014，34(5).

张艳芳，石键韵，温尚龙，等．芬顿法深度处理某化工废水的研究[J]．当代化工，2015，44(8).

ABBASI T, ABBASI S A. Formation and impact of granules in fostering clean energy production and wastewater treatment in upflow anaerobic sludge blanket(UASB)reactors[J]. Renewable and Sustainable Energy Reviews, 2012, 16(3): 1696-1708.

ANDALIB M, NAKHLA G, MCINTEE E, et al. Simultaneous denitrification and methanogenesis (SDM): Review of two decades of research[J]. Desalination, 2011, 279(1/3): 1-14.

BACCHIN P, AIMAR P, FIELD R. Critical and sustainable luxes: Theory, experiments and applications[J]. J Membr Sci, 2006, 281(1-2): 42-69.

BATSTONE D J, LANDELLI J, SANNDERS A, et al. The influence of calcium on gran ular sludge in a full-scale UASB treating paper mill wastewater [J]. Water Science and Technology, 2002, 45 (10):

187 – 193.

CAVALEIRO ANA J, SALVADOR ANDREIA F, ALVES JOANA I. Continuous high rate anaerobic treatment of oleic acid based wastewater is possible afer a step feeding start-up[J]. Environ Sci Technol, 2009, 43(8): 2931 – 2936.

CHEN Y, CHENG J J, CREAMER K S. Inhibition of anaerobic digestion process: A review[J]. Bioresource Technology, 2008, 99(10): 4044 – 4064.

CRAGGS R J, DAVIES R J. Advanced pond system: performance with high rate ponds of different depths and[J]. Water Science and Technology, 2003, 48(2): 259 – 267.

CRAGGS R J, TANNER C C, SUKIAS J P S. Dairy farm wastewater treatment by an advanced pond system[J]. Water Supply, 2003, 3(4): 193 – 200.

CYNTHIA M, DENNIS M. Alternative Analysis of BOD Removal in Subsurface Flow Constructed Wetlands Employing Monod Kinetics[J]. Water Research, 2001, 35(5): 1295 – 1303.

DE KREUK M K, HEIJNEN J J, VAN LOOSDRECHT M C M. Simultaneous COD, nitrogen, and phosphate removal by aerobic granular sludge [J]. Biotechnology and Bioengineering, 2005, 90 (6): 761 – 769.

ESCUDIE′R, CRESSON R, DELGENÈS J P. Control of start-up and operation of anaerobic biofilm reactors: An overview of 15 years of research[J]. Water Research, 2011, 45(1): 1 – 10.

HANRAHAN G, LU K. Application of factorial and response surface ethodology in modern experimental design and optimization[J]. Critical Reviews in Analytical Chemistry, 2006, 36(3 – 4): 141 – 151.

HENDRICKX T L G, WANG Y, KAMPMAN C, et al. Autotrophic nitrogen removal from low strength waste water at low temperature[J]. Water Research, 2012, 46(7): 2187 – 2193.

HIRASAWA J S, SARTI A, SAAVEDRA DEL AGUILA N K, et al. Application of molecular techniques to evaluate the methan ogenic archaea and anaerobic bacteria in the presence of oxygen with different COD: Sulfate ratios in a UASB reactor[J]. Anaerobe, 2008, 14(4): 209 – 218.

KANANI D M, GHOSH R. A constant flux based mathematical model for predicting perm eate flux decline in constant pressure protein ultrafiltration[J]. J Membr Sci, 2007, 290(1 – 2): 107 – 215.

KANG N, LEE D S, YOON J. Kinetic modeling of Fenton oxidation of phenol and monochlorophenols [J]. Chemosphere, 2002, 47(9): 915 – 924.

KHAYET M, COJOCARU C, ESSALHI M. Artificial neural network modeling and response surface methodology of desalination by reverse osmosis[J]. J Membr Sci, 2011, 368(1 – 2): 202 – 214.

KIM J, KIM K, YE H, et al. Anaerobic fluidized bed membrane bioreactor for wastewater treatment [J]. Environmental Science& Technology, 2011, 45(2): 576 – 581.

KIM Y H, HAN K C, LEE W K. Removal oforganics and calcium hardness in liner paper wastewater using UASB and CO_2 stripping system[J]. Process Biochemistry, 2003, 38(6): 925 – 931.

KIM Y H, YEOM S H, RYU J Y, et al. Development of a novel UASB/CO_2-stripper system for the removal of calcium ion in paper wastewater[J]. Process Biochemistry, 2004, 39(11): 1393 – 1399.

KLOK JBM, VANDENBOSCHPL F, BUISMANC JN, et al. Pathways of sulfide oxidation by halOalkaliOhiljc bacteria in limited-oxygen gas lift bioreactors [J]. Environmental Science&Technology, 2012, 46 (14): 7581 – 7586.

LEE Y W, CHOI J Y, KIM J O, et al. Evaluation of UASB/CO_2 stripping system for simultaneous removal of organics and calcium in linerboard wastewater[J]. Environmental Progress & Sustainable Energy,

2011, 30(2): 187 – 195.

LENS P, VALLERO M, ESPOSITO G, et al. Perspectives of sulfate reducing bioreactors in environmental biotechnology[J]. Re/Views in Environmental Science and Bio/Technology, 2002, 1(4): 311 – 325.

LETTINGA G, REBAC S, ZEEMAN G. Challenge of psychrophilic anaerobic wastewater treatment[J]. Trends in Biotechnology, 2001, 19(9): 363 – 370.

LINDEBOOM R E, FERMOSO F G, WEIJMA J, et al. Autogenerative high pressure digestion: Anaerobic digestion and biogas upgrading in a single step reactor system[J]. Water Science and Technology, 2011, 64(3): 647 – 653.

LINDEBOOM R E, WEIJMA J, VAN LIER J B. High-calorific biogas production by selective CO_2 retention at autogenerated biogas pressures up to 20 ar[J]. Environment Science& Technology, 2012, 46(3): 1895 – 1902.

LIN S H, HUNG C L, JUANG R S. Effect of operating parameters on the separation of proteins in aqueous solutions by dead-end ultrafiltration[J]. Desalination, 2008, 234(1 – 3): 116 – 125.

LIU J, HU J, ZHONG J, et al. The effect of calcium on the treatment of fresh leachate in an expanded granular sludge bed ioreactor[J]. Bioresource Technology, 2011, 102(9): 5466 – 5472.

LUO, G, ANGELIDAKI I. Hollow fiber membrane based H_2 diffusion for eficient in situ biogas upgrading in an anaerobic reactor[J]. Applied Microbiology and Biotechnology, 2013, 97(8): 3739 – 3744.

LUO G, JOHANSSON S, BOE K, et al. Simultaneous hydrogen utilization and in situ biogas upgrading in an anaerobic eactor[J]. Biotechnology and Bioengineering, 2012, 109(4): 1088 – 1094.

LV W, SCHANBACHER F L, YU Z. Putting microbes to work in sequence: Recent advances in temperature-phased anaerobic digestion processes[J]. Bioresource Technology, 2010, 101(24): 9409 – 9414.

MANTTARI M, NYSTROM M. Membrane filtration for tertiary treatment of biologically treated effluents from the pulp and paper industry[J]. Wat Sci Technol, 2007, 55: 99 – 107.

MART-CALATAYUD M C, VINEENT-VELA M C, LVAREZ-BLANCO S, et al. Analysis and optimization of the influence of operating conditions in the ultrafiltration of macromoleeules using a response surface methodological approach[J]. Chem Eng J, 2010, 156(2): 337 – 346.

NORDBERG A, EDSTROM M, UUSI-PENTTILA M, et al. Selective desorption of carbon dioxide from sewage sludge for in-situ methane enrichment: Enrichment experiments in pilot scale[J]. Biomass& Bioenergy, 2012, 37: 196 – 204.

PVAN. Improved fecal coliform decay in integrated duck and algal ponds[J]. Water Science and Technology, 2000, 42(10 – 11): 357 – 362.

RAJKUMAR D, PALANIVELU K. Electrochemical treatment of industrial wastewater[J]. Journal of Hazardous Materials, 2004, 113(1/2/3): 123 – 129.

RUBY FIGUEROA R A, CASSANO A, DRIOLI E. Ultrafiltration of orange press liquor: Optimization for permeate flux and fouling index by response surface methodology[J]. Sep Purif Technol, 2011, 80(1): 1 – 10.

SANTAFE-MOROS A, GOZALVEZ-ZAFRILLA J M, LORA-GARCIA J, et al. Mixture design applied to describe the influenceof ionic composition on the removal of nitrate ions using nanofiltrationl[J]. Desalination, 2005, 185(1 – 3): 289 – 296.

SHU T, BIN L. Water soluble organic carbon and its measurement in soil and sediment[J]. Water Research, 2000, 5(34): 1751 – 1755.

SIMMONS M J M, JAYARAMAN P, FRYER P J. The effect of temperature and shear rate upon the aggregation of whey protein and its implications for milk fouling[J]. J Food Eng, 2007, 79(2): 517－528.

STARR K, GABARRELL X, VILLALBA G, et al. Life cycle assessment of biogas upgrading technologies[J]. Waste Management, 2012, 32(5): 991－999.

TADESSE F B, GREEN J A, PUHAKKA. Seasonal and diurnal variations of temperature pH and dissolved oxygen in advanced integrated wastewater pond systems treating tannery emuent[J]. Water Research, 2004, 38: 645－654.

TARTAKOVSKY B, MEHTA P, BOURQUE J S, et al. Electrolysisenhanced anaerobic digestion of wastewater[J]. Bioresource Technology, 2011, 102(10): 5685－5691.

VLAEMINCK S E, TERADA A, SMETS B F, et al. Nitrogen removal from digested black water by one-Stage partial nitration and anammox[J]. Environmental Science& Technology, 2009, 43(13): 5035－5041.

WANG B J, WET T C, YU Z R. Effect of operating temperature on component distribution of West Indian cherry juice in a microfiltration system[J]. LWT-Food Sci Technol, 2005, 38(6): 683－689.

WANG L, WANG B Z, YANG L Y. Eco-pond systems for wastewater treatment and utilization[J]. Water Research, 2001, 21(8): 60－63.

WEI X Y, WANG Z, FAN F H, et al. Advanced treatment of a complex pharmaceutical wastewater by nanofiltration: Membrane foulant identification and cleaning[J]. Desalination, 2010, 251(1－3): 167－175.

WIAYA A, HOANG T, STEVENS G W, et al. A compari-son of commercial reverse osmosis membrane charac-teristics and performance under alginate fouling condi-tions[J]. Sep Purif Teehnol, 2012, 89: 270－281.

XIAO Y, ROBE, S D J. A review of anaerobic treatment of saline wastewater[J]. Environmental Technology, 2010, 31(8/9): 1025－1043.

YAMAMOTO T, TAKAKI K, KOYAMA T, et al. Long-term stability of partial nitration of swine wastewater digester liquor and its subsequent treatment by Anammox[J]. Bioresource Technology, 2008, 99(14): 6419－6425.

ZHANG D J, BAI C, TANG T, et al. Influence of influent on anaerobic ammonium oxidation in an expanded granular sludge bed-biological aerated filter integrated system[J]. Frontiers of Environm ental Science and Engineering in China, 2011, 5(2): 291－297.

ZHANG D J. The integration of methanogenesis with denitrification and anaerobic ammonium oxidation in an expanded granular sludge bed reactor[J]. Journal of Environmental Sciences-China, 2003, 15(3): 423－432.

ZHANG Q X, YUAN Q P. Modeling of Nanofiltration Process for Solvent Recovery from Aqueous Ethanol Solution of Soybean Isoflavones[J]. Sep Sci Technol, 2009, 44(13): 3239－3257.

ZHU A, ZHU W P, WU Z, et al. Recovery of clindamycin from fermentation wastewater with nanofiltration membranesl[J]. Water Research, 2003, 37(15): 3718－3732.

第 **6** 章

林产化工废水的
检测方法

林产化工废水的最主要指标是 COD、BOD、SS、pH、N、P 和含油量等，这些指标反映了废水的基本特征和信息。掌握这些水质指标，既可以为废水处理技术方案提供依据，也可以为水处理工程运行提供参考。监测废水处理工程各单元进出水的水质指标的变化，可以据此判断工程运行是否正常。从异常的单元进出水指标，还可以对最终排放水质指标做出预判。近年我国废水检测技术，特别是仪器分析技术发展很快，这为林产化工废水治理提供了积极的帮助。

6.1 悬浮物测定及提高精度的方法

悬浮物(suspended solids，简称 SS)指悬浮在水中的固体物质，包括不溶于水中的泥沙、黏土、原生动物、藻类、细菌、病毒等。废水悬浮物进入水体，造成水体浑浊，降低透明度，阻碍阳光透入，影响水中植物的正常生长。悬浮物附着在鱼鳃上，使鱼类不能正常呼吸。水体中的有机悬浮物沉积后厌氧发酵，将使水质恶化，悬浮物累积甚至造成河道阻塞，因此悬浮物是衡量水污染程度的重要指标之一。漂浮或浸没的不均匀固体物质不属于悬浮物质，测定时应从水样中除去。

悬浮物是废水监测中的一个重要项目，它是决定工业废水及生活污水能否直接排入公共水域或回用的重要条件之一。目前对水质悬浮物的检测采用重量法，该方法操作简单，测量准确，但需把握好有关化验细节，否则影响到测量结果的准确度和精确度。

6.1.1 悬浮物的测定方法

水质中的悬浮物是指水样通过孔径为 0.45μm 的滤膜，截留在滤膜上并于 103℃~105℃烘干至恒重的物质。本方法适用于工业废水、生活污水，也适用于地面水和地下水中悬浮物测定。

6.1.1.1 仪器

(1)常用实验室仪器；
(2)全玻璃微孔滤膜过滤器；
(3)GN-CA 滤膜、孔径 0.45μm、直径 60mm；
(4)吸滤瓶、真空泵；
(5)无齿扁嘴镊子。

6.1.1.2 采样及样品贮存

(1)采样
所用聚乙烯瓶或硬质玻璃瓶用洗涤剂洗净。在采样之前，再用即将采集的水样清洗三次。采集具有代表性的水样 500 mL~1000 mL，盖严瓶塞。漂浮或浸没的不均匀固体物质不属于悬浮物质，应从水样中除去。

（2）样品贮存

采集的水样应尽快分析测定。如需放置，应贮存在4℃冷藏箱中，但最长不得超过7天。不能加入任何保护剂，以防破坏物质在固、液间的分配平衡。

6.1.1.3 步骤

（1）滤膜准备

用扁嘴无齿镊子夹取微孔滤膜放于事先恒重的称量瓶里，移入烘箱中于103℃~105℃烘干0.5h后取出置干燥器内冷却至室温，称其重量。反复烘干、冷却、称量，直至两次称量的重量差≤0.2mg。将恒重的微孔滤膜正确地放在全玻璃微孔滤膜过滤器的滤膜托盘上，在配套的漏斗上加盖，并用夹子固定好。以蒸馏水湿润滤膜，并不断吸滤。

（2）测定

量取充分混合均匀的试样100 mL抽吸过滤。使水分全部通过滤膜。再以每次10 mL蒸馏水连续洗涤三次，继续吸滤以除去痕量水分。停止吸滤后，仔细取出载有悬浮物的滤膜放在原恒重的称量瓶里，移入烘箱中于103℃~105℃下烘干1h后移入干燥器中，使冷却到室温，称其重量。反复烘干、冷却、称量，直至两次称量的重量差≤0.4mg为止。滤膜上截留过多的悬浮物可能夹带过多的水分，除延长干燥时间外，还可能造成过滤困难，遇此情况，可酌情少取试样。滤膜上悬浮物过少，则会增大称量误差，影响测定精度，必要时可增大试样体积。一般以5 mg~100 mg悬浮物量作为量取试样体积的实用范围。

（3）结果的表示

悬浮物含量 $C(\mathrm{mg/L})$ 按下式计算：

$$C = (A - B) \times 10^6 / V$$

式中：C 为水中悬浮物浓度，mg/L；A 为悬浮物 + 滤膜 + 称量瓶重量，g；B 为滤膜 + 称量瓶重量，g；V 为试样体积，mL。

6.1.2 提高检测精度的方法

滤纸、滤膜、水样体积等因素对废水悬浮物检出的准确度、精确度有较大影响，特别是悬浮物含量较低时，这些因素影响更大。

（1）滤纸和滤膜的对比

重量法测定水中悬浮物（SS）实际上是一种条件试验，测试原理不复杂但测定条件要求严格，过滤水样所用的滤材不同则 SS 的测定结果也不同，有时结果会相差很大。表6-1为经过进口滤膜过滤得出的部分数据。

中速定量滤纸法操作简单，但由于滤纸上有可溶性物质，用之前须用蒸馏水冲洗。本项研究进行了滤纸冲洗和未冲洗测定悬浮物的对比。表6-2是经过中速定量滤纸（未冲洗）过滤得出的部分数据。表6-3是经过中速定量滤纸（冲洗）过滤得出的部分数据。

表 6-1　进口专用滤膜测定 SS 效果

水样	空白[1]恒重效果 空白2-空白1(g)	样品恒重效果 样品[2]2-样品1(g)	结果 样品2-空白2(mg)	均值 (mg)
样1	0.0002	0.0001	3.4	3.7
	0.0001	0.0000	4.0	
样1	0.0001	0.0002	3.9	3.8
	0.0002	0.0002	3.7	
样2	0.0002	0.0000	0.6	0.6
	0.0001	0.0000	0.5	
样3	0.0001	0.0002	2.6	2.8
	0.0000	0.0001	2.9	
样4	0.0003	0.0004	4.8	4.8
	0.0004	0.0001	4.9	
样5	0.0004	0.0001	5.8	5.7
	0.0002	0.0002	5.6	

注：①空白即培养皿＋滤膜/滤纸重量；②样品即悬浮物＋培养皿＋滤膜或滤纸重量。

表 6-2　中速定量滤纸（未冲洗）测定 SS 效果

水样	空白恒重效果 空白2－空白1(g)	样品恒重效果 样品2－样品1(g)	结果 样品2－空白2(mg)	均值 (mg)
样2	0.0004	0.0006	1.7	1.3
	0.0006	0.0003	1.4	
	0.0002	0.0003	0.8	
样4	0.0001	－0.0003	5.0	4.9
	0.0005	0.0005	5.3	
	0.0002	0.0003	4.4	

表 6-3　中速定量滤纸（冲洗）测定 SS 效果

水样	空白恒重效果 空白2-空白1(g)	样品恒重效果 样品2-样品1(g)	结果 样品2-空白2(mg)	均值 (mg)
样2	0.0005	－0.0001	1.1	0.7
	0.0000	0.0007	0.7	
	0.0001	0.0002	0.3	
样4	0.0004	0.0004	4.5	5.1
	0.0003	0.0004	4.9	
	0.0003	0.0000	6.0	

表6-4　中速定量滤纸(未冲洗)测定7个平行样 SS 效果

水样 6	空白恒重效果(左值)	样品恒重效果(左值)	结果 1	结果 2
	空白 2-空白 1(g)	样品 2-样品 1(g)	样品 1-空白 1(mg)	样品 2-空白 2(mg)
1	− 0.0006	0.0003	8.2 *	6.0 *
2	− 0.0003	0.0015	4.0 *	3.0 *
3	− 0.0001	0.0008	3.4	1.6
4	− 0.0004	0.0033	3.2	1.2
5	0.0000	0.0009	3.0	1.8
6	− 0.0007	0.0007	3.8	1.4
7	− 0.0006	0.0008	3.8	1.6

表6-4 是对同一水样经过中速定量滤纸(未冲洗)过滤测定7个平行样所得数据。

从表6-1 数据可得出,用进口滤膜作为滤材恒重效果较好,两次空白恒重差值基本小于0.00029,两次样品恒重差值基本小于0.00059,而且数据的平行性也比较好。表6-2、表6-3 数据显示,使用冲洗过的中速定量滤纸过滤的悬浮物测定值比未经冲洗的恒重效果较好,两种滤纸对于悬浮物值较大的样品,数据平行性比悬浮物含量小的较好。表6-4 是对同一水样的悬浮物多次平行分析,结果 1 与结果 2 差异较大,但对于同次计算结果而言(除标记" * "的数据),同组其余 5 个数据之间重复性相对较好,但是与进口滤膜对比,无论是恒重情况还是数据平行性,滤纸都较差。

滤膜滤纸效果比较:①滤膜恒重稳定性好,但由于孔径较小,对于杂质较多的水样过滤时间长,而且滤膜价格较贵;②滤纸较滤膜过滤速度快,但滤纸易吸潮,恒重稳定性差,测悬浮物易造成较大误差。

(2) 取样体积的影响

做了 1000 mL、500 mL、200 mL 三种不同水样体积的对比。表6-5 为某滤池出水样,分别取 1000 mL、500 mL、200 mL,每个取样体积重复做三次,实验结果见表6-5。

表6-5　不同水样体积对测定 SS 的影响

水样	水样体积(mL)	空白恒重效果	样品恒重效果	结果 1	相对偏差
		空白 2-空白 1(g)	样品 2-样品 1(g)	样品 2-空白(mg)	
水样 7	1000	0.0002	0.0001	3.4	8.33
	1000	0.0003	0.0002	3.6	
	1000	0.0001	0.0000	4.0	
	500	0.0000	0.0030	3.4	17.3
	500	0.0002	0.0003	4.0	
	500	0.0002	0.0003	4.8	
	200	0.0006	0.0003	2.8	22.9
	200	0.0005	0.0006	3.2	
	200	0.0001	0.0001	2.0	

（续）

水样	水样体积 (mL)	空白恒重效果 空白2-空白1(g)	样品恒重效果 样品2-样品1(g)	结果1 样品2-空白(mg)	相对偏差
	1000	0.0001	0.0002	3.9	
	1000	0.0002	0.0012	3.7	9.26
	1000	0.0003	0.0002	3.3	
水样8	500	0.0002	0.0001	4.2	
	500	0.0001	0.0001	3.4	10.5
	500	0.0001	0.0002	3.8	
	200	0.0002	0.0003	3.1	
	200	0.0003	0.0004	4.2	17.4
	200	0.0002	0.0002	3.2	

从表 6-5 数据可以看出，对于同一取样体积的三个数据所得悬浮物值做差值计算，差值在 0.2 mg/L ~ 1.1 mg/L 之间。水样 7 的相对偏差，按取样量从 1000mL 到 200 mL 顺序，其测定值的最大相对偏差依次为 8.33%、17.3%、22.9%，证明取样量大时相对偏差小，取样体积也是影响相对偏差的主要因素。

（3）悬浮物检出限

以蒸馏水为样品，取样体积为 500 mL，经进口滤膜过滤做检出限分析，数据见表 6-6。

表 6-6　进口滤膜悬浮物检出限分析

序号	1	2	3	4	5	6	7	标准偏差 S
计算结果(mg/L)	0.8	0.4	0.0	0.8	0.0	0.6	0.8	0.363

从表 6-6 得出，悬浮物的检出限 = 4.6S（重复测量七次空白的标准偏差）= 1.66 mg/L。

（4）对再生水厂进出水悬浮物值和浊度值的分析

浊度，即水的浑浊程度，它是水中的不溶性物质引起水的透明度降低的量度。不溶性物质包括悬浮于水中的固体颗粒物（泥沙、腐殖质、浮游藻类等）和胶体颗粒物，是监测水体污染的指标之一。对再生水厂进出水的悬浮物值和浊度值数据进行分析，表 6-7 为实验数据。

表 6-7　再生水厂悬浮物值和浊度值检测

水样号	1	2	3	4	5	6	7	8	9	10	11
悬浮物(mg/L)	4.8	4.4	6.0	3.5	4.1	3.8	1.4	7.3	5.6	2.5	1.3
浊度	1.9	1.9	2.2	1.3	1.8	1.8	1.0	3.5	3.3	1.3	1.2

水样号	12	13	14	15	16	17	18	19	20	21	22
悬浮物(mg/L)	2.6	2.8	3.0	1.5	1.1	2.0	4.8	8.8	5.8	3.1	4.6
浊度	0.9	1.2	1.1	0.2	0.3	1.0	1.3	2.2	1.7	0.6	1.0

对表 6-7 悬浮物和浊度的两组数据作相关系数和方差分析，分别见表 6-8、表 6-9。

表 6-9 显示了悬浮物和浊度相关系数的方差分析，F 统计量为 25.962，对应的相伴概率 P 值为 7.81E-06，远远小于显著性水平 0.05，表明水中浊度值的大小对悬浮物有显著影响。统计表明，再生水厂进出水悬浮物和浊度值有线性变化，表 6-8 显示悬浮物和浊度的相关系数为 0.7786。

表 6-8　悬浮物和浊度的相关系数

	悬浮物	浊度
悬浮物	1	?
浊度	0.7786	1

表 6-9　悬浮物和浊度相关系数的方差分析

差异源	SS	df	MS	F（统计量）	P（相伴概率）
组间	61.691	1	61.691	25.962	7.81E-06
组内	99.800	42	2.376		
总计	161.491	43			

（5）小结

①进口滤膜比中速滤纸测悬浮物，精确度明显高。

②废水悬浮物含量较低时，取大体积水样，可明显降低测定相对偏差。

③废水悬浮物含量较低时，悬浮物和浊度有较好的线性关系。

④重量法测定水中悬浮物，必须严格按照操作规程，控制实验条件，使悬浮物测定结果符合准确性、精密性和可比性的要求。

6.2　溶解性固形物测定及不确定度评定

溶解性固形物是指将过滤后的水样在一定温度下蒸干，并在 105℃~110℃下干燥至恒重时所得的残渣含量。它包括水中除溶解气体之外的各种溶解物质的总量，单位是 mg/L。

6.2.1　仪器

（1）电子天平型号：AL104-IC；

（2）电热恒温鼓风干燥箱型号：DHG-9070A 型；

（3）四联电热恒温水浴锅。

6.2.2　测定和计算

（1）吸取 50.0 mL 已过滤的锅炉水，注入已经烘干至恒重的蒸发皿中，放在水浴上蒸干；

（2）将已蒸干的样品连同蒸发皿移入 105℃~110℃ 的烘箱中烘 2h；

（3）取出蒸发皿放入干燥器内冷却至室温，迅速称重；

（4）在相同条件下烘 0.5h 冷却后称量，如此二次以上直至恒重；

（5）溶解固形物含量（P_{RG}）计算：

$$P_{RG} = \frac{G_1 - G_2}{V} \times 10^6 = \frac{\Delta G}{V} \times 10^6 \qquad （mg/L）$$

式中：G_1 为蒸干残留物与蒸发皿的总重量，g；G_2 为蒸发皿的重量，g；V 为水样的体积，mL；ΔG 为蒸干残留物重量，g。

6.2.3 溶解固形物总的不确定度

（1）溶解固形物的不确定度的 A 类评定 $u_{a,rel}(P_{RG})$

$$u_{c,rel}(P_{RG}) = \sqrt{u_{A,rel}^2(P_{RG}) + u_{B,rel}^2(P_{RG})}$$

根据 6.2.2 描述的 4 个测定步骤，对某废水样进行了 8 次平行测定，有关数据见表 6-10。

表 6-10　8 次平行测定的数据

平行次数	G_1 (g)	G_2 (g)	ΔG (g)	V (mL)	P_{RG} (mg/L)
1	51.4447	51.3753	0.0694	50.0	1388
2	51.1434	51.0781	0.0653	50.0	1306
3	52.6648	52.5957	0.0691	50.0	1382
4	53.0366	52.9677	0.0689	50.0	1378
5	57.1556	57.0918	0.0638	50.0	1276
6	58.1387	58.0732	0.0655	50.0	1310
7	57.3108	57.2462	0.0646	50.0	1292
8	52.9670	52.8985	0.0685	50.0	1370
平均数据	54.233	54.166	0.0669	50.0	1337.8

$$P_{RG}\text{的标准偏差}（\sigma）\ S = \sqrt{\frac{\sum (x_i - x_平)^2}{n - 1}} = 41.45 \qquad （mg/L）$$

8 次平行实验所产生的不确定度为 A 类相对不确定度，计算式：

$$u_{A,rel}(P_{RG}) = \frac{S}{\sqrt{8} \times P_{RG平}} = \frac{41.45}{2.83 \times 1337.8} = 1.09 \times 10^{-2}$$

（2）溶解固形物 P_{RG} 的 B 类相对不确定度的 B 类评定

蒸干残留物重量 ΔG：

称量使用的是 AL104-IC 天平，其线性分量为 0.2mg，按矩形分布，由于 ΔG 为 G_1—G_2 之差，即引入了 2 次不确定度：

$$u_{B,rel(\Delta G)} = \frac{2 \times 10^{-4} \times \sqrt{2}}{\sqrt{3} \times 66.9 \times 10^{-3}} = 2.44 \times 10^{-3}$$

取样量 50.0 mL 用 A 级单标线移液管，误差为 ±0.05 mL，按三角分布计算：

取样量 V:

$$u_{i(v)} = \frac{0.05}{\sqrt{6}} = 2.04 \times 10^{-2}$$

实际温度与校准温度不同引入的不确定度 $u_{2(v)}$,水的膨胀系数为 $2.1 \times 10^{-4}/℃$,环境温度为 30℃,按矩形分布,$k = \sqrt{3}$,$u_{2(v)} = \dfrac{50.0 \times 2.1 \times 10^{-4} \times (30 - 20)}{\sqrt{3}} = 6.07 \times 10^{-2} mL$。

其体积所引入的不确定度:

$$u_{B,rel(v)} = \frac{\sqrt{u_{1(v)}^2 + u_{2(v)}^2}}{v} = \frac{\sqrt{(2.04 \times 10^{-2})^2 + (6.07 \times 10^{-2})^2}}{50.0}$$

$$= \frac{6.40 \times 10^{-2}}{50} = 1.28 \times 10^{-3}$$

(3)B 类合成相对不确定度

$$u_{B,rel(P_{RG})} = \sqrt{u_{B,rel(\Delta G)}^2 + u_{B,rel(v)}^2} = \sqrt{(2.44 \times 10^{-3})^2 + (1.28 \times 10^{-3})^2}$$

$$= 2.76 \times 10^{-3}$$

6.2.4 溶解固形物总的相对不确定度(表 6-11)

表 6-11 标准不确定度汇总

名称	不确定度来源	数值	相对标准不确定度
$u_{A,rel(P_{RG})}$	方法重复性	1337.8 mg/L	1.09×10^{-2}
$u_{B,rel(\Delta G)}$	ΔG 称重	66.9 mg	2.44×10^{-3}
$u_{B,rel(v)}$	取样体积	50.0 mL	1.28×10^{-3}
结论	$u_{B,rel(v)} < u_{B,rel(\Delta G)} < u_{A,rel(P_{RG})}$		

6.2.5 扩展不确定度评定

取包含因子 $k = 2$,扩展相对不确定度:

$$u_{rel}(P_{RG}) = k \times u_{c,rel}(P_{RG}) = 2 \times 1.12 \times 10^{-2} = 2.24 \times 10^{-2}$$

扩展不确定度:

$$u(P_{RG}) = P_{RG(平)} \times u_{rel}(P_{RG}) = 1337.8 \times 2.24 \times 10^{-2} = 30.0 \ mg/L$$

6.2.6 测量不确定度的报告与表示

废水固形物的测量结果为:$P_{RG} = 1337.8 \pm 30.0 (mg/L)(k = 2)$。

6.2.7 小结

从不确定度汇总表可知,废水中固形物的测定不确定因素中,影响最大的因素是方法的重复性,其次是称量误差,最小的误差是用移液管吸取的体积。

6.3 油类的光度检测

水体中的油量达一定量时，在水面上形成一层油膜，使大气与水面隔绝，破坏了正常的充氧条件，导致水体缺氧。油膜还能附着于鱼鳃上，使鱼类窒息而死。当鱼类产卵时期，在含有油类污染废水中孵化的鱼苗，多数为畸形，生命力低下，易于死亡。当水体含油量达 0.01mg/L 可使鱼肉带有一种特殊的油腻气味而不能食用。含油污染物对植物也有影响，妨碍通气和光合作用，使水稻、蔬菜等农作物大量减产，甚至绝收。含有油类污染物的废水进入水体后，造成的危害很严重，不仅影响水体生物的生长，降低水体的自我净化能力，而且影响水体环境。

6.3.1 紫外分光光度法测石油类物质

共轭双键是物质在紫外区具有吸收的特征结构，含有共轭双键的化合物在紫外光区存在吸收峰。不同的化合物吸收峰位置不同，含共轭双键的化合物吸收峰通常出现在 225 nm 和 254 nm，含有芳环的芳香族化合物吸收峰通常出现在 215 nm 到 230 nm。原油及其产品含有共轭双键的芳香族化合物，在紫外区会产生吸收，吸收峰一般出现在 225 nm 和 254 nm 处，对不同的样品测定时根据具体的实物产品选择适合的波长。待测样品根据吸收峰位置先进行定性分析，进而依据朗伯比尔定律对待测物质进行定量分析。

（1）取 70 mL 原水样至分液漏斗中，加入 5mL 1:1 H_2SO_4，1.2 gNaCl，10mL 石油醚，摇匀，静置过滤，下层滤液用无水硫酸钠脱水 2h。将萃取液转移至已称量的坩埚中，在 90℃ 水浴锅中蒸除石油醚。

（2）称取坩埚中标准油品的质量（实验中称量质量为 0.0088g），加入石油醚使其完全溶解，转移至 100mL 容量瓶中，用石油醚多次冲洗坩埚，洗液一起并入容量瓶中，定容摇匀，配置的标准溶液的浓度为 168.57mg/L。

（3）取少量标准油样品溶液，在波长为 215 nm~300 nm 间，测定吸收光谱图（以吸光度为纵坐标，波长为横坐标的吸光度曲线），得到最大吸收峰的位置。本实验标准油样品的最大吸收波长为 220 nm。

（4）准确吸取标准油品溶液 1.00 mL、4.00 mL、8.00 mL、10.00 mL、20.00 mL、40.00 mL 于 6 只 50 mL 容量瓶中，石油醚稀释至标线，定容摇匀。在选定波长处，用 10 mm 石英比色皿，以石油醚为参比测定吸光度（表 6-12）。以标准油品溶液含量为横坐标，吸光度为纵坐标绘制标准曲线。标准曲线如图 6-1。

表 6-12 紫外分光光度法测石油类标准曲线

体积（mL）	1	4	8	10	20	40
油含量（mg）	0.088	0.352	0.704	0.880	1.760	3.520
吸光度	0.018	0.192	0.302	0.413	0.754	1.520

（5）准确吸取 30 mL 原水样置于分液漏斗中，加入 5mL 1:1 H_2SO_4，0.6g NaCl，10 mL 石油醚，振荡摇匀（振荡中要放气），静置，分层后，弃去下层溶液，滤出上层溶液无水硫酸钠进行脱水 2 h。

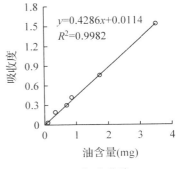

图 6-1　标准曲线

（6）脱水后的油样加入少量石油醚溶解，全部转移至 50 mL 容量瓶中，稀释至标线。在选定波长处，用 10 mm 石英比色皿以石油醚为参比，测量其吸光度。

（7）准确吸取 30 mL 蒸馏水置于分液漏斗中，加入 5 mL 1:1 H_2SO_4，0.6g NaCl，10 mL 石油醚，振荡摇匀（振荡中要放气），静置，分层后，弃去下层溶液，滤出上层溶液无水硫酸钠进行脱水 2h。同样测定空白吸光度。

（8）计算油含量。

6.3.2　红外法测定不同行业废水中石油类、动植物油

6.3.2.1　主要仪器和试剂

①JK-951 多功能红外测油仪；②硅酸镁吸附柱；③CCl_4，测试前用 1cm 石英比色皿、空气池作参比在 2600cm^{-1}~3300cm^{-1} 范围内进行光谱扫描，吸光值不得超过 0.03。

6.3.2.2　测定

按 GB/T 16488—1996 标准进行测定。在废水样测定前，先用 JK-951 红外测油仪以红外光度法及非分散红外光度法分别对两个不同浓度的标样进行了测定，结果均在给定值范围内，测得检出限：0.2 mg/L（红外分光光度法），0.1mg/L（非分散红外光法）。

用红外光度法、非分散红外光度法分别对几种废水的石油类、动植物油进行测定并同时对石油类萃取物进行红外光谱扫描，为了增加可比性，同时对自配 40 mg/L 标准油（ISO 混合石油烃）进行扫描，测定结果见表 6-13。对同一样品的红外光度法、非分散红外光度法测定值均由同一份萃取物分几次倒入比色皿测得。

6.3.2.3　红外光度法与非分散红外光度法的特点

将红外光度法和非分散红外光度法测定值进行对比（表 6-13）。同时，将 40 mg/L 标准油（ISO 混合石油烃）的红外扫描光谱图分别同各水样石油类萃取物红外扫描光谱图进行比较。从红外扫描光谱图的对比可以看出，如工业废水中芳烃含量低，油组分与标油基本一致，石油类萃取物 3030 cm^{-1}、2930cm^{-1} 及 2960cm^{-1} 处吸收峰峰高之比与标准油类似，非分散红外光度法测定石油类的结果与红外分光光度法测定的结果无显著性差异，t 值均未超过 $t_{0.10.4}$：2.13，如机械制造厂、钢铁厂和某大酒店水样。如工业废水中芳烃含量高，油组分与标油存在差异，其石油类萃取物 3030 cm^{-1}（芳烃吸收峰）、2930 cm^{-1}、2960 cm^{-1} 处吸收峰峰高之比较标准油及其他厂家水样高，非分散红外光度法测定石油类的结果与红外分光光度法测定的结果有显著性差异，t 值超过了

$t_{0.10.4}$：2.13，如石化厂、炼油厂、某化工厂水样。非分散红外光度法测定石油类的结果低于红外分光光度法测定的结果，对于此类水样，建议使用 GB/T 16488—1996 标准中的"红外分光光度法"，测定结果更能反映实际情况。

6.3.2.4　餐饮业与非餐饮业废水油的测定

由表 6-13 测定结果可看出，动植物油含量低的废水，总萃取物测定结果与石油类测定结果基本一致，如石化厂、炼油厂、机械制造厂和钢铁厂水样。对于未经处理的餐饮废水，动植物油含量一般高于石油类；处理后的餐饮废水，石油类浓度要高于动植物油浓度，建议监测过程中同时测定石油类和动植物油。

表 6-13　红外光度法和非分散红外光度法测定石油类、动植物油　　mg/L

| | 红外分光光度法 | | | | | | 红外分光光度法 | | | | | |
	总萃取物			石油类		动植物油	总萃取物			石油类		动植物油
石化厂 1	8.9 9.2	9.3	9.4	9.0 9.2	9.2	9.4	低于检出限	6.7 6.9	6.8	7.2	6.6 6.8	6.8	7.0	0.1
石化厂 2	7.0 7.2	7.2	7.4	6.9 7.1	7.2	7.3	低于检出限	5.8 6.0	6.0	6.2	5.7 5.9	5.8	6.1	0.1
石化厂 3	69.9 71.5	72.0	72.6	69.0 70.5	71.1	71.4	1.0	23.2 23.5	23.5	23.7	22.3 22.7	22.6	21.2	0.8
化工厂 1	27.3 27.7	27.8	28.0	27.3 27.6	27.7	27.8	低于检出限	12.4 12.7	12.8	12.9	12.4 12.6	12.6	12.8	0.1
钢铁厂 1	8.8 9.1	9.0	9.4	8.4 8.7	8.6	9.0	0.4	9.1 9.3	9.3	9.5	8.9 9.1	9.0	9.4	0.2
钢铁厂 2	6.7 6.9	6.9	7.1	6.5 6.7	6.7	6.9	0.2	7.1 7.2	7.2	7.4	6.7 6.9	6.8	7.1	0.3
机械厂 1	7.3 7.5	7.5	7.7	6.9 7.0	6.9	7.2	0.5	7.2 7.4	7.4	7.6	6.9 7.1	7.2	7.3	0.3
炼油厂 1	37.2 37.7	37.6	38.3	37.0 37.4	37.1	38.1	0.3	27.1 27.6	27.7	28.1	27.0 27.4	27.3	27.9	0.2
炼油厂 2	9.5 9.6	9.6	9.8	9.0 9.2	9.1	9.4	0.4	6.8 7.0	6.9	7.2	6.5 6.7	6.7	6.8	0.3
酒店 1 原水	36.0 36.4	36.2	37.0	2.9 3.0	2.9	3.1	33.4	36.2 36.7	36.7	37.2	3.0 3.2	3.2	3.3	33.5
酒店 1 处理水	2.1 2.3	2.3	2.5	1.7 1.9	1.9	2.1	0.4	2.1 2.2	2.3	2.3	1.5 1.7	1.8	1.9	0.5

6.3.2.5　GB/T 16488—1996 标准中一些步骤的分析

（1）"直接萃取"中"萃取液通过 10mm 厚无水硫酸钠"步骤

当样品萃取后分层良好时，可省去这一步；当样品萃取后分层不好，出现乳化现象时，应将萃取液通过"10mm 厚无水硫酸钠"。此时，应向萃取液中加入 3 滴~4 滴无水乙醇，会有较好的破乳作用，还可加速萃取液通过无水硫酸钠层的作用。乙醇为极性物质，通过硅酸镁吸附柱时，可被完全吸附。

（2）"萃取液通过硅酸镁吸附柱"步骤

过滤速度较慢，有时省略这一步，将总萃取物量等同石油类含量，如废水中动植物油含量低，总萃取物测定结果与石油类结果基本一致。但对餐饮业废水及含有大量甲醇、乙醇、乙二醇等一些极性物质废水，这样测出的结果将会比样品实际所含的石油类要大。

有的用"简便"法：在样品中加入硅酸镁，振荡、过滤、测定，过滤后的硅酸镁回收再用。还有用类似于"悬浮物测定"中用泵抽滤的方法，以加快过滤的速度。需要指出的是，在填充吸附柱时，宜多填塞一些玻璃棉，可以有效防止硅酸镁堵塞玻璃层析柱砂芯，提高过滤速度。另外，当前后两个样浓度悬殊时，仅靠"弃去前约 5 mL 滤出液"是不能完全消除前面样品对后面样品的影响的，在连续使用同一硅酸镁吸附柱时，应用泵抽吸至干透，方可进行下一个样品的测定。

6.4 不同条件下测定 COD

COD 即化学需氧量（chemical oxygen demand），它是指在强酸并加热条件下，用重铬酸钾作为氧化剂处理水样时消耗氧化剂的量，以氧的 mg/L 来表示。COD 是评价废水污染程度的一个最重要的监测指标，COD 反映了水中受还原性物质的污染程度，也作为有机物相对含量的指标之一。水中的还原性物质有各种有机物、亚硝酸盐、硫化物、亚铁盐等，但主要的是有机物。因此，COD 又往往作为衡量水中有机物质含量多少的指标。COD 越大，说明水体受有机物的污染越严重。在自然界的循环中，有机化合物在生物降解过程中不断消耗水中的溶解氧而造成氧的损失，从而破坏水环境和生物群落的生态平衡，并带来不良影响。从 20 世纪末以来，COD 这项综合指标在我国水环境管理和工业污染源普查中起了很大的作用，是国家环保部规定的污染物总量控制主要指标之一。

COD 的测定，随着测定水样中还原性物质以及测定方法的不同，其测定值也有不同。目前应用最普遍的是重铬酸钾（$K_2Cr_2O_7$）氧化法，重铬酸钾法氧化率高，再现性好，适用于测定水样中有机物的总量。其他的 COD 检测方法有节能加热法、密封催化消解法、COD 快速开管测定法、微波消解法、电化学法和无外加热法等。在环境监测部门实际操作中，仍以国家环保部推荐的三种国家（或行业）标准作为测定依据，即 GB 11914—1989（下称"经典法"）为强制性国家标准，HJ/T 399—2007（下称"快速法"）和 HJ/T 70—2001（下称"氯气校正法"）。

经典法精密度、准确度均高，其测定结果可靠，适合于对分析结果的及时性要求不高的低 COD 含量水样的监测和仲裁分析。但由于日常的 COD 的测定是大批量的，要求测定快速、及时。经典法受反应时间和测样数量的制约，分析时间长，无法满足批量测试的要求，而且分析成本、能耗高，消耗的汞盐、银盐、铬盐量大，使用有毒物质硫酸汞和大量的浓硫酸容易造成二次污染。而快速法的准确度和精确度符合一般测试要求，试剂用量少、成本低、无须滴定、操作简便，氧化有机物充分，节省时间。但实际应用中常出现读数漂移大，测定结果准确性不如经典法。氯气校正法是在经典法基础上的改进，适用于高氯废水的测定。因此，在日常监测中，对高氯废水，优先采用氯气校正法；对低氯水样、考核样、仲裁分析样等对分析精度要求较高的样品优先采用经典法；而对分析结果的及时性要求较高且精确性要求不高的一般测试样品可以采用快速法，但建议同时进行经典法测试以进行等效性或适用性检验。

6.4.1 快速法测 COD

本方法适用于地表水、地下水、生活污水和工业废水 COD 的测试。本方法对未经稀释的水样，其 COD 测定下限为 15mg/L，测定上限为 1000 mg/L，其氯离子质量浓度不应大于 1000 mg/L。本方法对于 COD 大于 1000 mg/L，或氯离子质量含量大于 1000 mg/L 的水样，可经适当稀释后进行测定。

6.4.1.1 原理

试样中加入已知量的重铬酸钾溶液，在强硫酸介质中，以硫酸银为催化剂，经高温消解后，用分光光度法测定 COD 值。当试样中 COD 值为 100 mg/L ~ 1000 mg/L，在 600 nm ± 20 nm 波长处测定重铬酸钾被还原产生的三价铬 Cr^{3+} 的吸光度，试样中 COD 值与三价铬（Cr^{3+}）的吸光度的增加值成正比例关系，将三价铬 Cr^{3+} 的吸光度换算成试样的 COD 值。当试样中 COD 值为 15 mg/L ~ 250 mg/L，在 4400 nm ± 20 nm 波长处测定重铬酸钾未被还原的六价铬 Cr^{6+} 的吸光度和被还原产生的三价铬 Cr^{3+} 两种铬离子的总吸光度；试样中 COD 值与六价铬 Cr^{6+} 的吸光度减少值成正比例，与三价铬 Cr^{3+} 的吸光度增加值成正比例，与总吸光度减少值成正比例，将总吸光度值换算成试样的 COD 值。

6.4.1.2 试剂和材料

本方法所用试剂除另有注明外，均应为符合国家标准的分析纯化学试剂，实验用水为新制备的去离子水或蒸馏水。

（1）浓硫酸 $\rho(H_2SO_4) = 1.84 g/mL$。

（2）稀硫酸溶液（1 + 9）。将 100 mL 浓硫酸沿烧杯壁慢慢加入到 900mL 水中，搅拌混匀，冷却备用。

（3）硫酸银—硫酸溶液 $c(Ag_2SO_4) = 10g/L$。将 5.0 g 硫酸银加入到 500mL 浓硫酸中，静置 12 天，搅拌，使其溶解。

（4）硫酸汞溶液 $c(Hg_2SO_4) = 0.24 g/mL$。将 48.0g 硫酸汞分次加入到 200mL 稀硫酸溶液（1 + 9）中，搅拌溶解，此溶液可稳定保存 6 个月。

（5）重铬酸钾标准溶液 $c\left(\dfrac{1}{6} K_2Cr_2O_7\right) = 0.500mol/L$。将重铬酸钾（优级纯，下同）

在 120℃ ±2℃下干燥至恒重后，称取 24.515g 重铬酸钾置于烧杯中，加入 600mL 水，搅拌下慢慢加入 100mL 浓硫酸，溶解冷却后，转移此溶液于 1000mL 容量瓶中，用水稀释至标线，摇匀。此溶液可稳定保存 6 个月。

（6）重铬酸钾标准溶液 $c(1/6\ K_2Cr_2O_7) = 0.160mol/L$。将重铬酸钾在 120℃ ±2℃下干燥至恒重后，称取 7.8449g 重铬酸钾置于烧杯中，加入 600mL 水，搅拌下慢慢加入 100mL 浓硫酸，溶解冷却后，转移此溶液于 1000mL 容量瓶中，用水稀释至标线，摇匀。此溶液可稳定保存 6 个月。

（7）重铬酸钾标准溶液 $c(1/6\ K_2Cr_2O_7) = 0.120mol/L$。将重铬酸钾在 120℃ ±2℃下干燥至恒重后，称取 5.8837g 重铬酸钾（优级纯，在 120℃ ±2℃下干燥至恒重）置于烧杯中，加入 600mL 水，搅拌下慢慢加入 100mL 稀硫酸溶液（1 +9），溶解冷却后，转移此溶液于 1000mL 容量瓶中，用水稀释至标线，摇匀。此溶液可稳定保存 6 个月。

（8）预装混合试剂。在一支消解管中，按表 6-14 的要求加入重铬酸钾标准溶液、硫酸汞溶液和硫酸银—硫酸溶液，拧紧盖子，轻轻摇匀，冷却至室温，避光保存。在使用前应将混合试剂摇匀。配制不含汞预装混合试剂，用（1 +9）稀硫酸代替硫酸汞溶液，按照预装混合试剂方法配制。预装混合试剂在常温避光条件下，可稳定保存 1 年。

表 6-14 预装混合试剂及方法（试剂）标识

测定方法	测定范围（mg/L）	重铬酸钾溶液用量（mL）	硫酸汞溶液用量（mL）	硫酸银—硫酸溶液用量（mL）	消解管规格（mm）
比色皿分光光度法	高量程 100～1000	1.00 (0.500mol/L)	0.50	6.00	φ20×120 φ16×150
	低量程 15～150	1.00 (0.160mol/L 或 0.120mol/L)	0.50	6.00	φ20×120 φ16×150
比色管分光光度法	高量程 100～1000	1.00 重铬酸钾溶液(0.500mol/L) + 硫酸汞溶液(0.24g/mL)[2+1]	0.50	4.00	φ16×120 φ16×100
	低量程 50～150	1.00 重铬酸钾溶液(0.120mol/L) + 硫酸汞溶液(0.24g/mL)[2+1]	0.50	4.00	φ16×120 φ16×100

注：①比色皿分光光度法的消解管可选用 φ20mm×120 mm 或 φ16mm×150 mm 规格的密封管；而在非密封条件下消解时应使用 φ20mm×150 mm 的消解管。

②比色管分光光度法的消解管可选用 φ16mm×120 mm 或 φ16mm×100 mm 规格的密封消解比色管；而在非密封条件下消解时应使用 φ16mm×150 mm 的消解比色管。

③φ16mm×120 mm 密封消解比色管冷却效果较好。

1mol 邻苯二甲酸氢钾 $[C_6H_4(COOH)(COOK)]$ 可以被 30 mol 重铬酸钾 $\left(\dfrac{1}{6}K_2Cr_2O_7\right)$ 完全氧化，其化学需氧量相当于 30mol 的氧 $\left(\dfrac{1}{2}O\right)$。

（9）COD（5000 mg/L）标准储备液。将邻苯二甲酸氢钾（优级纯，下同）在 105℃~110℃下干燥至恒重后，称取 2.1274g 邻苯二甲酸氢钾溶于 250mL 水中，转移此溶液于 500mL 容量瓶中，用水稀释至标线，摇匀。此溶液在 2℃~8℃下储存，或在定容前加入约 10mL 硫酸溶液，常温储存，可稳定保存一个月。

（10）COD（1250 mg/L）标准储备液：量取 50.00 mLCOD（5000 mg/L）标准储备液置于 200 mL 容量瓶中，用水稀释至标线，摇匀。此溶液在 2℃~8℃下储存，可稳定保存一个月。

（11）COD（625 mg/L）标准储备液：量取 25.00 mLCOD（5000 mg/L）标准储备液置于 200 mL 容量瓶中，用水稀释至标线，摇匀。此溶液在 2℃~8℃下储存，可稳定保存一个月。

（12）邻苯二甲酸氢钾 COD 标准系列使用液。

高量程（测定上限 1000 mg/L）COD 标准系列使用液：COD 值分别为 100 mg/L、200 mg/L、400 mg/L、600 mg/L、800 mg/L、1000 mg/L。分别量取 5.00mL、10.00mL、20.00mL、30.00mL、40.00mL、50.00mL 的 COD（5000 mg/L）标准储备液，分别置于 6 个 250mL 容量瓶中，用蒸馏水稀释至标线，摇匀。此溶液在 2℃~8℃下储存，可稳定保存一个月低量程（测定上限 250 mg/L）COD 标准系列使用液：COD 值分别为 25 mg/L、50 mg/L、100 mg/L、150 mg/L、200 mg/L 和 250 mg/L。分别量取 5.00mL、10.00mL、20.00mL、30.00mL、40.00mL、50.00mL 的 COD 标准储备液，分别置于 6 个 250mL 容量瓶中，用水稀释至标线，摇匀。此溶液在 2℃~8℃下储存，可稳定保存一个月。

低量程（测定上限 150 mg/L）COD 标准系列使用液：COD 值分别为 25 mg/L、50 mg/L、75 mg/L、100 mg/L、125 mg/L 和 150 mg/L。分别量取 10.00mL、20.00mL、30.00mL、40.00mL、50.00mL、60.00mL 的 COD 标准储备液，分别置于 6 个 250mL 容量瓶中，用水稀释至标线，摇匀。此溶液在 2℃~8℃下储存，可稳定保存一个月。

（13）硝酸银溶液：$c(AgNO_3) = 0.1$ mol/L。将 17.1g 硝酸银溶于 1000 mL 水中。

（14）铬酸钾溶液：$\rho(K_2CrO_4) = 50g/L$。将 5.0g 铬酸钾溶解于少量水中，滴加硝酸银溶液至有红色沉淀生成，摇匀，静置 12h，过滤并用水将滤液稀释至 100 mL。

6.4.1.3 干扰及消除

氯离子是主要的干扰成分，水样中含有氯离子会使测定结果偏高，加入适量硫酸汞与氯离子形成可溶性氯化汞配合物，可减少氯离子的干扰，选用低量程方法测定 COD，也可减少氯离子对测定结果的影响。在 600 nm ± 20 nm 处测试时，Mn（Ⅲ）、Mn（Ⅵ）、Mn（Ⅶ）形成红色物质，会引起正偏差，其 500mg/L 的锰溶液（硫酸盐形式）引起正偏差 COD 值为 1083mg/L，其 50mg/L 的锰溶液（硫酸盐形式）引起正偏差 COD 值为 121mg/L；而在 440nm ± 20 nm 处，则 500mg/L 的锰溶液（硫酸盐形式）引起的负偏差 COD 值为 −7.5mg/L，50mg/L 的锰溶液（硫酸盐形式）的影响可忽略不计。在酸性重铬酸钾条件下，一些芳香烃类有机物、吡啶等化合物难以氧化，其氧化率较低。

6.4.1.4 器具

（1）消解管

消解管应由耐酸玻璃制成，在 165℃ 温度下能承受 600kPa 的压力，管盖应耐热耐酸。首次使用消解管，应按以下方法进行清洗：在消解管中加入适量的硫酸—硫酸银溶液和重铬酸钾的混合液（6:1），也可用铬酸钾洗液代替混合液。拧紧管盖，在 60℃~

80℃水浴中加热管子，手执管盖，颠倒摇动管子，反复洗涤管内壁。室温冷却后，拧开盖子，倒出混合液，再用水冲洗净管盖和消解管内外壁。

当消解管作为比色管进行光度测定时，从一批消解管中随机选取5支~10支，加入5mL水，在选定的波长处测定其吸光度值，吸光度值的差值应在±0.005以内。消解管作比色管应符合使用说明书的要求，消解管用于光度测定的部位不应有抽擦痕，在放入光度计前应确保管子外壁非常洁净。

（2）加热器

加热器应具有自动恒温加热、计时鸣叫等功能，有透明且通风的防消解液飞溅的防护盖。加热器加热时不会产生局部过热现象，加热孔的直径应能使消解管与加热壁紧密接触。为保证消解反应液在消解管内有充分的加热消解和冷却回流，加热孔深度一般不低于或高于消解管内消解反应液高度5mm。加热器加热后应在10min内达到设定的165℃±2℃温度，其他指标及检验参照JJG975的有关要求。

（3）光度计

光度测量范围不小于0~2吸光度，数字显示灵敏度为0.001吸光度。普通光度计，在测定波长处，可用普通长方形比色皿测定的光度计。专用光度计，在测定波长处，用固定长方形比色皿测定COD值的光度计或用消解比色管测定COD值的光度计。宜选用消解比色管测定的COD的专用分光计，性能校正，在正常工作时，比色皿或消解比色管装入适量水调整吸光值为0.000时，每隔1min，读取记录一次数据，20 min内吸光度小于0.005。光度计其他指标及检验参照JJG 975的有关要求。

（4）消解管支架

不得擦伤比色管光度测量部位，方便消解管的放置和取出，耐165℃热的支架。

（5）离心机

可放置消解比色管进行离心分离，转速范围为0~4000 r/min。

（6）手动移液器

最小分度体积不大于0.01mL。

6.4.1.5　样品

采集水样不应少于100 mL，应保存在洁净的玻璃瓶或塑料瓶中。采集的水样应在24h内测定，或在0~4℃保存7天，或加硫酸调节pH值≤2。

水样氯离子的测定。在试管中加入2.00 mL试样，再加入0.5 mL硝酸银溶液，充分混合，最后加入2滴铬酸钾溶液，摇匀，如果溶液变红，氯离子溶液低于1000 mg/L；如果仍为黄色，氯离子浓度高于1000 mg/L。或按GB/T11896方法测定水样中氯离子的浓度。

水样的稀释。将水样摇匀后取样稀释，被稀释水样不少于10 mL。

初步判定水样COD浓度：选择对应量程的预装混合试剂，加入相应体积的试样，摇匀，在165℃温度下加热5 min，检查管内溶液是否呈现绿色，如变绿应重新稀释后再进行测定。

6.4.1.6 测定条件的选择

分析测定的条件见表 6-15，宜选用比色管分光光度法测定水样中的 COD。

比色皿分光光度法选用 φ20mm×150mm 规格的消解管时，或比色管分光光度法选用 φ16mm×150mm 规格的消解比色管时，消解可在非密封条件下进行。

表 6-15 分析测定条件

测定范围 （mg/L）	试样用量 （mL）	比色皿或比色管规格 （mm）	测定波长 （nm）	检出限 （mg/L）
高量程 100~1000	3.00	20①	600±20	22
低量程 15~150	3.00	10①	440±20	3.0
高量程 100~1000	2.00	φ16×120② φ16×100②	600±20	33
低量程 50~150	2.00	φ16×120② φ16×100②	440±20	2.3

注：①长方形比色皿。

②比色管为密封管，外径 φ16 mm 壁厚 1.3 mm，长 120 mm 密封消解比色管消解时冷却效果较好。

6.4.1.7 分析步骤

（1）校准曲线

打开加热器，预热到设定的 165℃±2℃。选定预装混合试剂，摇匀试剂后再拧开消解管管盖。量取相应体积的 COD 标准系列溶液（试样）沿内壁慢慢加入到管中。拧紧消解管管盖，颠倒摇匀消解管中溶液，用无毛纸擦净管外壁。将消解管放入 165℃±2℃的加热器的加热孔中，待温度回升到 165℃±2℃时，计时加热 15 min。从加热器中取出消解管，待消解管冷却至 60℃左右时，颠倒摇匀消解管内溶液，用无毛纸擦净管外壁，静置，冷却至室温。高量程测定时，设定波长 600nm±20 nm，以水为参比液，用光度计测定吸光度值。用高量程 COD 标准系列使用液测定吸光度值减去空白吸光度值的差值，绘制校准曲线。低量程测定时，设定波长 440nm±20 nm，以水为参比液，用光度计测定吸光度值。用低量程 COD 标准系列使用液测定的吸光度值减去空白吸光度值的差值，绘制校准曲线。

空白试验，用水代替试样，按照上节"校准曲线"步骤测定其吸光度值。

（2）试样的测定

按照表 6-14 的方法要求选定对应的预装混合试剂，将已稀释好的试样，取相应体积。按照上节"校准曲线"的步骤进行测定。若试样中含氯离子，选用含汞预装混合试剂掩蔽氯离子。加热消解前，应颠倒摇动消解管，使氯离子同 Ag_2SO_4 易形成的 AgCl 白色乳状块消失。

若消解液混浊或有沉淀，影响比色测定时，应用离心机离心变清后，再用光度计测定。若消解管底部有沉淀影响比色测定时，应小心将消解管中上清液转入比色皿中测定。测得的 COD 值由相应的校准曲线查得，或由光度计自动计算得出。

（3）结果计算

在 600nm ± 20 nm 波长处测定时，水样 COD 的计算：$\rho(COD) = n[k(A_s - A_b) + a]$

在 440nm ± 20 nm 波长处测定时，水样 COD 的计算：$\rho(COD) = n[k(A_b - A_s) + a]$

式中：$\rho(COD)$ 为水样 COD 值，mg/L（保留三位有效数字）；n 为水样稀释倍数；k 为校准曲线灵敏度，（mg/L）/I；A_s 为试样测定的吸光度值，I；a 为校准曲线截距，mg/I。

6.4.1.8　准确度和精密度

（1）高量程方法的准确度和精密度

①同一实验室平行六次测定 132 mg/L COD 标准溶液相对误差为 - 2.3%，511 mg/L COD 标准溶液相对误差 0.8%；②六个实验室分别测定 COD 值为 100 mg/L 的标准溶液实验室内相对偏差为 4.7%，实验室间相对标准偏差为 5.4%；③六个实验室分别测定 COD 值为 400 mg/L 的标准溶液实验室内相对偏差为 1.5%，实验室间相对标准偏差为 1.8%；④六个实验室分别测定 COD 值为 1000 mg/L 的标准溶液实验室内相对偏差为 0.9%，实验室间相对标准偏差为 0.9%。

（2）低量程方法的准确度和精密度

①同一实验室平行六次测定 51.9 mg/L COD 标准溶液相对误差为 2.9%，204 mg/L COD 标准溶液相对误差 1.0%；②六个实验室分别测定 COD 值为 25.0 mg/L 的标准溶液实验室内相对偏差为 7.4%，实验室间相对标准偏差为 8.8%；③六个实验室分别测定 COD 值为 100 mg/L 的标准溶液实验室内相对偏差为 3.1%，实验室间相对标准偏差为 3.2%；④六个实验室分别测定 COD 值为 250 mg/L 的标准溶液实验室内相对偏差为 1.7%，实验室间相对标准偏差为 1.7%。

6.4.2　氯气校正法测定 COD

本方法适用于氯离子小于 20 000 mg/L 的高氯废水化学需氧量 COD 的测定，检出限为 30 mg/L，适用于油田、炼油厂、油库、氯碱厂、废水深海排放等废水中 COD 的测定。引用标准，GB11914—1989《水质 化学需氧量的测定 重铬酸钾法》。

高氯废水指氯离子含量大于 1000mg/L 的废水。

表观 COD，指在一定条件下，由水样所消耗的重铬酸钾的量，换算成相对应的氧的质量浓度。

氯离子校正值，指水样中被氧化的氯离子生成的氯气所对应的氧的质量浓度。

6.4.2.1　原理

在水样中加入已知量的重铬酸钾溶液及硫酸汞溶液，并在强酸介质下以硫酸银作催化剂，经 2h 沸腾回流后，以 1，10-邻菲罗啉为指示剂，用硫酸亚铁铵滴定水样中未被还原的重铬酸钾，由消耗的硫酸亚铁铵的量换算成消耗氧的质量浓度，即为表观 COD。将水样中未络合而被氧化的那部分氯离子所形成的氯气导出，再用氢氧化钠溶液吸收后，加入碘化钾，用硫酸调节 pH 2~3，以淀粉为指示剂，用硫代硫酸钠标准溶液滴定，消耗的硫代硫酸钠的量换算成消耗氧的质量浓度，即为氯离子校正值。表观 COD 与氯离子校正值之差，即为所测水样真实的 COD。

6.4.2.2　试剂

除非另有说明，试剂符合国家标准的分析纯和蒸馏水。

（1）硫酸（H_2SO_4），$\rho = 1.84$ mg/L。

（2）硫酸溶液，1+9。

（3）硫酸溶液，1+5。

（4）$c(1/2\ H_2SO_4) \approx 2$mol/L 硫酸溶液：取 55 mL 浓硫酸缓慢倒入 945 mL 水中。

（5）30% 硫酸汞（$HgSO_4$）溶液：称取 30.0 g 硫酸汞溶解于 100 mL 硫酸溶液中。

（6）硫酸银—硫酸溶液：向 1L 硫酸中加入 10 g 硫酸银（Ag_2SO_4），放置 1 天~2 天使之溶解，并混匀，使用前小心摇动。

（7）重铬酸钾（$K_2Cr_2O_7$）标准溶液：符合 GB11914—1989 中 4.5.1 规定。

（8）硫酸亚铁铵[$(NH_4)_2Fe(SO_4)_2$]标准溶液：符合 GB11914—1989 中 4.6 的规定。

（9）硫代硫酸钠（$Na_2S_2O_3$）标准溶液：浓度为 $c(Na_2S_2O_3) \approx 0.05$ mol/L 硫代硫酸钠标准溶液，称取 12.4g 硫代硫酸钠（$Na_2S_2O_3 \cdot 5H_2O$）溶于新煮沸并加盖冷却的水中，加 1.0g 无水碳酸钠（Na_2CO_3），移入 1000mL 棕色容量瓶内，用水稀释至标线，摇匀。放置一周后标定其准确浓度。溶液如出现混浊，必须过滤。

6.4.2.3　标定方法

在 250 mL 碘量瓶中，加 1.0g 碘化钾（KI）和 50 mL 水，加 5.00 mL 重铬酸钾标准溶液，振摇至完全溶解后，加 5 mL 硫酸溶液（1+5），立即密塞摇匀。于暗处放置 5 min 后，用待标定的硫代硫酸钠标准溶液滴定至溶液呈淡黄色时，加 1mL 淀粉溶液，继续滴定至蓝色刚好消失为终点。记录硫代硫酸钠标准溶液的用量，同时作空白滴定。

（1）硫代硫酸钠标准溶液浓度计算：

$$c(Na_2S_2O_3) = 0.2500 \times 5.00/(V_1 - V_2)$$

式中：V_1 为滴定重铬酸钾溶液消耗硫代硫酸钠标准溶液的体积，mL；V_2 为滴定空白溶液消耗硫代硫酸钠标准溶液的体积，mL。

（2）淀粉溶液（1g/100mL）：称取 1.0g 可溶性淀粉，用少量水调成糊状，慢慢倒入 100 mL 沸水，继续煮沸至溶液澄清，冷却后储存于试剂中。临用现配。

（3）2% 氢氧化钠（NaOH）溶液：取 20g 氢氧化钠于少量水中，稀释至 1000 mL。

（4）1，10-邻菲罗啉指示剂溶液：溶解 0.7g 七合硫酸亚铁（$FeSO_4 \cdot 7H_2O$）于 50 mL 水中，加入 1.5g 1，10-邻菲罗啉，搅拌至溶解，加水稀释至 100 mL。

（5）防爆沸玻璃珠：φ4 mm~8 mm，洗净烘干备用。

（6）氮气：纯度 >99.9%。

（7）仪器：

①回流吸收装置，如图 6-2，玻璃材质。

②加热装置，电炉。

③氮气流量计，流量范围为 5 mL/min~40 mL/min 的浮子流量计。

④ 25 mL 或 50 mL 酸式滴定管，标准测定方法：国标 GB11914—1989《化学需氧量的测定》。

6.4.2.4　样品

采集水样不应少于 100 mL，保存在洁净的玻璃瓶中。采集的水样应在 24h 内测定，或在 0~4℃保存 7 天，或加稀硫酸(1+9)调节 pH 值≤2。

6.4.2.5　步骤

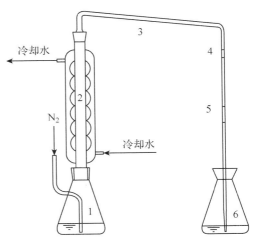

图 6-2　回流吸收装置
1. 插管三角烧瓶；2. 冷凝管；3. 导出管；
4、5. 硅橡胶接管；6. 吸收瓶

(1)吸取水样 20.0 mL 于 500 mL 插管三角烧瓶中，根据水样中氯离子浓度，按 $HgSO_4:Cl^-=10:1$ 的比例加入不同体积的硫酸汞溶液(表 6-16)，摇匀，加入重铬酸钾标准溶液 10.0 mL 及防爆沸玻璃珠 3 粒~5 粒。

(2)当一次测定多个水样时，可按水样氯离子浓度高低适当分组，以减少空白值测定次数。根据氯离子浓度加入硫酸汞量，$HgSO_4:Cl^-=7.5:1$。

(3)将插管三角烧瓶接到冷凝管下端，接通冷凝水，通过漏斗从冷凝管上端缓慢加入硫酸银—硫酸溶液。

(4)在吸收瓶内加入 20.0 mL 氢氧化钠溶液，并加水稀释至 200 mL。

(5)按图 6-2 连接好装置，将导出管插入吸收瓶液面下。

(6)通入氮气(5 mL/min~10mL/min)，加热，自溶液沸腾起回流 2h。停止加热后，加大氮气气流(30 mL/min ~ 40mL/min)，注意不要使溶液倒吸，继续通氮气 30 min~40min。

(7)取下吸收瓶，冷却至室温，加入 1.0g 碘化钾，再加入 7.0 mL 硫酸调节溶液 pH 2~3，放置 10 min，用硫代硫酸钠标准溶液滴定至淡黄色，加入淀粉指示剂继续滴定至蓝色刚好消失为终点，记录硫代硫酸钠标准溶液消耗的毫升数 V_3。

(8)插管三角烧瓶冷却后，从冷凝管上端加入一定量水(图 6-2)，取下插管三角烧瓶。溶液冷却至室温后，加入 3 滴 1，10-邻菲罗啉指示剂溶液，用硫酸亚铁铵标准溶液滴定至溶液颜色由黄色经蓝绿色变成红褐色即为终点。记录硫酸亚铁铵标准溶液消耗的毫升数 V_2。

(9)空白试验。按相同步骤以 20.0 mL 水代替试样进行空白试验，其余试剂和试样测定相同，记录空白滴定时消耗硫酸亚铁铵标准溶液的毫升数 V_1。

表6-16 不同氯离子浓度时试剂用量

氯离子浓度 （mg/L）	HgSO$_4$溶液加入量 （mL）	Ag$_2$SO$_4$-H$_2$SO$_4$ 加入量（mL）	回流后加水量 （mL）
3000	2.0	32	85
5000	3.3	33	89
8000	5.3	35	94
10 000	6.7	37	99
12 000	8.0	38	101
16 000	11.0	41	109
20 000	13.3	41	115

（10）结果的表示：

① 水样化学需氧量COD（mg/L）的计算：

$$表观 COD(mg/L) = c_1(V_1 - V_2) \times 8000/V_0$$
$$氯离子校正值(mg/L) = c_2 V_3 \times 8000/V_0$$
$$COD(mg/L) = 表观 COD - 氯离子校正值$$

式中：c_1为硫酸亚铁铵标准溶液的浓度，mol/L；c_2为硫代硫酸钠标准溶液的浓度，mol/L；V_1为空白试验所消耗的硫酸亚铁铵标准溶液的体积，mL；V_2为试样测定所消耗的硫酸亚铁铵标准溶液的体积，mL；V_3为吸收液测定所消耗的硫代硫酸钠标准溶液的体积，mL；V_0为试样的体积，mL；8000为1/4 O_2的摩尔质量以mg/L为单位的换算值。

测定结果保留三位有效数字，当计算出COD值小于30 mg/L时，应表示为"COD < 30 mg/L"。

②精密度：10个实验室对COD含量为75.5 mg/L～208 mg/L，氯离子浓度为3000 mg/L～16 000 mg/L的4个统一样品进行测定，实验室内相对标准偏差在2.8%～3.6%之间，实验室间相对标准偏差在3.2%～7.8%之间。

6.4.3 重铬酸钾法测COD

在一定条件下，经重铬酸钾氧化处理时，水样中的溶解性物质和悬浮物所消耗的重铬酸钾盐相对应的氧的质量浓度。

本标准规定了水中化学需氧量的测定方法（GB 11914—1989）。

标准适用于各种类型的含COD值大于30 mg/L的水样，对未经稀释的水样的测定上限为700mg/L。超过水样稀释测定。

本标准不适用于含氯化物浓度大于1000 mg/L（稀释后）的含盐水。

6.4.3.1 原理

在水样中加入已知量的重铬酸钾溶液，并在强酸介质下以银盐作催化剂，经沸腾回流后，以试亚铁灵为指示剂，用硫酸亚铁铵滴定水样中未被还原的重铬酸钾，由消耗的硫酸亚铁铵的量换算成消耗氧的质量浓度。在酸性重铬酸钾条件下，芳烃及吡啶难以被氧化，其氧化率较低。在硫酸银催化作用下，直链脂肪族化合物可有效地被氧化。

6.4.3.2　试剂

除非另有说明，实验时所用试剂均为符合国家标准的分析纯试剂，试验用水均为蒸馏水或同等纯度的水。

（1）硫酸银（Ag_2SO_4），化学纯。

（2）硫酸汞（$HgSO_4$），化学纯。

（3）浓硫酸（H_2SO_4），$\rho = 1.84g/mL$。

（4）硫酸银—硫酸试剂：向 1L 硫酸中加入 10 g 硫酸银，放置 1 天~2 天使之溶解，并混匀，使用前小心摇动。

（5）重铬酸钾标准溶液：

①浓度为 $c(1/6\ K_2Cr_2O_7) = 0.250$ mol/L 的重铬酸钾标准溶液：将 12.258 g 在 105℃干燥 2h 后的重铬酸钾溶于水中，稀释至 1000 mL。

②浓度为 $c(1/60\ K_2Cr_2O_7) = 0.0250$ mol/L 的重铬酸钾标准溶液：将 0.250 mol/L 的重铬酸钾标准溶液稀释 10 倍而成。

（6）硫酸亚铁铵标准滴定溶液。浓度为 $c[(NH_4)_2Fe(SO_4)_2 \cdot 6H_2O] \approx 0.10$ mol/L 的硫酸亚铁铵标准溶液：溶解 39 g 硫酸亚铁铵 $[(NH_4)_2Fe(SO_4)_2 \cdot 6H_2O]$ 于水中，加入 20 mL 浓硫酸，待其溶液冷却后稀释至 1000mL。每日临用前，必须用重铬酸钾标准溶液准确标定此溶液的浓度。取 10.00 mL 重铬酸钾标准溶液置于锥形瓶中，用水稀释至约 100 mL，加入 30 mL 浓硫酸，混匀，冷却后，加 3 滴（约 0.15 mL）试亚铁灵指示剂，用硫酸亚铁铵滴定溶液的颜色由黄色经蓝绿色变为红褐色，即为终点。记录下硫酸亚铁铵的消耗量（mL）。

硫酸亚铁铵标准滴定溶液浓度的计算：

$$c[(NH_4)_2Fe(SO_4)_2 \cdot 6H_2O] = \frac{10.00 \times 0.25}{V} = \frac{2.50}{V}$$

式中：V 为滴定时消耗硫酸亚铁铵溶液的毫升数。

（7）浓度为 $c[(NH_4)_2Fe(SO_4)_2 \cdot 6H_2O] \approx 0.010mol/L$ 的硫酸亚铁铵标准滴定溶液：将 0.10 mol/L 的硫酸亚铁铵标准溶液稀释 10 倍，用重铬酸钾标准溶液标定，其滴定步骤及浓度计算与（6）硫酸亚铁铵标准滴定溶液步骤类同。

（8）邻苯二甲酸氢钾标准溶液，$c(KC_6H_5O_4) = 2.0824m$ mol/L：称取 105℃时干燥 2h 的邻苯二甲酸氢钾（$HOOCC_6H_4COOK$）0.4251g 溶于水，并稀释至 1000 mL，混匀。以重铬酸钾为氧化剂，将邻苯二甲酸氢钾完全氧化的 COD 值为 1.176g O_2/g（指 1g 邻苯二甲酸氢钾耗氧 1.176g），故该标准溶液的理论 COD 值为 500 mg/L。

（9）1，10-菲绕啉（1，10-phenathroline monohy drate）指示剂溶液：溶解 0.7g 七水合硫酸亚铁（$FeSO_4 \cdot 7H_2O$）于 50mL 的水中，加入 1.5g 1，10-菲绕啉，搅动至溶解，加水稀释至 100 mL。

（10）防爆沸玻璃珠。

6.4.3.3　仪器

（1）回流装置：带有 24 号标准磨口的 250 mL 锥形瓶的全玻璃回流装置。回流冷凝管长度为 300mm～500 mm。若取样量在 30 mL 以上，可采用带 500 mL 锥形瓶的全玻璃回流装置。

（2）加热装置。

（3）25 mL 或 50 mL 酸式滴定管。

6.4.3.4　采样和样品

（1）采样：水样要采集于玻璃瓶中，应尽快分析。如不能立即分析时，应加入硫酸至 pH＜2，置 4℃下保存。但保存时间不多于 5 天。采集水样的体积不得少于 100 mL。

（2）试料的准备：将试样充分摇匀，取出 20.0 mL 作为试料。

6.4.3.5　测定步骤

（1）对于 COD 值小于 50 mg/L 的水样，应采用低浓度的重铬酸钾标准溶液（0.0250 mol/L）氧化，加热回流以后，采用低浓度的硫酸亚铁铵标准溶液（0.010 mol/L）回滴。

（2）该方法对未经稀释的水样其测定上限为 700 mg/L，超过此限时必须经稀释后测定。

（3）对于污染严重的水样，可选取所需体积 1/10 的试料和 1/10 的试剂，放入 φ10 mm×150 mm 硬质玻璃管中，摇匀后，用酒精灯加热至沸数分钟，观察溶液是否变成蓝绿色。如呈蓝绿色，应再适当少取试料，重复以上试验，直至溶液不变蓝绿色为止。从而确定待测水样适当的稀释倍数。

（4）取试料于锥形瓶中，或取适量试料加水至 20.0 mL。

（5）空白试验：按相同步骤以 20.0 mL 代替试料进行空白试验，其余试剂、试料和水样测定相同，记录下空白滴定时消耗硫酸亚铁铵标准溶液的毫升数 V_1。

（6）校核试验：按测定水样提供的方法分析 20.0 mL 邻苯二甲酸氢钾标准溶液的 COD 值，用以检验操作技术及试剂纯度。该溶液的理论 COD 值为 500 mg/L，如果校核试验的结果大于该值的 96%，即可认为实验步骤基本上是适宜的，否则，必须寻找失败的原因，重复实验，使之达到要求。

（7）去干扰试验：无机还原性物质如亚硝酸盐、硫化物及二价铁盐将使结果增加，将其需氧量作为水样 COD 值的一部分是可以接受的。该实验的主要干扰物为氯化物，可加入硫酸汞部分地除去，经回流后，氯离子可与硫酸汞结合成可溶性的氯汞络合物。当氯离子含量超过 1000 mg/L 时，COD 的最低允许值为 250mg/L，低于此值结果的准确度就不可靠。

（8）水样的测定：于试料中加入 10.0 mL 重铬酸钾标准溶液和几颗防爆沸玻璃珠，摇匀。将锥形瓶接到回流装置冷凝管下端，接通冷凝水。从冷凝管上端缓慢加入 30 mL 硫酸银—硫酸试剂，以防止低沸点有机物的逸出，不断旋动锥形瓶使之混合均匀。自溶液开始沸腾起回流 2h。冷却后，用 20 mL～30 mL 水自冷凝管上端冲洗冷凝管后，取下锥形瓶，再用水稀释至 140 mL 左右。溶液冷却至室温后，加入 3 滴 1，10-菲绕啉指示剂溶液，用硫酸亚铁铵标准溶液滴定，溶液的颜色有黄色经蓝绿色变为红褐色即为终点。记下硫酸亚铁铵标准滴定溶液的消耗毫升数 V_2。

（9）在特殊情况下，需要测定的试料在 10.0 mL ~ 50.0 mL 之间，试剂的体积或重量按表 6-17 作相应的调整。

表 6-17　不同取样量采用的试剂用量

样品量 （mL）	0.250N $K_2Cr_2O_7$ （mL）	Ag_2SO_4-H_2SO_4 （mL）	$HgSO_4$ （g）	$(NH_4)_2Fe(SO_4)_2 \cdot$ $6H_2O$（mol/L）	滴定前体积 （mL）
10.0	5.0	15	0.2	0.05	70
20.0	10.0	30	0.4	0.10	140
30.0	15.0	45	0.6	0.15	210
40.0	20.0	60	0.8	0.20	200
50.0	25.0	75	1.0	0.25	350

6.4.3.6　结果的表示

（1）以 mg/L 计的水样化学需氧量，计算公式如下：

$$COD(mg/L) = \frac{c(V_1 - V_2) \times 8000}{V_0}$$

式中：c 为硫酸亚铁铵标准溶液的浓度，mol/L；V_1 为空白试验所消耗的硫酸亚铁铵标准溶液的体积，mL；V_2 为试料测定所消耗的硫酸亚铁铵标准溶液的体积，mL；8000 为 1/4 O_2 的摩尔质量以 mg/L 为单位的换算值。

测定结果一般保留三位有效数字，对 COD 值小的水样，当计算出 COD 值小于 10 mg/L 时，应表示为"COD < 10 mg/L"。

（2）精密度：40 个不同的实验室测定的 COD 值为 500 mg/L 邻苯二甲酸氢钾标准溶液，其标准偏差为 20 mg/L，相对偏差为 4.0%（表 6-18）。

表 6-18　工业废水 COD 测定的精密度

废水类型	参加验证的 实验室个数	COD 均值 （mg/L）	实验室内相对 标准偏差（%）	实验室间相对 标准偏差（%）	实验室间总相对 标准偏差（%）
有机废水	5	70.1	3.0	8.0	8.5
石化废水	8	398	1.8	3.8	4.2
染料废水	6	603	0.7	2.3	2.4
印染废水	8	284	1.3	1.8	2.3
制药废水	6	517	0.9	3.2	3.3
皮革废水	9	691	1.5	3.0	3.4

6.4.4　国家标准和行业标准对比

本节对新推出的环保行业 COD 分析方法与国家标准的分析条件进行了对比，采用两种方法对实际水样进行测定，并对结果进行了统计学检验，证明采用两种方法对所选取的废水水样的测定结果无显著性差异。

目前国内 COD 分析方法主要依据于 1989 年制定的国家标准 GB11914—1989，该标准是在 ISO6060 的基础上，结合国内多家实验室的验证比对，最终确定的。最近又颁布了环保行业标准 HJ/T399—2007《水质 化学需氧量的测定 快速消解 分光光度法》（简称行业标准），该标准方法在《水和废水监测分析方法（第四版）》的"快速密闭催化消解法（含光度法）"的基础上，参考欧美和国际相关研究成果及标准，结合国内外发展状况，在取得大量应用经验的基础上，开展比较研究及试验验证工作，建立了满足我国水环境监测需要的行业标准监测分析方法。现就这两种方法进行对比分析。

6.4.4.1 原理

两个标准的原理基本是一样的，即在水样中加入已知量的重铬酸钾溶液，并强酸介质下以银盐作催化剂对还原性物质进行氧化消解，水样中的溶解性物质和悬浮物所消耗的重铬酸盐相对应的氧的质量浓度。重铬酸钾属于比较强的氧化剂，在酸性条件下具有较高的氧化电极电位：在国家标准的 COD 测定条件下，条件电极电位能达到 1.546V。这两个方法除消解的反应条件有不同之外，最终的检测方法也不一样。国家标准的测定采用化学滴定法，即以试亚铁灵为指示剂，用硫酸亚铁铵溶液滴定水样中未被还原的重铬酸钾，由消耗的硫酸亚铁铵的量换算成消耗氧的质量浓度。行业标准的测定采用分光光度法，高浓度时在 600 nm 处测定试样中被还原的重铬酸钾产生的 Cr^{3+} 的吸光度，低浓度时在 440 nm 处测定未被还原的重铬酸钾产生的 Cr^{6+} 和被还原的重铬酸钾产生的 Cr^{3+} 的总吸光度方法对比。由于化学需氧量的测定一个条件性试验，在 200℃ 以下很难保证将大部分有机化合物消解完全，综合地说，对一般有机化合物的氧化率能达到 90% 以上，但能达到 100% 的为数却不多（如邻苯二甲酸氢钾）。现将国家标准和行业标准的测定条件进行对比，见表 6-19。

表 6-19 国家标准和行业标准测定方法对比

对比内容	国家标准 GB11914—1989	行业标准 HJ/T399—2007
消解温度（℃）	146（419K）	165（438K）
消解体系酸度（mol/L）	9	10.2
检出限（mg/L）	10	15
反应体系条件 氧化电极电位（V）	1.546	1.553
消解时间（min）	120	15
重铬酸钾纯度	分析纯	优级纯
邻苯二甲酸氢钾纯度	分析纯	优级纯或基准级
测量方法	滴定法	分光光度法（600nm，440nm）
硫酸银、硫酸汞纯度	化学纯	分析纯
取样量（mL）	20	2
加热设备	电炉（一般为六联电炉）	恒温加热器

从表6-19可以看出，在国家标准的基础上，行业标准加大了消解体系的酸度，提高了消解温度，提高了氧化电极电位，缩短了消解反应的时间，加之取样量少，消耗化学试剂少（试剂的纯度要求高一些），可以同时快速测定多个样品，使得行业标准更适宜于野外和应急监测。

6.4.4.2　对照试验结果

河北省环境监测中心站分别采用国标法和行标法对不同类型的废水水样分低量程和高量程进行了对照实验，数据见表6-20。

表6-20　水样对照试验结果　　　　　　　　　　　mg/L

量程	废水类型	国家标准	行业标准	相对误差（%）
高量程	制药厂1	584	589	0.86
	制药厂2	416	412	−0.96
	油漆厂	420	410	−2.38
	制革厂	402	415	3.23
	焦化厂	176	168	−4.54
	化纤厂	366	358	−2.18
	炼油厂	138	132	−4.35
	粮油厂	754	733	−2.78
	制药厂3	614	626	1.95
	染料厂	123	126	2.44
	炼焦厂	271	264	−2.58
低量程	制药厂	72	76.5	6.25
	化肥厂	38	33.4	−12.1
	炼油厂	54	48	−11.1
	焦化厂	72.8	79.2	8.79
	糠醛厂	74.2	69.8	−5.93
	酿造厂	103	98.6	−4.27
	三废中心	57.9	52.7	−8.98
	化纤	65	61.5	−5.38
	热电厂	31	24.7	−20.3
	河水	15.1	11.9	−21.2

6.4.5　提高 COD 测定准确度的方法

（1）移液管、滴定管等玻璃仪器用了一段时间后，内壁挂水珠，说明玻璃仪器内壁变脏，须用洗液泡洗。洗液配制方法如下：取 500 mL 工业浓硫酸置于烧杯内，小心加热，然后慢慢加入 25g 重铬酸钾（工业纯）粉末，边加边搅拌，待全部溶解并缓慢冷却后，贮存在磨口玻璃塞的细口瓶内。再用清水洗，玻璃仪器内壁不挂水珠，表明仪器洗干净。用过的洗液回收在另一玻璃瓶中，可反复使用。多次使用后，洗液颜色由棕红色转为深绿色，洗液就不能用了。

（2）配重铬酸钾 $K_2Cr_2O_7$（基准纯或分析纯）标准溶液：在配制时，将重铬酸钾置于称量瓶（50mL），105℃~120℃干燥2h，把称量瓶盖盖上，在干燥器内冷却30min，在洁净的100 mL烧杯中称取12.258g重铬酸钾，慢慢溶于蒸馏水中，稀释至1000mL，然后贮存在棕色磨口玻璃塞的细口瓶内。

（3）配制的硫酸亚铁铵溶液 $(NH_4)_2Fe(SO_4)_2 \cdot 6H_2O$ 应贮存在棕色磨口玻璃塞的细口瓶内。

6.5 氨氮的检测

自然地表水体和地下水体中氮主要以硝酸盐（NO_3^-）为主，以游离氨（NH_3）和铵离子（NH_4^+）形式存在的氮受污染水体的氨氮叫水合氨，也称非离子氨。非离子氨是引起水生生物毒害的主要因子，而铵离子相对基本无毒。国家标准Ⅲ类地面水，非离子氨的浓度≤0.02 mg/L。氨氮主要来源于人和动物的排泄物，生活污水中平均含氮量每人每年可达2.5 kg~4.5 kg。雨水径流以及农用化肥的流失也是氮的重要来源。另外，氨氮还来自化工、冶金、石油化工、油漆颜料、煤气、炼焦、鞣革、化肥等工业废水中。

6.5.1 控制氨氮的意义

水体中的氨氮是指以氨（NH_3）分子或铵（NH_4^+）离子形式存在的化合氨。氨氮是各类型氮中危害影响最大的一种形态，是水体受到染的标志，其对水生态环境的危害表现在多个方面。与COD一样，氨氮也是水体中的主要耗氧污染物，氨氮氧化分解消耗水中的溶解氧，使水体发黑发臭。氨氮中的非离子氨是引起水生生物毒害的主要因子，对水生生物有较大的毒害，其毒性比铵盐大几十倍。在氧气充足的情况下，氨氮可被微生物氧化为亚硝酸盐氮，进而分解为硝酸盐氮，亚硝酸盐氮与蛋白质结合生成亚硝胺，具有致癌和致畸作用。同时氨氮是水体中的营养素，可为藻类生长提供营养源，增加水体富营养化发生的几率。

水体中总氮的含量如果在允许值0.2 mg/L之内，不会对水环境和人体造成危害，但如果超出标准则会产生很多不利影响，主要有以下两种。对饮用水的影响：当水体中总氮含量过高时，会使水质变臭，亚硝酸盐氮和某些有机氮本身就对人体有很大的危害作用，如致癌、致畸等；同时，由于氮元素对水生植物的营养作用，可导致有机质增加、病原菌孳生，并产生有害的藻毒素，危及饮用水的安全。

富营养化作用：氮化合物是很多水生植物的营养物质，当水体中总氮含量过高时，引起藻类及浮游生物的迅速繁殖后会铺满水面，阻断光线向水底透射，使水底植物光合作用受阻，氧的释放量减少；另外，当藻类大量繁殖而营养枯竭时，会发生大面积死亡，植物尸体被微生物分解，会消耗大量溶解氧，两种作用的结果使水中溶解氧的浓度大幅度降低。溶解氧浓度的降低会引起水生动物，特别是鱼类的死亡。严重时水底形成厌氧条件，在细菌的作用下，硫被还原成为有毒的硫氢化合物，加之一些藻类本身散发腥味异臭，使水体腥臭难闻。富营养化的最终发展将使水体库容因有机物残渣淤积而减小，水体生态结构破坏。生物链断裂，物种趋向单一，水体功能发生退化。近年来，富营养化作用日趋严重，湖泊"水华"及近海"赤潮"现象时有发生，越演越烈。水体富营养化已危害农业、渔业、旅游业等诸多行业，并对饮水卫生和食品安全构成巨大威胁。

氨氮毒性与池水的 pH 值及水温有密切关系，一般情况，pH 值及水温越高，毒性越强，对鱼的危害类似于亚硝酸盐。氨氮对水生物的危害有急性和慢性之分。慢性氨氮中毒危害为：摄食降低，生长减慢，组织损伤，降低氧在组织间的输送。鱼类对水中氨氮比较敏感，当氨氮含量高时会导致鱼类死亡。急性氨氮中毒危害为：水生物表现亢奋、在水中丧失平衡、抽搐，严重者甚至死亡。

氨氮是林产化工废水很重要的一项污染评价指标，按照国家标准测定废水氨氮一般采用次溴酸盐氧化法或靛酚蓝分光光度法。次溴酸盐氧化法不能用于污染较重、含有机物较多的林产化工废水，且操作比较烦琐；靛酚蓝分光光度法反应时间长，不适于废水氨氮的快速测定。随着对废水快速监测要求的提高，需要经常性地迅速检测林产化工废水的氨氮含量。近年已有人对氨氮监测的常规纳氏比色法进行改进，期望得到一种操作程序简便的林产化工废水氨氮快速监测方法。

现行水质氨氮仪器检测方法主要有分光光度法，又分为纳氏试剂法、靛酚蓝光度法和水杨酸分光光度法。对水样的准确测定是对其进行评估和治理的重要前提，如何能用简单有效的方法测定废水中的总氮含量对于环境监测和保护都有很重要的意义。在现阶段，水体中总氮的测定方法有了很大的发展，出现了多种新方法。在具体测定时通常是通过氧化剂氧化，把水样中的各种氮化合物转变为硝酸盐后，再以紫外分光光度法、液相色谱法、离子色谱法、气相色谱法等进行测定，现介绍近年发展较快的紫外分光光度法。

6.5.2　纳氏比色法测氨氮原理

在碱性溶液中氨与纳氏试剂（碘化汞钾）生成棕黄色的碘化氧汞氨，反应产物在 15min～30min 内稳定，颜色的深浅与氨氮含量成正比。其反应式为：

$$2[HgI_4]^{2-} + NH_3 + 3OH^- \longrightarrow NH_2Hg_2IO + 7I^- + 2H_2O$$

可在波长 410 nm～425 nm 范围内测定其吸光度，计算其含量。本法最低检出浓度为 0.025 mg/L（光度法），直接测定的上限为 2mg/L。水样中的 Ca^{2+}、Mg^{2+}、Fe^{2+} 或 Fe^{3+} 等在碱性条件下可形成碳酸钙、碱式碳酸镁和氢氧化铁沉淀，使溶液混浊，干扰比色。所以在显色前应加入酒石酸钾钠（或 Na_2H_2Y）溶液，与金属离子生成配合物，以消除其影响。

6.5.2.1　试剂配制

纳氏试剂：称取 16g 氢氧化钠，溶于 50 mL 水中，充分冷却至室温。另称取 7g 碘化钾和碘化汞（HgI_2）溶于水，然后将此溶液在搅拌下徐徐注入氢氧化钠溶液中。用水稀释至 100 mL，贮于聚乙烯瓶中，密封保存。

酒石酸钾钠溶液：称取 50g 酒石酸钾钠($KNaC_4H_4O_6 \cdot 4H_2O$)溶于 100 mL 水中，加热煮沸以除去氨，放冷，定容至 100 mL。

氨标准储备溶液：准确称取 3.8190g 经 100℃ 干燥过的氯化氨(NH_4Cl)溶于水中，移入 1000 mL 容量瓶中，稀释至标线。该溶液每毫升含 1.00mg 氨氮。

氨标准使用溶液：准确吸取 5.00 mL 氨标准贮备液于 500 mL 容量瓶中，用水稀释至标线。此溶液每毫升含 0.01 mg 氨氮。

6.5.2.2　测定步骤

水样预处理：无色澄清的水样可直接测定，色度、浑浊度较高和含干扰物质较多的水样，需经过蒸馏或混凝沉淀等预处理步骤。

标准曲线的绘制：分别吸取 0、0.50 mL、1.00 mL、3.00 mL、5.00 mL、7.00 mL 和 10.0 mL 氨标准使用液于 50 mL 比色管中，加水至标线，加 1.0 mL 酒石酸钾钠溶液，混匀。加 1.5 mL 纳氏试剂，混匀。放置 10 min 后，在波长 420 nm 处，用光程 10mm 比色皿，以水为参比，测定吸光度。由测得的吸光度，减去零浓度空白管的吸光度后，得到校正吸光度，绘制以氨氮含量(mg)对校正吸光度的标准曲线。

水样的测定：分取适量的水样(使氨氮含量不超过 0.1 mg)，加入 50 mL 比色管中，稀释至标线，加 1.0 mL 酒石酸钾钠溶液(经蒸馏预处理过的水样，水样及标准管中均不加此试剂)，混匀，加 1.5 mL 的纳氏试剂，混匀，放置 10 min。

空白试验：以无氨水代替水样，作全程序空白测定。

6.5.2.3　结果计算

由水样测得的吸光度减去空白实验的吸光度后，从标准曲线上查得氨氮含量(mg)。

$$氨氮(N，mg/L) = m \times 1000/V$$

式中：m 为由校准曲线查得样品管的氨氮含量(mg)；V 为水样体积(mL)。

6.5.2.4　注意事项

(1)纳氏试剂中碘化汞与碘化钾的比例，对显色反应的灵敏度有较大影响，静置后生成的沉淀应除去。

(2)滤纸中常含痕量铵盐，使用时注意用无氨水洗涤。所用玻璃器皿应避免实验室空气中氨的沾污。

(3)标准纳氏比色法的不足。

①难以直接用于测定高含盐林产化工废水的氨氮：常规氨氮的纳氏试剂测定法之所以不适用于测定高含盐废水的氨氮，是因为废水中钙、镁离子含量较高，易与纳氏试剂反应，掩蔽剂难以完全掩蔽而引起水样浑浊。

②空白吸光度值较大：实验证明，用 $HgCl_2$ 和 KI 来配制纳氏试剂时，$HgCl_2$ 的含量越高则空白值越大，应用该方法测定接近测定下限的样品时，其准确度难以保证。适当降低 $HgCl_2$ 的用量可以降低空白值，纳氏试剂自身有颜色，在可见光范围内有吸收，

也会导致空白吸光度值增大。因此,纳氏试剂用量不宜过多。

③纳氏试剂稳定期短,易出现沉淀:由于标准的纳氏试剂比色法的分析程序采用的是四碘合汞的氢氧化钠溶液,不利于胶体的稳定,放置时间稍久就会出现浑浊,无法长期保存。

6.5.3　改进的纳氏比色法

采用酒石酸钾钠-氢氧化钠掩蔽-缓冲系统解决纳氏比色法难以监测高盐废水氨氮,是由于废水中大量钙、镁离子易与纳氏试剂反应,掩蔽剂无法掩蔽引起水样浑浊。研究了以酒石酸钾钠-氢氧化钠溶液作为掩蔽-缓冲系统,适当提高了酒石酸钾钠和氢氧化钠的浓度,在消除废水中钙、镁离子干扰的同时,保证显色反应需要的 pH 范围。

改进纳氏试剂的配制方法,解决空白值偏高和纳氏试剂不稳定的问题。采用了碘化钾加氯化汞,用饱和聚乙烯醇水溶液做胶体分散稳定剂的配制方法,在保证显色反应完全的前提下减少了纳氏试剂的用量配比,降低分析方法的空白值,提高方法的准确度。同时提高了纳氏试剂的稳定性,延长了试剂的有效期。

(1)试剂的配制

饱和聚乙烯醇溶液:称取聚乙烯醇 6.0 g,加水 300 mL,电磁搅拌 3 min,抽滤,反复加水溶解沉淀,得到 520 mL 左右聚乙烯醇的饱和溶液,弃去不溶沉淀。

纳氏试剂:称取 KI 7.5 g,溶解于 15.0 mL 水中,再将 3.0 g HgCl$_2$ 粉末加入到 KI 溶液中,搅拌使充分溶解,用饱和聚乙烯醇溶液稀释定容至 500 mL。溶液呈微黄色澄清透明状。在 4℃冰箱中避光保存。

酒石酸钾钠-氢氧化钠混合溶液:称取 NaOH 12.0 g,溶解于 100 mL 水中,再将 56.5 g 酒石酸钾钠晶体加入,搅拌使溶解,稀释定容至 250 mL。煮沸除氨。在 4℃冰箱中避光保存。将 3.0 mL 该溶液加入到 25.0 mL 水中,用 pH 计测得 pH＝12.34,可以满足显色反应需要的 pH 条件,确定掩蔽-缓冲溶液加入量为 3.0 mL。

氨标准贮备液:准确称取 3.819 g 分析纯氯化铵,溶解定容至 1000 mL,该溶液含氨氮(以 N 计)为 1.00 mg/mL,室温室内保存。

氨标准使用液:准确吸取 2.50 mL 上述氨标准贮备液,转移稀释定容至 250 mL。该溶液含氨氮(以 N 计)为 0.010mg/mL。室温室内保存。

(2)标准曲线的绘制

分别吸取 0、1.00 mL、2.00 mL、3.00 mL、4.00 mL、5.00 mL 氨标准使用液于 25mL 比色管中,加水至标线,加 3.0 mL 酒石酸钾钠-氢氧化钠混合溶液,混匀。加 1.0 mL 纳氏试剂,混匀。放置 15 min 后,在波长 420 nm 处,用光程 10 mm 比色皿,以水为参比,测定吸光度。由于本方法中的纳氏试剂[HgI$_4$]$^{2-}$被聚乙烯醇分子包围分散,因此其释放比较缓慢,为使其与氨充分反应显色,故延长显色时间为 15 min。由测得的吸光度,减去零浓度空白管的吸光度后,得到校正吸光度,绘制以氨氮含量(mg)对校正吸光度的标准曲线。

(3)水样的测定

取适量的水样(某林产化工含盐废水,经测定该溶液 pH＝7.80),经絮凝沉淀和过滤后，准确吸取 10.00 mL 加入到 25 mL 比色管中，稀释至标线，加 3.0 mL 酒石酸钾钠-氢氧化钠混合溶液，混匀，加 1.0 mL 纳氏试剂，混匀，放置 15 min。在波长 420 nm 处，用光程 10 mm 比色皿，以水为参比，测定吸光度。另取一只比色管，准确吸取絮凝沉淀过滤后的海水养殖废水样品 10.00 mL 到 25mL 比色管中，再加入 1.00 mL 铵标准溶液，稀释至标线，加 3.0 mL 酒石酸钾钠-氢氧化钠混合溶液，混匀，加 1.0 mL 纳氏试剂，混匀，放置 15 min。在波长 420 nm 处，用光程 10 mm 比色皿，以水为参比，测定吸光度。

(4)试验结果与分析

氨在水溶液中有氨分子、铵根、水合氨等多种存在形式，并且各型体的百分比与溶液的 pH 值和离子强度存在着函数关系。在本节中，数据图表中的氨氮含量系指实验所使用的 25mL 比色管中的总氨氮含量，单位为 mg。样品氨氮浓度系指供试验的养殖海水或模拟废水中总氨氮的原浓度，单位为 mg/L。

表 6-21 零浓度空白管吸光度与时间的关系

周期	当天	30 天	60 天	90 天	120 天	150 天	180 天
吸光度 A	0.008	0.009	0.011	0.013	0.015	0.019	0.023

空白值的大小直接影响到分析结果的准确度和测定下限。经反复多次的试验，空白值稳定在 0.008~0.023 之间。随着时间的推移，空白值缓慢增加。从表 6-21 中的数据可知，改进的纳氏比色法所配制的试剂具有更长久的使用有效期。

(5)标准曲线

以实验用纯水为参比，由测得的吸光度，减去零浓度空白管的吸光度后得到校正吸光度，绘制以氨氮含量(mg)对校正吸光度的标准曲线。

表 6-22 中数据的说明：铵标准系指各比色管中加入的铵标准使用液的体积，单位为 mL。氨氮含量系指各比色管中的氨氮含量，单位为 mg。校正吸光度是实际测得吸光度值与 0 号管吸光度之差。

表 6-22 改进的纳氏比色法的标准曲线(试剂配制当天)原始数据

比色管编号	0	1	2	3	4	5
铵标准(mL)	0.000	1.000	2.000	3.000	4.000	5.000
氨氮含量(mg)	0.000	0.010	0.020	0.030	0.040	0.050
吸光度(A)	0.008	0.087	0.161	0.214	0.289	0.361
校正吸光度	0.000	0.079	0.153	0.206	0.281	0.353

标准曲线的线性分析：校正曲线直线方程为，

$$Y = 0.005\,52 + 6.925\,71X$$

线性相关系数 $R = 0.9989$，标准方差 $SD = 0.006\,81$，$P < 0.0001$。标准曲线线性良

好，说明该分析方法精密度高，结果可靠（图 6-3）。

（6）直接测定海水养殖废水样品的结果（表 6-23）

加标回收率 $P = [(0.0281 - 0.0178) \div 0.010] \times 100\% = 103.0\%$。可见经过改进的纳氏比色法应用于含盐废水样品的结果可靠，可信度高。

（7）方法的检测限

按照 3 倍空白值的标准偏差为分析方法的最低检测限的近似计算方法，根据 90 天内的空白吸光度值可得，本方法在 90 天内

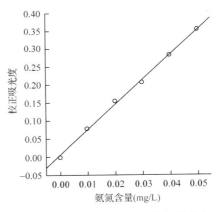

图 6-3　改进的纳氏比色法的标准曲线
（试剂配制当天）

表 6-23　海水样品检测结果原始数据

	水样	加标
吸光度	0.142	0.204
校正吸光度	0.134	0.196
氨氮含量（mg）	0.0178	0.0281
样品氨氮浓度（mg/L）	1.78	

注：氨氮含量从标准曲线上查出。

最低检测限校正吸光度值为 0.0022。从标准曲线上可以查得可检测最低氨氮含量为 0.000 28 mg，换算为浓度：

$$0.000\,28\,\text{mg} \times \frac{1000\,\text{mL/L}}{25\,\text{mL}} = 0.011\ \text{mg/L}$$

可见改进的纳氏比色法具有比标准的纳氏比色法（检测限 0.025 mg）更低的检测限，说明改进的方法具有更高的灵敏度。

（8）小结

通过合理配制酒石酸钾钠-氢氧化钠混合的掩蔽-缓冲体系，在掩蔽废水中的钙镁离子的同时保证了显色反应需要的 pH 值条件。通过用饱和聚乙烯醇分散稳定纳氏试剂，解决了纳氏试剂的稳定和保存的问题，同时减少纳氏试剂的相对用量，减小了空白值，降低了检测限，提高了纳氏比色法的灵敏度准确度。改进试验实现了用纳氏试剂比色法直接测定废水中的氨氮。实验证明方法操作方便、快捷，具有灵敏度好、显色速度快且方法稳定的特点，检出限完全满足含盐废水对氨氮的测定要求。

6.6　生化需氧量的快速测定

生化需氧量（biochemical oxygen demand，BOD）是一种用微生物代谢作用所消耗的溶解氧量来间接表示水体被有机物污染程度的一个重要指标。其定义是：第 5 天好氧

微生物氧化分解单位体积水中有机物所消耗的游离氧的数量，其单位以 mg/L 表示，主要用于监测水体中有机物的污染状况。一般有机物都可以被微生物所分解，但微生物分解水中的有机化合物时需要消耗氧，如果水中的溶解氧不足以供给微生物的需要，水体就处于污染状态。

微生物对有机物的降解与温度有关，一般最适宜的温度是 15℃~30℃，所以在测定生化需氧量时一般以 20℃ 作为测定的标准温度。20℃时在 BOD 的测定条件（氧充足、不搅动）下，一般有机物 20 天才能够基本完成在第一阶段的氧化分解过程（完成过程的 99%）。就是说，测定第一阶段的生化需氧量，需要 20 天，这在实际工作中是难以做到的。为此又规定一个标准时间，一般以 5 日作为测定 BOD 的标准时间，因而称之为五日生化需氧量，以 BOD_5 表示之。BOD_5 约为 BOD_{20} 的 70% 左右。

BOD 的测定方法包括：①标准稀释法，这种方法是最经典的也是最常用的方法。简单地说，就是测定在 20℃±1℃ 温度下培养五天前后溶液中的溶氧量的差值。求出来的 BOD 值称为"五日生化需氧量（BOD_5）"。②生物传感器法，其原理是以一定的流量使水样及空气进入流通量池中与微生物传感器接触，水样中溶解性可升华降解的有机物受菌膜的扩散速度达到恒定时，扩散到氧电极表面上的氧质量也达到恒定并且产生一恒定电流，由于该电流与水样中可生化降解的有机物的差值与氧的减少量有定量关系，据此可算出水样的生化需氧量。通常用 BOD 标准样品对比，以换算出水样的 BOD 的值。③活性污泥曝气降解法，控制温度为 30℃~35℃，利用活性污泥强制曝气降解样品 2h，经重铬酸钾消解生物降解后的样品，测定生物降解前后的化学计量需氧量，其差值即为 BOD。根据与标准方法的对比实验结果，可换算成为 BOD 值。④测压法，在密闭的培养瓶中，水样中溶解氧被微生物消耗，微生物因呼吸作用产生与耗氧量相当的 CO_2，当 CO_2 被吸收后使密闭系统的压力降低，根据压力测得的压降可求出水样的 BOD 值。BOD 标准稀释法也即国家标准方法（GB11914），操作烦琐，对检测人员专业技术要求很高，国内大多数中小型企业多无法测定 BOD。近年，用微生物传感器快速测定法 BOD 受到社会欢迎，应用范围越来越广泛。

6.6.1　微生物传感器快速测定法

本标准（HJ/T 86—2002）规定了测定水和污水中生化需氧量（BOD）的微生物传感器快速测定法。本标准规定的生物化学需氧量是指水和污水中溶解性可生化降解的有机物在微生物作用下所消耗溶解氧的量。

本方法适用于地表水、生活污水和不含对微生物有明显毒害作用的工业废水中 BOD 的测定。

干扰及消除被测水样中以下物质对本方法测定不产生明显干扰的最大允许量为：Co^{2+} 5mg/L；Mn^{2+} 5 mg/L；Zn^{2+} 4 mg/L；Fe^{2+} 5 mg/L；Cu^{2+} 2 mg/L；Hg^{2+} 2 mg/L；Pb^{2+} 5 mg/L；Cd^{2+} 5 mg/L；Cr^{6+} 0.5 mg/L；CN^- 0.05 mg/L；悬浮物 250 mg/L。对含有游离氯或结合氯的样品可加入 1.575 g/L 的亚硫酸钠溶液使样品中游离氯或结合氯失效，应避免添加过量。对微生物膜内菌种有毒害作用的高浓度杀菌剂、农药类的污水不适用本测定方法。

（1）检测准备

微生物菌膜：将丝孢酵母菌在保持其生理机能的状态下封入膜中，称之为微生物菌膜或固定化微生物膜。

生物传感器：微生物传感器是由氧电极和固定化微生物膜组成。可检测微生物在降解有机物时引起的氧浓度的变化。

流通式：水样或清洗液在蠕动泵的作用下连续不断地将样品或清洗液在单位时间内按一定量比连续不断地被送入测量池中。

间断式（加入式）：将缓冲溶液加入到测量池中，使微生物传感器（微生物菌膜）与缓冲溶液保持接触状态，然后加入定量的被测水样，测得被测水样的 BOD 值。

恒温控制装置：微生物电极的反应性能依赖于一定的温度条件，因此要求在试验过程中要有一稳定的温场。该装置在仪器中称之为恒温控制装置。

清洗液（缓冲溶液）：清洗液是由磷酸二氢钾和磷酸氢二钠配制而成。其主要作用是作为缓冲液调节样品的 pH 值，清洗和维持微生物传感器使其正常工作，并具有沉降重金属离子的作用。

原理：测定水中 BOD 的微生物传感器是由氧电极和微生物菌膜构成，其原理是当含有饱和溶解氧的样品进入流通池中与微生物传感器接触，样品中溶解性可生化降解的有机物受到微生物菌膜中菌种的作用，而消耗一定量的氧，使扩散到氧电极表面上氧的质量减少。当样品中可生化降解的有机物向菌膜扩散速度（质量）达到恒定时，此时扩散到氧电极表面上氧的质量也达到恒定，因此产生一个恒定电流。由于恒定电流的差值与氧的减少量存在定量关系，据此可换算出样品中生化需氧量。

（2）试剂

分析纯试剂和蒸馏水，蒸馏水使用前应煮沸 2min～5 min 左右，放置室温后使用。

磷酸盐缓冲溶液：0.5 mol/L，将 68 g 磷酸二氢钾（KH_2PO_4）和 134 g 磷酸氢二钠（$Na_2HPO_4 \cdot 7H_2O$）溶于蒸馏水中，稀释至 1000 mL，备用。此溶液的 pH 值约为 7。

磷酸盐缓冲使用液（清洗液）：0.005 mol/L。

盐酸（HCl）溶液：0.5 mol/L。

氢氧化钠（NaOH）溶液：20 g/L。

亚硫酸钠（Na_2SO_3）溶液：1.575 g/L，此溶液不稳定，临使用前配制。

葡萄糖-谷氨酸标准溶液：称取在 103℃ 下干燥 1h 并冷却至室温的无水葡萄糖（$C_6H_{12}O_6$）和谷氨酸（HOOC—CH_2—CH_2—CHNH₂—COOH）各 1.705 g，溶于磷酸盐缓冲溶液的使用液中，并用此溶液稀释至 1000 mL 混合均匀即得 2500 mg/L 的 BOD 标准溶液。

葡萄糖-谷氨酸标准使用溶液（临用前配制）：取葡萄糖-谷氨酸标准溶液 10.00 mL 置于 250 mL 容量瓶中，用 0.005 mol/L 磷酸盐缓冲使用液定容至标线，摇匀，此溶液浓度为 100 mg/L，

（3）仪器

使用的玻璃仪器及塑料容器要认真清洗，容器壁上不能存有毒物或生物可降解的

化合物，操作中应防止污染。

微生物传感器 BOD 快速测定仪。

微生物菌膜：微生物菌膜内菌种应均匀，膜与膜之间应尽可能一致。其保存方法能湿法保存也可在室温下干燥保存。微生物菌膜的连续使用寿命应大于 30 d。

微生物菌膜的活化：将微生物菌膜放入 0.005 mol/L 磷酸盐缓冲使用液中浸泡 48 h 以上，然后将其安装在微生物传感器上。

10 L 聚乙烯塑料桶。

（4）样品的准备

样品采集后不能在 2h 内分析时，则应在 0~4℃ 的条件下保存，并在 6h 内分析，当不能在 6h 内分析时，则应将贮存时间和温度与分析结果一起报出。无论在任何条件下贮存决不能超过 24 h。

如果样品的 pH 值不在 4~10 之间，可用盐酸溶液（0.5 mol/L）或氢氧化钠溶液（20 g/L），将样品中和至 pH 值 7 左右。

测试样品的准备：将样品放置至室温。地表水样品可不用稀释（无特殊情况）直接做样品测定。生活污水和工业废水可根据经验或预期 BOD 值确定稀释倍数，使其 BOD 值控制在 50 mg/L 以下后作为待测样品。

（5）样品的测定

①测定前应先开启仪器，用磷酸盐缓冲使用液（0.005 mol/L）清洗微生物传感器至电位 E_0（或电流 I_0）稳定。

②工作曲线的绘制：取 5 支 50 mL 具塞比色管，分别加入葡萄糖-谷氨酸标准使用溶液 1.50 mL、3.50 mL、7.50 mL、12.50 mL、25.00mL，用 0.005 mol/L 磷酸盐缓冲使用液稀释至标线，摇匀。

③进样分别测出电位 E_0（或电流 I_0）差值（此差值与 BOD 浓度成正比）。

④用 5 个不同标准溶液的浓度对应电位差 ΔE（或电流差 ΔI）绘制工作曲线。

取预处理后样品 50 mL 加入 0.5 mL 0.5 mol/L 磷酸盐缓冲溶液，摇匀后进行测定。直接读取仪器显示测定浓度值，或由工作曲线查得水样中 BOD 浓度（mg/L）。

（6）精密度和准确度

四个实验室分析 BOD 含量为 25.3 mg/L、10.3 mg/L 的统一分发标准溶液，其分析结果如下：

- 实验室内相对标准偏差为 3.00 %、2.6 %。
- 实验室间相对标准偏差为 3.5 %、2.7 %。
- 四个实验室测定 50.6 mg/L 统一分发的已知 BOD 样品，相对误差为 −2.0%~ 2.8%。

注意事项：①由于进样量可调控，但无论何种情况单个样品的进样量不应小于 10 mL；②为缩短测定周期，最好将水样中 BOD 值稀释至 25 mg/L 左右；③测定 BOD 水样的贮存条件同 GB 7488—1987。

6.6.2　专用仪器快速测定 BOD

本方法使用的仪器为天津赛普环保科技有限公司生产的 220 A 型 BOD 快速测定仪。对使用的缓冲溶液、管路气液比的调整、样品测定时间等进行了选择，对仪器的抗干扰能力及干扰消除等进行了实验，从而确定了仪器的使用条件和适用范围。作为标准方法必须具有良好的精密性和准确性，因而在对仪器的技术指标确定中，进行了方法测定范围及精密度和准确度等方面的实验研究。通过包括中国环境监测总站在内的四个实验室对统一分发的标准溶液和已知 BOD 浓度样品的分析，证明本方法在实验室间和实验室内均具有良好的准确度和精密度。此外，由于标准的五日稀释与接种法是国内外普遍接受的 BOD 测定方法，因此将微生物传感器快速测定法与标准稀释与接种法进行了对比实验，结果证明二者具有良好的可比性。样品的贮存问题是环境监测质量保证工作中的重要问题，同样也是极易忽视的问题。

本研究除对方法本身的技术要求进行了确定外，还对样品的贮存问题进行了研究。稀释与接种法在进行测定前，需要通过预先测定化学需氧量来确定测定生化需氧量的稀释比例，而化学需氧量的测定时间在 2 h 左右，这也就决定了样品从采集到分析需要一段较长的时间。由于样品不能及时地进行分析，势必带来一定的测定误差，因此需要研究快速测定法。本研究制定的生化需氧量微生物传感器快速测定法具有以下特点：

①在短时间内得到水体中的 BOD 值，由原来五天的测定时间缩短为 20 min 左右；

②方法简便易行，可操作性强；

③选择的菌种及菌膜适用范围广，抗干扰能力强，使用寿命长，易于保存；

④方法精密度好，准确度高；

⑤本标准方法能与国际上 BOD 快速测定仪的使用接轨；

⑥经济上可行。

生化需氧量微生物传感器快速测定法标准方法的制定填补了国内空白，适应了环境监测方法规范化、标准化的需求，同时也解决了各级环境管理部门和广大监测人员盼望解决而又久未解决的技术问题，为环境管理和环境监测工作提供了科学依据，促进了经济的发展。

6.6.2.1　1220A 型微生物传感器 BOD 快速测定仪(图 6-4)

将 BOD 微生物膜传感器置于恒温控制罐内，磷酸盐缓冲液经恒温管加热，经三通管与一定流速的空气混合成一固定的气液比进入到测量池中。因缓冲液富含氧而不含有机化合物，此时微生物仅进行基础呼吸，其呼吸活性是恒定的。而当溶液中的溶解氧扩散进入氧电极表面的速率达恒定时，其电极输出达到一稳定相对最大的电流值时，测定中往往将此时的相对稳定的最大电流值称之为本底电流或基线电流，加入 BOD 标样(或样品)与缓冲液的混合液后，同样经液气混合三通管 4 汇合，以一定的流量通过流通测量池中，由于有机物进入流通池并向微生物膜扩散，被微生物作为营养源所利用，其在同化有机物的同时，微生物呼吸活性加强，消耗溶液中溶解氧，相应其扩散

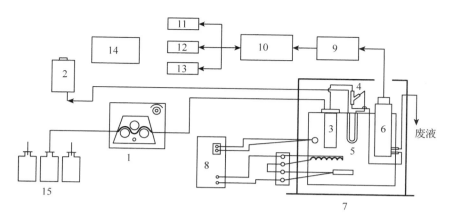

图6-4　1220A型微生物传感器BOD快速测定仪

1. 蠕动泵；2. 气泵；3. 恒温螺旋管；4. 液气混合三通；5. 气流U型管；6. 微生物传感器和流通测量池；
7. 恒温罐；8. 恒温控制器；9. 恒电位与电流放大器；10. 单板机；11. LCD显示器；12. 打印机；
13. 键盘；14. 电源ACDC；15. 进样瓶

进入电极表面的溶解氧速率减小，输出电流值降低，待几分钟后达到新的动态平衡。上述两种电流之差，与进入流通测量池中有机物浓度呈线性关系。依此来测量BOD值。

磷酸盐缓冲液或测量液与空气混合后，进入220A型的微生物传感器流通池的，实际上是气液混合的水气泡。这种水气泡的溶解氧在一定的条件下，可以认为是相对恒定的。它在与微生物膜外材质接触过程中，可以认为是逐渐浸润的。尤其是新装的微生物菌膜，需较长时间的水合，生物化学层的反应才会趋于稳定，因此，微生物菌膜在使用前需进行活化。微生物传感器6输出的不同电流信号，经电流放大器9放大，输出伏特级信号至A/D转换到单板机10进行数据处理，最终由LCD显示器11显示，结果也可由打印机12打印。同时，可根据不同的情况，用键盘13进行设置。图中的蠕动泵1和气泵，提供了恒流进液和进气，保证测量流量条件的恒定。恒温控制器8能精确地控制恒温罐7内的温度为±0.1℃，确保测量数据的稳定可靠。恒温罐7内有防止误控超湿过载的断电保护装置，达到保证被控设备(诸如气液混合三通、气流U管、微生物传感器和流通测量池)的安全性。通常，恒温罐内的温度控制在31℃左右。

6.6.2.2　仪器的使用

(1)微生物膜的活化

将微生物膜放入0.005 mol/L的磷酸盐缓冲使用液中浸泡24 h，然后将其安装在微生物传感器上。

(2)微生物膜的安装

将已活化好的微生物膜用塑料镊子夹住边缘，小心取出，将微生物膜的圆心位置对准电极金片中心，将菌膜扣碗的凹槽与电极上凸点对应扣好，并拧紧流通池。

(3)开机

开启仪器，用磷酸盐缓冲使用液清洗微生物传感器至电位(或电流)稳定。

（4）条件设置

时间、温度和流速的设置：按"功能"键进入该界面，使用△键将光标移到相应位置，使用数字键进行设置；输出方式、测量时间、清洗时间更改标准设置的设定：按"功能"键进入该界面，使用△键将光标移到相应位置，按"确认"键更改；输出方式设置：可选电流型（μA）或电压型（mV），使用△键将光标移至当前位置，按"功能"键更改；采样时间设置：使用△键移动光标至当前位置，用数字键设置测量时间，测定时间设置一般为 8min，超过 8min 不影响测量结果，但需相应增加清洗时间；清洗时间设置：使用△键移动光标至当前位置，用数字键设置。当水样 BOD 浓度大于 25mL 时，应清洗 20min 以上；当水样 BOD 浓度小于 10mL 时，可设定清洗时间为 10 min；更改标准：在"更改标准"后显示 NO 的状态下，可按"功能"键任意修改所做标准数据。如需要更改全部标准数据，则使用△键，移动光标至 NO 处，按"功能"键转换为 YES，再次按下"确认"键更改全部标准数据。（注：进行该操作将清除存储的标准及样品数据！）

（5）标准的设定及测量

按"标准"键进入该界面，使用数字键输入所需 BOD 标准溶液值，将取液管置于确定的标准溶液中，按"确认"键进入测量工作状态，并进入下一界面。标准样品序列号"NO. XX"，由仪器自动排序（最多 5 个），非复位状态下不用更改。测量完成后，仪器中的蜂鸣器将自动提示测量结束，所测数据自动存入标准数据中，可按功能键在标准数据菜单中查看。此时，将取液管从标准溶液中取出，用洗瓶（蒸馏水）简单冲洗后，连接到缓冲溶液桶盖的连接件上，按清洗键将仪器洗至稳定后进行下一步骤：按"标准"键继续设定标准，按"样品"键进行样品测量。

（6）样品测量

按"样品"键进入该菜单样品稀释倍数可使用数字键输入（职能为整数倍，最高为99 倍）。未经稀释，稀释倍数为 1，样品序号自动递进。将进液管置于待测样品中，按"确认"键进入测量状态，并进入下一界面。测量完成后，仪器中的蜂鸣器将自动提示测量结束，仪器将自动进入显示结果界面，所测数据自动存入标准数据中，可在样品数据菜单中查看。清洗状态：当测量标准溶液或待测水样后，按"清洗"键进入一下界面，清洗达到设定时间后，仪器蜂鸣器鸣响予以提示。打印：当测量结束或需要打印数据时，按打印键进入以下菜单，按△键将光标移至样品序号位置，用数字键选择打印样品的序号，按"确认"键开始打印。复位：当显示出现误码时，使用"复位"键，可使仪器恢复正常状态，同时标准数据与样品数据仍保存于仪器中。建议用户在使用"复位"功能后，及时打印原有数据已备查看。关机：条件允许无须关机，如果关机，再次开机后，需重新进行时间设置。

（7）实验试剂

实验所用试剂均为分析纯试剂，溶剂为蒸馏水，蒸馏水使用前应煮沸 2 min～5 min，放至室温后使用。配制磷酸盐缓冲溶液 0.5 mol/L，将 68g 磷酸二氢钾（KH_2PO_4）和磷酸氢二钠（$Na_2HPO_4 \cdot 7H_2O$）溶于蒸馏水中，稀释至 1000 mL，备用，此溶液的 pH 约为 7。配制磷酸盐缓冲使用液（清洗液）：0.005 mol/L。配制盐酸（HCl）溶液：0.5

mol/L。配制氢氧化钠（NaOH）溶液：20 g/L。配制亚硫酸钠（Na_2SO_3）溶液：1.5745g/L，此溶液不稳定，临用前现配。配制葡萄糖-谷氨酸标准溶液，称取在103℃下干燥1h并冷至室温的无水葡萄糖（$C_6H_{12}O_6$）和谷氨酸（HOOC—CH_2—CH_2—$CHNH_2$—COOH）各1.705g，溶于前述磷酸盐缓冲溶液中，并用此溶液稀释至1000 mL，混合均匀即得2500 mg/L 的 BOD 标准溶液。葡萄糖-谷氨酸标准使用溶液（临用前配制），取葡萄糖-谷氨酸标准溶液10.00 mL 置于250 mL 容量瓶中，用0.005 mol/L 磷酸盐缓冲使用液定容至标线，摇匀，此溶液浓度为100 mg/L。

（8）样品的贮存

在《水和废水监测分析方法》中对 BOD 样品保存冷冻可保存一个月的提法值得商榷，在《水和废水监测分析方法指南》上册中对 BOD 水样保存提出了"测定值将随水样贮存时间而降低"。Geller 分别探讨了4℃、−22℃，酸化至 pH 1.5 和酸化并在−22℃四种条件下保存，发现没有一种措施令人满意。因此，总的原则是贮存时间应尽可能短。美国《水和废水标准检验方法》第15版、第19版规定了对采集的样品2h 之内进行分析的样品无须冷藏，采集样品2h 后，分析样品保存在4℃以下，冷却降温至接近冰点以减少误差。当不能在6h 内分析时，实验记录应注明保存时间及湿度并一并报出。对贮存超过24h 的样品不能分析。配制标准样品的分析结果一定要在6h 内完成。由中国环境监测总站负责起草的《地表水和污水监测技术规范》中规定 BOD 样品的保存条件为0~4℃避光，保存时间为12 h。根据目前的实验条件，该标准规定，无论在任何条件下样品的贮存绝不能超过24 h。

通过实验对上述结论进行了验证，将食品、造纸、洗涤剂、污水处理厂、油墨等处理后的废水在0~4℃冷藏12h 后测定。测定结果 BOD 浓度降低了20%~40%。用未经煮沸的蒸馏水配制的10 mg/L、20 mg/L 的标准溶液在常温存放6h 后 BOD 含量减少20%左右。用煮沸过的蒸馏水配制的以上标准溶液常温存放6h 后 BOD 含量减少10%左右。因此，样品的贮存是在分析中易被忽视和客观上难以解决的问题，必须引起注意，本快速测定仪来为避免这一问题提供了条件。

6.7 总磷的检测

磷在自然界的分布很广，与氧的化合能力较强，因此磷不会以单质元素的形式存在于自然界中。在水体中，磷几乎都是以各种磷酸盐的形式存在。总磷是指水体中各种形态的磷的总量，包括正磷酸盐、缩合磷酸盐（焦磷酸盐、偏磷酸盐和聚磷酸盐）和有机结合态磷（如磷脂等）。天然水中磷酸盐的含量并不高，但是农药、化肥、水产养殖等行业废水以及生活污水中含有大量的磷。磷在水中的转化较为简单，微生物在分解水体中的有机物时产生有机酸和二氧化碳，而硝化细菌及硫化细菌则产生硝酸和硫酸，无机磷酸盐在这些物质的作用下转化成可溶性磷酸盐，被水体中的微生物或植物吸收，组成有机磷化合物。有机磷化合物被好氧菌分解，产生磷酸，进而形成磷酸盐。在缺氧的条件下，磷酸盐可以因微生物的作用而被还原。

6.7.1　水体富营养化的危害

水体富营养化是指水体接纳过量的磷、氮等营养物质后，造成藻类及其他水生生物异常生长、繁殖，水体的透明度和溶解氧都发生改变，水质变坏，给饮用水、工农业供水、水产养殖、旅游等方面带来巨大的损失，并对人体身心健康造成严重危害的现象。因此，水体富营养化是水体受磷、氮等有机污染所产生的生态效应。富营养化水体中藻类大量繁殖，浮游植物数量随之增加，产生有异味的污染物。因占优势的浮游生物本身的颜色不同，水面往往呈现乳白色、蓝色、棕色、红色等污染。在近海，无纹多藻、夜光藻等占优势，藻层呈红色，被称为"赤潮"。而在江河湖海中，则被称为藻花，又为"水华"或"水花"。一旦发生赤潮或者是水华，某些赤潮生物还会分泌出黏液，粘在鱼、虾、贝类等生物的鳃上，妨碍他们的呼吸，导致鱼类等水生生物大量死亡。其次，海洋动物摄食含有毒素的赤潮生物后会引起中毒死亡，人类食用含有毒素的海产品后，也会产生同样的后果。第三，大量赤潮生物死亡后，其尸骸在被分解的过程中要消耗海水中大量的溶解氧，同样也会造成缺氧环境，引起虾、鱼类的大量死亡，导致水产养殖业的灾难性后果。

营养元素（尤其是磷和氮）是导致水体发生富营养化的重要因素。通过对藻类本身原生质的分析得到，藻类的生长主要依赖于氮和磷，尤其是氮，磷含量的高低决定着富营养化水体中藻类繁殖的速度和富营养化的程度。富营养化水体中的氮和磷首先来源于工业废水，如钢铁、制药、造纸、化工、印染等行业的废水中氮和磷的含量都相当高。这些排放的废水只经简单处理甚至没经过任何处理就直接排放到江河湖泊等水体中，氮、磷等物质也就不断地在水体中累积了下来；生活污水中含有大量富含氮、磷的有机物，其中的磷主要来自洗涤剂；现在农业生产中大量使用氮、磷肥和有机农药，他们在土壤中的残留，随着自然现象的更替，不断循环到其他的环境中，尤其是水体中。这些污水流入江河，汇入海洋，日益积累，就导致了水体的富营养化。

面对日益严重的水资源短缺和水污染问题，当务之急是保护水质，控制危害。由于水体富营养化导致严重的恶果，所以水体中总磷总氮的监测是水质监测的重要组成部分。鉴于目前总磷总氮的测定方法烦琐，不适合实际应用，因此对总磷总氮实施在线、自动监测才是最佳选择，极其必要。

6.7.2　钒钼酸铵法快速测定磷

现行行业标准 HG2636—1994 中，磷酸氢钙中磷的测定方法是重量法。这是一种经典的分析方法，也是目前国际上通用的仲裁方法，其原理是在酸性介质中，磷酸根与钼酸喹啉反应形成磷铜酸喹啉沉淀，用重量法测定磷的含量。尽管重量法方法成熟，结果准确可靠（准确度为 0.1%~0.2%），但是操作烦琐费时，在实际应用中不能适应生产和科研对分析工作的简捷要求，因此需要有一个快捷的方法来替代。目前，在饲料生产和检验中，应用的国标 GB/T6437—1992 方法是用分光光度法来测定饲料中磷的含量。其原理是先将试样中的有机物破坏，使磷游离出来，在酸性溶液中用钒钼酸铵处理，生成黄色的$(NH_4)_3PO_4NH_4VO_3 \cdot 16MoO_3$，在波长 420 nm 处进行比色测定，这种方法相对于重量法来说，既简单又方便，如能用在磷酸氧钙中磷含量的测定上，将会给生产和检验工作带来极大方便。为验证此方法是否可行，与重量法相比有没有差别，设计了对比试验，从试验结果的分析来看，用分光光度法测定磷酸氢钙中的磷含量与重量法相比有一定的差别，但有规律可循，经过校正可用于磷酸氢钙中磷的测定。

（1）仪器与试剂

紫外-可见分光光度计（北京普析 TUl800）、电热干燥箱（可控温度为 ± 1℃，天津北华）、坩埚式过滤器（G4，长春市玻璃仪器厂）、盐酸（GB/T622）：1 + 1 溶液、硝酸（GB/T626）：1 + 1 溶液、喹钼柠酮试剂、钒钼酸铵显示剂。精密称取样品 1g 置 250 mL 容量瓶中，加入 10 mL 盐酸溶解，用水稀释至刻度，摇匀，过滤，弃初滤液，移取 20 mL 续滤液按 HG2636—1994 方法（重量法）测定。精密量取续滤液 1mL 置 100 mL 容量瓶中，加入钒钼酸铵显色剂 20 mL。用水稀释至刻度，摇匀，放置 15 min，按 GB/T6437—1992 中 7.2 的方法比色（光度法）测定，测得试样分解液的吸收度，用标准曲线方程计算出分解液的磷含量，并由此计算样品磷含量。

（2）结果与分析

按上述方法分别对 6 个不同生产厂家生产的 6 个产品进行配对检测分析，结果见表 6-24。

表 6-24　检测结果　　　　　　　　　　　　　　　　　　%

样品号	分析方法	磷含量					平均值	变异系数
1	光度	17.16	17.16	17.02	17.03	17.11	17.10	0.40
	重量	16.90	16.91	16.85	16.86	16.87	16.88	0.15
2	光度	17.67	17.68	17.63	17.53	17.83	17.63	0.34
	重量	17.40	17.40	17.35	17.45	17.47	17.41	0.27
3	光度	17.33	17.33	17.24	17.38	17.29	17.31	0.30
	重量	17.17	17.14	17.06	17.24	17.13	17.15	0.38
4	光度	17.23	17.25	17.36	17.30	17.33	17.29	0.31
	重量	17.03	17.13	17.16	17.19	17.21	17.14	0.41
5	光度	16.47	16.49	16.59	16.44	16.51	17.50	0.34
	重量	16.29	16.27	16.32	16.25	16.32	17.29	0.19
6	光度	17.48	17.51	17.47	17.47	17.43	17.47	0.16
	重量	17.27	17.28	17.23	17.24	17.25	17.25	0.12

从检测结果看，分光光度法所测结果普遍高于重量法，表明这两种方法之间确定存在差异。通过分析发现，分光光度法和重量法的精确度都很好，变异系数均小于 1.0%，而且两种方法所测得的结果之差在 0.08%~0.28% 之间，均小于重量法规定的平行测定结果的绝对差值不大于 0.3% 的允许误差。这说明用分光光度法测定磷酸氢钙中磷含量是可行的。为了使结果与重量法相一致，在实际工作中加进一个校正值。

在上述配对检测中，分光光度法每次都要做一个标准曲线，而标准曲线到底对检测结果有多大影响？从上述检测中随机抽取一组数据（称样量 1.0006g、吸收度

0.368)，用不同时间做的标准曲线进行计算，结果见表 6-25(其中 17.16% 是原曲线计算的结果)。

表 6-25　计算结果

日期	曲线方程	计算结果	与原结果之差(%)
1.10	$C = 936.6A - 1.907$	17.13	-0.03
1.16	$C = 936.0A - 2.254$	17.09	-0.07
3.15	$C = 940.5A - 2.274$	17.18	$+0.02$
3.19	$C = 937.6A - 1.899$	17.15	-0.01
3.26	$C = 936.5A - 1.133$	17.16	0.00
4.26	$C = 950.4A - 3.782$	17.29	$+0.13$

　　从计算结果来看，不同的标准曲线汁算的结果与原结果相差不大，在 $-0.03\%\sim$ $+0.13\%$ 之间，均小于重量法规定的 0.30% 的分析误差。通过分析，发现不同的曲线计算的结果之间精确度很好，变异系数只有 0.39%。在实际生产中，当显色剂不发生改变(如显色剂重配)时，就不必重复做标准曲线，而可直接用原来的曲线进行计算，这样既能够满足生产和科研检测需要，又简单方便。为了得到比较准确的结果，在用分光光度法进行检测是应注意：①显色时间应控制在 15 min~30 min 之内；②比色皿应进行配对检验，比色皿与溶剂的吸收度应尽可能低，因为即使只有 0.002 的吸收度也会对标准曲线的斜率和截距产生影响，导致偏差增大；③在检测中应及时进行调零。

　　综上所述，用分光光度法测定磷酸氢钙中磷的含量，所得结果比重量法偏高，平均约高 0.2%；同一显色剂不同的曲线对结果的影响不大，一般在 $\pm 0.1\%$ 左右，而这一偏差对生产过程中的产品质量控制影响很小。因此，用分光光度法测定磷酸氢钙中磷的含量，对于生产企业有一定的应用价值。

6.7.3　孔雀绿法快速测定磷

　　磷含量的监控是水污染控制的一个重要问题。自 20 世纪 70 年代起，磷污染就引起了世界各国的关注。磷酸盐被广泛应用于洗涤剂和肥料之中，是造成江河湖泊富营养化的主要原因。对于农业、工业、环境污染等领域研究，发展一种能够快速准确检测磷含量的分析方法具有十分重要的实际意义。磷含量的测定方法已有报道。磷钼蓝分光光度法因其操作简便且线性范围较宽，被广泛用于磷含量的测定。在酸性介质中，无机磷与铝酸铵以铝酸形式作用生成磷钼杂多酸：在还原剂存在下磷钼杂多酸转变为磷钼蓝，其吸光度与含磷量成正比。随着杂多酸的研究和应用进一步深入，人们在杂多酸中加入碱性染料，从而形成多元缔合物显色反应体系。此类显色体系除了有较好的选择性外，其主要特点是灵敏度高。三苯甲烷类染料孔雀绿已报道被用于土壤和水体中可溶性磷含量的测定。相对于铝蓝法，孔雀绿法具有检测限较低、显色反应稳定、灵敏度高等特点。但是，现有研究报道在测定过程中无机酸分步多次加入，操作步骤较为烦琐，因而不利于现场实时测定。本文详细地探讨了酸度对于此反应体系的影响，简化了无机酸加入的步骤，优化了反应的条件。使其适用于磷含量的快速测定。该方法已成功应用于地表水和土样中磷含量的测定，取得了满意的结果。

（1）试剂与仪器

磷标准溶液（1g/L）：准确称取已干燥磷酸二氢钾$[KH_2PO_4]$0.219 79g，溶解后转移至 50 mL 容量瓶中，定容备用。使用时，可按需要稀释。

孔雀绿-钼酸铵显色液：准确称取钼酸铵$[(NH_4)_6MO_7O_{24} \cdot H_2O]$3.6000g 用少量水溶解。加入经 1:1 稀释的硫酸 25.56 mL。然后再加入 6×10^{-3} mol/L 孔雀绿溶液 25 mL，混合后，移入 100 mL 容量瓶定容备用。

聚乙烯醇溶液（PVA，10 g/L）：称取 0.5g 聚乙烯醇，溶解后移至 50 mL 容量瓶中，定容备用；

TU-1800 型 UV-Vis 分光光度计（北京普析通用仪器公司）。

试验用水均为亚沸水，所用试剂均为分析纯。

（2）实验方法

准确移取一定量磷标准溶液于 10 mL 容量瓶中，加入 2 mL 孔雀绿-钼酸铵显色剂，以水稀释至刻度，混匀 2 min 后，再加入 0.2 mL PVA 溶液，混匀。在紫外可见分光光度计上以空白溶液为参比，在 649 nm 波长下测定其吸光度值。

（3）孔雀绿-磷钼杂多酸离子缔合形成酸度的影响

对于孔雀绿-磷钼杂多酸离子缔合物的形成，反应酸度是最重要的实验条件。文献报道，只有正磷酸根才能够和钼酸根反应生成磷钼杂多酸，而正磷酸的存在需要较高的酸度。但孔雀绿和磷钼杂多酸只有在适合的酸度下才能反应，生成离子缔合物。酸度过高时，反应形成的离子缔合物不稳定。因此，选择一个合适的酸度条件尤为重要。

水溶液中三苯甲烷类染料孔雀绿以阳离子 MG^+ 形式存在。在强酸性介质中，孔雀绿阳离子质子化，结构发生变化，生成暗黄色的质子化孔雀绿阳离子 MGH^{2+}。质子化的孔雀绿阳离子再与磷钼杂多酸反应形成缔合物。由于这一质子化过程较慢（30 min），影响孔雀绿-磷钼杂多酸离子缔合物的形成速度。据文献报道，硫酸多为分步两次加入。第一步加入硫酸，是为了使孔雀绿分子首先质子化；第二步加入硫酸，其作用是再次调节测定溶液的酸度，以利于缔合反应的进行。这样的操作过程既不利于控制达到适宜的酸度，也使得试剂配制过程冗长；由于质子化过程的不完全，配好的试剂往往需要放置过夜并过滤，不利于磷的快速测定。试验中我们一次加入硫酸，调节反应所需适宜的酸度。实验结果如图 6-5 所示，表明与文献报道分步多次加入硫酸相比，改进后的方法所需硫酸的最终浓度为 0.47mol/L，但能加快反应速率，试剂配制后无

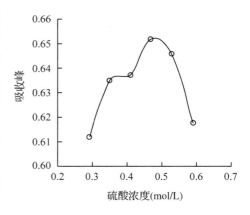

图 6-5 硫酸浓度对反应的影响

需过滤，简化了实验步骤，更有利于孔雀绿的质子化及与磷钼杂多酸缔合物的形成和快速测定。

（4）吸收光谱

按照上述实验方法，在改进的实验酸度条件下测定孔雀绿-磷钼杂多酸离子缔合物的吸收光谱，如图 6-6 曲线 A、B 所示。曲线 A 在 438 nm 处有吸收峰，为质子化的孔雀绿阳离子 MGH^{2+}；在 620nm 处的弱吸收峰是孔雀绿阳离子 MG^+。曲线 B 在大约 500 nm ~ 600nm 附近有一个很强的吸收带；

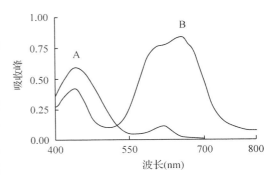

图 6-6 吸收光谱

A. 试剂空白，对水；B. 含 $100\mu g/L$ 磷样品
溶液，对试剂空白

最大吸收峰位于 649nm 处，是孔雀绿-磷钼杂多酸离子缔合物的吸收峰。这与通常文献报道结果一致，表明采用一步加酸对于缔合物生成物无影响。实验中，选择测量波长 λ 为 649 nm。

（5）孔雀绿-钼酸铵显色剂用量的影响

研究了钼酸铵、孔雀绿用量对于本反应的影响。结果表明：在改进的实验条件下，待测溶液的颜色随钼酸铵浓度的增大而缓慢增加，当钼酸铵浓度达到 6×10^{-3} mol/L 后，孔雀绿-磷钼杂多酸缔合物颜色基本保持稳定；实验中一步加入的硫酸溶液可使孔雀绿质子化并与磷钼杂多酸反应生成离子缔合物，待测溶液的颜色随试剂中孔雀绿浓度的增大而增加。但过大的孔雀绿浓度会造成较高的空白吸收，故实际测量的吸光度不增反降。本试验中，选择孔雀绿最终浓度为 3×10^{-4} mol/L。相比较未改进前的方法，孔雀绿的质子化更加完全。由于在 620 nm 左右具有最大吸光度的孔雀绿阳离子 MG^+ 几乎完全被质子化（$\lambda = 438$nm），所以孔雀绿阳离子 MG^+ 产生的吸收值似（$\lambda = 620$ nm）对反应测量（$\lambda = 649$nm）内几乎没有什么影响；在测定波长下，空白溶液的背景吸收值也较以前有所降低。因此，改进的方法具有更高的灵敏度和更低的检测限。实验选择每次加入 2 mL 孔雀绿-钼酸铵显色剂。

6.8 沼气中硫化氢的测定方法

一般测定沼气中的 H_2S 的含量可采用醋酸锌吸收法和比长检测管法，如要求精确度高时，则采用气相色谱仪，选用合适的固定相加以测定。

6.8.1 醋酸锌溶液吸收法

醋酸锌溶液吸收沼气中的 H_2S 而生成 ZnS 沉淀，然后再于酸性介质中，加入过量碘液与 ZnS 沉淀物作用，再使用过量的碘用硫代硫酸钠溶液滴定。根据加入的标准碘液和硫代硫酸钠（$Na_2S_2O_3$）标准液消耗量，可计算出 H_2S 在沼气中的含量。

（1）测定原理

醋酸锌溶液吸收沼气中的 H_2S：

$$Zn(Ac)_2 + H_2S = ZnS + 2HAc$$

生成的硫化物在酸性条件下同碘作用：

$$ZnS + I_2 + 2HAc = Zn(Ac)_2 + 2HI + S\downarrow$$

过量的碘用硫代硫酸钠溶液滴定：

$$I_2 + 2Na_2S_2O_3 = 2NaI + Na_2S_4O_6$$

（2）试剂

0.1000N、$Na_2S_2O_3$ 溶液（精确标定）；0.1000N、I 溶液（精确标定）；36% HAc；1% 淀粉；5% 醋酸锌溶液（吸收液）。

（3）计算

计算气体通入量、$Na_2S_2O_3$ 消耗量，I_2 的使用量。

计算式

$$g_{H_2S} = \frac{(N_1 V_1 N_2 V_2) \times 0.017}{fV} \times 10^3 \quad (mg/L)$$

式中：g_{H_2S} 为硫化氢含量；V_1 为 0.1N、I_2 溶液体积，mL；V_2 为 0.1N、$Na_2S_2O_3$ 溶液体积，mL；V 为气体通入体积，L；

$$f = \frac{273}{273 + t} \times \frac{B + H - H_s}{760}$$

式中：t 为室温，℃；B 为大气压，mmHg；H 为流量积压力读数，mmHg；H_s 为温度为 t 时饱和水蒸气压，mmHg；0.017 为 1mg 当量 H_2S 的重量，g。

6.8.2　比长检测管测定法

（1）比长检测管的构造

比长检测管采用直径为 3 mm~3.5 mm，长为 180 mm 的玻璃管制成。管子两端采用玻璃丝做堵塞物，其长度为 5 mm。在玻璃丝的后面是活化硅胶泥，约 5 mm 长，硅胶要充分地干燥，用来吸收气样中的水分。在左侧玻璃丝的后面装有 10 mm 长的聚乙烯试剂。管的中部装有 H_2S 指示剂，这是预先吸附好的醋酸铅和氯化钡的陶瓷颗粒，当 H_2S 与指示剂进行反应，形成褐色的硫化铅，根据变色柱的长度测出硫化氢的浓度。加入氯化钡可以部分生成 Pb_2Cl_2S，增加色柱的长度，以提高测定的准确度。在指示剂的两端还有 2 mm 长的玻璃粉起界限作用，在指示剂的右侧在加 5 mm 长的活化硅胶起保护作用。在玻璃管的外表面，刻有 H_2S 含量的刻度值。

（2）测定方法

① 检测管的校正：测试前采用已知浓度的标准气体，按说明书要求注入检测管，观察比色管变色的长度。如管测的浓度与标准气体相符，表明检测正常；如不符，则应适当调整进气时间与进气样的量，直到正确为止。

② 测试方法：采用医用注射器吸取 50 mL 纯气样，将检测管两段封口切开，注入气样，使气样量在校正时间内通过管，视变色长度读出刻度值。此法的灵敏度为 10

mg/m^3。比长管法，测管结构简单，便于携带，操作方便，适合现场测试。但测试精度差，其测试范围为 0.0001%~0.018%。

6.8.3　醋酸锌法与比长检测管法比较

两种方法测定沼气中硫化氢含量见表 6-26。

表 6-26　两种方法测定沼气硫化氢比较

企业	测试企业数	醋酸锌法（mg/L）			比长管法（mg/L）			两种方法测定结果差值（%）
		最低	最高	平均	最低	最高	平均	
酒厂	4	0.82	1.08	1.15	0.63	1.30	0.96	16.5
屠宰场	2	1.60	1.80	1.70	1.85	2.00	1.96	15.3
禽畜场	5	0.28	4.50	1.79	0.46	2.83	1.22	31.8
城粪处理厂	2	1.50	14.50	7.95	1.27	13.85	7.56	4.90

参考文献

成龙基．于纳氏试剂分光光度法的水质氨氮检测与数据分析[D]．武汉：华中科技大学，2011.

关玉春．微生物传感器法快速测定生化需氧量（BOD）的方法研究[D]．天津：南开大学，2004.

化学需氧量的测定快速消解分光光度法（HJ/T399—2007）[S]．国家环境保护总局，2007.

雷立改．海水中总磷、总氮在线自动消解装置的研制[D]．天津：河北科技大学，硕士学位论文，20101212.

林秀雁．浅谈 COD 测定的法定标准适用性[C]．中国环境科学学会学术年会论文集，2010，2620 – 2623.

苗燕．工业废水和含油废水处理方法研究[D]．沈阳：辽宁师范大学，2011.

钱振杰．土壤中养分的快速测定方法及仪器的研究[D]．西安：西北大学，2005.

唐松林，刘建琳，高蓓蕾．红外法测定不同行业废水中石油类/动植物油[J]．中国环境监测，2003（3）：278 – 280.

王艳英．悬浮物测定方法研究[C]．全国污水处理情报网 2010 年年会论文集，广西桂林，2010.

王张勇．养殖海水的化学法处理及氨氮检测方法的改进[D]．广州：中山大学，2006.

微生物传感器快速测定法（HJ/T 86—2002）[S]．国家环境保护总局，2007.

武英利，李海龙，闫超，等．光度法测度磷酸氢钙中磷含量[C]．第八届全国饲料添加剂学术暨新技术新产品交流会论文集，山东烟台，2004.

杨舒菱．锅炉水溶解固形物测定结果的不确定度评定[J]．机电技术，2010（3）.

曾一平．总磷与化学需氧量测定新方法研究[D]．重庆：重庆大学，2011.

附　录

一、污水综合排放标准

中华人民共和国国家标准
污水综合排放标准（节选）
GB8978—1996

为贯彻《中华人民共和国环境保护法》《中华人民共和国水污染防治法》和《中华人民共和国海洋环境保护法》，控制水污染，保护江河、湖泊、运河、渠道、水库和海洋等地面水以及地下水水质的良好状态，保障人体健康，维护生态平衡，促进国民经济和城乡建设的发展，特制定本标准。

主题内容

血本标准按照污水排放去向规定了 69 种水污染物最高允许排放浓度及部分行业最高允许排水量。

适用范围

本标准适用于现有单位水污染物的排放管理，以及建设项目的环境影响评价、建设项目环境保护设施设计、竣工验收及其投产后的排放管理。

定义

污水指在生产与生活活动中排放的水的总称。

排水量指在生产过程中直接用于工艺生产的水的排放量（不包括间接冷却水厂区锅炉、电站排水）。

一切排污单位指本标准适用范围所包括的一切排污单位。

其他排污单位指在某一控制项目中除所列行业外的一切排污单位。

技术内容

第一类污染物，不分行业和污水排放方式，也不分受纳水体的功能类别一律在车间或车间处理设施排放口采样，其最高允许排放浓度必须达到本标准要求（采矿行业的尾矿坝出水口不得视为车间排放口）。

第二类污染物，在排污单位排放口采样，其最高允许排放浓度必须达到本标准要求。

表1　第一类污染物最高允许排放浓度　　　　　　　　　　　　　mg/L

序号	污染物	最高允许排放浓度
1	总汞	0.05
2	烷基汞	不得检出
3	总镉	0.1
4	总铬	1.5
5	六价铬	0.5

（续）

序号	污染物	最高允许排放浓度
6	总砷	0.5
7	总铅	1.0
8	总镍	1.0
9	苯并(a)芘	0.000 03
10	总铍	0.005
11	总银	0.5
12	总 α 放射性	1 Bq/L
13	总 β 放射性	10 Bq/L

表2 第二类污染物最高允许排放浓度　　　　　　　　　　　　mg/L

序号	污染物	适用范围	一级标准	二级标准	三级标准
1	pH(无量纲)	一切排污单位	6~9	6~9	6~9
2	色度稀释倍数	一切排污单位	50	80	—
3	悬浮物(SS)	采矿选矿选煤工业	70	300	—
		脉金选矿	70	400	—
		边远地区砂金选矿	70	800	—
		城镇二级污水处理厂	20	30	—
		其他排污单位	70	150	400
4	五日生化需氧量(BOD)	甘蔗制糖、苎麻脱胶、湿法纤维板、染料、洗毛工业	20	60	600
		甜菜制糖酒精味精皮革化纤浆粕工业	20	100	600
		城镇二级污水处理厂	20	30	—
		其他排污单位	20	30	300
5	化学需氧量(COD)	甜菜制糖、合成脂肪酸、湿法纤维板、染料洗毛、有机磷农药工业	100	200	1000
		味精、酒精、医药原料药、生物制药、苎麻脱胶、皮革、化纤浆粕工业	100	300	1000
		石油化工工业(包括石油炼制)	60	120	500
		城镇二级污水处理厂	60	120	—
		其他排污单位	100	150	500
6	石油类	一切排污单位	5	10	20
7	动植物油	一切排污单位	10	15	100
8	挥发酚	一切排污单位	0.5	0.5	2.0
9	总氰化合物	一切排污单位	0.5	0.5	1.0
10	硫化物	一切排污单位	1.0	1.0	1.0
11	氨氮	医药原料药染料石油化工工业	15	50	—
		其他排污单位	15	25	—
12	氟化物	黄磷工业	10	15	20
		低氟地区(水体含氟量 <0.5mg/L)	10	20	30
		其他排污单位	10	10	20

（续）

序号	污染物	适用范围	一级标准	二级标准	三级标准
13	磷酸盐（以 P 计）	一切排污单位	0.5	1.0	—
14	甲醛	一切排污单位	1.0	2.0	5.0
15	苯胺类	一切排污单位	1.0	2.0	5.0
16	硝基苯类	一切排污单位	2.0	3.0	5.0
17	阴离子表面活性剂（LAS）	一切排污单位	5.0	10	20
18	总铜	一切排污单位	0.5	1.0	2.0
19	总锌	一切排污单位	2.0	5.0	5.0
20	总锰	合成脂肪酸工业	2.0	5.0	5.0
		其他排污单位	2.0	2.0	5.0
21	彩色显影剂	电影洗片	1.0	2.0	3.0
22	显影剂及氧化物总量	电影洗片	3.0	3.0	6.0
23	元素磷	一切排污单位	0.1	0.1	0.3
24	有机磷农药（以 P 计）	一切排污单位	不得检出	0.5	0.5
25	乐果	一切排污单位	不得检出	1.0	2.0
26	对硫磷	一切排污单位	不得检出	0.5	0.5
27	甲基对硫磷	一切排污单位	不得检出	1.0	2.0
28	马拉硫磷	一切排污单位	不得检出	1.0	2.0
29	五氯酚及五氯酚钠（以五氯酚计）	一切排污单位	5.0	8.0	10.0
30	可吸附有机卤化物（AOX）（以 Cl 计）	一切排污单位	1.0	5.0	8.0
31	三氯甲烷	一切排污单位	0.3	0.6	1.0
32	四氯甲烷	一切排污单位	0.03	0.06	0.5
33	三氯乙烯	一切排污单位	0.3	0.6	1.0
34	四氯乙烯	一切排污单位	0.1	0.2	0.5
35	苯	一切排污单位	0.1	0.2	0.5
36	甲苯	一切排污单位	0.1	0.2	1.0
37	乙苯	一切排污单位	0.4	0.6	1.0
38	邻-二甲苯	一切排污单位	0.4	0.6	1.0
39	对-二甲苯	一切排污单位	0.4	0.6	1.0
40	间-二甲苯	一切排污单位	0.4	0.6	1.0
41	氯苯	一切排污单位	0.2	0.4	1.0
42	邻-二氯苯	一切排污单位	0.4	0.6	1.0
43	对-二氯苯	一切排污单位	0.4	0.6	1.0
44	对-硝基氯苯	一切排污单位	0.5	1.0	5.0
45	2，4-二硝基氯苯	一切排污单位	0.5	1.0	5.0
46	苯酚	一切排污单位	0.3	0.4	1.0
47	间-甲酚	一切排污单位	0.1	0.2	0.5
48	2，4-二氯酚	一切排污单位	0.6	0.8	1.0
49	2，4，6-三氯酚	一切排污单位	0.6	0.8	1.0

（续）

序号	污染物	适用范围	一级标准	二级标准	三级标准
50	邻苯二甲酸二丁酯	一切排污单位	0.2	0.4	2.0
51	邻苯二甲酸二辛酯	一切排污单位	0.3	0.6	2.0
52	丙烯腈	一切排污单位	2.0	5.0	5.0
53	总硒	一切排污单位	0.1	0.2	0.5
54	粪大肠菌群落	医院*、兽医院及医疗机构含病原体污水	500 个/L	1000 个/L	5000 个/L
		传染病、结核病医院污水	100 个/L	500 个/L	1000 个/L
55	总余氯（采用氯化消毒的医院污水）	医院*、兽医院及医疗机构含病原体污水	<0.5**	>3（接触时间≥1h）	>2（接触时间≥1h）
		传染病、结核病医院污水触时间	<0.5**	>6.5（接触时间≥1.5h）	>5（接触时间≥1.5h）
56	总有机碳	合成脂肪酸工业	20	40	—
		苎麻脱胶工业	20	60	—
		其他排污单位	20	30	—

注：其他排污单位，指除在该控制项目中所列行业以外的一切排污单位。

＊指 50 个床位以上的医院。

＊＊加氯消毒后须进行脱氯处理，达到本标准。

表3　部分行业最高允许排水量

序号	行业类别			最高允许排水量或最低允许水重复利用率
1	矿山工业	有色金属系统选矿		水重复利用率75%
		其他矿山工业采矿选矿选煤等		水重复利用率选煤90%（选煤）
		脉金选矿	重选	16.0 m³/t（矿石）
			浮选	9.0 m³/t（矿石）
			氰化	8.0 m³/t（矿石）
			碳浆	8.0 m³/t（矿石）
2	焦化企业煤气厂			1.2 m³/t（焦炭）
3	有色金属冶炼及金属加工			水重复利用率80%
4	石油炼制工业（不包括直排水炼油厂）加工深度分类：A. 燃料型炼油厂 B. 燃料＋润滑油型炼油厂 C. 燃料＋润滑油型＋炼油化工型炼油厂（包括加工高含硫原油页岩油和石油添加剂生产基地的炼油厂）	A		200 万 t~500 万 t, 1.2 m³/t（原油） <250 万 t, 1.5 m³/t（原油）
		B		>500 万 t, 1.5 m³/t（原油） 200 万 t~500 万 t, 2.0 m³/t（原油） <250 万 t, 2.0 m³/t（原油）
		C		>500 万 t, 2.0 m³/t（原油） 200 万 t~500 万 t, 2.5 m³/t（原油） <250 万 t, 2.5 m³/t（原油）
5	合成洗涤剂工业	氯化法生产烷基苯烷基苯		200 m³/t（烷基苯）
		裂解法生产烷基苯烷基苯		70 m³/t（烷基苯）
		烷基苯生产合成洗涤剂		10 m³/t（产品）
6	合成脂肪酸工业产品			200 m³/t（产品）

（续）

序号	行业类别			最高允许排水量或 最低允许水重复利用率
7	湿法生产纤维板工业板			30 m³/t（板）
8	制糖工业	甘蔗制糖甘蔗		10 m³/t（甘蔗）
		甜菜制糖甜菜		4 m³/t（甜菜）
9	皮革工业	猪盐湿皮		60 m³/t（原皮）
		牛干皮		100 m³/t（原皮）
		羊干皮		150 m³/t（原皮）
10	发酵酿造工业	酒精工业	以玉米为原料	100 m³/t（酒精）
			以薯类为原料	80 m³/t（酒精）
			以糖蜜为原料	70 m³/t（酒精）
		味精工业		600 m³/t（味精）
		啤酒行业排水量不包括麦芽水部分		16 m³/t（啤酒）
11	铬盐工业			5 m³/t（产品）
12	硫酸工业水洗法			15 m³/t（硫酸）
13	苎麻脱胶工业			500 m³/t（原麻）
				750 m³/t（精干麻）
14	粘胶纤维工业单纯纤维	短纤维（棉型中长纤维、毛型中长纤维）		300 m³/t（纤维）
		长纤维		800 m³/t（纤维）
15	化纤浆粕			本色：150 m³/t（浆）；漂白：240 m³/t（浆）
16	制药工业医药原料药	青霉素		4700 m³/t（青霉素）
		链霉素		1450 m³/t（链霉素）
		土霉素		1300 m³/t（土霉素）
		四环素		1900 m³/t（四环素）
		洁霉素		9200 m³/t（洁霉素）
		金霉素		3000 m³/t（金霉素）
		庆大霉素		20 400 m³/t（庆大霉素）
		维生素 C		1200 m³/t（维生素 C）
		氯霉素		2700 m³/t（氯霉素）
		新诺明		2000 m³/t（新诺明）
		维生素 B₁		3400 m³/t（维生素 B₁）
		安乃近		180 m³/t（安乃近）
		非那西汀		750 m³/t（非那西汀）
		呋喃唑酮		2400 m³/t（呋喃唑酮）
		咖啡因		1200 m³/t（咖啡因）
17	有机磷农药工业	乐果**		700 m³/t（产品）
		甲基对硫磷（水相法）**		300 m³/t（产品）
		对硫磷（P_2S_5法）**		500 m³/t（产品）
		对硫磷（$PSCl_3$法）**		550 m³/t（产品）
		敌敌畏（敌百虫碱解法）		200 m³/t（产品）
		敌百虫		40 m³/t（产品）（不包括三氯乙醛生产废水）
		马拉硫磷		700 m³/t（产品）

（续）

序号	行业类别		最高允许排水量或 最低允许水重复利用率
18	除草剂 工业	除草醚	5 m³/t(产品)
		五氯酚钠	2 m³/t(产品)
		五氯酚	4 m³/t(产品)
		2 甲 4 氯	14 m³/t(产品)
		2，4-D	4 m³/t(产品)
		丁草胺	4.5 m³/t(产品)
		绿麦隆(以 Fe 粉还原)	2 m³/t(产品)
		绿麦隆(以 Na₂S 还原)	3 m³/t(产品)
19	火力发电工业		3.5 m³/t(MW·h)
20	铁路货车洗刷		5 m³/辆
21	电影洗片		5 m³/1000m(35mm 胶片)
22	石油沥青工业		冷却池的水循环利用率 95%

注：＊＊不包括 P_2S_5、$PSCl_3$、PCl_3 原料生产废水。

二、活性炭工业污染物排放标准

中华人民共和国环境保护部
《活性炭工业污染物排放标准》征求意见稿（节选）

　　活性炭工业产生的废水排放执行现行污水综合排放标准（GB8978—1996）一级标准分别为 pH 值 6~9、悬浮物 70 mg/L、化学需氧量 100 mg/L、石油类 10 mg/L、氨氮 15 mg/L，总氮和总磷没有标准限值。

　　本征求意见稿确定活性炭工业现有企业废水排放标准为 pH 值 6~9、悬浮物 70 mg/L、化学需氧量 100 mg/L、石油类 3 mg/L、氨氮 15 mg/L，总氮 20 mg/L、总磷 2 mg/L。

表1 现有企业水污染物排放限值

编号	指标	直接排放	间接排放
1	pH	6~9	6~9
2	COD(mg/L)	100	200
3	SS(mg/L)	70	150
4	石油类(mg/L)	3	5
5	NH_3-N(mg/L)	15	25
6	TN(mg/L)	20	30
7	TP(mg/L)	2	5
单位产品基准排水量	煤质酸洗工艺(m^3/t)	15	
	煤质无酸洗工艺(m^3/t)	2	
	木质工艺(m^3/t)	30	

表2 新建企业水污染物排放限值

编号	指标	直接排放	间接排放
1	pH	6~9	6~9
2	COD(mg/L)	50	100
3	SS(mg/L)	50	100
4	石油类(mg/L)	2	3
5	NH_3-N(mg/L)	8	10
6	TN(mg/L)	10	15
7	TP(mg/L)	1	2
单位产品基准排水量	煤质酸洗工艺(m^3/t)	12	
	煤质无酸洗工艺(m^3/t)	2	
	木质工艺(m^3/t)	20	

新标准还规定了"水污染物特别排放限值",该规定主要针对环境敏感地区的活性炭企业,这包含了重要的自然价值、经济价值、人为价值和人口稠密地区或承受环境负荷较小地区。水污染物特别排放限值直接排放严于新建企业直接排放浓度限值的40%~50%;水污染物特别排放间接排放限值为企业水污染物特别排放直接排放限值的130%~200%。

表3 水污染物特别排放限值   mg/L(pH值除外)

序号	污染物项目	排放限值		污染物排放监控位置
		直接排放	间接排放	
1	pH	6~9	6~9	
2	SS	30	40	
3	COD	30	50	企业废水总排放口
4	石油类	1	2.0	
5	NH_3-N	5	8	
6	TN	6	10	
7	TP	0.5	1.0	

三、林产化工企业废水化验室仪器配置

序号	名称	规格型号	数量
1	电子天平	万分之一	1
2		百分之一、量程1000g	1
3	数显鼓风不锈钢干燥箱	450mm×550mm×550mm（内胆尺寸）	1
4	小不锈钢烘箱	450mm×450mm×350mm（内胆尺寸）	1
5	微波炉	普通家用即可	1
6	风扇	普通家用即可	1
7	循环水式真空泵	4抽头	1
8	pH计	上海雷磁仪器公司	1
9	移液枪	0~5mL	2
10	滴定管	酸式（50 mL）	1
11		碱式（50 mL）	1
12	移液管（A型）	5mL	2
13		10mL	2
14		25mL	2
15	玻璃烧杯	50mL	2
16		100mL	10
17		250mL	4
18		500mL	4
19		1000mL	1
20		2000mL	1
21	塑料烧杯	50mL	4
22		100mL	4
23		250mL	4
24		500mL	25
25		1000mL	10
26	量筒	10mL	2
27		25mL	2
28		50mL	2
29		100mL	5
30		250mL	2
31		500mL	2
32		1000mL	1

（续）

序号	名称	规格型号	数量
33	试剂瓶	棕色 1L	2
34		棕色 2.5L	2
35		棕色 5L	2
36		透明 1L	2
37		透明 2.5L	2
38		透明 5L	2
39		500mL	4
40		250mL	4
41		60mL	4
42		100mL	4
43	带滴管的滴瓶	125mL	3
44	硅胶管	6mm	10m
45	胶头滴管及塑料滴管		各半包
46	锥形瓶	250mL	4
47	滴定台		1 套
48	抽滤瓶	1000mL	3
49	橡皮塞	抽滤瓶用	2 套
50	洗耳球	橡胶	2
51	水银温度计	0~50	2
52		0~100	2
53	称量瓶	25mL/50mL	各半盒
54	容量瓶	100mL	
55		250mL	2
56		500mL	1
57		1000mL	1
58	洗瓶	500mL	2
59	调压电炉	1kW	1
60	毛刷	大、中、小	2 套
61	布氏漏斗	10cm	2
62		12cm	2
63	干燥器	180cm/300cm	各1
64	玻璃漏斗	7cm	6
65	漏斗架	与玻璃漏斗配套	1
66	滤纸	9cm 中速定性	10 盒
67		11cm 中速定性	10 盒
68	pH 广泛试纸	1~14	5 包
69	标签纸	大、中、小	各2本
70	COD 消解仪	KHCOD-12 型，配套 15 个消解瓶	1 台
71	显微镜	污泥检测	
72	玻璃棒		4 只
73	玻璃珠	防爆沸	1 包
74	便携式溶解氧仪	雷磁牌	1 台

四、本书使用的专业名词解释

COD——chemical oxygen demend，化学需氧量，单位 mg/L

BOD——bio-chemical oxygen demend，生物需氧量，单位 mg/L

TCOD——total chemical oxygen demend，总化学需氧量，单位 mg/L

TBOD——total bio-chemical oxygen demend，总生物需氧量，单位 mg/L

VFA——volatile fatty acids，挥发性脂肪酸，单位 mg/L、mmol/L

SS——suspended substance，废水中的悬浮物，单位 mg/L

TS—— total solids，废水中的总固形物，单位 mg/L

TN ——total nitrogen，总氮，单位 mg/L

NH_3-N —— 氨氮，单位 mg/L

TP ——total phosphorus，总磷，单位 mg/L

UASB——up-flow anaerobic sludge bed/blanket，上流式厌氧污泥床反应器

IC ——internal circulation，内循环厌氧反应器

EGSB ——expanded granular sludge blanket reactor，膨胀颗粒污泥床

VLR——volume loading rate，容积负荷，单位反应器容积每日接受的废水中有机污染物的量，单位 $kgCOD/(m^3 \cdot d)$

OLR——organic loading rate，有机负荷，是指单位体积滤料（或反应池）单位时间内所能去除的有机物量，单位 $kgVS/(m^3 \cdot d)$

HRT——hydraulic retention time，水力停留时间

MBR——membrane bio-reactor，膜生物反应器

Fenton ——芬顿氧化技术

PAM——polyacrylamide，高分子絮凝剂聚丙烯酰胺

PAC——polymeric aluminum chloride，聚合氯化铝

MF——microfiltration，微滤

UF——ultrafiltration，超滤

NF—— nanofiltration，纳滤

RO—— reverse osmosis，反渗透

m^3 —— 吨水、吨废水单位

m^3/d —— 每天吨水使用量、每天吨废水发生量

t/a—— 每年吨产量

$m^3/tpulp$ —— 吨浆产生的废水吨数

DO——dissolved demend，溶解氧，单位 mg/L

ORP——oxygen reduction flocculent，氧化还原电位，单位 V

BAF——activated bio-filter，曝气生物滤池

AF——anaerobic filter，生物滤池

MLSS——mixed liquor suspended solids，混合液悬浮固体浓度，单位 g/L

MLVSS——mixed liquor volatile suspended solids，混合液挥发性悬浮固体浓度，单位 g/L

SV——sludge settling ratio，污泥沉降比，单位%

SVI——sludge volume index，污泥容积指数，单位 mL/g